2011年～2017年，人工智能初创企业的投资总额估算（按企业所在地划分）

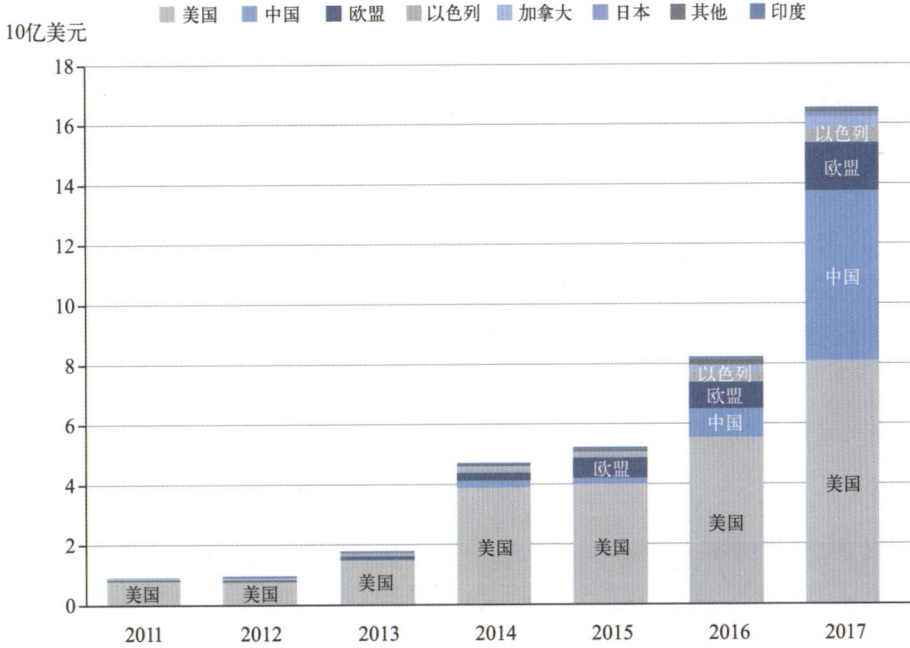

■ 美国　■ 中国　■ 欧盟　■ 以色列　■ 加拿大　■ 日本　■ 其他　■ 印度

图 1-14　经济合作与发展组织对人工智能初创企业投资总额的估算（数据来源：经济合作与发展组织）

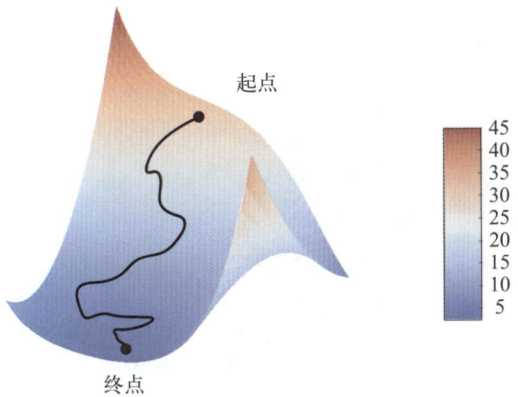

图 2-19　沿着二维损失表面的梯度下降（两个需要学习的参数）

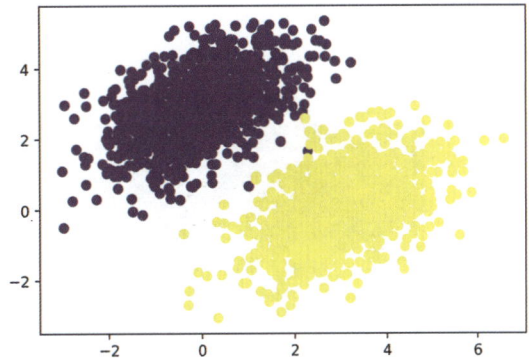

图 3-6　我们的数据：二维平面上的两类随机点

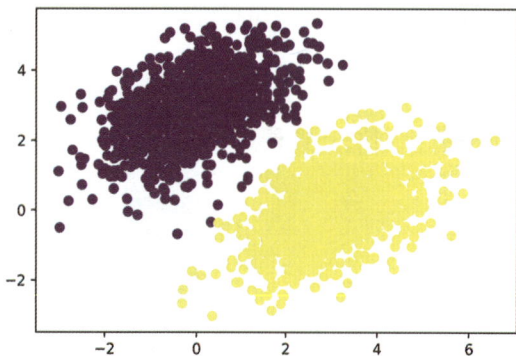

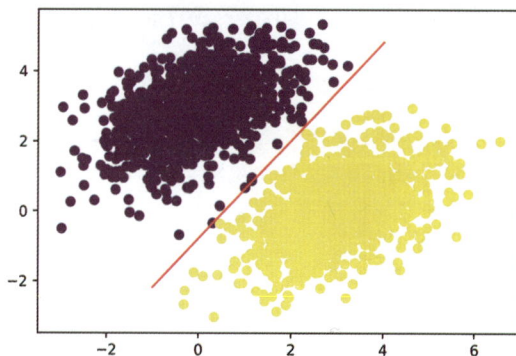

图 3-7　模型对训练数据的预测结果：与训练数据　　　图 3-8　将模型可视化为一条直线
　　　的目标值非常接近

单标签、多分类问题

- ● 骑车
- ○ 跑步
- ○ 游泳

多标签分类问题

- ☑ 自行车　　☑ 树
- ☑ 人　　　　☐ 汽车
- ☐ 船　　　　☐ 房屋

图像分割问题

目标检测问题

图 9-1　三项基本的计算机视觉任务：图像分类、图像分割、目标检测

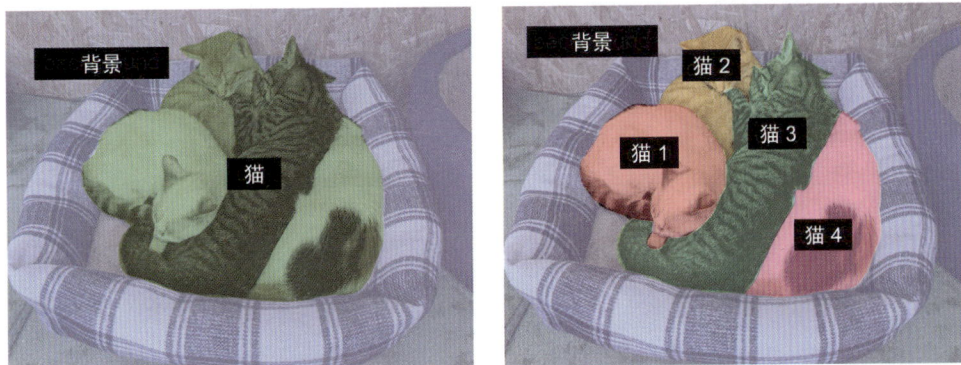

图 9-2　语义分割与实例分割

图 9-3　一张样本图像

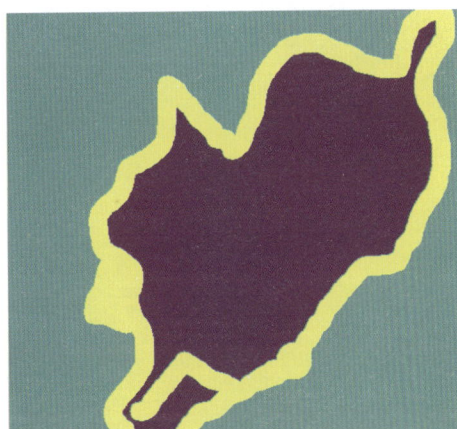

图 9-4　对应的目标掩码

图 9-6　一张测试图像和模型预测的分割掩码

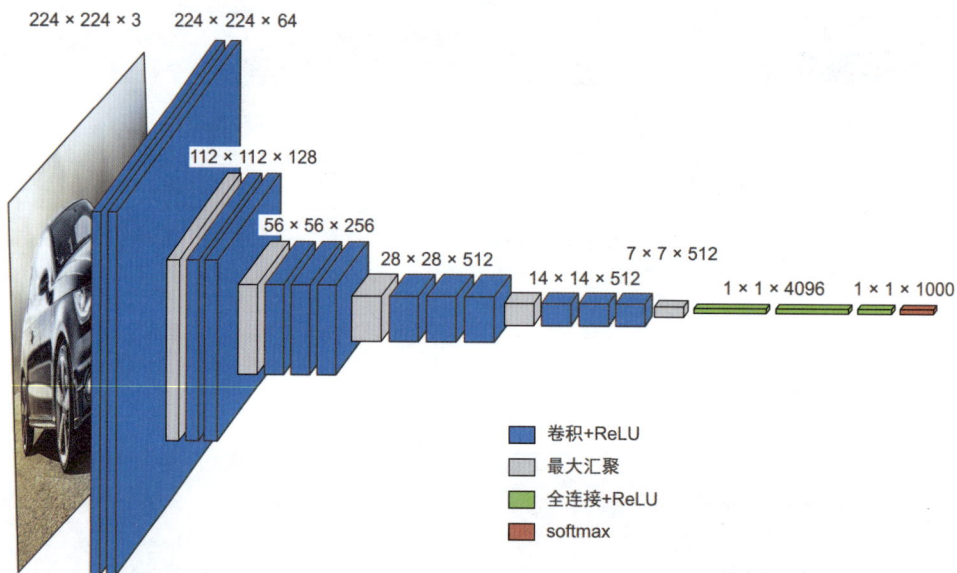

224 × 224 × 3 224 × 224 × 64

112 × 112 × 128

56 × 56 × 256

28 × 28 × 512

14 × 14 × 512

7 × 7 × 512

1 × 1 × 4096 1 × 1 × 1000

卷积+ReLU

最大汇聚

全连接+ReLU

softmax

图 9-8　VGG16 架构：注意那些重复的层块与特征图的金字塔式结构

图 9-18　非洲象测试图像

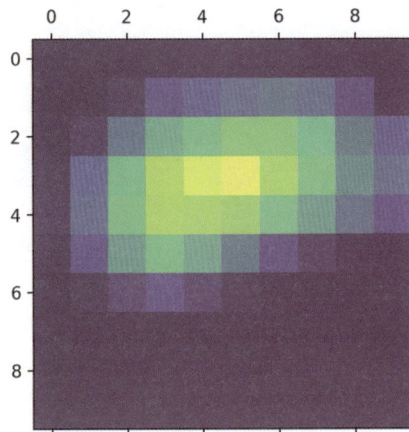

图 9-19　单独的类激活热力图

图 9-20　测试图像的非洲象类激活热力图

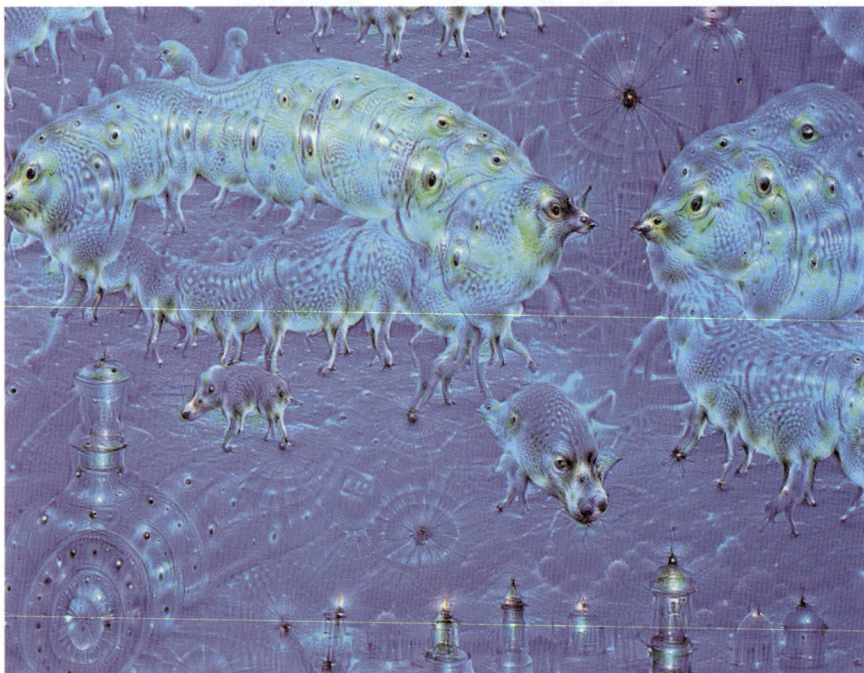
图 12-4　DeepDream 输出图像示例

图 12-5　测试图像

图 12-7　在测试图像上运行 DeepDream 代码的结果

图 12-8 在示例图像上尝试一系列不同的 DeepDream 设置

目标内容　　　　　　　　参考风格　　　　　　　　组合图像

图 12-9 神经风格迁移示例

图 12-10 内容图像：从诺布山（Nob Hill）拍摄的旧金山

图 12-11　风格图像：梵高的《星月夜》

图 12-12　风格迁移效果

TURING 图灵程序设计丛书

Python
深度学习
（第2版）

Deep Learning with Python
Second Edition

[美]弗朗索瓦·肖莱　著

张亮　译

人民邮电出版社

北　京

图书在版编目（CIP）数据

　　Python深度学习 /（美）弗朗索瓦·肖莱著；张亮
译. -- 2版. -- 北京：人民邮电出版社，2022.8
　　（图灵程序设计丛书）
　　ISBN 978-7-115-59717-5

　　Ⅰ. ①P… Ⅱ. ①弗… ②张… Ⅲ. ①软件工具－程序
设计 Ⅳ. ①TP311.561

　　中国版本图书馆CIP数据核字(2022)第124353号

内 容 提 要

　　本书由流行的深度学习框架 Keras 之父弗朗索瓦·肖莱执笔，通过直观的解释和丰富的示例帮助你构建深度学习知识体系。作者避免使用数学符号，转而采用 Python 代码来解释深度学习的核心思想。全书共计 14 章，既涵盖了深度学习的基本原理，又体现了这一迅猛发展的领域在近几年里取得的重要进展，包括 Transformer 架构的原理和示例。读完本书后，你将能够使用 Keras 解决从计算机视觉到自然语言处理等现实世界的诸多问题，包括图像分类、图像分割、时间序列预测、文本分类、机器翻译、文本生成等。

　　本书适合机器学习和深度学习领域的学生及从业者阅读。

◆ 著　　　　[美] 弗朗索瓦·肖莱
　　译　　　　张　亮
　　责任编辑　谢婷婷
　　责任印制　彭志环
◆ 人民邮电出版社出版发行　　北京市丰台区成寿寺路 11 号
　　邮编　100164　　电子邮件　315@ptpress.com.cn
　　网址　https://www.ptpress.com.cn
　　固安县铭成印刷有限公司印刷
◆ 开本：800×1000　1/16　　　　彩插：4
　　印张：27　　　　　　　　　　2022 年 8 月第 2 版
　　字数：638千字　　　　　　　2025 年 2 月河北第 12 次印刷
　　著作权合同登记号　图字：01-2022-1439号

定价：129.80元
读者服务热线：(010)84084456-6009　印装质量热线：(010)81055316
反盗版热线：(010)81055315

版 权 声 明

献给我的儿子 Sylvain，希望你有一天能阅读本书。

前　　言

当拿起本书时，你可能已经意识到近年来深度学习在人工智能领域所取得的非凡进展。在计算机视觉领域和自然语言处理领域，之前的模型几乎无法使用，如今的高性能系统已经大规模部署在日常生活用品中。这种突飞猛进的进展几乎影响到每一个行业。我们已经将深度学习应用于解决诸多领域的一系列重要问题，这些领域包括医学成像、农业、自动驾驶、教育、灾害防治和制造业等。

然而，我相信深度学习仍然处于初期阶段。目前它只发挥了一小部分潜力。随着时间的推移，它将应用于它能帮助解决的所有问题上，这种转变将持续数十年。

要将深度学习技术用于它能解决的所有问题上，我们需要让尽可能多的人接触这项技术，其中包括非专家，即既不是研究人员也不是研究生的那些人。要让深度学习发挥全部潜力，我们需要全面普及这项技术。今天，我相信我们正处于历史性转变的风口浪尖，深度学习正在走出学术实验室和大型科技公司的研发部门，成为每个开发人员都可以利用的工具。这与20世纪90年代末Web开发的发展路径非常类似。现在绝大多数人可以为企业或社区搭建一个网站或Web应用，而在1998年则需要专业工程师团队。在不远的将来，只要你有想法和基本的编程技能，就能够构建从数据中进行学习的智能应用程序。

2015年3月，我发布了Keras深度学习框架的第1版，当时我还没有想过人工智能的普及。当时，我已经在机器学习领域做了很多年的研究，创造Keras是为了帮我自己做实验。但自2015年以来，数十万新人进入深度学习领域，其中很多人将Keras当作首选工具。看到许多聪明人以意想不到的强大方式使用Keras，我开始深切关注人工智能的可达性和普及。我开始意识到，将相关技术传播得越广，它们就会变得越有用、越有价值。可达性很快成为Keras开发过程中的明确目标。在短短几年内，Keras开发者社区已经在这方面取得了惊人的成就。我们已经让数十万人掌握了深度学习，他们用相关技术解决那些直到最近仍被认为无法解决的问题。

本书旨在让尽可能多的人能够使用深度学习。Keras一直需要一门配套课程，同时涵盖深度学习基础知识、深度学习最佳实践，以及Keras使用模式。在2016年和2017年，我努力创作了这样一门课程，即本书的第1版。英文版于2017年12月出版，并迅速成为机器学习领域的畅销书，销量超过5万册，还被翻译成12种语言。

然而，深度学习领域的发展速度很快。自本书的第1版出版以来，该领域出现了许多重要进展——TensorFlow 2的发布、Transformer架构的日益流行等。于是，在2019年末，我着手更新本书。一开始,我天真地认为,本书会包含大约 50% 的新内容,篇幅与第 1 版大致相同。实际上,经过两年的努力,本书的篇幅比第 1 版多了三分之一,其中约有 75% 是新内容。它不仅是新版,更像是一本全新的书。

本书的重点是用尽可能容易理解的方式来介绍深度学习背后的概念及其实现。我这样说没有贬低任何事情的意思,我坚信深度学习中没有难以理解的内容。我希望你会认为本书很有价值,同时希望它能让你开始构建智能应用程序并解决那些对你来说很重要的问题。

致　　谢

首先，我要感谢 Keras 社区让本书得以成书。在过去的 6 年里，Keras 的开源贡献者已经增长到数百人，用户也已超过 100 万。是你们的贡献和反馈成就了今天的 Keras。

就个人而言，我要感谢我的妻子，她在我开发 Keras 和写作本书的过程中都给予了我极大的支持。

我还要感谢谷歌公司对 Keras 项目的支持。我很高兴看到 Keras 被采纳为 TensorFlow 的高级 API。Keras 和 TensorFlow 的顺利集成，对二者的用户都大有裨益，也让大多数人更容易使用深度学习。

我要感谢 Manning 出版公司的工作人员，是他们让本书得以出版。感谢出版人 Marjan Bace，以及编辑和制作团队的每个人，包括 Michael Stephens、Jennifer Stout、Aleksandar Dragosavljević，以及其他许多在幕后工作的人。

我还要感谢技术审稿人员，他们是 Billy O'Callaghan、Christian Weisstanner、Conrad Taylor、Daniela Zapata Riesco、David Jacobs、Edmon Begoli、Edmund Ronald 博士、Hao Liu、Jared Duncan、Kee Nam、Ken Fricklas、Kjell Jansson、Milan Šarenac、Nguyen Cao、Nikos Kanakaris、Oliver Korten、Raushan Jha、Sayak Paul、Sergio Govoni、Shashank Polasa、Todd Cook、Viton Vitanis，以及其他所有对本书草稿给出反馈意见的人。

在技术方面，我要特别感谢本书的技术编辑 Frances Buontempo 和技术校对 Karsten Strøbæk。

关于本书

本书是为想从头开始探索深度学习的人或想拓展对深度学习的理解的人而写的。无论你是在职的机器学习工程师、软件开发人员还是大学生，都会在本书中找到有价值的内容。

本书将以一种易懂的方式来探索深度学习，从简单的内容开始讲起，然后逐渐拓展到最先进的技术。你会发现，本书在直觉、理论和动手实践之间找到了平衡。本书避免使用数学符号，而是倾向于通过详细的代码片段和直观的思维模型来解释机器学习和深度学习的核心思想。你将学习丰富的代码示例，其中包括大量注释、实用建议和简单解释。这些都是你开始使用深度学习解决具体问题时需要知道的。

本书的代码示例使用的是 Keras，它是 Python 深度学习框架，以 TensorFlow 2 作为数值引擎。这些代码示例展示了截至 2021 年 Keras 和 TensorFlow 2 的最佳实践。

读完本书后，你将充分理解什么是深度学习、何时使用深度学习，以及深度学习的局限性。你将学到解决机器学习问题的标准工作流程，还会知道如何解决常见问题。你将能够使用 Keras 来解决从计算机视觉到自然语言处理等现实世界的诸多问题，包括图像分类、图像分割、时间序列预测、文本分类、机器翻译、文本生成等。

谁应该阅读本书

本书的目标读者是具有 Python 编程经验且想开始上手机器学习和深度学习的人。不过，本书对以下读者也很有价值。

- 如果你是熟悉机器学习的数据科学家，那么你可以通过本书全面掌握深度学习及其实践。深度学习是机器学习发展最快且最重要的子领域。
- 如果你是想上手 Keras 框架的深度学习研究人员或从业者，那么你会发现本书是理想的 Keras 速成课程。
- 如果你是正在学习深度学习的研究生，那么你会发现本书是对你所学课程的实用补充，有助于你建立关于深度神经网络的直觉，还可以让你熟悉重要的最佳实践。

即使不经常写代码，拥有技术背景的人也会发现，本书介绍的深度学习基本概念和高级概念非常有用。

要理解本书的代码示例，你需要具有一定的 Python 编程水平。此外，熟悉 NumPy 库也会有所帮助，但这并不是必需的。你不需要具有机器学习或深度学习方面的经验，本书会从头开始介绍必要的基础知识。你也不需要具有高等数学背景，掌握高中水平的数学知识应该足以看懂本书内容。

关于代码

本书包含许多源代码示例，有些示例包含在代码清单中，有些示例则与普通文本一起排版。在这两种情况下，源代码都采用等宽字体，以便与普通文本区分。

在许多示例中，我对初始源代码重新做了格式化：添加了换行符，重新调整了缩进，以适应页面空间。此外，在文本中提到代码时，本书通常删除了源代码的注释。许多代码清单给出了代码注释，用来突出重要的概念。

本书的所有代码示例都可以从 Manning 网站下载（https://www.manning.com/books/deep-learning-with-python-second-edition），也可以从 GitHub 下载 Jupyter 笔记本（https://github.com/fchollet/deep-learning-with-python-notebooks）。[①] 这些示例可以在浏览器中利用谷歌的 Colaboratory 直接运行。Colaboratory 是谷歌提供的 Jupyter 笔记本托管服务，可免费使用。你只需互联网连接和桌面浏览器就可以开始使用深度学习。

本书论坛

购买本书英文版的读者可以免费访问由 Manning 出版公司运营的私有在线论坛。你可以在论坛上就本书发表评论、提出技术问题、获得来自作者和其他用户的帮助。论坛地址为：https://livebook.manning.com/#!/book/deep-learning-with-python-second-edition/discussion。你还可以访问 https://livebook.manning.com/#!/discussion 了解关于 Manning 论坛和行为规则的更多信息。

Manning 承诺为读者提供一个平台，让读者之间、读者和作者之间能够进行有意义的对话。但这并不保证作者的参与程度，因其对论坛的贡献完全是自愿的（而且无报酬）。我们建议你试着问作者一些有挑战性的问题，这样他才会感兴趣。只要本书仍在销售，你都可以在 Manning 网站上访问论坛和存档的过往讨论内容。

电子书

扫描如下二维码，即可购买本书中文版电子书。

---

① 还可以从图灵社区下载：ituring.cn/book/3002。——编者注

关于封面

　　本书封面插画的标题为"1568 年一位波斯女士的服饰"（Habit of a Persian Lady in 1568）。该图选自 Thomas Jefferys 的 *A Collection of the Dresses of Different Nations, Ancient and Modern*，共四卷，1757 年 ~ 1772 年出版于伦敦。该书扉页写道，这些插画都是手工上色的铜版画，用阿拉伯树胶保护。

　　Thomas Jefferys（1719—1771）被称为"乔治三世国王的地理学家"。他是英国的一名地图绘制员，也是当时主要的地图供应商。他为政府和其他官方机构雕刻并印制地图，还制作了大量商业地图和地图集，尤其是北美地区的。地图制作人的工作激发了他对所调查和绘制的土地的当地服饰民俗的兴趣，这些都在这套服饰集中有精彩展示。向往远方、为快乐而旅行，在 18 世纪末还相对新鲜。像这套服饰集之类的书非常受欢迎，它们向旅行者和足不出户的"游客"介绍了其他国家的居民。

　　Jefferys 的书中异彩纷呈的插画生动地描绘了 200 多年前世界各国的独特魅力。从那以后，着装风格已经发生变化，当时各个国家和地区非常丰富的着装多样性也逐渐消失。来自不同大陆的人，现在仅靠衣着已经很难区分开了。也许可以从乐观的角度来看，我们这是用文化和视觉上的多样性，换来了更为多样化的个人生活，或是更为多样化、更有趣的精神生活和技术生活。

　　曾经，计算机书籍也很难靠封面来区分。Manning 的图书封面呈现了两个多世纪前各地丰富多彩的生活（Jefferys 的插画让这些生活重新焕发生机），以展现计算机行业的创造性和主动性。

目　　录

第 1 章

什么是深度学习

本章包括以下内容：
- ❑ 基本概念的定义
- ❑ 机器学习发展时间线
- ❑ 深度学习日益流行的关键因素及其未来潜力

在过去的几年里，**人工智能**（artificial intelligence，AI）一直是媒体大肆炒作的热点话题。机器学习、深度学习和人工智能都出现在不计其数的文章中，而这些文章通常发表于非技术类出版物。我们的未来被描绘成拥有智能聊天机器人、自动驾驶汽车和虚拟助手，这一未来有时被描绘得很残酷，有时则被描绘成乌托邦，人类的工作机会将变得十分稀少，大部分经济活动由机器人或**人工智能体**（AI agent）完成。对于未来或现在的机器学习从业者来说，重要的是能够从噪声中识别信号，从而在大肆炒作的新闻稿中发现改变世界的重大进展。我们的未来充满风险，而你可以在其中发挥积极作用：读完本书后，你将成为人工智能系统的开发人员之一。我们首先来回答下列问题：到目前为止，深度学习已经取得了哪些进展？深度学习有多重要？我们下一步将走向何方？你是否应该相信媒体炒作？

本章将介绍关于人工智能、机器学习和深度学习的必要背景。

1.1 人工智能、机器学习和深度学习

在提到人工智能时，我们首先需要明确定义所讨论的内容。什么是人工智能、机器学习和深度学习（见图 1-1）？这三者之间有什么关系？

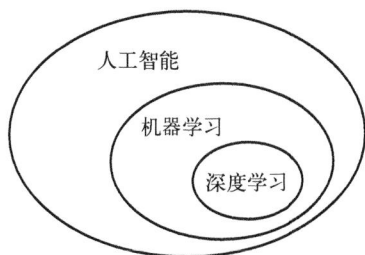

图 1-1 人工智能、机器学习和深度学习

1.1.1   人工智能

人工智能诞生于 20 世纪 50 年代，当时计算机科学这个新兴领域的少数先驱者开始提出疑问：能否让计算机"思考"？今天，我们仍在探索这一问题的答案。

虽然许多基本理念在数年前甚至数十年前就已经开始酝酿，但"人工智能"最终在 1956 年明确成为一个研究领域。当时，达特茅斯学院年轻的数学系助理教授 John McCarthy 根据以下提案组织了一场夏季研讨会。

> 该研究（人工智能研究）是基于以下猜想进行的：学习的各个方面或其他任何智能特征原则上都可以被精确描述，从而可以制造一台机器来模拟。我们将试图找到一种方法，让机器能够使用语言、形成抽象思维和概念、解决人类目前还不能解决的各种问题，并自我提升。我们认为，如果一组优秀的科学家在一起工作一个夏天，那么可以在其中一个或多个问题上取得重大进展。

夏天过去了，研讨会在结束时没有完全解开它一开始打算研究的谜题。然而，许多参会者后来成为这一领域的先驱，这次研讨也启动了一场延续至今的知识革命。

简而言之，人工智能可以被描述为**试图将通常由人类完成的智力任务自动化**。因此，人工智能是一个综合领域，不仅包括机器学习和深度学习，还包括更多不涉及学习的方法。直到 20 世纪 80 年代，大多数人工智能教科书中根本就没有出现过"学习"二字！举个例子，早期的国际象棋程序仅涉及程序员手动编写的硬编码规则，不能算作机器学习。事实上，在相当长的时间内，大多数专家相信，只要程序员手动编写足够多的明确规则来处理存储在显式数据库中的知识，就可以实现与人类水平相当的人工智能。这一方法被称为**符号主义人工智能**（symbolic AI），从 20 世纪 50 年代到 80 年代末，它是人工智能的主流范式。在 20 世纪 80 年代的**专家系统**（expert system）热潮中，这一方法的热度达到顶峰。

虽然符号主义人工智能适合用来解决定义明确的逻辑问题，比如下国际象棋，但它难以给出明确规则来解决更复杂、更模糊的问题，比如图像分类、语音识别或自然语言翻译。于是，一种替代符号主义人工智能的新方法出现了，这就是**机器学习**（machine learning）。

1.1.2   机器学习

在维多利亚时代的英国，埃达·洛夫莱斯伯爵夫人（Lady Ada Lovelace）是查尔斯·巴比奇（Charles Babbage）的好友兼合作者，后者发明了**分析机**（Analytical Engine），即第一台通用的机械计算机。虽然分析机的构造富有远见，并且相当超前，但它在 19 世纪三四十年代被设计出来时并没有打算用作通用计算机，因为当时还没有"通用计算"这一概念。它的用途仅仅是利用机械操作将数学分析领域的某些计算自动化，因此得名"分析机"。分析机继承自早期利用齿轮编码数学运算的尝试，如帕斯卡计算器（Pascaline）或莱布尼茨的步进计算器（step reckoner），后者是前者的改进版。帕斯卡计算器由布莱兹·帕斯卡（Blaise Pascal）于 1642 年设计。（当时他只有 19 岁！）它是世界上第一台机械计算器，可以进行加法、减法、乘法运算，甚至进行除法运算。

1843 年，埃达·洛夫莱斯伯爵夫人对分析机这项发明评论道：

> 分析机谈不上能创造什么东西。它能做的是我们知道如何命令它去做的任何事情……它的职责是帮助我们去实现我们已知的事情。

虽然已经过去了 178 年，但埃达·洛夫莱斯伯爵夫人的评论仍然引人注目。通用计算机能否"创造"东西，还是说它只能呆板地执行我们人类已完全理解的程序？它能产生任何原创想法吗？它能从经验中学习吗？它能表现出创造力吗？

后来，人工智能先驱阿兰·图灵（Alan Turing）在其 1950 年发表的具有里程碑意义的论文《计算机器与智能》[1] 中，引用了上述评论，并将其称为"洛夫莱斯伯爵夫人的异议"。图灵在这篇论文中提出了**图灵测试**（Turing test）和日后影响人工智能发展的重要概念[2]。图灵认为，原则上计算机可以模仿人类智能的各个方面，这一观点在当时非常有争议。

让计算机有效工作的常用方法是，由人类程序员编写**规则**（计算机程序），计算机遵循这些规则将输入数据转换为适当的答案，就像埃达·洛夫莱斯伯爵夫人写下一步步的指令来让分析机执行。机器学习把这个过程反了过来：机器读取输入数据和相应的答案，然后找出应有的规则，如图 1-2 所示。机器学习系统是**训练出来的**，而不是明确地用程序编写出来的。将与某个任务相关的许多示例输入机器学习系统，它会在这些示例中找到统计结构，从而最终找到将任务自动化的规则。举个例子，如果你想为度假照片添加标签，并希望将这项任务自动化，那么你可以将许多人工打好标签的照片输入机器学习系统，系统将学会把特定照片与特定标签联系在一起的统计规则。

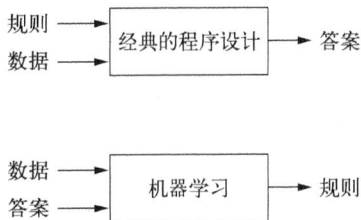

图 1-2 机器学习：一种新的编程范式

虽然在 20 世纪 90 年代才开始蓬勃发展，但机器学习已经迅速成为人工智能最受欢迎且最成功的分支领域。这一发展趋势的驱动力来自于速度更快的硬件与更大的数据集。机器学习与数理统计相关，但二者在几个重要方面有所不同，就好比医学与化学相关，但不能将其归入化学，因为医学具有自己独特的系统和独特的属性。与统计学不同，机器学习经常要处理复杂的大型数据集（比如包含数百万张图片的数据集，每张图片又包含数万像素），用经典的统计分析（比如贝叶斯分析）来处理这种数据集是不切实际的。因此，机器学习（尤其是深度学习）呈现出相对较少的数学理论（可能过于少了），从根本上来说是一门工程学科。与理论物理或数学不同，机器学习是一门非常注重实践的学科，由经验发现所驱动，并深深依赖于软硬件的发展。

1.1.3 从数据中学习规则与表示

为了给出**深度学习**的定义并搞清楚深度学习与其他机器学习方法的区别，我们首先需要了

---

[1] A. M. Turing. Computing Machinery and Intelligence. Mind 59, no. 236, 1950: 433-460.

[2] 虽然图灵测试有时被解释为字面意义上的测试，即人工智能领域应实现的目标，但图灵只是将其作为一种概念工具，用在关于认知本质的哲学讨论中。

解机器学习算法在做什么。前面说过，对于一项数据处理任务，给定预期输出的示例，机器学习系统可以发现执行任务的规则。因此，我们需要以下 3 个要素来进行机器学习。

- ☐ **输入数据**。如果任务是语音识别，那么输入数据可能是记录人们说话的声音文件。如果任务是为图像添加标签，那么输入数据可能是图片。
- ☐ **预期输出的示例**。对于语音识别任务来说，这些示例可能是人们根据声音文件整理生成的文本。对于图像标记任务来说，预期输出可能是"狗""猫"之类的标签。
- ☐ **衡量算法效果的方法**。这一衡量方法很有必要，其目的是计算算法的当前输出与预期输出之间的差距。衡量结果是一种反馈信号，用于调整算法的工作方式。这个调整步骤就是我们所说的**学习**。

机器学习模型将输入数据变换为有意义的输出，这是一个从已知的输入输出示例中进行"学习"的过程。因此，机器学习和深度学习的核心问题在于**有意义地变换数据**，换句话说，在于学习输入数据的有用**表示**（representation）——这种表示可以让数据更接近预期输出。

在进一步讨论之前，我们需要先回答一个问题：什么是表示？这一概念的核心在于以一种不同的方式来查看数据（表征数据或将数据编码）。举例来说，彩色图像可以编码为 RGB（红 - 绿 - 蓝）格式或 HSV（色相 - 饱和度 - 明度）格式，这些是对同一数据的两种表示。在处理某些任务时，使用某种表示可能会很困难，但换用另一种表示就会变得很简单。举个例子，对于"选择图像中所有红色像素"这项任务，使用 RGB 格式会更简单，而对于"降低图像饱和度"这项任务，使用 HSV 格式则更简单。机器学习模型旨在为输入数据寻找合适的表示（对数据进行变换），使其更适合手头的任务。

我们来具体说明这一点。考虑 x 轴、y 轴和在这个 (x, y) 坐标系中由坐标表示的一些点，如图 1-3 所示。

可以看到，图中有一些白点和一些黑点。假设我们要开发一个算法，输入一个点的坐标 (x, y)，就能够判断这个点是黑点还是白点。在这个例子中，3 个要素如下所述：

- ☐ 输入是点的坐标；
- ☐ 预期输出是点的颜色；
- ☐ 衡量算法效果的一种方法是，正确分类的点所占的百分比。

这里，我们需要找到一种新的数据表示，可以明确区分白点与黑点。方法有很多，这里我们用的是坐标变换，如图 1-4 所示。

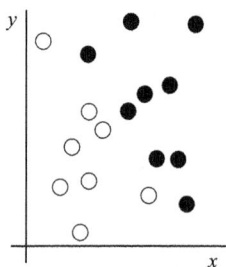

图 1-3   一些样本数据

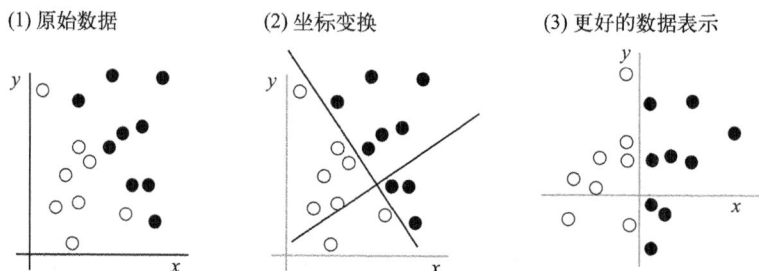

图 1-4   坐标变换

(1) 原始数据   (2) 坐标变换   (3) 更好的数据表示

在新的坐标系中,点的坐标可以看作一种新的数据表示。这种表示很好!利用这种数据表示,用一条简单的规则就可以描述黑白分类问题:"$x>0$ 的是黑点"或"$x<0$ 的是白点"。这种新的数据表示加上这条简单的规则,巧妙地解决了该分类问题。

在这个例子中,我们手动定义了坐标变换,利用人类智慧想出了适当的数据表示。对于这样一个极其简单的问题来说,这样做没什么问题,但如果任务是对手写数字进行分类,你还能做得到吗?你能明确地写出计算机可执行的图像变换规则,以分辨 6 和 8、1 和 7 以及各种不同的笔迹吗?

这在一定程度上是可以做到的。基于数字表示的规则(比如"圆圈个数"或垂直像素直方图和水平像素直方图)可以很好地区分手写数字。但是手动寻找这样的有用表示是很困难的,而且可以想象,由此得到的基于规则的系统很脆弱,系统维护将是一场噩梦。每当遇到一个新的手写数字不符合你精心设计的规则时,你都不得不添加新的数据变换和新的规则,还要考虑它们与之前每条规则之间的相互作用。

你可能在想,既然这个过程如此痛苦,那么能否将其自动化呢?如果我们尝试系统地搜索自动生成的数据表示与基于这些表示的规则之间的不同组合,利用正确分类的数字所占百分比作为反馈信号,在某个开发数据集上找到那些好的组合,那会怎么样呢?那样一来,我们做的就是机器学习。机器学习中的**学习**指的是,寻找某种数据变换的自动搜索过程。在反馈信号的指引下,这种变换可以生成有用的数据表示,这种表示则可以用更简单的规则来解决手头的任务。

这种变换既可以是坐标变换(比如前面的二维坐标分类示例),也可以是像素直方图和圆圈个数(比如前面的数字分类示例),还可以是线性投影、平移、非线性操作(比如"选择 $x>0$ 的所有点")。机器学习算法在寻找这些变换时通常没有创造性,仅仅是遍历一组预先定义的操作,这组操作叫作**假设空间**(hypothesis space)。例如,所有可能的坐标变换组成的空间就是上述二维坐标分类示例的假设空间。

简而言之,机器学习就是指在预先定义的可能性空间中,利用反馈信号的指引,在输入数据中寻找有用的表示和规则。这个简单的想法可以解决相当多的智力任务,从语音识别到自动驾驶都能解决。

现在你理解了**学习**的含义,下面我们来看一下**深度学习**的特别之处。

1.1.4 深度学习之"深度"

深度学习是机器学习的一个分支领域:它是从数据中学习表示的一种新方法,强调从连续的层中学习,这些层对应于越来越有意义的表示。深度学习之"深度"并不是说这种方法能够获取更深层次的理解,而是指一系列连续的表示层。数据模型所包含的层数被称为该模型的**深度**(depth)。这一领域的其他名称还有**分层表示学习**(layered representations learning)和**层级表示学习**(hierarchical representations learning)。现代深度学习模型通常包含数十个甚至上百个连续的表示层,它们都是从训练数据中自动学习而来的。与之相对,其他机器学习方法的重点通常是仅学习一两层的数据表示(例如获取像素直方图,然后应用分类规则),因此有时也被称为**浅层学习**(shallow learning)。

在深度学习中，这些分层表示是通过叫作**神经网络**（neural network）的模型学习得到的。神经网络的结构是逐层堆叠。"神经网络"这一术语来自于神经生物学，然而，虽然深度学习的一些核心概念是从人们对大脑（特别是视觉皮层）的理解中汲取部分灵感而形成的，但深度学习模型并不是大脑模型。没有证据表明大脑的学习机制与现代深度学习模型的学习机制相同。你可能读过一些科普文章，这些文章宣称深度学习的工作原理与大脑相似或者是在模拟大脑，但事实并非如此。对于这一领域的新人来说，如果认为深度学习与神经生物学存在任何关系，那将使人困惑，只会起到反作用。你无须那种"就像我们的头脑一样"的神秘包装，最好也忘掉读过的深度学习与生物学之间的假想联系。就我们的目的而言，深度学习是从数据中学习表示的一种数学框架。

深度学习算法学到的数据表示是什么样的？我们来看一个深度神经网络如何对数字图像进行变换，以便识别图像中的数字，如图 1-5 所示。

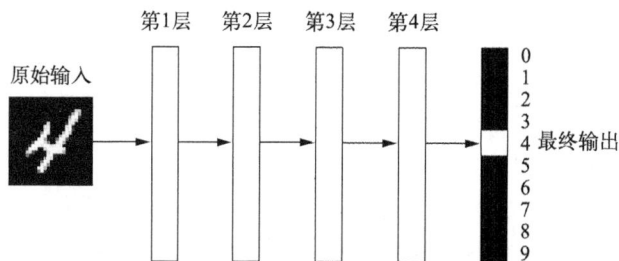

图 1-5　用于数字分类的深度神经网络

如图 1-6 所示，这个神经网络将数字图像变换为与原始图像差别越来越大的表示，而其中关于最终结果的信息越来越丰富。你可以将深度神经网络看作多级**信息蒸馏**（information distillation）过程：信息穿过连续的过滤器，其**纯度**越来越高（对任务的帮助越来越大）。

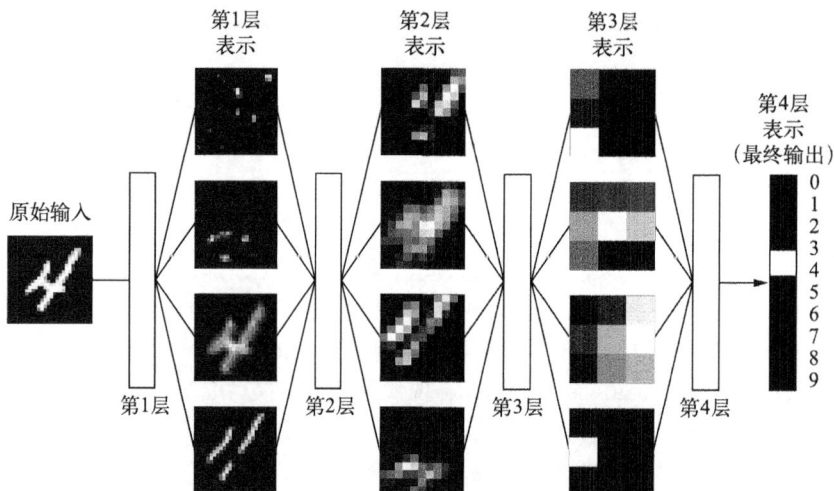

图 1-6　数字分类模型学到的数据表示

这就是深度学习的技术定义：一种多层的学习数据表示的方法。这个想法很简单，但事实证明，如果具有足够大的规模，那么非常简单的机制将产生魔法般的效果。

1.1.5　用三张图理解深度学习的工作原理

现在你已经知道，机器学习是将输入（比如图像）映射到目标（比如标签"猫"）的过程。这一过程是通过观察许多输入和目标的示例来完成的。你还知道，深度神经网络通过一系列简单的数据变换（层）来实现这种输入到目标的映射，这些数据变换都是通过观察示例学习得到的。下面我们来具体看一下这种学习过程是如何发生的。

在神经网络中，每层对输入数据所做的具体操作保存在该层的**权重**（weight）中，权重实质上就是一串数字。用术语来讲，每层实现的变换由其权重来**参数化**（parameterize），如图 1-7 所示。权重有时也被称为该层的**参数**（parameter）。在这种语境下，**学习**的意思就是为神经网络的所有层找到一组权重值，使得该神经网络能够将每个示例的输入与其目标正确地一一对应。但问题来了：一个深度神经网络可能包含上千万个参数，找到所有参数的正确取值似乎是一项非常艰巨的任务，特别是考虑到修改一个参数值将影响其他所有参数的行为。

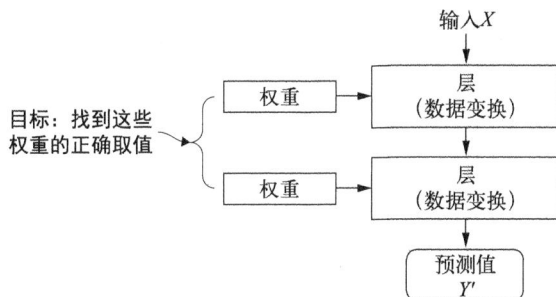

图 1-7　神经网络由其权重来参数化

若要控制某个事物，首先需要能够观察它。若要控制神经网络的输出，需要能够衡量该输出与预期结果之间的距离。这是神经网络**损失函数**（loss function）的任务，该函数有时也被称为**目标函数**（objective function）或**代价函数**（cost function）。损失函数的输入是神经网络的预测值与真实目标值（你希望神经网络输出的结果），它的输出是一个距离值，反映该神经网络在这个示例上的效果好坏，如图 1-8 所示。

深度学习的基本技巧是将损失值作为反馈信号，来对权重值进行微调，以降低当前示例对应的损失值，如图 1-9 所示。这种调节是**优化器**（optimizer）的任务，它实现了所谓的**反向传播**（backpropagation）算法，这是深度学习的核心算法。第 2 章会更详细地解释反向传播的工作原理。

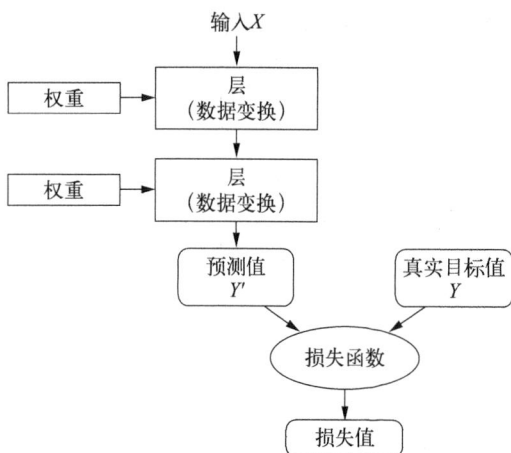

图 1-8　损失函数用来衡量神经网络输出结果的质量　　图 1-9　将损失值作为反馈信号来调节权重

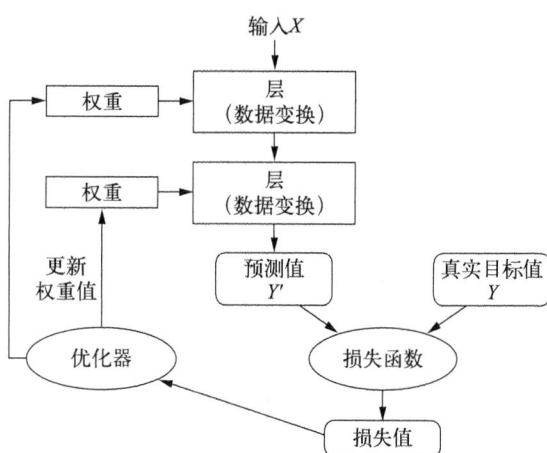

　　由于一开始对神经网络的权重进行随机赋值，因此神经网络仅实现了一系列随机变换，其输出值自然与理想结果相去甚远，相应地，损失值也很大。但是，神经网络每处理一个示例，权重值都会向着正确的方向微调，损失值也相应减小。这就是**训练循环**（training loop），将这种循环重复足够多的次数（通常是对数千个示例进行数十次迭代），得到的权重值可以使损失函数最小化。具有最小损失值的神经网络，其输出值与目标值尽可能地接近，这就是一个训练好的神经网络。再次强调，一旦具有足够大的规模，这个简单的机制将产生魔法般的效果。

1.1.6　深度学习已取得的进展

　　虽然深度学习是机器学习的一个相当有年头的分支领域，但它在 21 世纪最初几年才开始崭露头角。在随后的几年里，它取得了革命性的进展，在感知任务甚至是自然语言处理任务上都取得了令人瞩目的成果。在人类看来，这些问题涉及的技术非常自然、非常直观，但长期以来一直是计算机难以解决的。

　　特别要强调的是，深度学习已经实现了以下突破，它们都是机器学习历史上非常困难的领域：

- ❑ 接近人类水平的图像分类
- ❑ 接近人类水平的语音识别
- ❑ 接近人类水平的手写文字识别
- ❑ 大幅改进的机器翻译
- ❑ 大幅改进的文本到语音转换
- ❑ 数字助理，比如谷歌助理（Google Assistant）和亚马逊 Alexa
- ❑ 接近人类水平的自动驾驶
- ❑ 更好的广告定向投放，谷歌、百度、必应都在使用

□ 更好的互联网搜索结果

□ 能够回答用自然语言提出的问题

□ 在下围棋时战胜人类

深度学习的能力仍待继续探索。我们已成功将深度学习应用于许多问题，而这些问题在几年前还被认为是无法解决的。这些问题包括自动识别档案馆保存的上万份古代手稿，使用简单的智能手机在田间检测植物病害并对其进行分类，协助肿瘤医师或放射科医生解读医学影像数据，预测洪水、飓风甚至地震等自然灾害，等等。随着每一个里程碑的出现，我们越来越接近这样一个时代：深度学习在人类从事的每一项活动和每一个领域中都能为我们提供帮助，包括科学、医学、制造业、能源、交通、软件开发、农业，甚至是艺术创作。

1.1.7 不要相信短期炒作

虽然深度学习近年来取得了令人瞩目的成就，但人们对这一领域在未来十年里所能取得的成就似乎期望过高。虽然一些改变世界的应用（比如自动驾驶汽车）已经触手可及，但更多的应用可能在很长一段时间内仍然难以实现，比如可信的对话系统、达到人类水平的跨任意语言的机器翻译，以及达到人类水平的自然语言理解。尤其不应该将对"达到人类水平的通用智能"的讨论太当回事儿。在短期内期望过高的风险是，一旦技术上没有实现，那么研究投资将会停止，从而导致在很长一段时间内进展缓慢。

这种事情曾经发生过。人们对人工智能极度乐观，随后是失望与怀疑，进而导致资金匮乏，这种循环曾发生过两次，最早始于 20 世纪 60 年代的符号主义人工智能。早年间，人们对人工智能的未来充满期待。Marvin Minsky 是符号主义人工智能方法最有名的先驱和支持者之一，他在 1967 年宣称："在一代人的时间内……将基本解决创造'人工智能'这个问题。"1970 年，他做出了更为精确的量化预测："在 3 到 8 年的时间里，我们将拥有一台智力与普通人相当的机器。"到了 2021 年，这一目标看起来仍然遥不可及，我们甚至无法预测需要多长时间才能实现。但在 20 世纪 60 年代和 70 年代初，一些专家相信这一目标近在咫尺（正如今天许多人所相信的那样）。几年后，由于这些过高的期望未能实现，研究人员和政府资金都转向了其他领域。这标志着第一次**人工智能冬天**（AI winter）的开始（这一说法参考了"核冬天"，因为当时冷战高峰期刚刚过去）。

这并不是人工智能的最后一个冬天。20 世纪 80 年代，**专家系统**这种新的符号主义人工智能开始在大公司中受到追捧。最初的几个成功案例引发了一轮投资热潮，进而全球企业都开始在内部设立人工智能部门来开发专家系统。1985 年前后，各家公司每年在这项技术上的花费超过 10 亿美元。但到了 20 世纪 90 年代初，人们发现这些系统的维护费用很高、难以扩展，并且应用范围有限，对它的兴趣也随之消退。于是，第二个人工智能冬天开始了。

我们可能正在见证人工智能炒作与让人失望的第三次循环，而且我们仍处于极度乐观的阶段。最好的做法是降低我们的短期期望，确保对这一领域的技术方面不太了解的人能够清楚地知道深度学习能做什么、不能做什么。

1.1.8　人工智能的未来

虽然我们对人工智能的短期期望可能不切实际，但长期来看，前景是光明的。我们才刚刚开始将深度学习应用于许多重要的问题，从医疗诊断到数字助理。在这些问题上，深度学习都具有变革性的意义。在过去十年里，人工智能研究一直在以惊人的速度向前发展，这在很大程度上是由于人工智能短暂历史中前所未见的资金投入，但到目前为止，这些进展很少能够转化为改变世界的产品和流程。深度学习的大多数研究成果尚未得到应用，至少尚未应用到它在各行各业中能够解决的所有问题上。医生和会计师都还没有使用人工智能，你在日常生活中可能也并不经常使用人工智能技术。当然，你可以向智能手机提出一些简单的问题并得到合理的回答，也可以在亚马逊网站上得到相当有用的产品推荐，还可以在谷歌相册中搜索"生日"并立刻找到你女儿上个月生日聚会的照片。这些技术已经比过去进步很多了，但类似的工具仍然只是日常生活的陪衬。人工智能尚未转变为我们工作、思考和生活的核心。

眼下，我们似乎很难相信人工智能会对世界产生巨大影响，因为它还没有被广泛地部署应用——就像回到 1995 年，我们也很难想象互联网在未来会产生的影响。当时大多数人没有认识到互联网与他们之间的关系，也不知道互联网将如何改变他们的生活。今天的深度学习和人工智能也是如此。但请不要怀疑：人工智能即将到来。在不远的未来，人工智能将成为你的助手，甚至是你的朋友。它会回答你的问题，帮助你教育孩子，并呵护你的健康。它还会将生活用品送到你家门口，开车将你从 A 地送到 B 地。它会是你与日益复杂、信息密集的世界之间的接口。更为重要的是，人工智能将帮助科学家在所有科学领域（从基因组学到数学）拥有突破性的新发现，从而帮助人类整体向前发展。

在这个过程中，我们可能会遇到一些挫折，甚至可能会遇到一个新的人工智能冬天，正如互联网行业在 1998 年～1999 年被过度炒作，进而在 21 世纪初遭遇重创，并导致投资停止。但是，我们最终会实现上述目标。人工智能最终将应用到社会和日常生活的几乎所有方面，正如今天的互联网一样。

不要相信短期炒作，但一定要相信长期愿景。人工智能或许需要一段时间才能充分发挥其潜力，这一潜力大到难以想象，但人工智能时代终将到来，它将以一种奇妙的方式改变我们的世界。

1.2　深度学习之前：机器学习简史

深度学习已经得到了人工智能历史上前所未有的公众关注度和行业投资，但这并不是机器学习的第一次成功。可以这样说，当前工业界所使用的大部分机器学习算法不是深度学习算法。深度学习不一定总是解决问题的正确工具：有时没有足够的数据，深度学习不适用；有时用其他算法可以更好地解决问题。如果第一次接触的机器学习就是深度学习，那么你可能会发现手中只有一把深度学习"锤子"，而所有机器学习问题看起来都像是"钉子"。为了避免陷入这个误区，唯一的方法就是熟悉其他机器学习方法并在适当的时候进行实践。

关于经典机器学习方法的详细讨论已经超出了本书范围，但我们将简要回顾这些方法，并了解这些方法发展的历史背景。这样一来，我们便可以将深度学习放入机器学习的大背景中，更好地理解深度学习的起源和重要性。

1.2.1 概率建模

概率建模（probabilistic modeling）是统计学原理在数据分析中的应用。它是最早的机器学习形式之一，至今仍在广泛使用。在概率建模中，最著名的算法之一就是朴素贝叶斯算法。

朴素贝叶斯是一类机器学习分类器，基于对贝叶斯定理的应用。它假设输入数据的特征都是独立的（这是一个很强的假设，或者说是"朴素"的假设，其名称正来源于此）。这种数据分析方法比计算机出现得还要早，在其第一次被计算机实现（很可能追溯到 20 世纪 50 年代）的几十年前就已经靠人工计算来应用了。贝叶斯定理和统计学基础可以追溯到 18 世纪，只要学会这两点，就可以开始使用朴素贝叶斯分类器了。

另一个密切相关的模型是 logistic 回归（logistic regression，简称 logreg），它有时被认为是现代机器学习的"Hello World"。不要被它的名称所误导——logreg 是一种分类算法，而不是回归算法。与朴素贝叶斯类似，logreg 的出现也比计算机早很长时间，但由于它既简单又通用，因此至今仍然很有用。面对一项分类任务，数据科学家通常首先会在数据集上尝试使用这种算法，以便初步熟悉该分类任务。

1.2.2 早期神经网络

神经网络的早期版本已经完全被本章所介绍的现代版本所取代，但仍有助于我们了解深度学习的起源。虽然人们早在 20 世纪 50 年代就开始研究神经网络及其核心思想，但这一方法在数十年后才被人们所使用。在很长一段时间里，一直没有训练大型神经网络的有效方法。这种情况在 20 世纪 80 年代中期发生了变化，当时有多人独立地重新发现了反向传播算法——一种利用梯度下降优化来训练一系列参数化运算链的方法（后面将给出这些概念的具体定义），并开始将其应用于神经网络。

神经网络的第一个成功的实际应用来自于 1989 年的贝尔实验室，当时 Yann LeCun 将卷积神经网络的早期思想与反向传播算法相结合，并将其应用于手写数字分类问题。由此得名的 LeNet，在 20 世纪 90 年代被美国邮政署采用，用于自动读取信封上的邮政编码。

1.2.3 核方法

神经网络取得了第一次成功，并从 20 世纪 90 年代开始在研究人员中受到一定重视，但一种新的机器学习方法在这时声名鹊起，很快就使人们将神经网络抛诸脑后。这种方法就是核方法。**核方法**（kernel method）是一组分类算法，其中最有名的就是**支持向量机**（support vector machine，SVM）。虽然 Vladimir Vapnik 和 Alexey Chervonenkis 早在 1964 年就发表了 SVM 较早版本的线性公式[①]，但 SVM 的现代公式由 Vladimir Vapnik 和 Corinna Cortes 于 20 世纪 90 年代初

[①] Vladimir Vapnik, Alexey Chervonenkis. A Note on One Class of Perceptrons. Automation and Remote Control 25, 1964.

在贝尔实验室提出，并发表于 1995 年 [①]。

　　SVM 是一种分类算法，其原理是寻找划分两个类别的"决策边界"，如图 1-10 所示。SVM 通过以下两步来寻找决策边界。

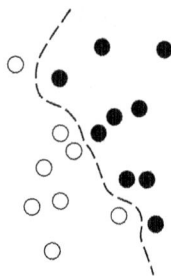

图 1-10　决策边界

(1) 将数据映射到新的高维表示，此时决策边界可以用一个超平面来表示（如果数据像图 1-10 那样是二维的，那么超平面就是一条直线）。

(2) 尽量让超平面与每个类别最近的数据点之间的距离最大化，从而计算出良好的决策边界（分离超平面）。这一步叫作**间隔最大化**（maximizing the margin）。这样一来，决策边界便可以很好地推广到训练数据集之外的新样本。

　　将数据映射到高维表示从而使分类问题简化，这一方法可能听起来很不错，但实际上计算起来很棘手。这时就需要用到**核技巧**（kernel trick，核方法正是因这一核心思想而得名）。核技巧的基本思想是：要在新的表示空间中找到良好的决策超平面，不需要直接计算点在新空间中的坐标，只需要计算在新空间中点与点之间的距离，而利用核函数可以高效地完成这种计算。**核函数**（kernel function）是一个在计算上容易实现的运算，它将初始空间中的任意两点映射为这两点在目标表示空间中的距离，从而完全避免了直接计算新的表示。核函数通常是人为选择的，而不是从数据中学到的——对于 SVM 来说，只有分离超平面是通过学习得到的。

　　SVM 刚刚出现时，在简单的分类问题上表现出非常好的性能。当时只有少数机器学习方法得到大量的理论支持，并且经得起严谨的数学分析，因此非常易于理解和解释，SVM 就是其中之一。由于 SVM 具有这些有用的性质，因此它在很长一段时间里非常流行。

　　但事实证明，SVM 很难扩展到大型数据集，并且在图像分类等感知问题上的效果也不好。SVM 是一种浅层方法，因此要将其应用于感知问题，首先需要手动提取出有用的表示（这一步骤叫作**特征工程**）。这一步骤很难，而且不稳定。如果想用 SVM 来进行手写数字分类，那么你不能从原始像素开始，而应该首先手动找到有用的表示（比如前面提到的像素直方图），使问题变得更易于处理。

1.2.4　决策树、随机森林和梯度提升机

　　决策树（decision tree）是类似于流程图的结构，可以对输入数据进行分类或根据输入预测输出值，如图 1-11 所示。决策树的可视化和解释都很简单。在 21 世纪前 10 年，从数据中进行学习的决策树开始引起研究人员的浓厚兴趣。到了 2010 年，决策树往往比核方法更受欢迎。

　　随机森林（random forest）算法引入了一种稳健且实用的决策树学习方法，即首先构建许多专门的决策树，然后将它们的输出集成在一起。随机森林适用于各种各样的问题——对于任何浅层的机器学习任务来说，它几乎总是第二好的算法。广受欢迎的机器学习竞赛网站 Kaggle 在 2010 年上线后，随机森林迅速成为该平台用户的最爱，直到 2014 年才被**梯度提升机**（gradient boosting machine）所取代。与随机森林类似，梯度提升机也是将弱预测模型（通常是决策树）

① Vladimir Vapnik, Corinna Cortes. Support-Vector Networks. Machine Learning 20, no. 3, 1995: 273–297.

进行集成的机器学习技术。它使用了**梯度提升**（gradient boosting）方法，这种方法通过迭代地训练新模型来专门弥补原有模型的弱点，从而可以提升任何机器学习模型的效果。将梯度提升技术应用于决策树时，得到的模型与随机森林具有相似的性质，但在绝大多数情况下效果更好。它可能是目前处理非感知数据最好的算法之一（如果非要加"之一"的话）。和深度学习一样，它也是 Kaggle 竞赛中十分常用的技术。

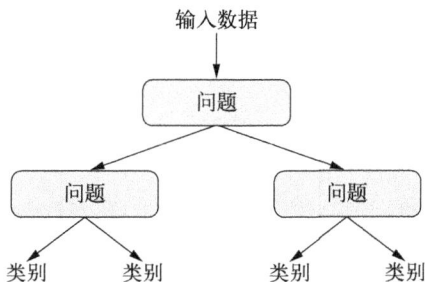

图 1-11　决策树：需要学习的参数是关于数据的问题。举个例子，问题可能是：
"数据中第 2 个系数是否大于 3.5？"

1.2.5　回到神经网络

虽然神经网络曾几乎被整个科学界忽略，但仍有一些人在坚持研究神经网络，并在 2010 年前后开始取得重大突破。这些人包括多伦多大学的 Geoffrey Hinton 小组、蒙特利尔大学的 Yoshua Bengio 小组、纽约大学的 Yann LeCun 小组和瑞士的 Dalle Molle 人工智能研究所（IDSIA）。

2011 年，来自 IDSIA 的 Dan Ciresan 开始利用 GPU 训练的深度神经网络赢得学术性图像分类比赛，这是现代深度学习第一次在实践中取得成功。但真正的转折点出现在 2012 年，Hinton 小组在这一年参加了每年一次的大规模图像分类挑战赛 ILSVRC（全称是 ImageNet 大规模视觉识别挑战赛）。当时该挑战赛以困难著称，参赛者需要对 140 万张高分辨率彩色图像进行训练，然后将其划分到 1000 个类别中。在 2011 年获胜的模型基于经典的计算机视觉方法，其 top-5 精度只有 74.3%[①]。到了 2012 年，由 Alex Krizhevsky 带领并由 Geoffrey Hinton 提供建议的小组实现了重大突破，达到 83.6% 的 top-5 精度。此后，这项比赛每年都被深度卷积神经网络所主导。到了 2015 年，获胜模型的精度达到了 96.4%，此时 ImageNet 的分类任务被认为是一个已完全解决的问题。

自 2012 年以来，深度卷积神经网络（convnet）已成为所有计算机视觉任务的首选算法。更一般地说，它适用于所有感知任务。在 2015 年之后的主要计算机视觉会议上，绝大多数演讲或多或少与 convnet 有关。与此同时，深度学习也在许多其他类型的问题上得到应用，比如自然语言处理。它已经在大量应用中完全取代了 SVM 与决策树。举个例子，欧洲核子研究中

---

① "top-5 精度"衡量的是，模型前 5 个结果中包含正确答案的频率（对于 ImageNet 来说，共有 1000 种可能的结果）。

心（CERN）多年来一直使用基于决策树的方法来分析来自大型强子对撞机（LHC）ATLAS 探测器的粒子数据，但 CERN 最终转向基于 Keras 的深度神经网络，因为后者的性能更好，而且在大型数据集上易于训练。

1.2.6　深度学习有何不同

深度学习发展得如此迅速，主要原因在于它在很多问题上表现出更好的性能，但这并不是唯一的原因。深度学习还让解决问题变得更加简单，因为它将特征工程完全自动化，而这曾经是机器学习工作流程中最关键的一步。

先前的机器学习技术（浅层学习）仅涉及将输入数据变换到一两个连续的表示空间，通常使用简单的变换，比如高维非线性投影（SVM）或决策树。但这些技术通常无法得到复杂问题所需的精确表示。因此，人们不得不竭尽所能让初始输入数据更适合于用这些方法处理，不得不手动为数据设计良好的表示层。这一步叫作**特征工程**（feature engineering）。与此相对，深度学习将这一步完全自动化：利用深度学习，可以一次性学习所有特征，而无须自己手动设计。这极大地简化了机器学习工作流程，通常用一个简单、端到端的深度学习模型取代复杂的多级流程。

你可能会问，如果问题的关键在于有多个连续表示层，那么能否重复应用浅层方法，以实现与深度学习类似的效果呢？在实践中，如果连续应用浅层学习方法，那么其收益会随着层数增加而迅速降低，因为三层模型中最优的第一表示层并不是单层模型或双层模型中最优的第一表示层。深度学习的变革之处在于，模型可以在同一时间**共同**学习所有表示层，而不是依次连续学习（这被称为**贪婪**学习）。通过共同的特征学习，每当模型修改某个内部特征时，所有依赖于该特征的其他特征都会相应地自动调节适应，无须人为干预。一切都由单一反馈信号来监督：模型中的每一处变化都是为最终目标服务。这种方法比贪婪地叠加浅层模型更强大，因为它可以通过将复杂、抽象的表示拆解为多个中间空间（层）来学习这些表示，每个中间空间仅仅是前一个空间的简单变换。

深度学习从数据中进行学习时有两个基本特征：第一，**通过逐层渐进的方式形成越来越复杂的表示**；第二，**对中间这些渐进的表示共同进行学习**，每一层的修改都需要同时考虑上下两层。这两个特征叠加在一起，使得深度学习比先前的机器学习方法更成功。

1.2.7　机器学习现状

若要了解机器学习算法和工具的现状，一个很好的方法是查看 Kaggle 上的机器学习竞赛。Kaggle 上的竞争非常激烈（有些比赛有数千名参赛者，并提供数百万美元的奖金），而且涵盖了各种类型的机器学习问题，所以它提供了一种现实方法来评判哪种方法有效、哪种方法无效。究竟哪种算法能够可靠地赢得竞赛呢？顶级参赛者都使用哪些工具？

2019 年初，Kaggle 做了一项调查，询问自 2017 年以来在任何比赛中获得前五名的团队在比赛中使用的主要软件工具。如图 1-12 所示，结果表明，顶级团队往往使用深度学习方法（最常用的是 Keras 库）或梯度提升树（最常用的是 LightGBM 库或 XGBoost 库）。

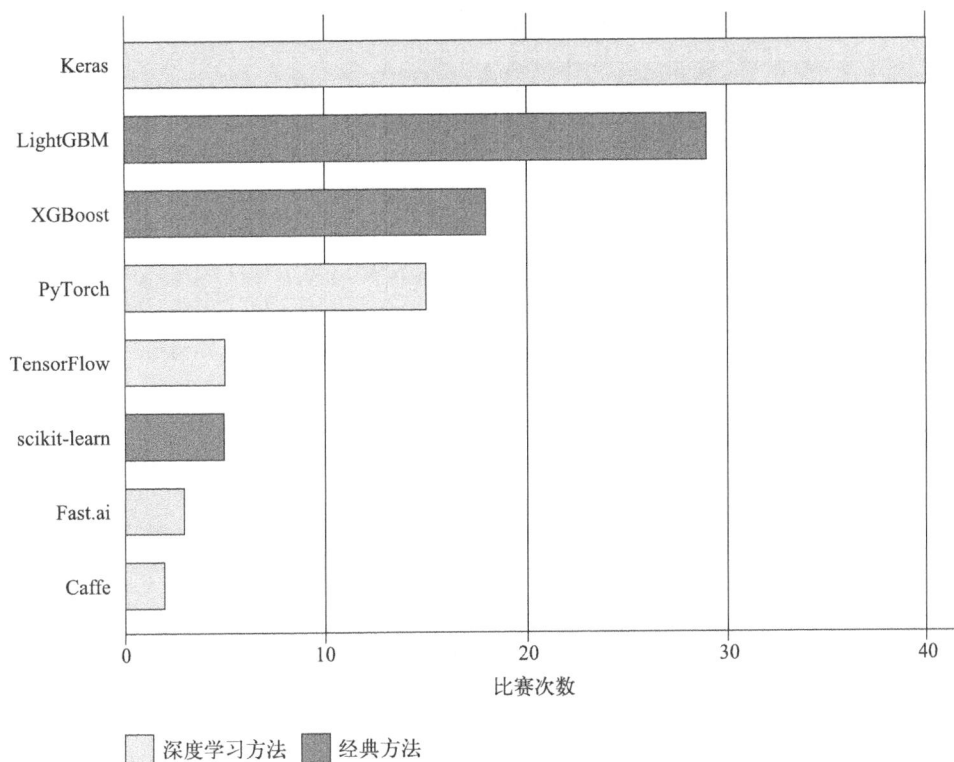

图 1-12 Kaggle 顶级参赛团队所使用的机器学习工具

不是只有比赛冠军才使用这些工具。Kaggle 还在全球机器学习和数据科学专业人士中开展年度调查，这项调查有数万名受访者，是我们了解行业现状最可靠的来源之一。图 1-13 给出了不同机器学习软件框架的使用比例。

从 2016 年到 2020 年，整个机器学习和数据科学行业一直由深度学习和梯度提升树这两种方法所主导。具体地说，梯度提升树用于结构化数据的问题，深度学习则用于图像分类等感知问题。

梯度提升树的用户通常使用 scikit-learn、XGBoost 或 LightGBM。大多数深度学习从业者使用 Keras，通常与其父框架 TensorFlow 结合使用。这些工具的共同点在于都是 Python 库。到目前为止，Python 是机器学习和数据科学领域使用最广泛的语言。

要想在如今的应用机器学习中取得成功，你应该熟悉这两种技术：梯度提升树，用于浅层学习问题；深度学习，用于感知问题。从技术角度来说，这意味着你需要熟悉 scikit-learn、XGBoost 和 Keras，它们是目前主宰 Kaggle 竞赛的 3 个库。有了本书在手，你已经向这个目标迈出了一大步。

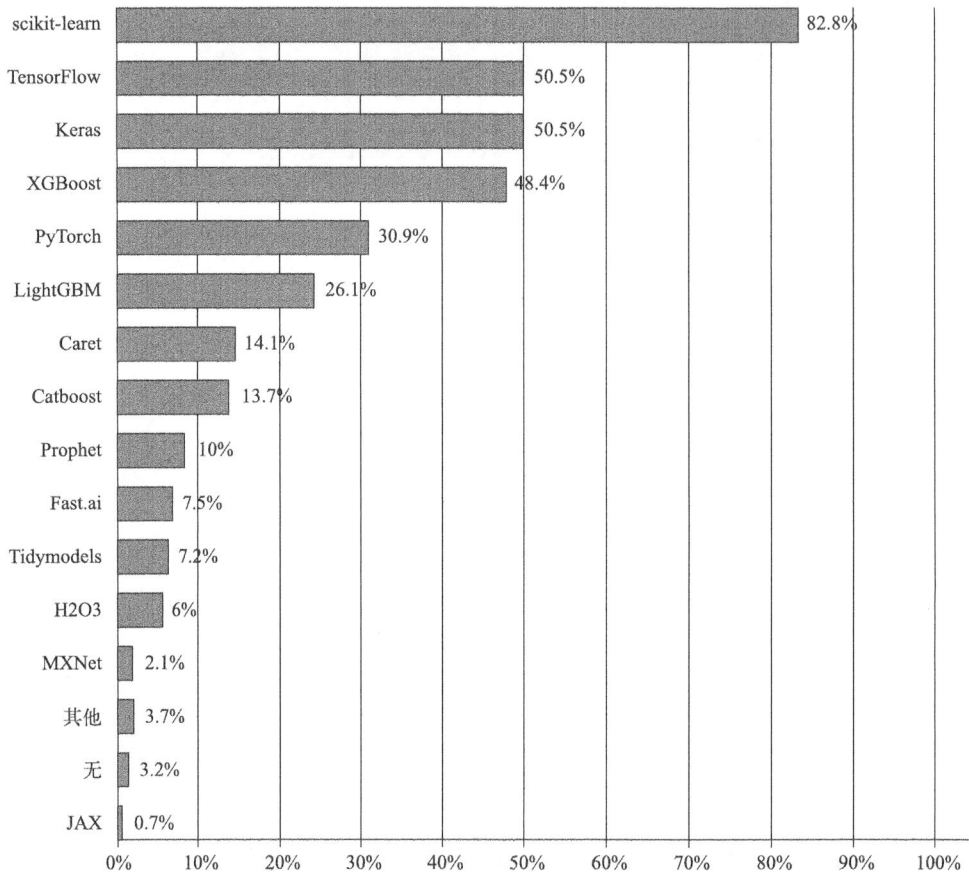

图 1-13   机器学习和数据科学行业的工具使用情况（数据来源：2020 年 Kaggle 调查结果）

1.3   为什么要用深度学习，为什么是现在

深度学习用于计算机视觉的两个关键思想，即卷积神经网络和反向传播，在 1990 年就已经为人们所熟知。长短期记忆（LSTM）算法是深度学习处理时间序列的基础，它在 1997 年就被开发出来，而且此后几乎没有变化。那么为什么深度学习在 2012 年之后才开始取得成功？这二十年间发生了什么变化？

总体来说，有 3 股技术力量在推动着机器学习的进步：

❑ 硬件

❑ 数据集和基准

❑ 算法改进

由于这一领域是靠实验结果而不是靠理论指导的，因此只有当合适的数据和硬件可用于尝试新想法时（或者将旧想法的规模扩大，事实往往也是如此），才可能出现算法上的改进。与数学或物理学不同，仅靠一支笔和一张纸不能实现机器学习的重大进展，它是一门工程科学。

在 20 世纪 90 年代和 21 世纪前 10 年，真正的瓶颈在于数据和硬件。但在这段时间里发生了下面这些事情：互联网高速发展，人们针对游戏市场的需求开发出了高性能图形芯片。

1.3.1　硬件

从 1990 年到 2010 年，成品 CPU 的速度提高了约 5000 倍。因此，现在你可以在笔记本计算机上运行小型深度学习模型，而这在 25 年前是无法实现的。

但是，对于计算机视觉或语音识别所使用的典型深度学习模型，所需要的计算能力要比笔记本计算机高几个数量级。在 21 世纪前 10 年里，NVIDIA 和 AMD 等公司投资数十亿美元来开发快速的大规模并行芯片（图形处理器，GPU），以便为越来越逼真的视频游戏提供图形显示支持。这些芯片就好比廉价、单一用途的超级计算机，用于在屏幕上实时渲染复杂的三维场景。2007 年，NVIDIA 公司推出了 CUDA，作为其 GPU 系列的编程接口，其后上述投资开始使科学界受益。少量 GPU 开始在各种高度并行化的应用中替代大量 CPU 集群，最早应用于物理建模。深度神经网络主要由许多小矩阵乘法组成，也是高度并行化的。2011 年前后，一些研究人员开始编写神经网络的 CUDA 实现，第一批人包括 Dan Ciresan[①] 和 Alex Krizhevsky[②]。

这样，游戏市场资助了用于下一代人工智能应用的超级计算。有时候，大事件是从游戏开始的。今天，NVIDIA Titan RTX（一款 GPU，在 2019 年底售价 2500 美元）可以实现单精度 16 teraFLOPS 的峰值，即每秒进行 16 万亿次 `float32` 运算。与 1990 年世界上最快的超级计算机英特尔 Touchstone Delta 相比，它的计算能力要高出约 500 倍。利用一块 Titan RTX，训练一个 ImageNet 模型只需几小时，并且该模型放到 2012 年或 2013 年就可以赢得 ILSVRC 比赛。与此同时，大公司在拥有数百块 GPU 的集群上训练深度学习模型。

此外，深度学习行业已经不满足于 GPU，正在投资越来越专业化的高效芯片来进行深度学习。2016 年，谷歌在其年度 I/O 大会上展示了张量处理器（TPU）项目。TPU 是一种全新的芯片，运行深度神经网络的速度和能效都远远高于最好的 GPU。2020 年，第三代 TPU 卡已具有 420 teraFLOPS 的计算能力，比 1990 年的英特尔 Touchstone Delta 高出 1 万倍。

TPU 卡可以组装成更大规模的 pod。一个 pod 包含 1024 张 TPU 卡，其峰值可达 100 petaFLOPS[③]。就规模而言，这大约是 IBM Summit 超级计算机计算能力峰值的 10%，后者包含 27 000 块 NVIDIA GPU，峰值约为 1.1 exaFLOPS[④]。

1.3.2　数据

人工智能有时被誉为新的工业革命。如果深度学习是这场革命的蒸汽机，那么数据就是这场革命的煤炭，即驱动智能机器的原材料。没有煤炭，一切皆不可能。就数据而言，除了过去

---

① 参见 "Flexible, High Performance Convolutional Neural Networks for Image Classification"。

② 参见 "ImageNet Classification with Deep Convolutional Neural Networks"。

③ 1 petaFLOPS = 10^{15} FLOPS。——译者注

④ 1 exaFLOPS = 10^{18} FLOPS。——译者注

20 年里存储硬件的指数级增长（遵循摩尔定律），最大的变革来自于互联网的兴起，它使得收集与分发用于机器学习的超大型数据集变得可行。如今，大公司使用的图像数据集、视频数据集和自然语言数据集，如果没有互联网的话根本无法收集。例如，Flickr 网站用户生成的图像标签一直是计算机视觉领域的数据宝库，YouTube 视频也是一座宝库，维基百科则是自然语言处理领域的重要数据集。

如果说有一个数据集是深度学习兴起的催化剂，那么一定是 ImageNet 数据集。它包含 140 万张图像，这些图像已经被人工划分为 1000 个图像类别（每张图像对应 1 个类别）。但 ImageNet 的特殊之处不仅在于其规模之大，还在于与其相关的年度竞赛 [①]。

正如 Kaggle 自 2010 年以来所展示的那样，公开竞赛是激励研究人员和工程师挑战极限的极好方法。研究人员通过竞争来超越共同基准，展现深度学习比经典机器学习方法更具优势，从而极大地促进了深度学习的兴起。

1.3.3　算法

除了硬件和数据，直到 21 世纪前 10 年末，我们仍然没有可靠的方法来训练非常深的神经网络。因此，神经网络仍然很浅，仅使用一两个表示层，无法超越更为精确的浅层方法，比如 SVM 和随机森林。关键的问题在于通过多层叠加的**梯度传播**（gradient propagation）。随着层数的增加，用于训练神经网络的反馈信号会逐渐消失。

这一情况在 2009 年 ~ 2010 年发生了变化，当时出现了几个很简单但很重要的算法改进，从而可以实现更好的梯度传播。

- ❑ 更好的神经层**激活函数**（activation function）。
- ❑ 更好的**权重初始化方案**（weight-initialization scheme），一开始使用逐层预训练的方法，不过这种方法很快就被放弃了。
- ❑ 更好的**优化方案**（optimization scheme），比如 RMSprop 和 Adam。

只有当这些改进让我们可以训练 10 层以上的模型时，深度学习才开始大放异彩。

2014 年 ~ 2016 年，人们发现了更先进的梯度传播改进方法，比如批量规范化、残差连接和深度可分离卷积。

今天，我们可以从头开始训练任意深度的模型。这使得我们可以使用极其庞大的模型，这些模型拥有相当强大的表示能力，也就是说，它们可以编码非常丰富的假设空间。这种极强的可扩展性是现代深度学习的一大典型特征。具有数十层和数千万个参数的大规模模型架构，在计算机视觉（如 ResNet、Inception 或 Xception 等架构）和自然语言处理（如 BERT、GPT-3 或 XLNet 等基于 Transformer 的大型架构）领域都取得了重要进展。

1.3.4　新一轮投资热潮

随着深度学习于 2012 年 ~ 2013 年在计算机视觉领域成为新的最优算法，并最终在所有感知任务上都成为最优算法，行业领导者开始注意到它。随之而来的就是逐步升温的行业投资热潮，

---

① ImageNet 大规模视觉识别挑战赛（ILSVRC）。

远远超过人工智能历史上的任何一次投资，如图 1-14 所示。

2011年～2017年，人工智能初创企业的投资总额估算（按企业所在地划分）

美国   中国   欧盟   以色列   加拿大   日本   其他   印度

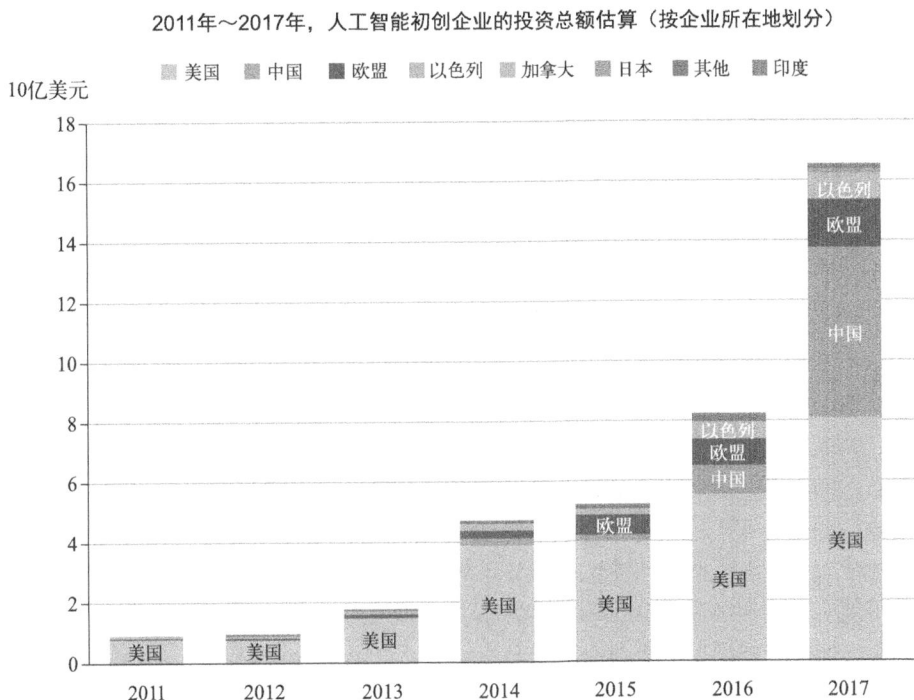

图 1-14   经济合作与发展组织对人工智能初创企业投资总额的估算（见彩插。数据来源：经济合作与发展组织）

2011 年，就在深度学习大放异彩之前，全球在人工智能领域的风险投资总额不到 10 亿美元，而且几乎全部投给了浅层机器学习方法的实际应用。这一数字在 2015 年涨到了 50 多亿美元，在 2017 年达到了惊人的 160 亿美元。在这几年中，数百家创业公司成立，试图从深度学习热潮中获利。与此同时，谷歌、亚马逊、微软等大型科技公司已经对内部研究部门进行了投资，其金额很可能已经远远超过了风险投资的金额。

机器学习，特别是深度学习，已成为这些科技巨头产品战略的核心。2015 年底，谷歌首席执行官 Sundar Pichai 表示："机器学习这一具有变革意义的核心技术将促使我们重新思考做所有事情的方式。我们悉心将其应用于所有产品，无论是搜索、广告、YouTube 还是 Google Play。我们尚处于早期阶段，但你将看到我们系统性地将机器学习应用于上述所有领域。"[①]

由于这一轮投资热潮，在不到十年的时间里，从事深度学习的人数从几百人涨到几万人，研究进展也达到了惊人的速度。

1.3.5   深度学习的普及

有许多新面孔进入深度学习领域，其主要的驱动因素之一在于该领域所用工具集的普及。

---

① Sundar Pichai 是在 2015 年 10 月 22 日 Alphabet 财报会议上说这番话的。

在早期，从事深度学习需要精通 C++ 和 CUDA，而只有少数人才拥有这些技能。

如今，只要具有基本的 Python 脚本技能，就足以从事高级的深度学习研究。这主要得益于 Theano 库（已停止开发）与其后的 TensorFlow 库的开发，以及 Keras 等用户友好型库的兴起。Theano 和 TensorFlow 是两个符号式张量运算框架，它们都使用 Python，且都支持自动求微分，这极大简化了新模型的实现过程。Keras 等用户友好型库则使深度学习变得像拼乐高积木一样简单。Keras 发布于 2015 年初，很快就成为大量创业公司、研究生和研究人员转向该领域的首选深度学习解决方案。

1.3.6　这种趋势会持续下去吗

深度神经网络成为企业投资和研究人员纷纷选择的正确方法，它究竟有何特别之处？换句话说，深度学习是否只会昙花一现？二十年后，我们是否还在使用深度神经网络？

深度学习有几个重要的性质，可以证明它确实是人工智能的革命，并且能长盛不衰。二十年后，我们可能不再使用神经网络，但我们那时所使用的工具都会直接继承自现代深度学习及其核心概念。这些重要的性质大致可以分为以下 3 类。

- ❑ **简单**。深度学习不需要特征工程，它将复杂、不稳定、工程量很大的流程替换为简单、端到端的可训练模型，构建这种模型通常只需要五六种张量运算。
- ❑ **可扩展**。深度学习非常适合在 GPU 或 TPU 上并行计算，因此可以充分利用摩尔定律。此外，深度学习模型通过对小批量数据进行迭代来训练，因此可以在任意规模的数据集上进行训练。（唯一的瓶颈是可用的并行计算能力，而由于摩尔定律，这一限制会越来越小。）
- ❑ **通用、可复用**。与之前许多机器学习方法不同，深度学习模型无须从头开始就可以在新增的数据上进行训练，因此可用于连续在线学习，这对于大型生产模型而言是非常重要的特性。此外，训练好的深度学习模型是可重复使用的。举个例子，可以将一个对图像分类进行训练的深度学习模型应用于视频处理流程。这样一来，我们就可以将精力投入到日益复杂和强大的模型中。这也使得深度学习适用于较小的数据集。

深度学习成为关注焦点只有短短几年的时间，我们可能还没发现其能力的界限。每过一年，我们都会了解到新的用例和工程改进，从而突破先前的局限。在一场科学革命之后，发展速度通常会遵循一条 S 型曲线：首先是一段快速发展时期，随着研究人员遇到重大瓶颈而逐渐平稳下来，然后又会逐步提升。

在 2016 年撰写本书的第 1 版时，我预测深度学习仍处于这条 S 型曲线的前半部分，未来几年里会出现更多的变革性进展。事实证明，这一预测是对的：2017 年 ~ 2018 年，基于 Transformer 的深度学习模型在自然语言处理领域崛起，成为该领域的一场革命，同时深度学习在计算机视觉和语音识别等领域也保持稳定发展。今天，深度学习似乎已经进入了这条 S 型曲线的后半部分。我们仍期待未来几年能够取得重大进展，但初始阶段的爆炸性进展可能已经过去了。

今天，深度学习技术已经应用到它能解决的各种问题上——这些问题不胜枚举，我对此感到非常兴奋。深度学习这场革命仍在进行中，需要很多年才能充分发挥其潜力。

第 2 章

神经网络的数学基础

本章包括以下内容：
- ❏ 第一个神经网络示例
- ❏ 张量与张量运算
- ❏ 神经网络如何通过反向传播与梯度下降进行学习

要理解深度学习，需要熟悉很多简单的数学概念：**张量**（tensor）、**张量运算**（tensor operation）、**微分**（differentiation）、**梯度下降**（gradient descent）等。本章的目标是用通俗的语言帮你建立起对这些概念的直觉。我们将避免使用数学符号，因为对于没有任何数学背景的人来说，数学符号会带来不必要的障碍，而且不用数学符号也可以将事情解释清楚。对数学运算而言，最精确无误的描述就是它的可执行代码。

本章将首先给出一个神经网络示例，引出张量与梯度下降的概念，然后逐个详细介绍这些新概念。请记住，这些概念对你理解后续章节中的实例至关重要。

读完本章后，你将对神经网络背后的数学理论有直观的理解，然后就可以开始学习第 3 章的 Keras 和 TensorFlow 了。

2.1 初识神经网络

我们来看一个神经网络的具体实例：使用 Python 的 Keras 库来学习手写数字分类。如果没用过 Keras 或类似的库，那么你无法马上理解这个例子的全部内容。没关系。第 3 章会回顾并详细解释这个例子中的每一个步骤。因此，如果本章中的某些步骤看起来有些随意，或者像魔法一样，请不必担心。下面我们开始。

在这个例子中，我们要解决的问题是，将手写数字的灰度图像（28 像素 × 28 像素）划分到 10 个类别中（从 0 到 9）。我们将使用 MNIST 数据集，它是机器学习领域的一个经典数据集，其历史几乎和这个领域一样长，而且已被人们深入研究。这个数据集包含 60 000 张训练图像和 10 000 张测试图像，由美国国家标准与技术研究院（National Institute of Standards and Technology，即 MNIST 中的 NIST）在 20 世纪 80 年代收集而成。你可以将"解决"MNIST 问题看作深度学习的"Hello World"，用来验证你的算法正在按预期运行。当成为一名机器学习从业者后，你会发现 MNIST 一次又一次出现在科学论文和博客文章中。图 2-1 给出了 MNIST 数据集的一些样本。

图 2-1　MNIST 数字图像样本

说明　在机器学习中，分类问题中的某个类别叫作**类**（class），数据点叫作**样本**（sample），与某个样本对应的类叫作**标签**（label）。

你不需要现在就尝试在计算机上运行这个例子。如果你想这么做，那么首先需要建立深度学习工作区（见第 3 章）。

MNIST 数据集已预先加载在 Keras 库中，其中包含 4 个 NumPy 数组，如代码清单 2-1 所示。

代码清单 2-1　加载 Keras 中的 MNIST 数据集

```
from tensorflow.keras.datasets import mnist
(train_images, train_labels), (test_images, test_labels) = mnist.load_data()
```

train_images 和 train_labels 组成了训练集，模型将从这些数据中进行学习。然后，我们在测试集（包括 test_images 和 test_labels）上对模型进行测试。

图像被编码为 NumPy 数组，而标签是一个数字数组，取值范围是 0 ~ 9。图像和标签一一对应。

我们来看一下训练数据：

```
>>> train_images.shape
(60000, 28, 28)
>>> len(train_labels)
60000
>>> train_labels
array([5, 0, 4, ..., 5, 6, 8], dtype=uint8)
```

再来看一下测试数据：

```
>>> test_images.shape
(10000, 28, 28)
>>> len(test_labels)
10000
>>> test_labels
array([7, 2, 1, ..., 4, 5, 6], dtype=uint8)
```

我们的工作流程如下：首先，将训练数据（train_images 和 train_labels）输入神经网络；然后，神经网络学习将图像和标签关联在一起；最后，神经网络对 test_images 进行预测，我们来验证这些预测与 test_labels 中的标签是否匹配。

下面我们来构建神经网络，如代码清单 2-2 所示。还是那句话，你现在不需要理解这个例子的全部内容。

代码清单 2-2　神经网络架构

```
from tensorflow import keras
from tensorflow.keras import layers
model = keras.Sequential([
    layers.Dense(512, activation="relu"),
    layers.Dense(10, activation="softmax")
])
```

神经网络的核心组件是**层**（layer）。你可以将层看成数据过滤器：进去一些数据，出来的数据变得更加有用。具体来说，层从输入数据中提取**表示**——我们期望这种表示有助于解决手头的问题。大多数深度学习工作涉及将简单的层链接起来，从而实现渐进式的**数据蒸馏**（data distillation）。深度学习模型就像是处理数据的筛子，包含一系列越来越精细的数据过滤器（也就是层）。

本例中的模型包含 2 个 Dense 层，它们都是密集连接（也叫**全连接**）的神经层。第 2 层（也是最后一层）是一个 10 路 softmax 分类层，它将返回一个由 10 个概率值（总和为 1）组成的数组。每个概率值表示当前数字图像属于 10 个数字类别中某一个的概率。

在训练模型之前，我们还需要指定**编译**（compilation）步骤的 3 个参数。

- **优化器**（optimizer）：模型基于训练数据来自我更新的机制，其目的是提高模型性能。
- **损失函数**（loss function）：模型如何衡量在训练数据上的性能，从而引导自己朝着正确的方向前进。
- 在训练和测试过程中需要监控的**指标**（metric）：本例只关心精度（accuracy），即正确分类的图像所占比例。

后面两章会详细介绍损失函数和优化器的确切用途。代码清单 2-3 展示了编译步骤。

代码清单 2-3　编译步骤

```
model.compile(optimizer="rmsprop",
              loss="sparse_categorical_crossentropy",
              metrics=["accuracy"])
```

在开始训练之前，我们先对数据进行预处理，将其变换为模型要求的形状，并缩放到所有值都在 [0, 1] 区间。前面提到过，训练图像保存在一个 uint8 类型的数组中，其形状为 (60000, 28, 28)，取值区间为 [0, 255]。我们将把它变换为一个 float32 数组，其形状为 (60000, 28 * 28)，取值范围是 [0, 1]。下面准备图像数据，如代码清单 2-4 所示。

代码清单 2-4　准备图像数据

```
train_images = train_images.reshape((60000, 28 * 28))
train_images = train_images.astype("float32") / 255
test_images = test_images.reshape((10000, 28 * 28))
test_images = test_images.astype("float32") / 255
```

现在我们准备开始训练模型。在 Keras 中，这一步是通过调用模型的 fit 方法来完成的——我们在训练数据上**拟合**（fit）模型，如代码清单 2-5 所示。

代码清单 2-5   拟合模型

```
>>> model.fit(train_images, train_labels, epochs=5, batch_size=128)
Epoch 1/5
60000/60000 [==============================] - 5s - loss: 0.2524 - acc: 0.9273
Epoch 2/5
51328/60000 [=====================>.....] - ETA: 1s - loss: 0.1035 - acc: 0.9692
```

训练过程中显示了两个数字:一个是模型在训练数据上的损失值(loss),另一个是模型在训练数据上的精度(acc)。我们很快就在训练数据上达到了 0.989(98.9%)的精度。

现在我们得到了一个训练好的模型,可以利用它来预测**新数字图像**的类别概率(见代码清单 2-6)。这些新数字图像不属于训练数据,比如可以是测试集中的数据。

代码清单 2-6   利用模型进行预测

```
>>> test_digits = test_images[0:10]
>>> predictions = model.predict(test_digits)
>>> predictions[0]
array([1.0726176e-10, 1.6918376e-10, 6.1314843e-08, 8.4106023e-06,
       2.9967067e-11, 3.0331331e-09, 8.3651971e-14, 9.9999106e-01,
       2.6657624e-08, 3.8127661e-07], dtype=float32)
```

这个数组中每个索引为 i 的数字对应数字图像 test_digits[0] 属于类别 i 的概率。

第一个测试数字在索引为 7 时的概率最大(0.99999106,几乎等于 1),所以根据我们的模型,这个数字一定是 7。

```
>>> predictions[0].argmax()
7
>>> predictions[0][7]
0.99999106
```

我们可以检查测试标签是否与之一致:

```
>>> test_labels[0]
7
```

平均而言,我们的模型对这种前所未见的数字图像进行分类的效果如何?我们来计算在整个测试集上的平均精度,如代码清单 2-7 所示。

代码清单 2-7   在新数据上评估模型

```
>>> test_loss, test_acc = model.evaluate(test_images, test_labels)
>>> print(f"test_acc: {test_acc}")
test_acc: 0.9785
```

测试精度约为 97.8%,比训练精度(98.9%)低不少。训练精度和测试精度之间的这种差距是**过拟合**(overfit)造成的。过拟合是指机器学习模型在新数据上的性能往往比在训练数据上要差,它是第 4 章的核心主题。

第一个例子到这里就结束了。你刚刚看到了如何用不到 15 行 Python 代码构建和训练一个神经网络,对手写数字进行分类。在本章和第 3 章中,我们会详细了解这个例子中的每一个步骤及其原理。接下来，你将学到张量（输入模型的数据存储对象）、张量运算（层的组成要素）与梯度下降（可以让模型从训练示例中进行学习）。

2.2　神经网络的数据表示

在前面的例子中，我们的数据存储在多维 NumPy 数组中，也叫作**张量**（tensor）。一般来说，目前所有机器学习系统都使用张量作为基本数据结构。张量对这个领域非常重要，重要到TensorFlow 都以它来命名。究竟什么是张量呢？

张量这一概念的核心在于，它是一个数据容器。它包含的数据通常是数值数据，因此它是一个数字容器。你可能对矩阵很熟悉，它是 2 阶张量。张量是矩阵向任意**维度**的推广〔注意，张量的维度通常叫作**轴**（axis）〕。

2.2.1　标量（0 阶张量）

仅包含一个数字的张量叫作**标量**（scalar），也叫标量张量、0 阶张量或 0 维张量。在 NumPy中，一个 float32 类型或 float64 类型的数字就是一个标量张量（或标量数组）。可以用ndim 属性来查看 NumPy 张量的轴的个数。标量张量有 0 个轴（ndim == 0）。张量轴的个数也叫作**阶**（rank）。下面是一个 NumPy 标量。

```
>>> import numpy as np
>>> x = np.array(12)
>>> x
array(12)
>>> x.ndim
0
```

2.2.2　向量（1 阶张量）

数字组成的数组叫作**向量**（vector），也叫 1 阶张量或 1 维张量。1 阶张量只有一个轴。下面是一个 NumPy 向量。

```
>>> x = np.array([12, 3, 6, 14, 7])
>>> x
array([12, 3, 6, 14, 7])
>>> x.ndim
1
```

这个向量包含 5 个元素，所以叫作 5 维向量。不要把 5 维向量和 5 维张量混为一谈！5 维向量只有一个轴，沿着这个轴有 5 个维度，而 5 维张量有 5 个轴（沿着每个轴可能有任意个维度）。**维度**（dimensionality）既可以表示沿着某个轴上的元素个数（比如 5 维向量），也可以表示张量的轴的个数（比如 5 维张量），这有时会令人困惑。对于后一种情况，更准确的术语是**5 阶张量**（张量的阶数即轴的个数），但 5 维张量这种模糊的说法很常见。

2.2.3 矩阵（2 阶张量）

向量组成的数组叫作**矩阵**（matrix），也叫 2 阶张量或 2 维张量。矩阵有 2 个轴（通常叫作行和列）。你可以将矩阵直观地理解为矩形的数字网格。下面是一个 NumPy 矩阵。

```
>>> x = np.array([[5, 78, 2, 34, 0],
                  [6, 79, 3, 35, 1],
                  [7, 80, 4, 36, 2]])
>>> x.ndim
2
```

第一个轴上的元素叫作**行**（row），第二个轴上的元素叫作**列**（column）。在上面的例子中，[5, 78, 2, 34, 0] 是 x 的第一行，[5, 6, 7] 是第一列。

2.2.4 3 阶张量与更高阶的张量

将多个矩阵打包成一个新的数组，就可以得到一个 3 阶张量（或称为 3 维张量），你可以将其直观地理解为数字组成的立方体。下面是一个 3 阶 NumPy 张量。

```
>>> x = np.array([[[5, 78, 2, 34, 0],
                   [6, 79, 3, 35, 1],
                   [7, 80, 4, 36, 2]],
                  [[5, 78, 2, 34, 0],
                   [6, 79, 3, 35, 1],
                   [7, 80, 4, 36, 2]],
                  [[5, 78, 2, 34, 0],
                   [6, 79, 3, 35, 1],
                   [7, 80, 4, 36, 2]]])
>>> x.ndim
3
```

将多个 3 阶张量打包成一个数组，就可以创建一个 4 阶张量，以此类推。深度学习处理的一般是 0 到 4 阶的张量，但处理视频数据时可能会遇到 5 阶张量。

2.2.5 关键属性

张量是由以下 3 个关键属性来定义的。

- **轴的个数**（阶数）。举例来说，3 阶张量有 3 个轴，矩阵有 2 个轴。这在 NumPy 或 TensorFlow 等 Python 库中也叫张量的 ndim。
- **形状**。这是一个整数元组，表示张量沿每个轴的维度大小（元素个数）。举例来说，前面的矩阵示例的形状为 (3, 5)，3 阶张量示例的形状为 (3, 3, 5)。向量的形状只包含一个元素，比如 (5,)，而标量的形状为空，即 ()。
- **数据类型**（在 Python 库中通常叫作 dtype）。这是张量中所包含数据的类型。举例来说，张量的类型可以是 float16、float32、float64、uint8 等。在 TensorFlow 中，你还可能会遇到 string 类型的张量。

为了更具体地说明这一点,我们回头看一下在 MNIST 例子中处理的数据。首先加载
MNIST 数据集。

```
from tensorflow.keras.datasets import mnist
(train_images, train_labels), (test_images, test_labels) = mnist.load_data()
```

下面给出张量 train_images 的轴的个数,即 ndim 属性。

```
>>> train_images.ndim
3
```

下面给出它的形状。

```
>>> train_images.shape
(60000, 28, 28)
```

下面给出它的数据类型,即 dtype 属性。

```
>>> train_images.dtype
uint8
```

可见,train_images 是一个由 8 位整数组成的 3 阶张量。更确切地说,它是由 60 000 个
矩阵组成的数组,每个矩阵由 28×28 个整数组成。每个这样的矩阵都是一张灰度图像,元素取
值在 0 和 255 之间。

我们用 Matplotlib 库(著名的 Python 数据可视化库,预装在 Colab 中)来显示这个 3 阶张
量中的第 4 个数字,如图 2-2 和代码清单 2-8 所示。

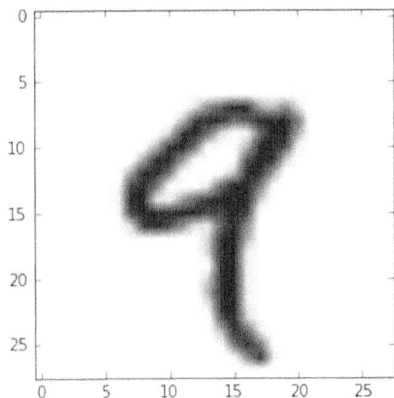

图 2-2 数据集中的第 4 个样本

代码清单 2-8 显示第 4 个数字

```
import matplotlib.pyplot as plt
digit = train_images[4]
plt.imshow(digit, cmap=plt.cm.binary)
plt.show()
```

显而易见，对应的标签是整数 9。

```
>>> train_labels[4]
9
```

2.2.6   在 NumPy 中操作张量

在前面的例子中，我们使用语法 `train_images[i]` 来沿着第一个轴选择某张数字图像。选择张量的特定元素叫作**张量切片**（tensor slicing）。我们来看一下对 NumPy 数组可以做哪些张量切片运算。

下面这个例子选择第 10 ~ 100 个数字（不包括第 100 个），并将它们放在一个形状为 (90, 28, 28) 的数组中。

```
>>> my_slice = train_images[10:100]
>>> my_slice.shape
(90, 28, 28)
```

它等同于下面这个更详细的写法——给出切片沿着每个张量轴的起始索引和结束索引。注意，: 等同于选择整个轴。

```
>>> my_slice = train_images[10:100, :, :]      ◁──┐ 等同于前面的例子
>>> my_slice.shape
(90, 28, 28)
>>> my_slice = train_images[10:100, 0:28, 0:28]  ◁──┐ 也等同于前面的例子
>>> my_slice.shape
(90, 28, 28)
```

一般来说，可以沿着每个张量轴在任意两个索引之间选择切片。举例来说，要在所有图像的右下角选出 14 像素 ×14 像素的区域，可以这么做：

```
my_slice = train_images[:, 14:, 14:]
```

也可以使用负数索引。与 Python 列表类似，负数索引表示与当前轴终点的相对位置。要在图像中心裁剪出 14 像素 ×14 像素的区域，可以这么做。

```
my_slice = train_images[:, 7:-7, 7:-7]
```

2.2.7   数据批量的概念

通常来说，深度学习中所有数据张量的第一个轴（也就是轴 0，因为索引从 0 开始）都是**样本轴** [samples axis，有时也叫**样本维度**（samples dimension）]。在 MNIST 例子中，样本就是数字图像。

此外，深度学习模型不会一次性处理整个数据集，而是将数据拆分成小批量。具体来看，下面是 MNIST 数据集的一个批量，批量大小为 128。

```
batch = train_images[:128]
```

然后是下一个批量。

```
batch = train_images[128:256]
```

再然后是第 *n* 个批量。

```
n = 3
batch = train_images[128 * n:128 * (n + 1)]
```

对于这种批量张量，第一个轴（轴0）叫作**批量轴**（batch axis）或**批量维度**（batch dimension）。在使用 Keras 和其他深度学习库时，你会经常遇到"批量轴"这个术语。

2.2.8 现实世界中的数据张量实例

我们来具体看看你以后会遇到的几个数据张量实例。你要处理的数据几乎总是属于下列类别。
- **向量数据**：形状为 `(samples, features)` 的 2 阶张量，每个样本都是一个数值（"特征"）向量。
- **时间序列数据或序列数据**：形状为 `(samples, timesteps, features)` 的 3 阶张量，每个样本都是特征向量组成的序列（序列长度为 `timesteps`）。
- **图像数据**：形状为 `(samples, height, width, channels)` 的 4 阶张量，每个样本都是一个二维像素网格，每个像素则由一个"通道"（channel）向量表示。
- **视频数据**：形状为 `(samples, frames, height, width, channels)` 的 5 阶张量，每个样本都是由图像组成的序列（序列长度为 `frames`）。

2.2.9 向量数据

这是最常见的一类数据。对于这种数据集，每个数据点都被编码为一个向量，因此一个数据批量就被编码为一个 2 阶张量（由向量组成的数组），其中第 1 个轴是**样本轴**，第 2 个轴是**特征轴**（features axis）。

我们来看两个例子。
- 保险精算数据集。我们考虑每个人的年龄、性别和收入。每个人可表示为包含 3 个值的向量，整个数据集包含 100 000 人，因此可存储在形状为 `(100000, 3)` 的 2 阶张量中。
- 文本文档数据集。我们将每个文档表示为每个单词在其中出现的次数（字典中包含 20 000 个常用单词）。每个文档可被编码为包含 20 000 个值的向量（每个值对应字典中每个单词的出现次数），整个数据集包含 500 个文档，因此可存储在形状为 `(500, 20000)` 的张量中。

2.2.10 时间序列数据或序列数据

当时间（或序列顺序）对数据很重要时，应该将数据存储在带有时间轴的 3 阶张量中。每个样本可被编码为一个向量序列（2 阶张量），因此一个数据批量就被编码为一个 3 阶张量，如图 2-3 所示。

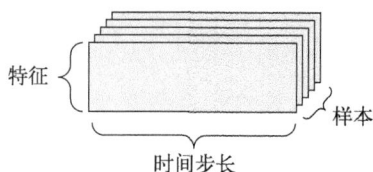

图 2-3   由时间序列数据组成的 3 阶张量

按照惯例，时间轴始终是第 2 个轴（索引为 1 的轴）。我们来看两个例子。

❑ 股票价格数据集。每一分钟，我们将股票的当前价格、前一分钟最高价格和前一分钟最低价格保存下来。因此每一分钟被编码为一个 3 维向量，一个交易日被编码为一个形状为 (390, 3) 的矩阵（一个交易日有 390 分钟[①]），250 天的数据则保存在一个形状为 (250, 390, 3) 的 3 阶张量中。在这个例子中，每个样本是一天的股票数据。

❑ 推文数据集。我们将每条推文编码为由 280 个字符组成的序列，每个字符又来自于包含 128 个字符的字母表。在这种情况下，每个字符可以被编码为大小为 128 的二进制向量（只有在该字符对应的索引位置取值为 1，其他元素都为 0）。那么每条推文可以被编码为一个形状为 (280, 128) 的 2 阶张量，包含 100 万条推文的数据集则被存储在一个形状为 (1000000, 280, 128) 的张量中。

2.2.11   图像数据

图像通常具有 3 个维度：高度、宽度和颜色深度。虽然灰度图像（比如 MNIST 数字图像）只有一个颜色通道，因此可以保存在 2 阶张量中，但按照惯例，图像张量都是 3 阶张量。对于灰度图像，其颜色通道只有一维。因此，如果图像大小为 256×256，那么由 128 张灰度图像组成的批量可以保存在一个形状为 (128, 256, 256, 1) 的张量中，由 128 张彩色图像组成的批量则可以保存在一个形状为 (128, 256, 256, 3) 的张量中，如图 2-4 所示。

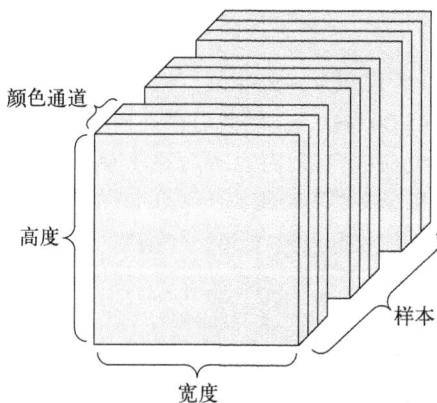

图 2-4   由图像数据组成的 4 阶张量

---

① 这里是指美股交易日。美股午间不休市，一个交易日有 6.5 小时。——编者注

图像张量的形状有两种约定：**通道在后**（channels-last）的约定（这是 TensorFlow 的标准）和**通道在前**（channels-first）的约定（使用这种约定的人越来越少）。

通道在后的约定是将颜色深度轴放在最后：(samples, height, width, color_depth)。与此相对，通道在前的约定是将颜色深度轴放在紧跟批量轴之后：(samples, color_depth, height, width)。如果采用通道在前的约定，那么前面两个例子的形状将变成 (128, 1, 256, 256) 和 (128, 3, 256, 256)。Keras API 同时支持这两种格式。

2.2.12 视频数据

视频数据是现实世界中为数不多的需要用到 5 阶张量的数据类型。视频可以看作帧的序列，每一帧都是一张彩色图像。由于每一帧都可以保存在一个形状为 (height, width, color_depth) 的 3 阶张量中，因此一个视频（帧的序列）可以保存在一个形状为 (frames, height, width, color_depth) 的 4 阶张量中，由多个视频组成的批量则可以保存在一个形状为 (samples, frames, height, width, color_depth) 的 5 阶张量中。

举个例子，一个尺寸为 144×256 的 60 秒 YouTube 视频片段，以每秒 4 帧采样，那么这个视频共有 240 帧。4 个这样的视频片段组成的批量将保存在形状为 (4, 240, 144, 256, 3) 的张量中。这个张量共包含 106 168 320 个值！如果张量的数据类型（dtype）是 float32，每个值都是 32 位，那么这个张量共有 405 MB。好大！你在现实生活中遇到的视频要小得多，因为它们不以 float32 格式存储，而且通常被大大压缩（比如 MPEG 格式）。

2.3 神经网络的"齿轮"：张量运算

所有计算机程序最终都可以简化为对二进制输入的一些二进制运算（AND、OR、NOR 等），与此类似，深度神经网络学到的所有变换也都可以简化为对数值数据张量的一些**张量运算**（tensor operation）或**张量函数**（tensor function），如张量加法、张量乘法等。

在本章最开始的例子中，我们通过叠加 Dense 层来构建模型。下面是一个 Keras 层的实例。

```
keras.layers.Dense(512, activation="relu")
```

你可以将这个层理解为一个函数，其输入是一个矩阵，返回的是另一个矩阵，即输入张量的新表示。这个函数具体如下（其中 W 是一个矩阵，b 是一个向量，二者都是该层的属性）。

```
output = relu(dot(input, W) + b)
```

我们将上式拆开来看。这里有 3 个张量运算。

❑ 输入张量和张量 W 之间的点积运算（dot）。

❑ 由此得到的矩阵与向量 b 之间的加法运算（+）。

❑ relu 运算。relu(x) 就是 max(x, 0)，relu 代表"修正线性单元"（rectified linear unit）。

说明   虽然本节的内容都是关于线性代数表达式的，但你不会见到任何数学符号。我发现，对于没有数学背景的程序员来说，如果用简短的 Python 代码来表达数学概念，而不是用数学方程，他们将更容易掌握。所以我们将全程使用 NumPy 和 TensorFlow 代码。

2.3.1   逐元素运算

relu 运算和加法都是逐元素（element-wise）运算，即该运算分别应用于张量的每个元素。也就是说，这些运算非常适合大规模并行实现（**向量化实现**，这一术语来自于 1970 年~1990 年间**向量处理器**超级计算机架构）。如果你想对逐元素运算编写一个简单的 Python 实现，那么可以使用 for 循环。下列代码是对逐元素 relu 运算的简单实现。

```
def naive_relu(x):                          ◁──┐  x 是一个 2 阶 NumPy 张量
    assert len(x.shape) == 2
    x = x.copy()                            ◁──┐  避免覆盖输入张量
    for i in range(x.shape[0]):
        for j in range(x.shape[1]):
            x[i, j] = max(x[i, j], 0)
    return x
```

对于加法，可采用同样的实现方法。

```
def naive_add(x, y):                         ◁──┐  x 和 y 是 2 阶 NumPy 张量
    assert len(x.shape) == 2
    assert x.shape == y.shape
    x = x.copy()                             ◁──┐  避免覆盖输入张量
    for i in range(x.shape[0]):
        for j in range(x.shape[1]):
            x[i, j] += y[i, j]
    return x
```

利用同样的方法，可以实现逐元素的乘法、减法等。

在实践中处理 NumPy 数组时，这些运算都是优化好的 NumPy 内置函数。这些函数将大量运算交给基础线性代数程序集（Basic Linear Algebra Subprograms，BLAS）实现。BLAS 是低层次（low-level）、高度并行、高效的张量操作程序，通常用 Fortran 或 C 语言来实现。

因此，在 NumPy 中可以直接进行下列逐元素运算，速度非常快。

```
import numpy as np
z = x + y                          ◁──┐  逐元素加法
z = np.maximum(z, 0.)              ◁──┐  逐元素 relu
```

我们来看一下两种方法运行时间的差别。

```
import time

x = np.random.random((20, 100))
y = np.random.random((20, 100))
```

```
t0 = time.time()
for _ in range(1000):
    z = x + y
    z = np.maximum(z, 0.)
print("Took: {0:.2f} s".format(time.time() - t0))
```

只需要 0.02 秒。与之相对，前面手动编写的简单实现耗时长达 2.45 秒。

```
t0 = time.time()
for _ in range(1000):
    z = naive_add(x, y)
    z = naive_relu(z)
print("Took: {0:.2f} s".format(time.time() - t0))
```

同样，在 GPU 上运行 TensorFlow 代码，逐元素运算都是通过完全向量化的 CUDA 来完成的，可以最大限度地利用高度并行的 GPU 芯片架构。

2.3.2 广播

2.3.1 节对 naive_add 的简单实现仅支持两个形状相同的 2 阶张量相加，但在前面介绍的 Dense 层中，我们将一个 2 阶张量与一个向量相加。如果将两个形状不同的张量相加，会发生什么？

在没有歧义且可行的情况下，较小的张量会被广播（broadcast），以匹配较大张量的形状。广播包含以下两步。

(1) 向较小张量添加轴 [叫作广播轴（broadcast axis）]，使其 ndim 与较大张量相同。

(2) 将较小张量沿着新轴重复，使其形状与较大张量相同。

我们来看一个具体的例子。假设 X 的形状是 (32, 10)，y 的形状是 (10,)。

```
import numpy as np
X = np.random.random((32, 10))    ◁—— X 是一个形状为 (32, 10) 的随机矩阵
y = np.random.random((10,))       ◁—— y 是一个形状为 (10,) 的随机向量
```

首先，我们向 y 添加第 1 个轴（空的），这样 y 的形状变为 (1, 10)。

```
y = np.expand_dims(y, axis=0)    ◁—— 现在 y 的形状变为 (1, 10)
```

然后，我们将 y 沿着这个新轴重复 32 次，这样得到的张量 Y 的形状为 (32, 10)，并且 Y[i, :] == y for i in range(0, 32)。

```
Y = np.concatenate([y] * 32, axis=0)    ◁—— 将 y 沿着轴 0 重复 32 次后得到 Y，其形状为 (32, 10)
```

现在，我们可以将 X 和 Y 相加，因为它们的形状相同。

在实际的实现过程中并不会创建新的 2 阶张量，因为那样做非常低效。重复操作完全是虚拟的，它只出现在算法中，而没有出现在内存中。但想象将向量沿着新轴重复 10 次，是一种很有用的思维模型。下面是一种简单实现。

```
def naive_add_matrix_and_vector(x, y):        ◁─── x 是一个 2 阶 NumPy 张量
    assert len(x.shape) == 2
    assert len(y.shape) == 1                   ◁─── y 是一个 NumPy 向量
    assert x.shape[1] == y.shape[0]
    x = x.copy()                               ◁─┐
    for i in range(x.shape[0]):                   │  避免覆盖输入张量
        for j in range(x.shape[1]):
            x[i, j] += y[j]
    return x
```

如果一个张量的形状是 (a，b，...，n，n+1，...，m)，另一个张量的形状是 (n，n+1，...，m)，那么通常可以利用广播对这两个张量做逐元素运算。广播会自动应用于从 a 到 n-1 的轴。

下面这个例子利用广播对两个形状不同的张量做逐元素 maximum 运算。

```
import numpy as np
x = np.random.random((64, 3, 32, 10))        ◁─── x 是一个形状为 (64，3，32，10) 的随机张量
y = np.random.random((32, 10))               ◁─── y 是一个形状为 (32，10) 的随机张量
z = np.maximum(x, y)                          ◁─┐
                                               │  输出 z 的形状为 (64，3，32，10)，与 x 相同
```

2.3.3　张量积

张量积（tensor product）或**点积**（dot product）是最常见且最有用的张量运算之一。注意，不要将其与逐元素乘积（* 运算符）弄混。

在 NumPy 中，使用 np.dot 函数来实现张量积，因为张量积的数学符号通常是一个点（dot）。

```
x = np.random.random((32,))
y = np.random.random((32,))
z = np.dot(x, y)
```

数学符号中的点（•）表示点积运算。

```
z = x • y
```

从数学角度来看，点积运算做了什么？我们首先看一下两个向量 x 和 y 的点积。计算过程如下。

```
def naive_vector_dot(x, y):
    assert len(x.shape) == 1
    assert len(y.shape) == 1                   │ x 和 y 都是 NumPy 向量
    assert x.shape[0] == y.shape[0]
    z = 0.
    for i in range(x.shape[0]):
        z += x[i] * y[i]
    return z
```

可以看到，两个向量的点积是一个标量，而且只有元素个数相同的向量才能进行点积运算。

你还可以对一个矩阵 x 和一个向量 y 做点积运算，其返回值是一个向量，其中每个元素是 y 和 x 每一行的点积。实现过程如下。

```
def naive_matrix_vector_dot(x, y):
    assert len(x.shape) == 2
    assert len(y.shape) == 1
    assert x.shape[1] == y.shape[0]
    z = np.zeros(x.shape[0])
    for i in range(x.shape[0]):
        for j in range(x.shape[1]):
            z[i] += x[i, j] * y[j]
    return z
```

- x 是一个 NumPy 矩阵
- y 是一个 NumPy 向量
- x 的第 1 维与 y 的第 0 维必须大小相同！
- 这个运算返回一个零向量，其形状与 x.shape[0] 相同

你还可以重复使用前面写过的代码，从中可以看出矩阵－向量点积与向量－向量点积之间的关系。

```
def naive_matrix_vector_dot(x, y):
    z = np.zeros(x.shape[0])
    for i in range(x.shape[0]):
        z[i] = naive_vector_dot(x[i, :], y)
    return z
```

注意，只要两个张量中有一个的 ndim 大于 1，dot 运算就不再是**对称**（symmetric）的。也就是说，dot(x, y) 不等于 dot(y, x)。

当然，点积可以推广到具有任意轴数的张量。最常见的应用可能是两个矩阵的点积。对于矩阵 x 和 y，当且仅当 x.shape[1] == y.shape[0] 时，你才可以计算它们的点积（dot(x, y)）。点积结果是一个形状为 (x.shape[0], y.shape[1]) 的矩阵，其元素是 x 的行与 y 的列之间的向量点积。简单实现如下。

```
def naive_matrix_dot(x, y):
    assert len(x.shape) == 2
    assert len(y.shape) == 2
    assert x.shape[1] == y.shape[0]
    z = np.zeros((x.shape[0], y.shape[1]))
    for i in range(x.shape[0]):
        for j in range(y.shape[1]):
            row_x = x[i, :]
            column_y = y[:, j]
            z[i, j] = naive_vector_dot(row_x, column_y)
    return z
```

- x 和 y 都是 NumPy 矩阵
- x 的第 1 维与 y 的第 0 维必须大小相同！
- 这个运算返回一个特定形状的零矩阵
- 遍历 x 的所有行……
- ……然后遍历 y 的所有列

为了便于理解点积的形状匹配，可以将输入张量和输出张量像图 2-5 中那样排列，利用可视化来帮助理解。

在图 2-5 中，x、y 和 z 都用矩形表示（元素按矩形排列）。由于 x 的行和 y 的列必须具有相同的元素个数，因此 x 的宽度一定等于 y 的高度。如果你打算开发新的机器学习算法，可能经常要画这种图。

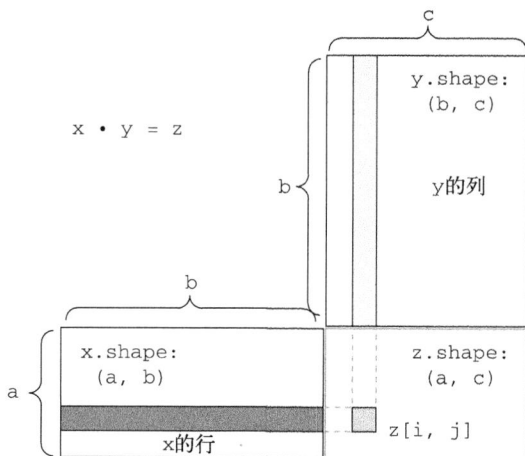

图 2-5   图解矩阵点积

更一般地说，可以对更高阶的张量做点积运算，只要其形状匹配遵循与前面 2 阶张量相同的原则。

```
(a, b, c, d) • (d,) → (a, b, c)
(a, b, c, d) • (d, e) → (a, b, c, e)
```

以此类推。

2.3.4   张量变形

另一个需要了解的张量运算是**张量变形**（tensor reshaping）。虽然前面第一个神经网络例子的 Dense 层中没有用到它，但我们将数据输入神经网络之前，在预处理数据时用到了这种运算。

```
train_images = train_images.reshape((60000, 28 * 28))
```

张量变形是指重新排列张量的行和列，以得到想要的形状。变形后，张量的元素个数与初始张量相同。下面这个简单的例子可以帮助我们理解张量变形。

```
>>> x = np.array([[0., 1.],
                  [2., 3.],
                  [4., 5.]])
>>> x.shape
(3, 2)
>>> x = x.reshape((6, 1))
>>> x
array([[ 0.],
       [ 1.],
       [ 2.],
       [ 3.],
       [ 4.],
       [ 5.]])
```

```
>>> x = x.reshape((2, 3))
>>> x
array([[ 0.,  1.,  2.],
       [ 3.,  4.,  5.]])
```

常见的一种特殊的张量变形是**转置**（transpose）。矩阵转置是指将矩阵的行和列互换，即把 x[i, :] 变为 x[:, i]。

```
>>> x = np.zeros((300, 20))        创建一个形状为 (300, 20) 的
>>> x = np.transpose(x)            零矩阵
>>> x.shape
(20, 300)
```

2.3.5　张量运算的几何解释

对于张量运算所操作的张量，其元素可看作某个几何空间中的点的坐标，因此所有的张量运算都有几何解释。以加法为例，假设有这样一个向量：

```
A = [0.5, 1]
```

它是二维空间中的一个点（见图 2-6）。常见的做法是将向量描绘成由原点指向这个点的箭头，如图 2-7 所示。

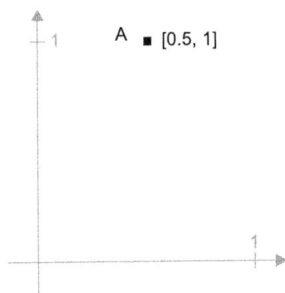

图 2-6　二维空间中的一个点

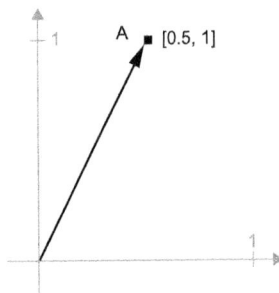

图 2-7　以箭头表示二维空间中的一个点

假设有另外一个点：B = [1, 0.25]，我们将它与前面的 A 相加。从几何角度来看，这相当于将两个向量的箭头连在一起，得到的位置表示两个向量之和对应的向量（见图 2-8）。如你所见，将向量 B 与向量 A 相加，相当于将 A 点复制到一个新位置，这个新位置相对于 A 点初始位置的距离和方向由向量 B 决定。如果将相同的向量加法应用于平面上的一组点（一个物体），就会在新位置上创建整个物体的副本（见图 2-9）。因此，张量加法表示将物体沿着某个方向**平移**一段距离（移动物体，但不使其变形）。

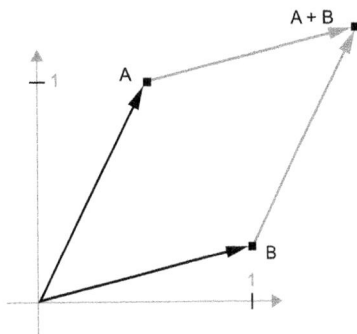

图 2-8　两个向量相加的几何解释

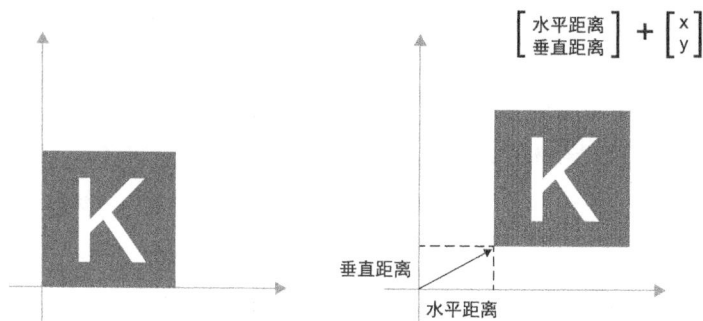

图 2-9   二维平移相当于向量加法

一般来说，平移、旋转、缩放、倾斜等基本的几何操作都可以表示为张量运算。下面看几个例子。

- □ **平移**（translation）。如前所示，在一个点上加一个向量，会使这个点在某个方向上移动一段距离。如果将操作应用于一组点（比如一个二维物体），就叫作"平移"（见图 2-9）。
- □ **旋转**（rotation）。要将一个二维向量逆时针旋转 theta 角（见图 2-10），可以通过与一个 2×2 矩阵做点积运算来实现。这个矩阵为 R = [[cos(theta), -sin(theta)], [sin(theta), cos(theta)]]。

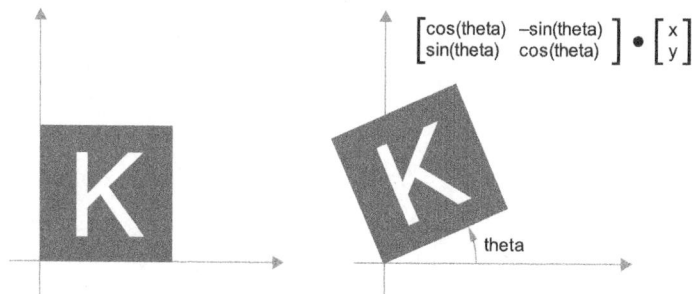

图 2-10   二维旋转（逆时针）相当于点积运算

- □ **缩放**（scaling）。要将图像在垂直方向和水平方向进行缩放（见图 2-11），可以通过与一个 2×2 矩阵做点积运算来实现。这个矩阵为 S=[[horizontal_factor, 0], [0, vertical_factor]]。（注意，这样的矩阵叫作"对角线矩阵"，因为它只有在从左上到右下的"对角线"上的元素不为零。）
- □ **线性变换**（linear transform）。与任意矩阵做点积运算，都可以实现一次线性变换。注意，前面所说的**缩放**和**旋转**，都属于线性变换。
- □ **仿射变换**（affine transform）。仿射变换（见图 2-12）是一次线性变换（通过与某个矩阵做点积运算来实现）与一次平移（通过向量加法来实现）的组合。你可能已经发现，这正是 Dense 层所实现的 y = W • x + b 运算！一个没有激活函数的 Dense 层就是一个仿射层。

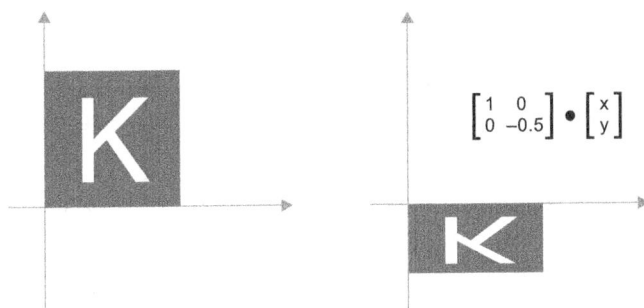

$$\begin{bmatrix} 1 & 0 \\ 0 & -0.5 \end{bmatrix} \cdot \begin{bmatrix} x \\ y \end{bmatrix}$$

图 2-11 二维缩放相当于点积运算

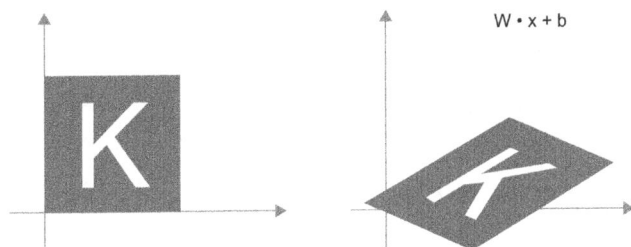

图 2-12 平面仿射变换

❑ **带有 relu 激活函数的 Dense 层**。关于仿射变换的一个重要结论是，重复应用多次仿射变换，仍相当于一次仿射变换（所以可以在一开始就应用这个仿射变换）。我们用两个仿射变换来试一下：affine2(affine1(x)) = W2 • (W1 • x + b1) + b2 = (W2 • W1) • x + (W2 • b1 + b2)。这相当于是一次仿射变换，其线性变换部分是矩阵 W2 • W1，平移部分是向量 W2 • b1 + b2。因此，一个完全由没有激活函数的 Dense 层组成的多层神经网络等同于一个 Dense 层。这种"深度"神经网络其实就是一个线性模型！这就是需要用到激活函数的原因，比如 relu（其效果见图 2-13）。由于激活函数的存在，一连串 Dense 层可以实现非常复杂的非线性几何变换，从而为深度神经网络提供非常丰富的假设空间。第 3 章将更详细地介绍这一点。

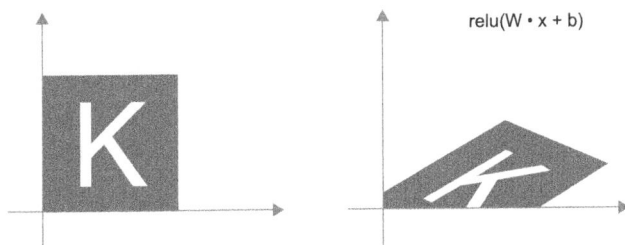

图 2-13 带有 relu 激活函数的仿射变换

2.3.6   深度学习的几何解释

前面说过，神经网络完全由一系列张量运算组成，而这些张量运算只是输入数据的简单几何变换。因此，你可以将神经网络解释为高维空间中非常复杂的几何变换，这种变换通过一系列简单步骤来实现。

对于三维的情况，下面这个思维模型是很有用的。想象有两张彩纸：一张红色，一张蓝色。将一张纸放在另一张上，然后把它们一起揉成一个小球。这个皱巴巴的纸团就是你的输入数据，每张纸对应分类问题中的一个数据类别。神经网络要做的就是，找到可以让纸团恢复平整的变换，从而再次让两个类别明确可分（见图 2-14）。利用深度学习，这一过程可以通过三维空间中一系列简单变换来实现，比如用手指对纸团所做的变换，每次一个动作。

图 2-14   解开复杂的数据流形

让纸团恢复平整就是机器学习的目的：为高维空间中复杂、高度折叠的数据流形（manifold）找到简洁的表示。流形是指一个连续的表面，比如揉皱的纸。现在你应该能够很好地理解，为什么深度学习特别擅长这一点：它可以将复杂的几何变换逐步分解为一系列基本变换，这与我们展开纸团所采取的策略大致相同。深度神经网络的每一层都通过变换使数据解开一点点，而许多层堆叠在一起，可以实现极其复杂的解开过程。

2.4   神经网络的"引擎"：基于梯度的优化

上一节介绍到，对于第一个模型示例，每个神经层都对输入数据进行如下变换。

```
output = relu(dot(input, W) + b)
```

在这个表达式中，W 和 b 是张量，均为该层的属性。它们被称为该层的**权重**（weight）或**可训练参数**（trainable parameter），分别对应属性 kernel 和 bias。这些权重包含模型从训练数据中学到的信息。

一开始，这些权重矩阵取较小的随机值，这一步叫作**随机初始化**（random initialization）。当然，W 和 b 都是随机的，relu(dot(input, W) + b) 不会得到任何有用的表示。虽然得到的表示没有意义，但这是一个起点。下一步则是根据反馈信号逐步调节这些权重。这个逐步调节的过程叫作**训练**（training），也就是机器学习中的"学习"过程。

上述过程发生在一个**训练循环**（training loop）内，其具体流程如下。在一个循环中重复下列步骤，直到损失值变得足够小。

(1) 抽取训练样本 x 和对应目标 y_true 组成的一个数据批量。

2

(2) 在 x 上运行模型［这一步叫作**前向传播**（forward pass）］，得到预测值 y_pred。

(3) 计算模型在这批数据上的损失值，用于衡量 y_pred 和 y_true 之间的差距。

(4) 更新模型的所有权重，以略微减小模型在这批数据上的损失值。

最终得到的模型在训练数据上的损失值非常小，即预测值 y_pred 与预期目标 y_true 之间的差距非常小。模型已"学会"将输入映射到正确的目标。乍一看，这可能像魔法一样，但如果你将其简化为基本步骤，那么会发现它变得非常简单。

第 1 步看起来很简单，只是输入 / 输出（I/O）的代码。第 2 步和第 3 步仅仅是应用了一些张量运算，所以你完全可以利用在 2.3 节学到的知识来实现这两步。难点在于第 4 步：更新模型的权重。对于模型的某个权重系数，你怎么知道这个系数应该增大还是减小，以及变化多少？

一种简单的解决方案是，保持模型的其他权重不变，只考虑某一个标量系数，让其尝试不同的取值。假设这个系数的初始值为 0.3。对一批数据做完前向传播后，模型在这批数据上的损失值是 0.5。如果将这个系数改为 0.35 并重新运行前向传播，那么损失值增大为 0.6。但如果将这个系数减小到 0.25，那么损失值减小为 0.4。在这个例子中，将系数减小 0.05 似乎有助于让损失值最小化。对于模型的所有系数都要重复这一过程。

但这种方法非常低效，因为系数有很多（通常有上千个，有时甚至多达上百万个），对每个系数都要计算两次前向传播，计算代价很大。幸运的是，有一种更好的方法：**梯度下降法**（gradient descent）。

梯度下降是驱动现代神经网络的优化方法，其要点如下。我们的模型用到的所有函数（比如 dot 或 +），都以一种平滑、连续的方式对输入进行变换。举个例子，对于 z = x + y，y 的微小变化只会导致 z 的微小变化。如果你知道 y 的变化方向，就可以推断出 z 的变化方向。用数学语言来讲，这些函数是**可微**（differentiable）的。将这样的函数组合在一起，得到的函数仍然是可微的。尤其是，将模型系数映射到模型在数据批量上损失值的函数，也是可微的：模型系数的微小变化，将导致损失值发生可预测的微小变化。我们可以用一个叫作**梯度**（gradient）的数学运算符来描述模型系数向不同方向移动时，损失值如何变化。计算出梯度，就可以利用它来更新系数，使损失值减小（在一次更新中全部完成，而不是一次更新一个系数）。

如果你已经了解**可微**和**梯度**这两个概念，那么可以直接跳到 2.4.3 节。如果不了解，那么 2.4.1 节和 2.4.2 节有助于你理解这些概念。

2.4.1　什么是导数

假设有一个光滑的连续函数 f(x) = y，将一个数字 x 映射到另一个数字 y。我们以图 2-15 所示的函数为例。

由于函数是连续的，因此 x 的微小变化只会导致 y 的微小变化——这就是函数**连续性**（continuity）的直观解释。假设 x 增加了一个很小的因子 epsilon_x，这导致 y 发生了很小的变化 epsilon_y，如图 2-16 所示。

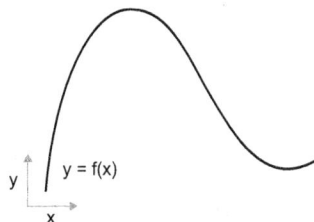

图 2-15　一个光滑的连续函数

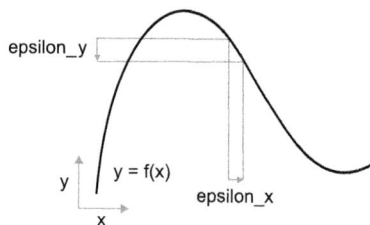

图 2-16   对于一个连续函数，x 的微小变化导致 y 的微小变化

此外，由于函数是光滑的（意思是，函数曲线没有任何突变的角度），因此在某个点 p 附近，如果 epsilon_x 足够小，就可以将 f 近似地看作斜率为 a 的线性函数，这样 epsilon_y 就等于 a * epsilon_x。

```
f(x + epsilon_x) = y + a * epsilon_x
```

显然，只有在 x 足够接近 p 时，这个线性近似才有效。

斜率 a 被称为 f 在 p 点的**导数**（derivative）。如果 a 为负，那么说明 x 在 p 点附近的微增将导致 f(x) 减小（如图 2-17 所示）；如果 a 为正，那么 x 的微增将导致 f(x) 增大。此外，a 的绝对值（导数大小）表示这种增大或减小的速度。

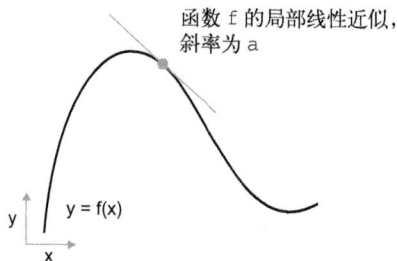

图 2-17   f 在 p 点的导数

对于每个可微函数 f(x)（**可微**的意思是"可以被求导"，比如光滑的连续函数可以被求导），都存在一个导数函数 f'(x)，将 x 的值映射为 f 在该点局部线性近似的斜率。举例来说，cos(x) 的导数是 -sin(x)，f(x) = a * x 的导数是 f'(x) = a。

优化的目的就是找到使 f(x) 最小化的 x 值，就此而言，函数求导是一个非常强大的工具。如果你想将 x 改变一个很小的因子 epsilon_x，目的是将 f(x) 最小化，并且你知道 f 的导数，那么问题已经解决了：导数描述的就是，改变 x 后 f(x) 会如何变化。如果你想减小 f(x) 的值，那么只需将 x 沿着导数的反方向移动一小步。

2.4.2   张量运算的导数：梯度

2.4.1 节中的函数 f 是将一个标量值 x 映射为另一个标量值 y，你可以将函数绘制为二维平面上的一条曲线。现在想象有一个函数，将标量元组 (x，y) 映射为一个标量值 z，那么这是一个向量运算。你可以将它绘制为三维空间（以 x、y、z 为坐标轴）中的二维**表面**（surface）。同样，你还可以想象以矩阵为输入的函数、以 3 阶张量为输入的函数，等等。

导数这一概念可以应用于任意函数，只要函数所对应的表面是连续且光滑的。张量运算（或张量函数）的导数叫作**梯度**（gradient）。梯度就是将导数这一概念推广到以张量为输入的函数。还记不记得，对于一个标量函数来说，导数是如何表示函数曲线的**局部斜率**（local slope）的？同样，张量函数的梯度表示该函数所对应多维表面的**曲率**（curvature）。它表示的是，当输入参数发生变化时，函数输出如何变化。

我们来看一个机器学习中的例子。假设我们有：

❑ 一个输入向量 x（数据集中的一个样本）；
❑ 一个矩阵 W（模型权重）；
❑ 一个目标值 y_true（模型应该学到的与 x 相关的结果）；
❑ 一个损失函数 loss（用于衡量模型当前预测值与 y_true 之间的差距）。

你可以用 W 来计算预测值 y_pred，然后计算损失值，即预测值 y_pred 与目标值 y_true 之间的差距。

```
y_pred = dot(W, x)          ←——┤ 利用模型权重 W 对 x 进行预测
loss_value = loss(y_pred, y_true)   ←—— 估算预测值的偏差有多大
```

现在我们想利用梯度来更新 W，以使 loss_value 变小。如何做到这一点呢？

如果输入数据 x 和 y_true 保持不变，那么可以将前面的运算看作一个将模型权重 W 的值映射到损失值的函数。

```
loss_value = f(W)      ←—— f 描述的是：当 W 变化时，损失值所形成的曲线（或高维表面）
```

假设 W 的当前值为 W0。f 在 W0 点的导数是一个张量 grad(loss_value, W0)，其形状与 W 相同，每个元素 grad(loss_value, W0)[i, j] 表示当 W0[i, j] 发生变化时 loss_value 变化的方向和大小。张量 grad(loss_value, W0) 是函数 f(W) = loss_value 在 W0 处的梯度，也叫作"loss_value 相对于 W 在 W0 附近的梯度"。

偏导数

张量运算 grad(f(W), W) 以矩阵 W 为输入，它可以表示为标量函数 grad_ij(f(W), w_ij) 的组合，每个标量函数返回的是，loss_value = f(W) 相对于 W[i, j] 的导数（假设 W 的其他所有元素都不变）。grad_ij 叫作 f 相对于 W[i, j] 的**偏导数**（partial derivative）。

grad(loss_value, W0) 具体代表什么呢？我们在前面看到，单变量函数 f(x) 的导数可以看作函数 f 曲线的斜率。同样，grad(loss_value, W0) 可以看作表示 loss_value = f(W) 在 W0 附近**最陡上升方向**的张量，也表示这一上升方向的斜率。每个偏导数表示 f 在某个方向上的斜率。

对于一个函数 f(x)，你可以通过将 x 沿着导数的反方向移动一小步来减小 f(x) 的值。同样，对于一个张量函数 f(W)，你也可以通过将 W 沿着梯度的反方向移动来减小 loss_value = f(W)，比如 W1 = W0 - step * grad(f(W0), W0)，其中 step 是一个很小的比例因子。也就是说，沿着 f 最陡上升的反方向移动，直观上看可以移动到曲线上更低的位置。注意，比例因子 step 是必需的，因为 grad(loss_value, W0) 只是 W0 附近曲率的近似值，所以不能离 W0 太远。

2.4.3　随机梯度下降

给定一个可微函数，理论上可以用解析法找到它的最小值：函数的最小值就是导数为 0 的点，因此只需找到所有导数为 0 的点，然后比较函数在其中哪个点的取值最小。

将这一方法应用于神经网络，就是用解析法求出损失函数最小值对应的所有权重值。可以通过对方程 grad(f(W), W) = 0 求解 W 来实现这一方法。这是一个包含 N 个变量的多项式方程，其中 N 是模型的系数个数。当 N = 2 或 N = 3 时，可以对这样的方程进行求解，但对于实际的神经网络是无法求解的，因为参数的个数不会少于几千个，而且经常有上千万个。

不过你可以使用本节开头总结的算法：基于当前在随机数据批量上的损失值，一点一点地对参数进行调节。我们要处理的是一个可微函数，所以可以计算出它的梯度，从而有效地实现第 4 步。沿着梯度的反方向更新权重，每次损失值都会减小一点。

(1) 抽取训练样本 x 和对应目标 y_true 组成的一个数据批量。

(2) 在 x 上运行模型，得到预测值 y_pred。这一步叫作**前向传播**。

(3) 计算模型在这批数据上的损失值，用于衡量 y_pred 和 y_true 之间的差距。

(4) 计算损失相对于模型参数的梯度。这一步叫作**反向传播**（backward pass）。

(5) 将参数沿着梯度的反方向移动一小步，比如 W -= learning_rate * gradient，从而使这批数据上的损失值减小一些。**学习率**（learning_rate）是一个调节梯度下降"速度"的标量因子。

很简单吧！我们刚刚介绍的方法叫作**小批量随机梯度下降**（mini-batch stochastic gradient descent，简称小批量 SGD）。术语**随机**（stochastic）是指每批数据都是随机抽取的（stochastic 在科学上是 random 的同义词[①]）。图 2-18 给出了一维的例子，模型只有一个参数，并且只有一个训练样本。

如你所见，直观上来看，learning_rate 因子的取值很重要。如果取值太小，那么沿着曲线下降需要很多次迭代，而且可能会陷入局部极小点。如果取值过大，那么更新权重值之后可能会出现在曲线上完全随机的位置。

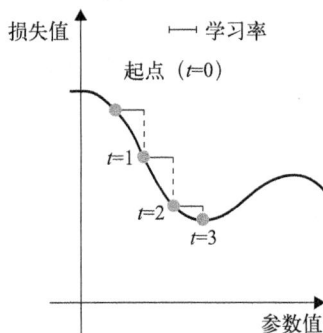

图 2-18　沿着一维损失函数曲线的随机梯度下降（一个需要学习的参数）

---

① 两个单词的中文含义都是"随机的"。——译者注

　　注意，小批量 SGD 算法的一个变体是每次迭代只抽取一个样本和目标，而不是抽取一批数据。这叫作**真 SGD**（true SGD，有别于小批量 SGD）。还可以走向另一个极端：每次迭代都在**所有**数据上运行，这叫作**批量梯度下降**（batch gradient descent）。这样做的话，每次更新权重都会更加准确，但计算成本也高得多。这两个极端之间有效的折中方法则是选择合理的小批量大小。

　　图 2-18 展示的是一维参数空间中的梯度下降，但在实践中需要在高维空间中使用梯度下降。神经网络的每一个权重系数都是空间中的一个自由维度，神经网络则可能包含数万个甚至上百万个参数。为了对损失表面有更直观的认识，你还可以将沿着二维损失表面的梯度下降可视化，如图 2-19 所示。但你不可能将神经网络的真实训练过程可视化，因为无法用人类可以理解的方式来可视化 1 000 000 维空间。因此最好记住，在这些低维表示中建立的直觉，实践中不一定总是准确的。这一直是深度学习研究的问题来源。

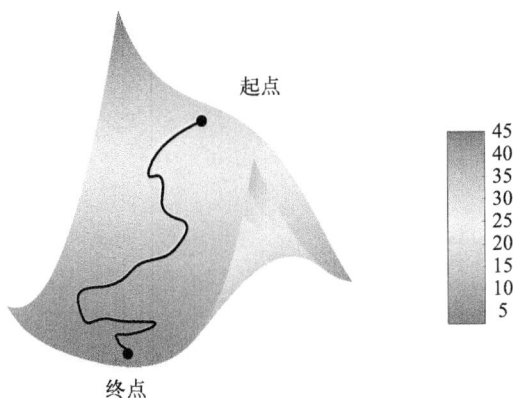

图 2-19　沿着二维损失表面的梯度下降（见彩插，两个需要学习的参数）

　　此外，SGD 还有多种变体，比如带动量的 SGD、Adagrad、RMSprop 等。它们的不同之处在于，计算下一次权重更新时还要考虑上一次权重更新，而不是仅考虑当前的梯度值。这些变体被称为**优化方法**（optimization method）或**优化器**（optimizer）。**动量**的概念尤其值得关注，它被用于许多变体。动量解决了 SGD 的两个问题：收敛速度和局部极小值。图 2-20 给出了损失作为模型参数的函数的曲线。

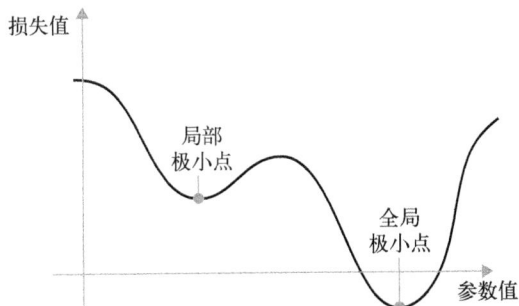

图 2-20　局部极小点和全局极小点

如你所见，在某个参数值附近，有一个**局部极小点**（local minimum）：在这个点附近，向左和向右移动都会导致损失值增大。如果使用学习率较小的 SGD 对参数进行优化，那么优化过程可能会陷入局部极小点，而无法找到全局极小点。

使用动量方法可以避免这样的问题，这一方法的灵感来源于物理学。一个有用的思维模型是将优化过程想象成小球从损失函数曲线上滚下来。如果小球的动量足够大，那么它不会卡在峡谷里，最终会到达全局极小点。动量方法的实现过程是，每一步移动小球，不仅要考虑当前的斜率值（当前的加速度），还要考虑当前的速度（由之前的加速度产生）。这在实践中的含义是，更新参数 w 不仅要考虑当前梯度值，还要考虑上一次参数更新，其简单实现如下所示。

```
past_velocity = 0.
momentum = 0.1          ←── 不变的动量因子
while loss > 0.01:      ←── 优化循环
    w, loss, gradient = get_current_parameters()
    velocity = past_velocity * momentum - learning_rate * gradient
    w = w + momentum * velocity - learning_rate * gradient
    past_velocity = velocity
    update_parameter(w)
```

2.4.4　链式求导：反向传播算法

在前面的算法中，我们假设函数是可微的，所以很容易计算其梯度。但这种假设是合理的吗？我们在实践中如何计算复杂表达式的梯度？对于本章开头的双层模型，我们如何计算出损失相对于权重的梯度？这时就需要用到**反向传播算法**（backpropagation algorithm）。

1. 链式法则

反向传播是这样一种方法：利用简单运算（如加法、relu 或张量积）的导数，可以轻松计算出这些基本运算的任意复杂组合的梯度。重要的是，神经网络由许多链接在一起的张量运算组成，每个张量运算的导数都是已知的，且都很简单。例如，代码清单 2-2 定义的模型可以表示为，一个由变量 W1、b1、W2 和 b2（分别属于第 1 个和第 2 个 Dense 层）参数化的函数，其中用到的基本运算是 dot、relu、softmax 和 +，以及损失函数 loss。这些运算都是很容易求导的。

```
loss_value = loss(y_true, softmax(dot(relu(dot(inputs, W1) + b1), W2) + b2))
```

根据微积分的知识，这种函数链可以利用下面这个恒等式进行求导，它叫作**链式法则**（chain rule）。

考虑两个函数 f 和 g，以及它们的复合函数 fg：fg(x) == f(g(x))。

```
def fg(x):
    x1 = g(x)
    y = f(x1)
    return y
```

链式法则规定：grad(y, x) == grad(y, x1) * grad(x1, x)。因此，只要知道 f 和 g 的导数，就可以求出 fg 的导数。如果添加更多的中间函数，看起来就像是一条链，因此得名链式法则。

```
def fghj(x):
    x1 = j(x)
    x2 = h(x1)
    x3 = g(x2)
    y = f(x3)
    return y
```

```
grad(y, x) == (grad(y, x3) * grad(x3, x2) * grad(x2, x1) * grad(x1, x))
```

将链式法则应用于神经网络梯度值的计算，就得到了一种叫作**反向传播**的算法。我们来具体看一下它的工作原理。

2. 用计算图进行自动微分

思考反向传播的一种有用方法是利用**计算图**（computation graph）。计算图是 TensorFlow 和深度学习革命的核心数据结构。它是一种由运算（比如我们用到的张量运算）构成的有向无环图。举个例子，图 2-21 给出了本章第一个模型的计算图表示。

计算图是计算机科学中一个非常成功的抽象概念。有了计算图，我们可以将计算看作数据：将可计算的表达式编码为机器可读的数据结构，然后用于另一个程序的输入或输出。举个例子，你可以想象这样一个程序：接收一个计算图作为输入，并返回一个新的计算图，新计算图可实现相同计算的大规模分布式版本。这意味着你可以对任意计算实现分布式，而无须自己编写分布式逻辑。或者想象这样一个程序：接收一个计算图作为输入，然后自动计算它所对应表达式的导数。如果将计算表示为一个明确的图数据结构，而不是 .py 文件中的几行 ASCII 字符，那么做这些事情就容易多了。

为了解释清楚反向传播的概念，我们来看一个非常简单的计算图示例（图 2-22）。它是图 2-21 的简化版本，只有一个线性层，所有变量都是标量。我们将取两个标量变量 w 和 b，以及一个标量输入 x，然后对它们做一些运算，得到输出 y。最后，我们使用绝对值误差损失函数：loss_val = abs(y_true - y)。我们希望更新 w 和 b 以使 loss_val 最小化，所以需要计算 grad(loss_val, b) 和 grad(loss_val, w)。

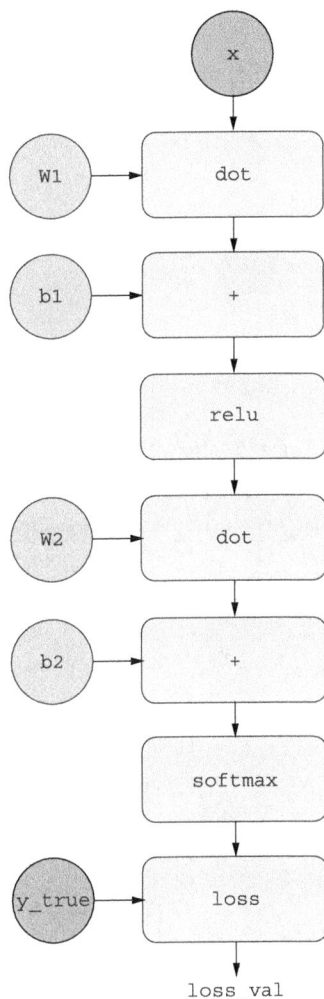

图 2-21　双层模型示例的计算图表示

我们为图中的"输入节点"（输入 x、目标 y_true、w 和 b）赋值。我们将这些值传入图中所有节点，从上到下，直到 loss_val。这就是**前向传播**过程（见图 2-23）。

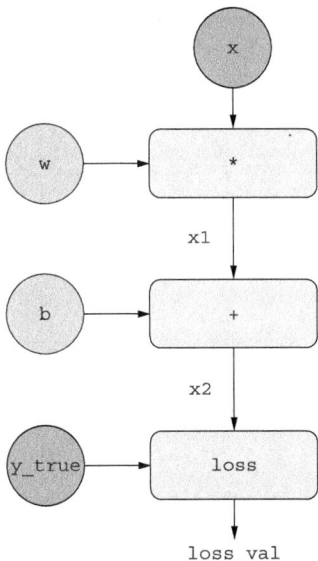

图 2-22　一个简单的计算图示例

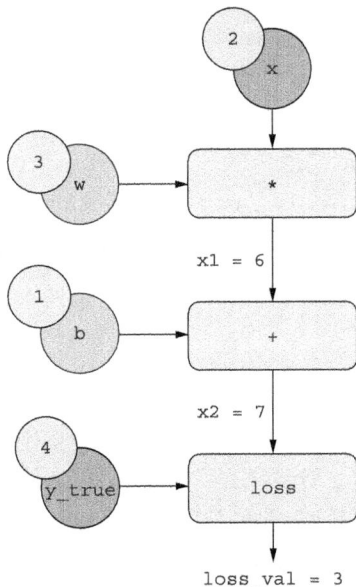

图 2-23　运行一次前向传播

下面我们"反过来"看这张图。对于图中从 A 到 B 的每条边,我们都画一条从 B 到 A 的反向边,并提出问题:如果 A 发生变化,那么 B 会怎么变?也就是说,grad(B, A) 是多少?我们在每条反向边上标出这个值。这个反向图表示的是**反向传播**过程(见图 2-24)。

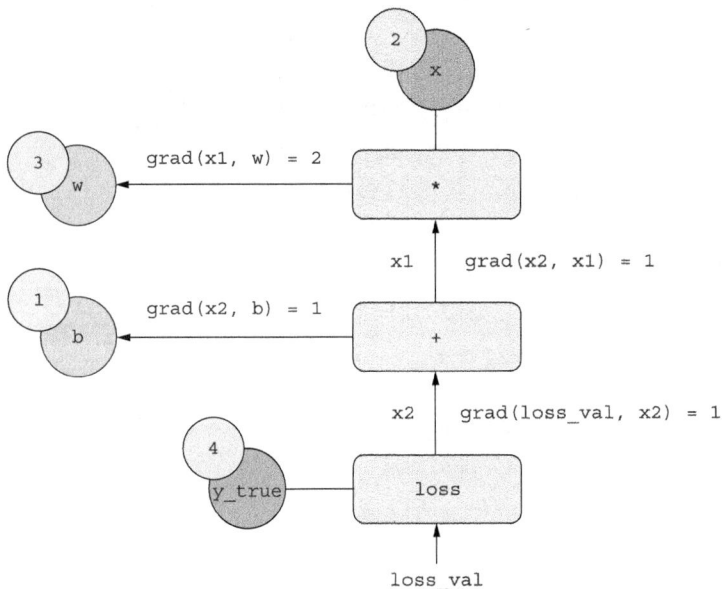

图 2-24　运行一次反向传播

我们得到以下结果。

❏ grad(loss_val, x2) = 1。随着 x2 变化一个小量 epsilon, loss_val = abs(4 - x2) 的变化量相同。

❏ grad(x2, x1) = 1。随着 x1 变化一个小量 epsilon, x2 = x1 + b = x1 + 1 的变化量相同。

❏ grad(x2, b) = 1。随着 b 变化一个小量 epsilon, x2 = x1 + b = 6 + b 的变化量相同。

❏ grad(x1, w) = 2。随着 w 变化一个小量 epsilon, x1 = x * w = 2 * w 的变化量为 2 * epsilon。

链式法则告诉我们, 对于这个反向图, 想求一个节点相对于另一个节点的导数, 可以把连接这两个节点的路径上的每条边的导数相乘。比如, grad(loss_val, w) = grad(loss_val, x2) * grad(x2, x1) * grad(x1, w), 如图 2-25 所示。

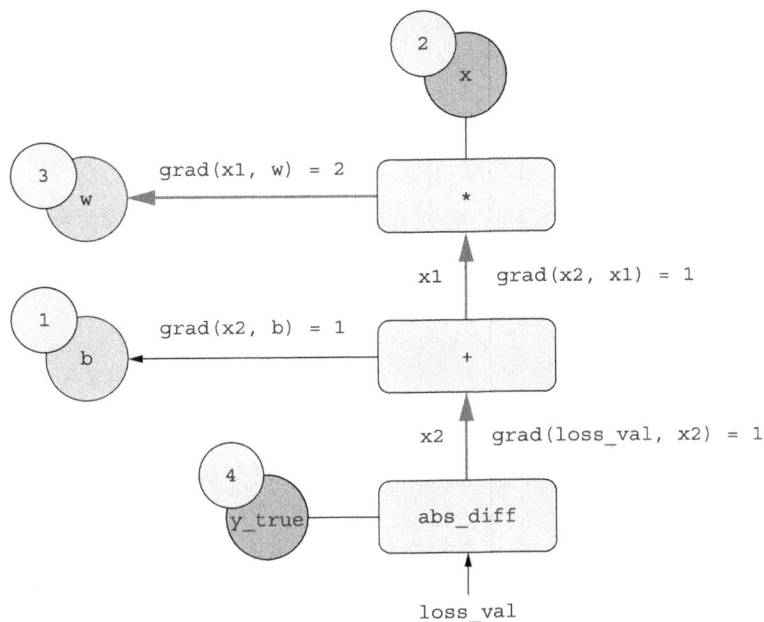

图 2-25 在反向图中从 loss_val 到 w 的路径

对该图应用链式法则, 我们可以得到如下想要的结果。

❏ grad(loss_val, w) = 1 * 1 * 2 = 2

❏ grad(loss_val, b) = 1 * 1 = 1

注意 在反向图中, 如果两个节点 a 和 b 之间有多条路径, 那么 grad(b, a) 就是将所有路径的值相加。

刚刚,你看到的就是反向传播的具体过程。反向传播就是将链式法则应用于计算图,仅此而已。反向传播从最终损失值开始,自下而上反向运行,计算每个参数对损失值的贡献。这就是"反向传播"这个名称的由来:我们"反向传播"计算图中不同节点对损失值的贡献。

如今,人们利用能够**自动微分**的现代框架来实现神经网络,比如 TensorFlow。自动微分是利用前文所述的计算图来实现的。自动微分可以计算任意可微张量运算组合的梯度,只需要写出前向传播,而无须做任何额外工作。我在 21 世纪前十年用 C 语言编写了第一个神经网络,当时我不得不手算梯度。现在,多亏了现代自动微分工具,你再也不必自己实现反向传播。你真幸运!

3. TensorFlow 的梯度带

`GradientTape` 是一个 API,让你可以充分利用 TensorFlow 强大的自动微分能力。它是一个 Python 作用域(scope),能够以计算图[有时也被称为"条带"(tape)]的形式"记录"在其中运行的张量运算。计算图可用来获取任意输出相对于任意变量或变量集的梯度,这些变量或变量集都是 `tf.Variable` 类的实例。`tf.Variable` 是一类用于保存可变状态的张量,比如神经网络的权重就是 `tf.Variable` 的实例。

将标量 **Variable** 的值初始化为 0

```
import tensorflow as tf
x = tf.Variable(0.)
with tf.GradientTape() as tape:
    y = 2 * x + 3
grad_of_y_wrt_x = tape.gradient(y, x)
```

创建一个 `GradientTape` 作用域

在作用域内,对变量做一些张量运算

利用梯度带获取输出 **y** 相对于变量 **x** 的梯度

`GradientTape` 也可用于张量运算。

```
x = tf.Variable(tf.zeros((2, 2)))
with tf.GradientTape() as tape:
    y = 2 * x + 3
grad_of_y_wrt_x = tape.gradient(y, x)
```

将 **Variable** 初始化为形状为 (2, 2) 的零张量

grad_of_y_wrt_x 是一个形状为 (2, 2) 的张量(形状与 **x** 相同),表示 **y = 2 * a + 3** 在 **x = [[0, 0], [0, 0]]** 附近的曲率

它还适用于变量列表。

```
W = tf.Variable(tf.random.uniform((2, 2)))
b = tf.Variable(tf.zeros((2,)))
x = tf.random.uniform((2, 2))
with tf.GradientTape() as tape:
    y = tf.matmul(x, W) + b
grad_of_y_wrt_W_and_b = tape.gradient(y, [W, b])
```

在 TensorFlow 中,**matmul** 是指点积

grad_of_y_wrt_W_and_b 是由两个张量组成的列表,这两个张量的形状分别与 **W** 和 **b** 相同

第 3 章会介绍梯度带的知识。

2.5　回顾第一个例子

你已经快读完本章了，现在应该对神经网络背后的原理有了大致的了解。在本章开始时，它是一个神奇的黑盒子，现在已经变成一幅更清晰的图，如图 2-26 所示：模型由许多层链接在一起组成，并将输入数据映射为预测值。随后，损失函数将这些预测值与目标值进行比较，得到一个损失值，用于衡量模型预测值与预期结果之间的匹配程度。优化器将利用这个损失值来更新模型权重。

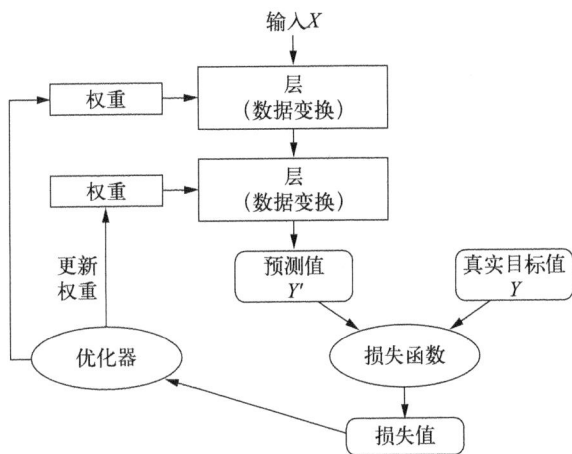

图 2-26　神经网络、层、损失函数与优化器之间的关系

我们来回顾本章的第一个例子，并根据前面学到的内容来重新审视其中每段代码。

下面是输入数据。

```
(train_images, train_labels), (test_images, test_labels) = mnist.load_data()
train_images = train_images.reshape((60000, 28 * 28))
train_images = train_images.astype("float32") / 255
test_images = test_images.reshape((10000, 28 * 28))
test_images = test_images.astype("float32") / 255
```

现在你明白，输入图像保存在 float32 类型的 NumPy 张量中，其形状分别为 (60000, 784)（训练数据）和 (10000, 784)（测试数据）。

下面是模型。

```
model = keras.Sequential([
    layers.Dense(512, activation="relu"),
    layers.Dense(10, activation="softmax")
])
```

现在你明白，这个模型包含两个链接在一起的 Dense 层，每层都对输入数据做一些简单的张量运算，这些运算都涉及权重张量。权重张量是该层的属性，里面保存了模型所学到的**知识**。

下面是模型编译。

```
model.compile(optimizer="rmsprop",
              loss="sparse_categorical_crossentropy",
              metrics=["accuracy"])
```

现在你明白，sparse_categorical_crossentropy 是损失函数，是用于学习权重张量的反馈信号，在训练过程中应使其最小化。你还知道，降低损失值是通过小批量随机梯度下降来实现的。梯度下降的具体方法由第一个参数给定，即 rmsprop 优化器。

最后，下面是训练循环。

```
model.fit(train_images, train_labels, epochs=5, batch_size=128)
```

现在你明白，在调用 fit 时发生了什么：模型开始在训练数据上进行迭代（每个小批量包含 128 个样本），共迭代 5 轮［在所有训练数据上迭代一次叫作一轮（epoch）］。对于每批数据，模型会计算损失相对于权重的梯度（利用反向传播算法，这一算法源自微积分的链式法则），并将权重沿着减小该批量对应损失值的方向移动。

5 轮之后，模型共执行 2345 次梯度更新（每轮 469 次），模型损失值将变得足够小，使得模型能够以很高的精度对手写数字进行分类。

目前你已经了解了神经网络的大部分知识。下面我们用 TensorFlow 从头开始逐步重新实现第一个例子的简化版本，以巩固已学知识。

2.5.1   用 TensorFlow 从头开始重新实现第一个例子

如何证明你已经完全理解了神经网络呢？当然是从头开始重新实现整个过程。这里的"从头开始"是相对而言的：我们不会重新实现基本的张量运算，也不会手动实现反向传播。这里的"从头开始"，是指我们几乎不会用到 Keras 的功能。

如果你没有完全理解这个例子的全部细节，请不要担心。第 3 章会更详细地介绍 TensorFlow API。现在，你只需尝试弄懂每一步的大致含义即可。这个例子的目的是通过具体实现过程来帮助你加深对深度学习数学的理解。我们开始吧。

1. 简单的 Dense 类

前面已经学过，Dense 层实现了下列输入变换，其中 W 和 b 是模型参数，activation 是一个逐元素的函数（通常是 relu，但最后一层是 softmax）。

```
output = activation(dot(W, input) + b)
```

我们来实现一个简单的 Python 类 NaiveDense，它创建了两个 TensorFlow 变量 W 和 b，并定义了一个 __call__() 方法供外部调用，以实现上述变换。

```python
import tensorflow as tf

class NaiveDense:
    def __init__(self, input_size, output_size, activation):
        self.activation = activation
```

创建一个形状为 (`input_size`, `output_size`) 的矩阵 W，并将其随机初始化

```
w_shape = (input_size, output_size)
w_initial_value = tf.random.uniform(w_shape, minval=0, maxval=1e-1)
self.W = tf.Variable(w_initial_value)
```

创建一个形状为 (`output_size`,) 的零向量 b

```
b_shape = (output_size,)
b_initial_value = tf.zeros(b_shape)
self.b = tf.Variable(b_initial_value)
```

前向传播

```
def __call__(self, inputs):
    return self.activation(tf.matmul(inputs, self.W) + self.b)
```

获取该层权重的便捷方法

```
@property
def weights(self):
    return [self.W, self.b]
```

2. 简单的 `Sequential` 类

下面我们创建一个 NaiveSequential 类，将这些层链接起来。它封装了一个层列表，并定义了一个 __call__() 方法供外部调用。这个方法将按顺序调用输入的层。它还有一个 weights 属性，用于记录该层的参数。

```
class NaiveSequential:
    def __init__(self, layers):
        self.layers = layers

    def __call__(self, inputs):
        x = inputs
        for layer in self.layers:
            x = layer(x)
        return x

    @property
    def weights(self):
        weights = []
        for layer in self.layers:
            weights += layer.weights
        return weights
```

利用这个 NaiveDense 类和 NaiveSequential 类，我们可以创建一个与 Keras 类似的模型。

```
model = NaiveSequential([
    NaiveDense(input_size=28 * 28, output_size=512, activation=tf.nn.relu),
    NaiveDense(input_size=512, output_size=10, activation=tf.nn.softmax)
])
assert len(model.weights) == 4
```

3. 批量生成器

接下来，我们需要对 MNIST 数据进行小批量迭代。这很简单。

```
import math

class BatchGenerator:
    def __init__(self, images, labels, batch_size=128):
        assert len(images) == len(labels)
        self.index = 0
        self.images = images
        self.labels = labels
        self.batch_size = batch_size
        self.num_batches = math.ceil(len(images) / batch_size)

    def next(self):
        images = self.images[self.index : self.index + self.batch_size]
        labels = self.labels[self.index : self.index + self.batch_size]
        self.index += self.batch_size
        return images, labels
```

2.5.2 完成一次训练步骤

最难的一步就是“训练步骤”，即在一批数据上运行模型后更新模型权重。我们需要做到以下几点。

(1) 计算模型对图像批量的预测值。

(2) 根据实际标签，计算这些预测值的损失值。

(3) 计算损失相对于模型权重的梯度。

(4) 将权重沿着梯度的反方向移动一小步。

要计算梯度，我们需要用到 2.4.4 节介绍的 TensorFlow GradientTape 对象。

```
          def one_training_step(model, images_batch, labels_batch):
运行前向传播，即   with tf.GradientTape() as tape:
在 GradientTape      predictions = model(images_batch)
作用域内计算模      per_sample_losses = tf.keras.losses.sparse_categorical_crossentropy(
型预测值                labels_batch, predictions)
                    average_loss = tf.reduce_mean(per_sample_losses)
          gradients = tape.gradient(average_loss, model.weights)
          update_weights(gradients, model.weights)
          return average_loss
```

利用梯度来更新权重（稍后
给出这个函数的定义）

计算损失相对于权重的梯度。
输出 gradients 是一个列表，
每个元素对应 model.weights
列表中的权重

如你所知，“更新权重”这一步（由 update_weights 函数实现）的目的，就是将权重沿着减小批量损失值的方向移动“一小步”。移动幅度由学习率决定，它通常是一个很小的数。要实现这个 update_weights 函数，最简单的方法就是从每个权重中减去 gradient * learning_rate。

```
learning_rate = 1e-3

def update_weights(gradients, weights):
```

```
    for g, w in zip(gradients, weights):
        w.assign_sub(g * learning_rate)
```

assign_sub 相当于 TensorFlow
变量的 -=

在实践中，你几乎不会像这样手动实现权重更新，而是会使用 Keras 的 Optimizer 实例，如下所示。

```
from tensorflow.keras import optimizers

optimizer = optimizers.SGD(learning_rate=1e-3)

def update_weights(gradients, weights):
    optimizer.apply_gradients(zip(gradients, weights))
```

现在我们已经实现了对每批数据的训练，下面继续实现一轮完整的训练。

2.5.3 完整的训练循环

一轮训练就是对训练数据的每个批量都重复上述训练步骤，而完整的训练循环就是重复多轮训练。

```
def fit(model, images, labels, epochs, batch_size=128):
    for epoch_counter in range(epochs):
        print(f"Epoch {epoch_counter}")
        batch_generator = BatchGenerator(images, labels)
        for batch_counter in range(batch_generator.num_batches):
            images_batch, labels_batch = batch_generator.next()
            loss = one_training_step(model, images_batch, labels_batch)
            if batch_counter % 100 == 0:
                print(f"loss at batch {batch_counter}: {loss:.2f}")
```

我们来试运行一下。

```
from tensorflow.keras.datasets import mnist
(train_images, train_labels), (test_images, test_labels) = mnist.load_data()

train_images = train_images.reshape((60000, 28 * 28))
train_images = train_images.astype("float32") / 255
test_images = test_images.reshape((10000, 28 * 28))
test_images = test_images.astype("float32") / 255

fit(model, train_images, train_labels, epochs=10, batch_size=128)
```

2.5.4 评估模型

我们可以评估模型，方法是对模型在测试图像上的预测值取 argmax，并将其与预期标签进行比较。

```
predictions = model(test_images)
predictions = predictions.numpy()
predicted_labels = np.argmax(predictions, axis=1)
matches = predicted_labels == test_labels
print(f"accuracy: {matches.mean():.2f}")
```

对 TensorFlow 张量调用 .numpy()，
可将其转换为 NumPy 张量

大功告成！可以看到，用几行 Keras 代码就能完成的工作，手动实现起来还是挺费劲的。但手动实现一遍之后，你现在应该已经清楚地了解在调用 fit() 时神经网络内部都发生了什么。拥有这种对代码底层原理的思维模型，可以让你更好地使用 Keras API 的高级功能。

2.6   本章总结

❑ 张量构成了现代机器学习系统的基石。它具有不同的 dtype（数据类型）、rank（阶）、shape（形状）等。

❑ 你可以通过**张量运算**（比如加法、张量积或逐元素乘法）对数值张量进行操作。这些运算可看作几何变换。一般来说，深度学习的所有内容都有几何解释。

❑ 深度学习模型由简单的张量运算链接而成，它以**权重**为参数，权重就是张量。模型权重保存的是模型所学到的"知识"。

❑ **学习**是指找到一组模型参数值，使模型在一组给定的训练数据样本及其对应目标值上的**损失函数**最小化。

❑ 学习的过程：随机选取包含数据样本及其目标值的批量，计算批量损失相对于模型参数的梯度。随后将模型参数沿着梯度的反方向移动一小步（移动距离由学习率决定）。这个过程叫作**小批量随机梯度下降**。

❑ 整个学习过程之所以能够实现，是因为神经网络中所有张量运算都是可微的。因此，可以利用求导链式法则来得到梯度函数。这个函数将当前参数和当前数据批量映射为一个梯度值。这一步叫作**反向传播**。

❑ 在后续几章中，你会经常遇到两个重要概念：**损失**和**优化器**。在将数据输入模型之前，你需要先对这二者进行定义。

  ▪ **损失**是在训练过程中需要最小化的量。它衡量的是当前任务是否已成功解决。

  ▪ **优化器**是利用损失梯度对参数进行更新的具体方式，比如 RMSprop 优化器、带动量的随机梯度下降（SGD）等。

第 3 章

Keras 和 TensorFlow 入门

本章包括以下内容:
- 详解 TensorFlow、Keras 以及二者之间的关系
- 建立深度学习工作区
- 简述如何将深度学习核心概念转化为 Keras 和 TensorFlow 的代码

本章将介绍在实践中开始做深度学习所需要的全部知识。我们会快速了解 Keras 和 TensorFlow,它们都是基于 Python 的深度学习工具,本书在后面会一直用到。你还会学习如何建立一个支持 TensorFlow、Keras 和 GPU 的深度学习工作区。最后,基于第 2 章对 Keras 和 TensorFlow 的初步介绍,我们将详细了解神经网络的核心组件,以及如何将这些组件转化为 Keras API 和 TensorFlow API。

从第 4 章开始,你将学习深度学习的实际应用。

3.1　TensorFlow 简介

TensorFlow 是一个基于 Python 的免费开源机器学习平台,主要由谷歌开发。与 NumPy 类似,TensorFlow 的主要目的是让工程师和研究人员能够在数值张量上操作数学表达式。但 TensorFlow 的能力远远超过 NumPy,主要表现在以下几方面。

- TensorFlow 可以自动计算任意可微表达式的梯度(正如第 2 章所示),这使其非常适合做机器学习。
- TensorFlow 不仅可以在 CPU 上运行,还可以在 GPU、TPU 等高度并行的硬件加速器上运行。
- TensorFlow 定义的计算,很容易在多台机器上分布式进行。
- TensorFlow 程序可以导出到其他运行时环境,比如 C++、JavaScript(用于基于浏览器的应用程序)、TensorFlow Lite(用于移动设备或嵌入式设备上运行的应用程序)等。这使得 TensorFlow 应用程序很容易部署到实际环境中。

请一定要记住,TensorFlow 不仅仅是一个库。它其实是一个平台,拥有庞大的组件生态系统,其中一些由谷歌开发,另一些由第三方开发。这些组件包括用于强化学习研究的 TF-Agents,用于工业级机器学习工作流程管理的 TFX,用于生产部署的 TensorFlow Serving,以及

包含许多预训练模型的 TensorFlow Hub 代码库。这些组件涵盖了非常广泛的使用案例，从前沿研究到大规模生产应用都有涉及。

TensorFlow 的可扩展性非常好。举例来说，美国橡树岭国家实验室的科学家用它在 IBM Summit 超级计算机的 27 000 块 GPU 上，训练了一个 1.1 exaFLOPS 的极端天气预报模型。同样，谷歌使用 TensorFlow 开发了计算量非常大的深度学习应用程序，比如下国际象棋和围棋的人工智能 AlphaZero。如果有预算，那么你可以在谷歌云或亚马逊云科技（AWS）上租一个小型 TPU pod 或大型 GPU 集群，将你自己的模型扩展到 10 petaFLOPS 左右。这大约是 2019 年顶级超级计算机峰值计算能力的 1%！

3.2 Keras 简介

Keras 是一个用 Python 编写的深度学习 API，它构建于 TensorFlow 之上，可以方便地定义和训练任意类型的深度学习模型。Keras 最初是为研究而开发的，其目的是快速进行深度学习实验。

通过 TensorFlow，Keras 可以在不同类型的硬件上运行（见图 3-1），包括 GPU、TPU 和普通 CPU，还可以无缝扩展到上千台机器上。

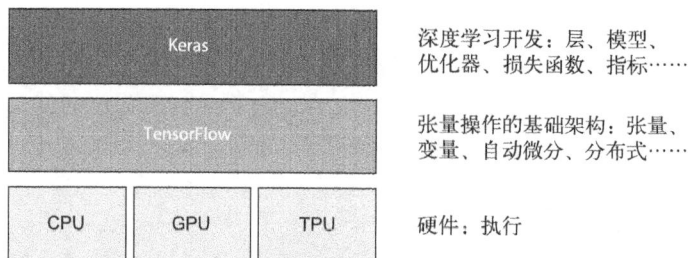

图 3-1   Keras 与 TensorFlow：TensorFlow 是一个底层的张量计算平台，
Keras 则是一个高阶深度学习 API

Keras 以重视开发者体验而闻名，它是为人类设计的 API，而非为机器设计。它遵循减少认知负荷的最佳实践：提供一致且简单的工作流程，尽量减少常见用例所需要的操作，并在用户出错时提供清晰且可操作的反馈。因此，Keras 既可以让初学者轻松上手学习，也可以让专家大大提高工作效率。

截至 2021 年底，Keras 用户已超 100 万人，既包括初创公司和大公司的学术研究人员、工程师和数据科学家，也包括研究生和业余爱好者。谷歌、Netflix、Uber、欧洲核子研究中心（CERN）、美国国家航空航天局（NASA）、Yelp、Instacart、Square 以及上百家初创公司都在使用 Keras 解决各行各业的诸多问题。YouTube 推荐是 Keras 模型生成的。Waymo 自动驾驶汽车是用 Keras 模型开发的。在机器学习竞赛网站 Kaggle 上，Keras 也是一个热门框架，大多数深度学习竞赛的优胜者用的是 Keras。

Keras 拥有庞大且多样化的用户群体，它不会强迫你采用唯一"正确"的方法来构建和训练模型。相反，它支持各种不同的工作流程，从顶层到底层都支持，对应于不同的用户配置文件。例如，构建模型和训练模型都有很多种方法，每种方法都代表可用性和灵活性之间的某种折中。第 5 章将详细介绍这些工作流程。你可以像使用 scikit-learn 那样使用 Keras，只需调用 fit()，剩下的工作交给框架来完成；你也可以像使用 NumPy 那样使用 Keras，完全掌控每一个小细节。

　　等你成为专家，你现在入门学习的所有内容仍然都会有价值。你可以轻松入门，然后逐渐深入到工作流程中，从头开始编写越来越多的逻辑。无论是从学生成长为研究人员，还是从数据科学家转为深度学习工程师，你都无须切换到另一个完全不同的框架。

　　这种哲学理念与 Python 语言本身的哲学理念并无二致。有些语言只提供一种编程方法，比如面向对象编程或函数式编程。与此相反，Python 是一门多范式语言，它提供了多种使用模式，不同模式之间可以很好地协同工作。这使得 Python 适用于不同的使用场景：系统管理、数据科学、机器学习工程、Web 开发，或仅学习如何编程。同样，你可以将 Keras 看作深度学习领域的 Python：它是一种对用户友好的深度学习语言，为不同的用户配置文件提供了多种工作流程。

3.3　Keras 和 TensorFlow 简史

　　Keras 的出现比 TensorFlow 早 8 个月。Keras 发布于 2015 年 3 月，而 TensorFlow 发布于 2015 年 11 月。你可能会问，如果 Keras 是构建在 TensorFlow 之上的，那么它怎么可能在 TensorFlow 发布之前就存在呢？Keras 最初是构建在 Theano 之上的。Theano 是另一个提供自动微分和 GPU 支持的张量操作库，它是同类型的库中最早出现的。Theano 由蒙特利尔大学的蒙特利尔学习算法研究所（MILA）开发，在许多方面是 TensorFlow 的先驱。它开创了这一想法：使用静态计算图进行自动微分并将代码编译到 CPU 和 GPU。

　　2015 年底 TensorFlow 发布后，Keras 被重构为多后端架构，它可以与 Theano 或 TensorFlow 一起使用，在二者之间的切换就像更改环境变量一样简单。到 2016 年 9 月，TensorFlow 已经达到了一定的技术成熟度，成为 Keras 的默认后端选项。2017 年，Keras 又增加了两个新的后端选项：CNTK（由微软开发）和 MXNet（由亚马逊开发）。如今，Theano 和 CNTK 都已停止开发，MXNet 在亚马逊之外也没有得到广泛使用。Keras 再次成为单一后端的 API，即构建在 TensorFlow 之上。

　　Keras 和 TensorFlow 多年来一直保持共生关系。2016 年 ~ 2017 年，Keras 提供了一种对用户友好的方式来开发 TensorFlow 应用程序，并由此而闻名，吸引众多新用户加入 TensorFlow 生态系统。到 2017 年底，大多数 TensorFlow 用户通过 Keras 来使用 TensorFlow 或将二者结合使用。2018 年，TensorFlow 领导层选择 Keras 作为官方的 TensorFlow 上层 API。因此，在 2019 年 9 月发布的 TensorFlow 2.0 中，Keras API 处于核心地位。TensorFlow 2.0 对 TensorFlow 和 Keras 做了大量重新设计，其中考虑了 4 年多时间的用户反馈和技术进步。

　　说到这里，你一定很想开始在实践中运行 Keras 和 TensorFlow 的代码。让我们开始吧。

3.4　建立深度学习工作区

在开始开发深度学习应用程序之前，需要设置开发环境。虽然并非绝对必要，但还是强烈建议你在现代 NVIDIA GPU 上运行深度学习代码，而不是在 CPU 上运行。某些应用程序（尤其是使用卷积神经网络的图像处理应用程序）在 CPU 上的运行速度极其缓慢，就算是高速多核 CPU 也很慢。即便是那些可以在 CPU 上运行的应用程序，使用新款 GPU 通常也可以将运行速度提高 5 ~ 10 倍。

要在 GPU 上进行深度学习，你有以下 3 种选择。

❑ 购买一块实体 NVIDIA GPU 并将其安装在工作站上。

❑ 使用谷歌云或 AWS EC2 上的 GPU 实例。

❑ 使用 Colaboratory 的免费 GPU 运行时。Colaboratory 是谷歌提供的一项笔记本托管服务（关于什么是"笔记本"，详见 3.4.1 节）。

Colaboratory 是最简单的入门方式，因为它不需要购买硬件，也不需要安装软件，只需在浏览器中打开一个标签页就可以开始编写代码。我推荐用这种方法运行本书中的代码示例。然而，Colaboratory 的免费版本只适用于较小的工作负载。如果想扩大规模，则需要选择前两种方案。

如果你还没有可用于深度学习的 GPU（新款高端 NVIDIA GPU），那么在云端运行深度学习实验是一种简单且低成本的方法。你无须额外购买硬件就可以应对更大的工作负载。如果你正在使用 Jupyter 笔记本进行开发，那么在云端运行的体验与在本地运行没什么不同。

但如果你是深度学习的重度用户，那么这种方式是无法长期持续的，甚至持续几个月都不行。云实例并不便宜，2021 年中，一块谷歌云 V100 GPU 的价格是每小时 2.48 美元。与此相对，一块不错的消费级 GPU 的价格在 1500 美元 ~ 2500 美元——随着时间的推移，这些 GPU 的性能不断提升，但价格一直相当稳定。如果你是深度学习的重度用户，那么可以考虑用一块或多块 GPU 建立本地工作站。

此外，无论是在本地运行还是在云端运行，最好都使用 Unix 工作站。虽然从技术上来说，可以直接在 Windows 上运行 Keras，但我并不建议这么做。如果你是 Windows 用户，并且想在自己的工作站上做深度学习，那么最简单的解决方案就是在你的计算机上安装 Ubuntu 双系统，或者利用 Windows Subsystem for Linux（WSL）。WSL 是一个兼容层，它让你能够在 Windows 上运行 Linux 应用程序。这可能看起来有点麻烦，但从长远来看，你可以省下大量时间并避免麻烦。

3.4.1　Jupyter 笔记本：运行深度学习实验的首选方法

Jupyter 笔记本是运行深度学习实验的好方法，特别是运行本书中的许多代码示例。它广泛应用于数据科学和机器学习领域。**笔记本**（notebook）是 Jupyter Notebook 应用程序生成的文件，可以在浏览器中对其进行编辑。它不仅可以执行 Python 代码，还具有丰富的文本编辑功能，可以对代码进行注释。此外，笔记本还可以将冗长的实验代码拆分成可独立执行的短代码，这使得开发具有交互性，而且如果后面的代码出现问题，你也不必重新运行前面的所有代码。

虽然并非必需，但我推荐使用 Jupyter 笔记本来上手 Keras。你也可以运行独立的 Python 脚本，或者在 IDE（比如 PyCharm）中运行代码。本书中的所有代码示例都以开源笔记本的形式提供，你可以在 GitHub 上下载。[①]

3.4.2　使用 Colaboratory

Colaboratory（简称 Colab）是一项免费的 Jupyter 笔记本服务，无须安装，完全在云端运行。它实际上是一个网页，让你可以立刻编写并执行 Keras 脚本。它允许你使用免费（但有限）的 GPU 运行时，甚至还可以使用 TPU 运行时，因此你无须自己购买 GPU。我推荐使用 Colaboratory 来运行本书的代码示例。

1. Colaboratory 入门

要开始使用 Colab，请先访问它的网站，然后单击"New Notebook"（新建笔记本）[②]按钮。你会看到图 3-2 所示的笔记本标准界面。

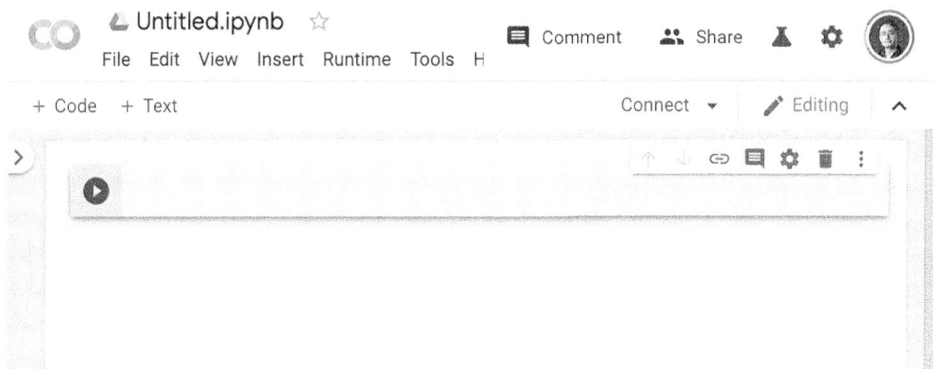

图 3-2　Colab 笔记本

你会看到工具栏上有两个按钮："+ Code"（+ 代码）和"+ Text"（+ 文本）。它们的作用分别是创建可执行的 Python 代码单元格和注释文本单元格。在代码单元格中输入代码后，按 Shift+Enter 键将执行代码，如图 3-3 所示。

在文本单元格中，你可以使用 Markdown 语法，按 Shift+Enter 键将渲染文本效果，如图 3-4 所示。

---

① 也可以直接从图灵社区下载：ituring.cn/book/3002。——编者注
② 引号中的是英文版文字，括号内的是中文版文字，下同。——译者注

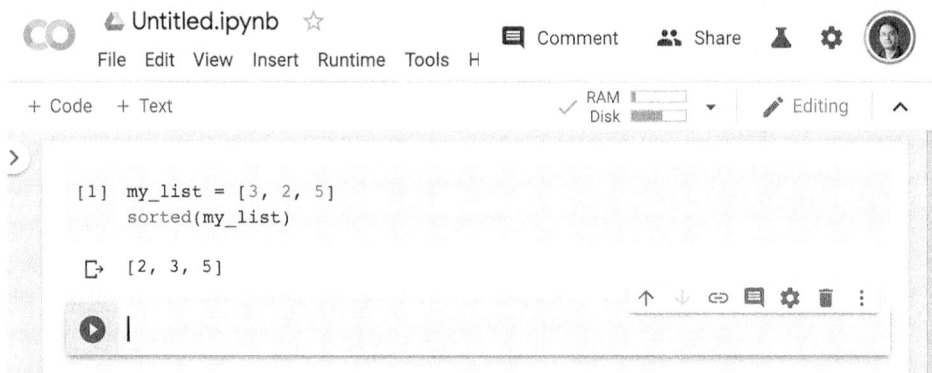

图 3-3   创建一个代码单元格

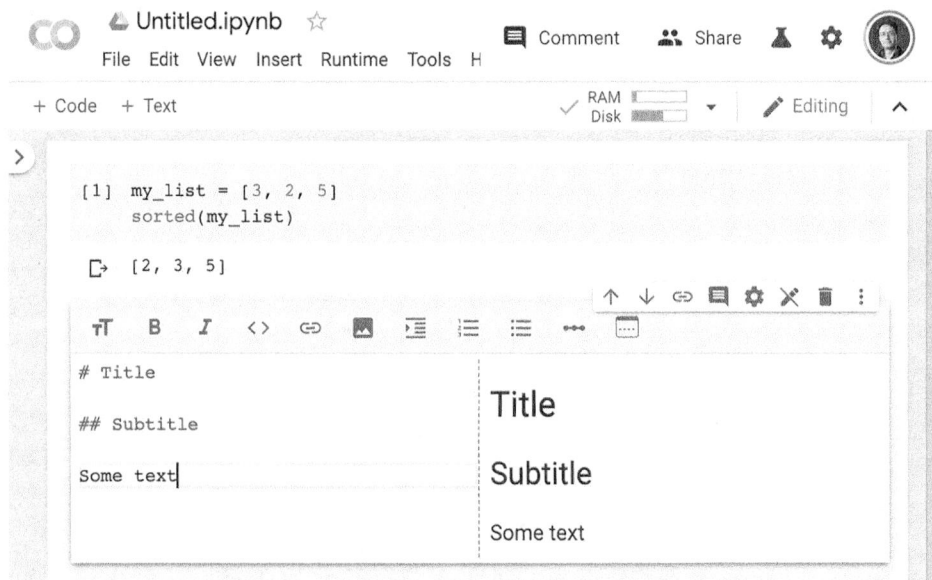

图 3-4   创建一个文本单元格

文本单元格有助于让笔记本的结构更易读，它可以为代码添加注释，如章节标题、较长的解释段落，或嵌入图像。笔记本旨在提供一种多媒体体验。

2. 利用 `pip` 安装 Python 包

因为默认的 Colab 环境已经预装了 TensorFlow 和 Keras，所以你可以立刻开始使用，无须执行任何安装步骤。但如果需要用 pip 安装一些包，那么可以在代码单元格中使用以下语法来实现（注意，这行代码以！开头，表示它是 shell 命令，而不是 Python 代码）。

```
!pip install package_name
```

3. 使用 GPU 运行时

要在 Colab 中使用 GPU 运行时（runtime），请在菜单中选择"Runtime > Change Runtime Type"（代码执行程序 > 更改运行时类型），然后选择 GPU 作为硬件加速器，如图 3-5 所示。

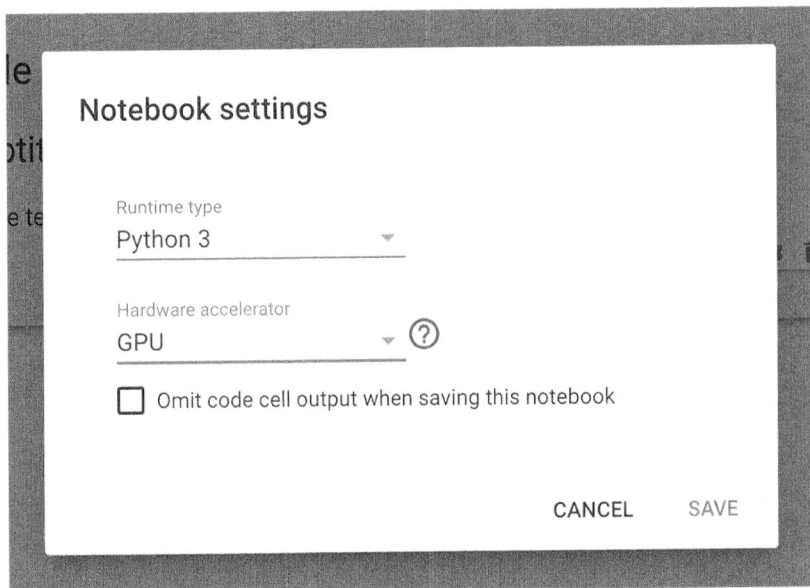

图 3-5　在 Colab 中使用 GPU 运行时

当 GPU 可用时，TensorFlow 和 Keras 会自动在 GPU 上运行，所以在选择 GPU 运行时之后无须其他任何操作。

你会注意到，在"Hardware accelerator"（硬件加速器）下拉菜单中还有一个 TPU 选项。与 GPU 运行时不同，在 TensorFlow 和 Keras 中使用 TPU 运行时，需要在代码中进行一些手动设置。第 13 章将介绍相关内容。目前，我建议你使用 GPU 运行时来运行本书的代码示例。

现在你可以在实践中运行 Keras 代码了。接下来我们将了解如何把在第 2 章中学到的核心思想转化为 Keras 代码和 TensorFlow 代码。

3.5　TensorFlow 入门

前两章讲过，训练神经网络主要围绕以下概念进行。
- 首先是低阶张量操作。这是所有现代机器学习的底层架构，可以转化为 TensorFlow API。
  - **张量**，包括存储神经网络状态的特殊张量（**变量**）。
  - **张量运算**，比如加法、`relu`、`matmul`。
  - **反向传播**，一种计算数学表达式梯度的方法（在 TensorFlow 中通过 `GradientTape` 对象来实现）。

❑ 然后是高阶深度学习概念。这可以转化为 Keras API。

- 层，多层可以构成**模型**。
- 损失函数，它定义了用于学习的反馈信号。
- 优化器，它决定学习过程如何进行。
- 评估模型性能的**指标**，比如精度。
- 训练循环，执行小批量梯度随机下降。

在第 2 章中，你已经初步接触了 TensorFlow 和 Keras 的一些 API，并使用了 TensorFlow 的 Variable 类、matmul 运算和 GradientTape。你已经将 Keras 的 Dense 层实例化，并将其打包到一个 Sequential 模型中，然后使用 fit() 方法训练该模型。

下面我们来进一步了解，在实践中如何使用 TensorFlow 和 Keras 来处理这些概念。

3.5.1 常数张量和变量

要使用 TensorFlow，我们需要用到一些张量。创建张量需要给定初始值。例如，可以创建全 1 张量或全 0 张量（见代码清单 3-1），也可以从随机分布中取值来创建张量（见代码清单 3-2）。

代码清单 3-1 全 1 张量或全 0 张量

```
>>> import tensorflow as tf
>>> x = tf.ones(shape=(2, 1))        ◁——  等同于 np.ones(shape=(2, 1))
>>> print(x)
tf.Tensor(
[[1.]
 [1.]], shape=(2, 1), dtype=float32)
>>> x = tf.zeros(shape=(2, 1))       ◁——  等同于 np.zeros(shape=(2, 1))
>>> print(x)
tf.Tensor(
[[0.]
 [0.]], shape=(2, 1), dtype=float32)
```

代码清单 3-2 随机张量

```
>>> x = tf.random.normal(shape=(3, 1), mean=0., stddev=1.)    ◁——
>>> print(x)
tf.Tensor(
[[-0.14208166]              从均值为 0、标准差为 1 的正态分布中抽取的随机张量，等同于
 [-0.95319825]             np.random.normal(size=(3, 1), loc=0., scale=1.)
 [ 1.1096532 ]], shape=(3, 1), dtype=float32)
>>> x = tf.random.uniform(shape=(3, 1), minval=0., maxval=1.)    ◁——
>>> print(x)
tf.Tensor(
[[0.33779848]              从 0 和 1 之间的均匀分布中抽取的随机张量，
 [0.06692922]             等同于 np.random.uniform(size=(3, 1),
 [0.7749394 ]], shape=(3, 1), dtype=float32)    low=0., high=1.)
```

3

NumPy 数组和 TensorFlow 张量之间的一个重要区别是，TensorFlow 张量是不可赋值的，它是常量。举例来说，在 NumPy 中，你可以执行以下操作，如代码清单 3-3 所示。

代码清单 3-3　NumPy 数组是可赋值的
```
import numpy as np
x = np.ones(shape=(2, 2))
x[0, 0] = 0.
```

如果在 TensorFlow 中执行同样的操作（如代码清单 3-4 所示），那么程序会报错：EagerTensor object does not support item assignment（EagerTensor 对象不支持对元素进行赋值）。

代码清单 3-4　TensorFlow 张量是不可赋值的
```
x = tf.ones(shape=(2, 2))      程序会报错，因为张量是不可赋值的
x[0, 0] = 0.            ◁
```

要训练模型，我们需要更新其状态，而模型状态是一组张量。如果张量不可赋值，那么我们该怎么做呢？这时就需要用到**变量**（variable）。tf.Variable 是一个类，其作用是管理 TensorFlow 中的可变状态。第 2 章末尾的训练循环实现已经初步展示了这个类的作用。

要创建一个变量，你需要为其提供初始值，比如随机张量，如代码清单 3-5 所示。

代码清单 3-5　创建一个 TensorFlow 变量
```
>>> v = tf.Variable(initial_value=tf.random.normal(shape=(3, 1)))
>>> print(v)
array([[-0.75133973],
       [-0.4872893 ],
       [ 1.6626885 ]], dtype=float32)
```

变量的状态可以通过其 assign 方法进行修改，如代码清单 3-6 所示。

代码清单 3-6　为 TensorFlow 变量赋值
```
>>> v.assign(tf.ones((3, 1)))
array([[1.],
       [1.],
       [1.]], dtype=float32)
```

这种方法也适用于变量的子集，如代码清单 3-7 所示。

代码清单 3-7　为 TensorFlow 变量的子集赋值
```
>>> v[0, 0].assign(3.)
array([[3.],
       [1.],
       [1.]], dtype=float32)
```

与此类似，assign_add() 和 assign_sub() 分别等同于 += 和 -= 的效果，如代码清单 3-8 所示。

代码清单 3-8 使用 assign_add()

```
>>> v.assign_add(tf.ones((3, 1)))
array([[2.],
       [2.],
       [2.]], dtype=float32)
```

3.5.2 张量运算：用 TensorFlow 进行数学运算

就像 NumPy 一样，TensorFlow 提供了许多张量运算来表达数学公式。我们来看几个例子，如代码清单 3-9 所示。

代码清单 3-9 一些基本的数学运算

```
a = tf.ones((2, 2))           求平方
b = tf.square(a)    ◁────
c = tf.sqrt(a)      ◁────     求平方根
d = b + c           ◁────
e = tf.matmul(a, b) ◁────     两个张量（逐元素）相加
e *= d     ◁──────            计算两个张量的积
                              （详见第 2 章）
两个张量（逐元素）
相乘
```

重要的是，代码清单 3-9 中的每一个运算都是即刻执行的：任何时候都可以打印出当前结果，就像在 NumPy 中一样。我们称这种情况为**急切执行**（eager execution）。

3.5.3 重温 GradientTape API

读到这里，你可能认为 TensorFlow 看起来很像 NumPy。但是 NumPy 无法做到的是，检索任意可微表达式相对于其输入的梯度。你只需要创建一个 GradientTape 作用域，对一个或多个输入张量做一些计算，然后就可以检索计算结果相对于输入的梯度，如代码清单 3-10 所示。

代码清单 3-10 使用 GradientTape

```
input_var = tf.Variable(initial_value=3.)
with tf.GradientTape() as tape:
    result = tf.square(input_var)
gradient = tape.gradient(result, input_var)
```

要检索模型损失相对于权重的梯度，最常用的方法是 gradients = tape.gradient(loss, weights)。我们在第 2 章中用过这一方法。

至此，你只遇到过 tape.gradient() 的输入张量是 TensorFlow 变量的情况。实际上，它的输入可以是任意张量。但在默认情况下只会监视**可训练变量**（trainable variable）。如果要监视常数张量，那么必须对其调用 tape.watch()，手动将其标记为被监视的张量，如代码清单 3-11 所示。

代码清单 3-11 对常数张量输入使用 GradientTape

```
input_const = tf.constant(3.)
with tf.GradientTape() as tape:
    tape.watch(input_const)
    result = tf.square(input_const)
gradient = tape.gradient(result, input_const)
```

之所以必须这么做，是因为如果预先存储计算梯度所需的全部信息，那么计算成本非常大。为避免浪费资源，梯度带需要知道监视什么。它默认监视可训练变量，因为计算损失相对于可训练变量列表的梯度，是梯度带最常见的用途。

梯度带是一个非常强大的工具，它甚至能够计算**二阶梯度**（梯度的梯度）。举例来说，物体位置相对于时间的梯度是这个物体的速度，二阶梯度则是它的加速度。

如果测量一个垂直下落的苹果的位置随时间的变化，并且发现它满足 position(time) = 4.9 * time ** 2，那么它的加速度是多少？我们可以用两个嵌套的梯度带找出答案，如代码清单 3-12 所示。

代码清单 3-12 利用嵌套的梯度带计算二阶梯度

```
time = tf.Variable(0.)
with tf.GradientTape() as outer_tape:
    with tf.GradientTape() as inner_tape:
        position =  4.9 * time ** 2
    speed = inner_tape.gradient(position, time)
acceleration = outer_tape.gradient(speed, time)
```

> 内梯度带计算出一个梯度，我们用外梯度带计算这个梯度的梯度。答案自然是 4.9 * 2 = 9.8

3.5.4 一个端到端的例子：用 TensorFlow 编写线性分类器

你已经了解了张量、变量和张量运算，也知道如何计算梯度。这些知识足以构建任意基于梯度下降的机器学习模型。而你现在才读到第 3 章！

在参加机器学习面试时，面试官可能会要求你用 TensorFlow 从头开始实现一个线性分类器。这是一项非常简单的任务，可以用于考察求职者是否具有基本的机器学习背景。学完本节内容，你将能够通过这道面试关，用新学到的 TensorFlow 知识来实现这样一个线性分类器。

首先，我们生成一些线性可分的数据：二维平面上的点，它们分为两个类别。生成方法是从一个具有特定协方差矩阵和特定均值的随机分布中抽取坐标来生成每一类点，如代码清单 3-13 所示。直观上来看，协方差矩阵描述了点云的形状，均值则描述了点云在平面上的位置，如图 3-6 所示。我们设定，两个点云的协方差矩阵相同，但均值不同。也就是说，两个点云具有相同的形状，但位置不同。

代码清单 3-13 在二维平面上随机生成两个类别的点

```
num_samples_per_class = 1000
negative_samples = np.random.multivariate_normal(
    mean=[0, 3],
    cov=[[1, 0.5],[0.5, 1]],
    size=num_samples_per_class)
```

> 生成第一个类别的点：1000 个二维随机点。协方差矩阵为 [[1, 0.5], [0.5, 1]]，对应于一个从左下方到右上方的椭圆形点云

```
positive_samples = np.random.multivariate_normal(
    mean=[3, 0],
    cov=[[1, 0.5],[0.5, 1]],
    size=num_samples_per_class)
```

生成第二个类别的点，协方差
矩阵相同，均值不同

在代码清单 3-13 中，negative_samples 和 positive_samples 都是形状为 (1000, 2) 的数组。我们将二者堆叠成一个形状为 (2000, 2) 的数组，如代码清单 3-14 所示。

代码清单 3-14   将两个类别堆叠成一个形状为 (2000, 2) 的数组

```
inputs = np.vstack((negative_samples, positive_samples)).astype(np.float32)
```

如代码清单 3-15 所示，我们来生成对应的目标标签，即一个形状为 (2000, 1) 的数组，其元素都是 0 或 1：如果输入 inputs[i] 属于类别 0，则目标 targets[i, 0] 为 0；如果 inputs[i] 属于类别 1，则 targets[i, 0] 为 1。

代码清单 3-15   生成对应的目标标签（0 和 1）

```
targets = np.vstack((np.zeros((num_samples_per_class, 1), dtype="float32"),
                     np.ones((num_samples_per_class, 1), dtype="float32")))
```

下面用 Matplotlib 来绘制数据图像，如代码清单 3-16 和图 3-6 所示。

代码清单 3-16   绘制两个点类的图像

```
import matplotlib.pyplot as plt
plt.scatter(inputs[:, 0], inputs[:, 1], c=targets[:, 0])
plt.show()
```

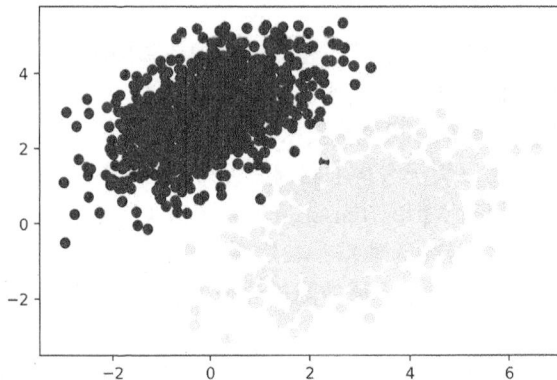

图 3-6   我们的数据：二维平面上的两类随机点（见彩插）

现在我们来创建一个线性分类器，用来学习划分这两个类别。线性分类器采用仿射变换（prediction = W • input + b），我们对其进行训练，使预测值与目标值之差的平方最小化。

后面你会看到，这个例子实际上比第 2 章结尾介绍的端到端的双层神经网络要简单得多。

这次你应该能够理解每一行代码的含义。

我们来创建变量 W 和 b，分别用随机值和零进行初始化，如代码清单 3-17 所示。

代码清单 3-17 创建线性分类器的变量

输入是二维点 →

每个样本的输出预测值是一个分数值（如果分类器预测样本属于类别 0，那么这个分数值会接近 0；如果预测样本属于类别 1，那么这个分数值会接近 1）

```
input_dim = 2
output_dim = 1
W = tf.Variable(initial_value=tf.random.uniform(shape=(input_dim, output_dim)))
b = tf.Variable(initial_value=tf.zeros(shape=(output_dim,)))
```

代码清单 3-18 展示了前向传播函数。

代码清单 3-18 前向传播函数

```
def model(inputs):
    return tf.matmul(inputs, W) + b
```

因为这个线性分类器处理的是二维输入，所以 W 实际上只包含两个标量系数 w1 和 w2：W = [[w1], [w2]]。b 则是一个标量系数。因此，对于给定的输入点 [x, y]，其预测值为：prediction = [[w1], [w2]] • [x, y] + b = w1 * x + w2 * y + b。

代码清单 3-19 展示了均方误差损失函数。

代码清单 3-19 均方误差损失函数

per_sample_losses 是一个与 targets 和 predictions 具有相同形状的张量，其中包含每个样本的损失值

```
def square_loss(targets, predictions):
    per_sample_losses = tf.square(targets - predictions)
    return tf.reduce_mean(per_sample_losses)
```

我们需要将每个样本的损失值平均为一个标量损失值，这由 reduce_mean 来实现

接下来就是训练步骤，即接收一些训练数据并更新权重 W 和 b，以使数据损失值最小化，如代码清单 3-20 所示。

代码清单 3-20 训练步骤函数

检索损失相对于权重的梯度

在一个梯度带作用域内进行一次前向传播

更新权重

```
learning_rate = 0.1

def training_step(inputs, targets):
    with tf.GradientTape() as tape:
        predictions = model(inputs)
        loss = square_loss(targets, predictions)
    grad_loss_wrt_W, grad_loss_wrt_b = tape.gradient(loss, [W, b])
    W.assign_sub(grad_loss_wrt_W * learning_rate)
    b.assign_sub(grad_loss_wrt_b * learning_rate)
    return loss
```

为简单起见，我们将进行**批量训练**，而不是**小批量训练**，即在所有数据上进行训练（计算梯度并更新权重），而不是小批量地进行迭代。一方面，每个训练步骤的运行时间要长得多，因为我们要一次性计算 2000 个样本的前向传播和梯度。另一方面，每次梯度更新将更有效地降低训练数据的损失，因为它包含了所有训练样本的信息，而不是只有 128 个随机样本。因此，我们需要的迭代次数更少，而且应该使用比通常用于小批量训练更大的学习率（我们将使用 `learning_rate = 0.1`，如代码清单 3-20 所示）。代码清单 3-21 展示了批量训练循环。

代码清单 3-21   批量训练循环

```
for step in range(40):
    loss = training_step(inputs, targets)
    print(f"Loss at step {step}: {loss:.4f}")
```

经过 40 次迭代之后，训练损失值似乎稳定在 0.025 左右。我们来绘制一下这个线性模型如何对训练数据点进行分类。由于目标值是 0 和 1，因此如果一个给定输入点的预测值小于 0.5，那么它将被归为类别 0，而如果预测值大于 0.5，则被归为类别 1，如图 3-7 所示。

```
predictions = model(inputs)
plt.scatter(inputs[:, 0], inputs[:, 1], c=predictions[:, 0] > 0.5)
plt.show()
```

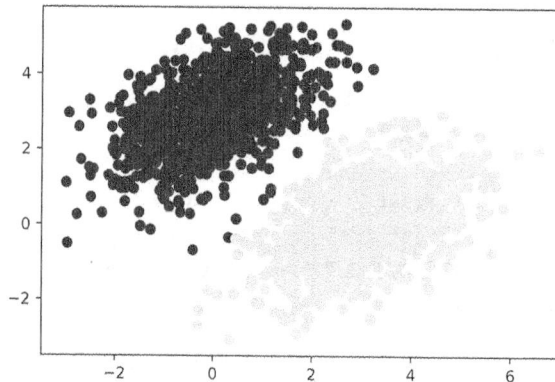

图 3-7   模型对训练数据的预测结果：与训练数据的目标值非常接近（见彩插）

回想一下，对于给定点 [x, y]，其预测值是 `prediction = [[w1], [w2]] • [x, y] + b = w1 * x + w2 * y + b`。因此，类别 0 的定义是 `w1 * x + w2 * y + b < 0.5`，类别 1 的定义是 `w1 * x + w2 * y + b > 0.5`。你会发现，这实际上是二维平面上的一条直线的方程：`w1 * x + w2 * y + b = 0.5`。在这条线上方的点属于类别 1，下方的点属于类别 0。你可能习惯看到像 `y = a * x + b` 这种形式的直线方程，如果将我们的直线方程写成这种形式，那么它将变为：`y = - w1 / w2 * x + (0.5 - b) / w2`。

我们来绘制这条直线，如图 3-8 所示。

在 −1 和 4 之间生成 100 个等
间距的数字，用于绘制直线

直线方程

绘制直线（"-r" 的含义是"将
图像绘制为红色的线"）①

```
x = np.linspace(-1, 4, 100)
y = - W[0] / W[1] * x + (0.5 - b) / W[1]
plt.plot(x, y, "-r")
plt.scatter(inputs[:, 0], inputs[:, 1], c=predictions[:, 0] > 0.5)
```

在同一张图上绘制模型预测结果

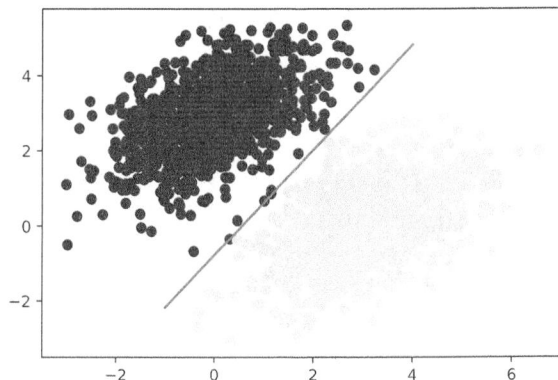

图 3-8　将模型可视化为一条直线（见彩插）

这就是线性分类器的全部内容：找到一条直线（或高维空间中的一个超平面）的参数，将两类数据整齐地分开。

3.6　神经网络剖析：了解核心 Keras API

至此，你已经了解了 TensorFlow 的基础知识，可以用它从头开始实现一个简单模型，比如 3.5.4 节中的批量线性分类器，或者第 2 章结尾的简单神经网络。你已经打下了坚实的基础，是时候走上一条更高效、更强大的深度学习之路了：Keras API。

3.6.1　层：深度学习的基础模块

神经网络的基本数据结构是**层**，我们在第 2 章中了解过。层是一个数据处理模块，它接收一个或多个张量作为输入，并输出一个或多个张量。有些层是无状态的，但大多数层具有状态，即层的**权重**。权重是利用随机梯度下降学到的一个或多个张量，其中包含神经网络的**知识**（knowledge）。

不同类型的层适用于不同的张量格式和不同类型的数据处理。例如，简单的向量数据存储在形状为 (samples, features) 的 2 阶张量中，通常用**密集连接层**［densely connected layer，也叫**全连接层**（fully connected layer）或**密集层**（dense layer），对应于 Keras 的 Dense 类］来处

---

① 请访问图灵社区，免费下载本书中的彩图文件：ituring.cn/book/3002。——编者注

理。序列数据存储在形状为 (samples, timesteps, features) 的 3 阶张量中，通常用**循环层**（recurrent layer）来处理，比如 LSTM 层或一维卷积层（Conv1D）。图像数据存储在 4 阶张量中，通常用二维卷积层（Conv2D）来处理。

你可以把层看作深度学习的乐高积木，Keras 将这个比喻具象化。在 Keras 中构建深度学习模型，就是将相互兼容的层拼接在一起，建立有用的数据变换流程。

1. Keras 的 **Layer** 基类

简单的 API 应该具有单一的核心抽象概念。在 Keras 中，这个核心概念就是 Layer 类。Keras 中的一切，要么是 Layer，要么与 Layer 密切交互。

Layer 是封装了状态（权重）和计算（一次前向传播）的对象。权重通常在 build() 中定义（不过也可以在构造函数 __init__() 中创建），计算则在 call() 方法中定义。

在第 2 章中，我们实现了一个 NaiveDense 类，它包含两个权重 W 和 b，并进行如下计算：output = activation(dot(input, W) + b)。Keras 的层与之非常相似，如代码清单 3-22 所示。

代码清单 3-22　Dense 层的实现：作为 Layer 的子类

```
from tensorflow import keras                    ← Keras 的所有层都继承自
                                                    Layer 基类
class SimpleDense(keras.layers.Layer):
    def __init__(self, units, activation=None):
        super().__init__()
        self.units = units
        self.activation = activation
                                                 ← 在 build() 方法中
    def build(self, input_shape):                   创建权重
        input_dim = input_shape[-1]
        self.W = self.add_weight(shape=(input_dim, self.units),
                                 initializer="random_normal")
        self.b = self.add_weight(shape=(self.units,),
                                 initializer="zeros")

    def call(self, inputs):          ← 在 call()
        y = tf.matmul(inputs, self.W) + self.b    方法中定
        if self.activation is not None:           义前向传
            y = self.activation(y)                播计算
        return y
```

add_weight() 是创建权重的快捷方法。你也可以创建独立变量，并指定其作为层属性，比如 self.W = tf.Variable(tf.random.uniform(w_shape))

稍后将详细介绍 build() 方法和 call() 方法的作用。如果你还不理解所有内容，请不必担心。

一旦将这样的层实例化，它就可以像函数一样使用，接收一个 TensorFlow 张量作为输入。

```
>>> my_dense = SimpleDense(units=32, activation=tf.nn.relu)    ← 将前面定义的层实例化
>>> input_tensor = tf.ones(shape=(2, 784))      ← 创建一些
>>> output_tensor = my_dense(input_tensor)         测试输入
>>> print(output_tensor.shape)
(2, 32)
```

对输入调用层，就像调用函数一样

你可能想知道，既然最终对层的使用就是简单调用（通过层的 __call__() 方法），那我们为什么还要实现 call() 和 build() 呢？原因在于我们希望能够及时创建状态。我们来看看它们是如何做到的。

2. 自动推断形状：动态构建层

就像玩乐高积木一样，你只能将兼容的层"拼接"在一起。**层兼容性**（layer compatibility）的概念具体指的是，每一层只接收特定形状的输入张量，并返回特定形状的输出张量。看下面这个例子。

```
from tensorflow.keras import layers
layer = layers.Dense(32, activation="relu")
```
有 32 个输出单元的密集层

该层将返回一个张量，其第一维的大小已被转换为 32。它后面只能连接一个接收 32 维向量作为输入的层。

在使用 Keras 时，往往不必担心尺寸兼容性问题，因为添加到模型中的层是动态构建的，以匹配输入层的形状，例如下面这段代码。

```
from tensorflow.keras import models
from tensorflow.keras import layers
model = models.Sequential([
    layers.Dense(32, activation="relu"),
    layers.Dense(32)
])
```

这些层没有收到任何关于输入形状的信息；相反，它们可以自动推断，遇到第一个输入的形状就是其输入形状。

在第 2 章实现的简单 Dense 层中（我们将其命名为 NaiveDense），我们必须将该层的输入大小明确传递给构造函数，以便能够创建其权重。这种方法并不理想，因为它会导致模型的每个新层都需要知道前一层的形状。

```
model = NaiveSequential([
    NaiveDense(input_size=784, output_size=32, activation="relu"),
    NaiveDense(input_size=32, output_size=64, activation="relu"),
    NaiveDense(input_size=64, output_size=32, activation="relu"),
    NaiveDense(input_size=32, output_size=10, activation="softmax")
])
```

如果某一层生成输出形状的规则很复杂，那就更糟糕了。如果某一层返回输出的形状是 (batch, input_ size * 2 if input_size % 2 == 0 else input_size * 3)，那该怎么办？

如果我们把 NaiveDense 层重新实现为能够自动推断形状的 Keras 层，那么它看起来就像前面的 SimpleDense 层（见代码清单 3-22），具有 build() 方法和 call() 方法。

在 SimpleDense 中，我们不再像 NaiveDense 示例那样在构造函数中创建权重；相反，我们在一个专门的状态创建方法 build() 中创建权重。这个方法接收该层遇到的第一个输入形状作为参数。第一次调用该层时（通过其 __call__() 方法），build() 方法会自动调用。事实上，这就是为什么我们将计算定义在一个单独的 call() 方法中，而不是直接定义在 __call__() 方法中。基层 __call__() 方法的代码大致如下。

```
def __call__(self, inputs):
    if not self.built:
        self.build(inputs.shape)
        self.built = True
    return self.call(inputs)
```

有了自动形状推断，前面的示例就变得简洁了，如下所示。

```
model = keras.Sequential([
    SimpleDense(32, activation="relu"),
    SimpleDense(64, activation="relu"),
    SimpleDense(32, activation="relu"),
    SimpleDense(10, activation="softmax")
])
```

注意，自动形状推断并不是 Layer 类的 __call__() 方法的唯一功能。它还要处理更多的事情，特别是**急切执行**和**图执行**之间的路由（这个概念将在第 7 章中介绍），以及输入掩码（第 11 章将介绍）。现在你只需记住：在实现你自己的层时，将前向传播放在 call() 方法中。

3.6.2　从层到模型

深度学习模型是由层构成的图，在 Keras 中就是 Model 类。到目前为止，你只见过 Sequential 模型（Model 的一个子类），它是层的简单堆叠，将单一输入映射为单一输出。但随着深入学习，你会接触到更多类型的网络拓扑结构。一些常见的结构包括：

❑ 双分支（two-branch）网络
❑ 多头（multihead）网络
❑ 残差连接

网络拓扑结构可能会非常复杂。例如，图 3-9 是 Transformer 各层的图拓扑结构，这是一个用于处理文本数据的常见架构。

在 Keras 中构建模型通常有两种方法：直接作为 Model 类的子类，或者使用函数式 API，后者可以用更少的代码做更多的事情。第 7 章将介绍这两种方法。

模型的拓扑结构定义了一个**假设空间**。你可能还记得，第 1 章介绍过，机器学习就是在预先定义的**可能性空间**内，利用反馈信号的指引，寻找特定输入数据的有用表示。通过选择网络拓扑结构，你可以将可能性空间（假设空间）限定为一系列特定的张量运算，将输入数据映射为输出数据。然后，你要为这些张量运算的权重张量寻找一组合适的值。

要从数据中学习，你必须对其进行假设。这些假设定义了可学习的内容。因此，假设空间的结构（模型架构）是非常重要的。它编码了你对问题所做的假设，即模型的先验知识。如果你正在处理一个二分类问题，使用的模型由一个没有激活的 Dense 层组成（纯仿射变换），那么你就是在假设这两个类别是线性可分的。

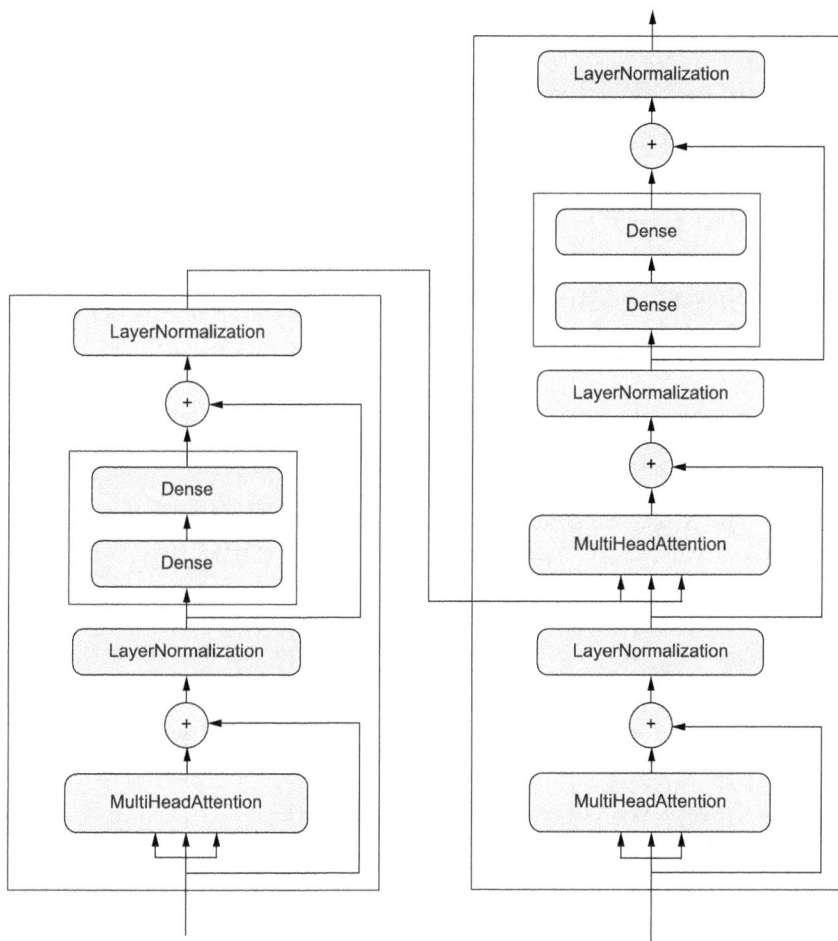

图 3-9　Transformer 架构（详见第 11 章）。图中内容很多，你将在接下来的几章中
逐步了解这些内容

　　选择正确的网络架构，更像是一门艺术而不是科学。虽然有一些最佳实践和原则，但只有实践才能帮助你成为合格的神经网络架构师。后面几章将教你构建神经网络的明确原则，并帮助你训练直觉，判断哪些架构对特定问题有效、哪些无效。你将在这些问题上拥有可靠的直觉：每种类型的模型架构适合解决哪类问题？在实践中如何构建这些网络？如何选择正确的学习配置？如何调节模型，直到产生你想要的结果？

3.6.3　编译步骤：配置学习过程

　　一旦确定了模型架构，你还需要选定以下 3 个参数。
　　❏ 损失函数（目标函数）——在训练过程中需要将其最小化。它衡量的是当前任务是否成功。

❑ 优化器——决定如何基于损失函数对神经网络进行更新。它执行的是随机梯度下降（SGD）的某个变体。

❑ 指标——衡量成功的标准，在训练和验证过程中需要对其进行监控，如分类精度。与损失不同，训练不会直接对这些指标进行优化。因此，指标不需要是可微的。

一旦选定了损失函数、优化器和指标，就可以使用内置方法 compile() 和 fit() 开始训练模型。此外，也可以编写自定义的训练循环。第 7 章将介绍如何做到这一点，它需要做更多的工作！下面我们先来看一下 compile() 和 fit()。

compile() 方法的作用是配置训练过程，在第 2 章第一个神经网络示例中已经介绍过。它接收的参数是 optimizer、loss 和 metrics（一个列表）。

```
model = keras.Sequential([keras.layers.Dense(1)])    ← 定义一个线性分类器
model.compile(optimizer="rmsprop",    ← 指定优化器的名称：RMSprop（不区分大小写）
              loss="mean_squared_error",    ← 指定损失函数的名称：均方误差
              metrics=["accuracy"])    ← 指定指标列表：本例中只有精度
```

在上面对 compile() 的调用中，我们把优化器、损失函数和指标作为字符串（如 "rmsprop"）来传递。这些字符串实际上是访问 Python 对象的快捷方式。例如，"rmsprop" 会变成 keras.optimizers.RMSprop()。重要的是，也可以把这些参数指定为对象实例，如下所示。

```
model.compile(optimizer=keras.optimizers.RMSprop(),
              loss=keras.losses.MeanSquaredError(),
              metrics=[keras.metrics.BinaryAccuracy()])
```

如果你想传递自定义的损失函数或指标，或者想进一步配置正在使用的对象，比如向优化器传入参数 learning_rate，那么这种方法很有用。

```
model.compile(optimizer=keras.optimizers.RMSprop(learning_rate=1e-4),
              loss=my_custom_loss,
              metrics=[my_custom_metric_1, my_custom_metric_2])
```

第 7 章将介绍如何创建自定义的损失函数和指标。一般来说，你无须从头开始创建自己的损失函数、指标或优化器，因为 Keras 提供了下列多种内置选项，很可能满足你的需求。

优化器：

❑ SGD（带动量或不带动量）

❑ RMSprop

❑ Adam

❑ Adagrad

❑ 等等

损失函数：

❑ CategoricalCrossentropy

❑ SparseCategoricalCrossentropy

❑ BinaryCrossentropy

❑ MeanSquaredError

❑ KLDivergence

❑ CosineSimilarity

❑ 等等

指标：

❑ CategoricalAccuracy

❑ SparseCategoricalAccuracy

❑ BinaryAccuracy

❑ AUC

❑ Precision

❑ Recall

❑ 等等

读完本书，你将看到以上许多选项的具体应用。

3.6.4 选择损失函数

为问题选择合适的损失函数，这是极其重要的。神经网络会采取各种方法使损失最小化，如果损失函数与成功完成当前任务不完全相关，那么神经网络最终的结果可能会不符合你的预期。想象一下，利用 SGD 训练一个愚蠢而又无所不能的人工智能体，损失函数选择得非常糟糕："让所有活人的平均幸福感最大化。"为了简化工作，这个人工智能体可能会选择消灭绝大多数人类，只留下几个人并专注于这几个人的幸福，因为平均幸福感并不受人数的影响。但这可能并不是你想要的结果。请记住，你构建的所有神经网络在减小损失函数时都和上述人工智能体一样无情。因此，一定要明智地选择损失函数，否则你将得到意想不到的副作用。

幸运的是，对于分类、回归和序列预测等常见问题，可以遵循一些简单的指导原则来选择合适的损失函数。例如，对于二分类问题，可以使用二元交叉熵损失函数；对于多分类问题，可以使用分类交叉熵损失函数。只有在面对全新的研究问题时，你才需要自己开发损失函数。接下来的几章将详细说明对各种常见任务应选择哪种损失函数。

3.6.5 理解 fit() 方法

compile() 之后将是 fit()。fit() 方法执行训练循环，它有以下关键参数。

❑ 要训练的**数据**（输入和目标）：这些数据通常以 NumPy 数组或 TensorFlow Dataset 对象的形式传入。你将在后续章节中学到更多关于 Dataset API 的内容。

❑ 训练**轮数**：训练循环应该在传入的数据上迭代多少次。

❑ 在每轮小批量梯度下降中使用的**批量大小**：在一次权重更新中，计算梯度所要考虑的训练样本的数量。

代码清单 3-23 展示了如何对 NumPy 数据调用 `fit()`。

代码清单 3-23   对 NumPy 数据调用 `fit()`

```
history = model.fit(          输入样本，一个 NumPy 数组
    inputs,
    targets,                   对应的训练目标，一个 NumPy 数组
    epochs=5,
    batch_size=128             训练循环将对数据迭代 5 次
)
    训练循环的批量大小为 128
```

调用 `fit()` 将返回一个 `History` 对象。这个对象包含 `history` 字段，它是一个字典，字典的键是 `"loss"` 或特定指标名称，字典的值是这些指标每轮的值组成的列表。

```
>>> history.history
{"binary_accuracy": [0.855, 0.9565, 0.9555, 0.95, 0.951],
 "loss": [0.6573270302042366,
          0.07434618508815766,
          0.07687718723714351,
          0.07412414988875389,
          0.07617757616937161]}
```

3.6.6   监控验证数据上的损失和指标

机器学习的目标不是得到一个在训练数据上表现良好的模型——做到这一点很容易，你只需跟随梯度下降即可。机器学习的目标是得到总体上表现良好的模型，特别是在模型前所未见的数据上。一个模型在训练数据上表现良好，并不意味着它在前所未见的数据上也会表现良好。举例来说，模型有可能只是**记住**了训练样本和目标值之间的映射关系，但这对在前所未见的数据上进行预测毫无用处。我们将在第 5 章更详细地讨论这一点。

要想查看模型在新数据上的性能，标准做法是保留训练数据的一个子集作为**验证数据**（validation data）。你不会在这部分数据上训练模型，但会用它来计算损失值和指标值。实现方法是在 `fit()` 中使用 `validation_data` 参数，如代码清单 3-24 所示。和训练数据一样，验证数据也可以作为 NumPy 数组或 TensorFlow `Dataset` 对象传入。

代码清单 3-24 使用 `validation_data` 参数

```
model = keras.Sequential([keras.layers.Dense(1)])
model.compile(optimizer=keras.optimizers.RMSprop(learning_rate=0.1),
              loss=keras.losses.MeanSquaredError(),
              metrics=[keras.metrics.BinaryAccuracy()])

indices_permutation = np.random.permutation(len(inputs))        为避免验证数据都来自同
shuffled_inputs = inputs[indices_permutation]                   一个类别，需要使用随机
shuffled_targets = targets[indices_permutation]                 索引排列将数据打乱
```

```
num_validation_samples = int(0.3 * len(inputs))
val_inputs = shuffled_inputs[:num_validation_samples]
val_targets = shuffled_targets[:num_validation_samples]
training_inputs = shuffled_inputs[num_validation_samples:]
training_targets = shuffled_targets[num_validation_samples:]
model.fit(
    training_inputs,
    training_targets,
    epochs=5,
    batch_size=16,
    validation_data=(val_inputs, val_targets)
)
```

保留 30% 的训练数据用于验证（我们不会将这部分数据用于训练，而是保留下来用于计算验证损失和指标）

训练数据，用于更新模型权重

验证数据，仅用来监控验证损失和指标

在验证数据上的损失值叫作"验证损失"，以区别于"训练损失"。请注意，必须将训练数据和验证数据严格分开：验证的目的是监控模型所学到的知识在新数据上是否真的有用。如果验证数据在训练期间被模型看到过，那么验证损失和指标就会不准确。

注意，如果想在训练完成后计算验证损失和指标，可以调用 evaluate() 方法。

```
loss_and_metrics = model.evaluate(val_inputs, val_targets, batch_size=128)
```

evaluate() 将对传入的数据进行批量迭代（批量大小为 batch_size），并返回一个标量列表，其中第一个元素是验证损失，后面的元素是验证指标。如果模型没有指标，则只返回验证损失（不再是列表）。

3.6.7 推断：在训练后使用模型

一旦训练好了模型，就可以用它来对新的数据进行预测。这叫作**推断**（inference）。要做到这一点，一个简单的方法就是调用该模型（ __call__() ）。

```
predictions = model(new_inputs)
```

接收一个 NumPy 数组或 TensorFlow 张量，返回一个 TensorFlow 张量

但是，这种方法会一次性处理 new_inputs 中的所有输入，如果其中包含大量数据，那么这种方法可能是不可行的（尤其是，它可能需要比你的 GPU 更大的内存）。

要想进行推断，一种更好的方法是使用 predict() 方法。它将小批量地迭代数据，并返回预测值组成的 NumPy 数组。与 __call__() 不同，它还可以处理 TensorFlow Dataset 对象。

```
predictions = model.predict(new_inputs, batch_size=128)
```

接收一个 NumPy 数组或 Dataset 对象，返回一个 NumPy 数组

例如，对于前面训练的线性模型，如果对一些验证数据使用 predict()，那么我们会得到一些标量值，对应于模型对每个输入样本的预测结果。

```
>>> predictions = model.predict(val_inputs, batch_size=128)
>>> print(predictions[:10])
```

```
[[0.3590725 ]
 [0.82706255]
 [0.74428225]
 [0.682058  ]
 [0.7312616 ]
 [0.6059811 ]
 [0.78046083]
 [0.025846  ]
 [0.16594526]
 [0.72068727]]
```

目前，这就是你需要了解的关于 Keras 模型的全部内容。第 4 章将继续用 Keras 解决现实世界中的机器学习问题。

3.7　本章总结

❑ TensorFlow 是业界领先的数值计算框架，它可以在 CPU、GPU 或 TPU 上运行。它既可以自动计算任意可微表达式的梯度，也可以分布到许多设备上，还可以将程序导出到各种外部运行环境，甚至是 JavaScript 运行时。

❑ Keras 是用 TensorFlow 进行深度学习的标准 API。我们将在本书中一直使用它。

❑ TensorFlow 的关键对象包括张量、变量、张量运算和梯度带。

❑ Keras 的核心类是 Layer。层封装了一些权重和一些计算，并构成了**模型**。

❑ 在开始训练模型之前，需要选择**优化器**、**损失函数**和**指标**，你可以通过 model.compile() 方法指定这 3 个参数。

❑ 要训练模型，可以通过使用 fit() 方法来运行小批量梯度下降。你也可以用它来监控模型在验证数据上的损失和指标。验证数据是模型在训练期间看不到的一组输入。

❑ 训练好模型后，可以使用 model.predict() 方法对新的输入进行预测。

第4章

神经网络入门：分类与回归

本章包括以下内容：
- 首次接触来自现实世界的机器学习工作流程示例
- 处理向量数据的分类问题
- 处理向量数据的连续回归问题

本章的目标是让你开始用神经网络解决实际问题。你将巩固在第 2 章和第 3 章中学到的知识，并将所学知识应用于 3 个新任务。这 3 个任务涵盖了神经网络最常见的 3 种使用场景，即二分类问题、多分类问题和标量回归问题：
- 将影评划分为正面或负面（二分类问题）
- 将新闻按主题分类（多分类问题）
- 根据房地产数据估算房价（标量回归问题）

通过这些示例，你将第一次接触端到端的机器学习工作流程，并学习数据预处理、模型架构基本原则和模型评估等内容。

分类和回归术语表

分类和回归都涉及许多专业术语。你在前面的例子中已经见过一些术语，在后续章节中会遇到更多。这些术语在机器学习领域都有确切的定义，你应该熟悉这些定义。
- **样本**（sample）或**输入**（input）：进入模型的数据点。
- **预测**（prediction）或**输出**（output）：模型的输出结果。
- **目标**（target）：真实值。对于外部数据源，理想情况下模型应该能够预测出目标。
- **预测误差**（prediction error）或**损失值**（loss value）：模型预测与目标之间的差距。
- **类别**（class）：分类问题中可供选择的一组标签。举例来说，对猫狗图片进行分类时，"猫"和"狗"就是两个类别。
- **标签**（label）：分类问题中类别标注的具体实例。如果 1234 号图片被标注为包含类别"狗"，那么"狗"就是 1234 号图片的标签。
- **真实值**（ground-truth）或**标注**（annotation）：数据集的所有目标，通常由人工收集。

- **二分类**（binary classification）：一项分类任务，每个输入样本都应被划分到两个互斥的类别中。
- **多分类**（multiclass classification）：一项分类任务，每个输入样本都应被划分到两个以上的类别中，比如手写数字分类。
- **多标签分类**（multilabel classification）：一项分类任务，每个输入样本都可以被分配多个标签。举个例子，一张图片中可能既有猫又有狗，那么应该同时被标注"猫"标签和"狗"标签。每张图片的标签个数通常是可变的。
- **标量回归**（scalar regression）：目标是一个连续标量值的任务。预测房价就是一个很好的例子，不同的目标价格形成一个连续空间。
- **向量回归**（vector regression）：目标是一组连续值（比如一个连续向量）的任务。如果对多个值（比如图像边界框的坐标）进行回归，那就是向量回归。
- **小批量**（mini-batch）或**批量**（batch）：模型同时处理的一小部分样本（样本数通常在 8 和 128 之间）。样本数通常取 2 的幂，这样便于在 GPU 上分配内存。训练时，小批量用于计算一次梯度下降，以更新模型权重。

读完本章，你将能够用神经网络执行简单的向量数据分类任务与回归任务。之后，你将在第 5 章中对机器学习的原则和理论有更深入的理解。

4.1　影评分类：二分类问题示例

二分类问题是最常见的一类机器学习问题。在本例中，你将学习如何根据影评文本将其划分为正面或负面。

4.1.1　IMDB 数据集

本节将使用 IMDB 数据集，它包含来自互联网电影数据库（IMDB）的 50 000 条严重两极化的评论。数据集被分为 25 000 条用于训练的评论与 25 000 条用于测试的评论，训练集和测试集都包含 50% 的正面评论与 50% 的负面评论。

与 MNIST 数据集一样，IMDB 数据集也内置于 Keras 库中。它已经过预处理：评论（单词序列）已被转换为整数序列，其中每个整数对应字典中的某个单词。这样一来，我们就可以专注于模型的构建、训练与评估。在第 11 章中，你将学习如何从头开始处理原始文本输入。

通过代码清单 4-1，可以加载 IMDB 数据集（第一次运行时会下载约 80 MB 的数据）。

代码清单 4-1　加载 IMDB 数据集

```
from tensorflow.keras.datasets import imdb
(train_data, train_labels), (test_data, test_labels) = imdb.load_data(
    num_words=10000)
```

参数 num_words=10000 的意思是仅保留训练数据中前 10 000 个最常出现的单词。低频词将被舍弃。这样一来，我们得到的向量数据不会太大，便于处理。如果没有这个限制，那么我们需要处理训练数据中的 88 585 个单词。这个数字太大，且没有必要。许多单词只出现在一个样本中，它们对于分类是没有意义的。

train_data 和 test_data 这两个变量都是由评论组成的列表，每条评论又是由单词索引组成的列表（表示单词序列）。train_labels 和 test_labels 都是由 0 和 1 组成的列表，其中 0 代表负面（negative），1 代表正面（positive）。

```
>>> train_data[0]
[1, 14, 22, 16, ... 178, 32]
>>> train_labels[0]
1
```

由于限定为前 10 000 个最常出现的单词，因此单词索引都不会超过 10 000。

```
>>> max([max(sequence) for sequence in train_data])
9999
```

代码清单 4-2 很有意思，你可以将一条评论快速解码为英文单词。

代码清单 4-2　将评论解码为文本

```
word_index = imdb.get_word_index()        ◁——— word_index 是一个将单词
reverse_word_index = dict(                      映射为整数索引的字典
    [(value, key) for (key, value) in word_index.items()])   ◁——┐
decoded_review = " ".join(                                     将字典的键和值交换，
    [reverse_word_index.get(i - 3, "?") for i in train_data[0]])   将整数索引映射为单词
```

对评论解码。注意，索引减去了 3，因为 0、1、2 分别是为 "padding"（填充）、"start of sequence"（序列开始）、"unknown"（未知词）保留的索引

4.1.2　准备数据

你不能将整数列表直接传入神经网络。整数列表的长度各不相同，但神经网络处理的是大小相同的数据批量。你需要将列表转换为张量，转换方法有以下两种。

❑ 填充列表，使其长度相等，再将列表转换成形状为 (samples, max_length) 的整数张量，然后在模型第一层使用能处理这种整数张量的层（也就是 Embedding 层，本书后面会详细介绍）。

❑ 对列表进行 multi-hot 编码，将其转换为由 0 和 1 组成的向量。举个例子，将序列 [8, 5] 转换成一个 10 000 维向量，只有索引 8 和 5 对应的元素是 1，其余元素都是 0。然后，模型第一层可以用 Dense 层，它能够处理浮点数向量数据。

下面我们采用后一种方法将数据向量化。为尽可能讲清楚，我们将手动实现这一方法，如代码清单 4-3 所示。

代码清单 4-3   用 multi-hot 编码对整数序列进行编码

```
import numpy as np
def vectorize_sequences(sequences, dimension=10000):        创建一个形状为 (len(sequences),
    results = np.zeros((len(sequences), dimension))  ◁─────  dimension) 的零矩阵
    for i, sequence in enumerate(sequences):        将 results[i] 某些索引对
        for j in sequence:                          应的值设为 1
            results[i, j] = 1.   ◁────────────
    return results
x_train = vectorize_sequences(train_data)   ◁─────  将训练数据向量化
x_test = vectorize_sequences(test_data)      ◁─────  将测试数据向量化
```

现在样本变成了这样：

```
>>> x_train[0]
array([ 0.,  1., 1., ..., 0., 0., 0.])
```

你还应该将标签向量化，这很简单：

```
y_train = np.asarray(train_labels).astype("float32")
y_test = np.asarray(test_labels).astype("float32")
```

现在可以将数据传入神经网络中。

4.1.3   构建模型

输入数据是向量，而标签是标量（1 和 0），这是你会遇到的最简单的一类问题。有一类模型在这种问题上的表现很好，那就是带有 relu 激活函数的密集连接层（Dense）的简单堆叠。

对于 Dense 层的这种堆叠，需要做出以下两个关键的架构决策：

❑ 神经网络有多少层
❑ 每层有多少个单元

第 5 章将介绍做出上述架构决策的具体原则。现在你只需要相信我选择的下列架构：

❑ 两个中间层，每层 16 个单元
❑ 第三层输出一个标量预测值，代表当前评论的情感类别

图 4-1 给出了该模型的架构示意图。代码清单 4-4 是该模型的 Keras 实现，它与前面的 MNIST 示例类似。

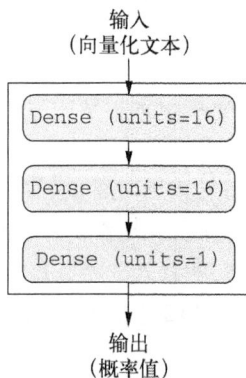

图 4-1   三层模型

代码清单 4-4　模型定义

```
from tensorflow import keras
from tensorflow.keras import layers

model = keras.Sequential([
    layers.Dense(16, activation="relu"),
    layers.Dense(16, activation="relu"),
    layers.Dense(1, activation="sigmoid")
])
```

传入每个 Dense 层的第一个参数是该层的**单元**（unit）个数，即该层表示空间的维数。第 2 章和第 3 章讲过，每个带有 relu 激活函数的 Dense 层都实现了下列张量运算：

```
output = relu(dot(input, W) + b)
```

16 个单元对应的权重矩阵 W 的形状为 (input_dimension, 16)，与 W 做点积相当于把输入数据投影到 16 维表示空间中（然后再加上偏置向量 b 并应用 relu 运算）。你可以将表示空间的维度直观理解为"模型学习内部表示时所拥有的自由度"。单元越多（表示空间的维度越高），模型就能学到更加复杂的表示，但模型的计算代价也变得更大，并可能导致学到不必要的模式（这种模式可以提高在训练数据上的性能，但不会提高在测试数据上的性能）。

中间层使用 relu 作为激活函数，最后一层使用 sigmoid 激活函数，以便输出一个介于 0 和 1 之间的概率值（表示样本目标值等于"1"的可能性，即评论为正面的可能性）。relu 函数将所有负值归零（见图 4-2），sigmoid 函数则将任意值"压缩"到 [0, 1] 区间内（见图 4-3），其输出可以看作概率值。

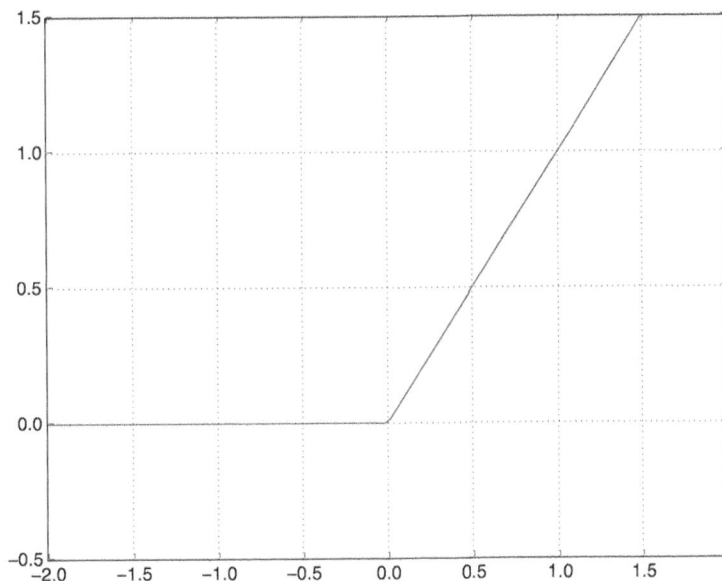

图 4-2　relu 函数

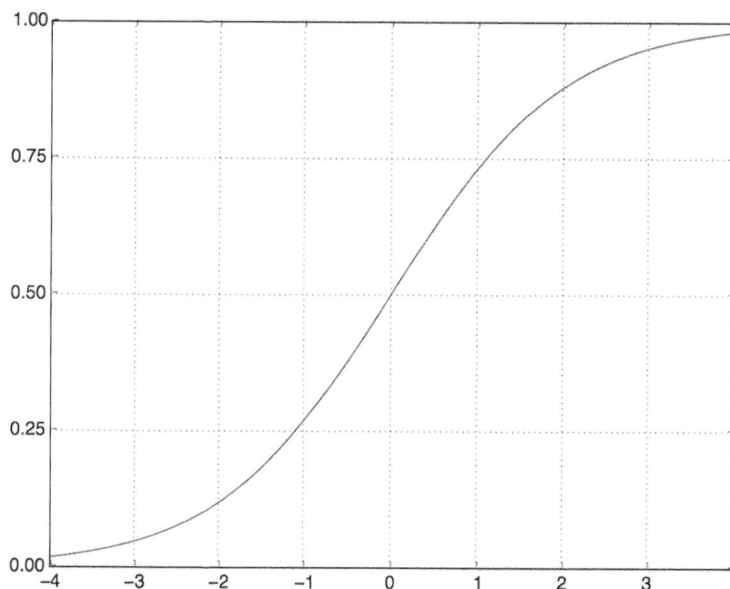

图 4-3　sigmoid 函数

什么是激活函数？为什么要使用激活函数？

如果没有像 relu 这样的激活函数（也叫**非线性激活函数**），Dense 层就只包含两个线性运算，即点积与加法：

```
output = dot(input, W) + b
```

这样的层只能学习输入数据的**线性变换**（仿射变换）：该层的**假设空间**是从输入数据到 16 维空间所有可能的线性变换集合。这种假设空间非常受限，无法利用多个表示层的优势，因为多个线性层堆叠实现的仍是线性运算，增加层数并不会扩展假设空间（正如第 2 章所示）。

为了得到更丰富的假设空间，从而充分利用多层表示的优势，需要引入非线性，也就是添加激活函数。relu 是深度学习中最常用的激活函数，但还有许多其他函数可选，它们都有类似的奇怪名称，比如 prelu、elu 等。

最后，需要选择损失函数和优化器。你面对的是一个二分类问题，模型输出是一个概率值（模型最后一层只有一个单元并使用 sigmoid 激活函数），所以最好使用 binary_crossentropy（二元交叉熵）损失函数。这并不是唯一可行的选择，比如你还可以使用 mean_squared_error（均方误差）。但对于输出概率值的模型，**交叉熵**（crossentropy）通常是最佳选择。交叉熵是一个来自于信息论领域的概念，用于衡量概率分布之间的距离，在这个例子中就是真实分布与预测值之间的距离。

至于优化器，我们将使用 rmsprop。对于几乎所有问题，它通常都是很好的默认选择。

接下来的步骤是用 rmsprop 优化器和 binary_crossentropy 损失函数来配置模型，如代码清单 4-5 所示。注意，我们还在训练过程中监控精度。

代码清单 4-5　编译模型

```
model.compile(optimizer="rmsprop",
              loss="binary_crossentropy",
              metrics=["accuracy"])
```

4.1.4　验证你的方法

我们在第 3 章学过，深度学习模型不应该在训练数据上进行评估；标准做法是使用验证集来监控训练过程中的模型精度。下面我们将从原始训练数据中留出 10 000 个样本作为验证集，如代码清单 4-6 所示。

代码清单 4-6　留出验证集

```
x_val = x_train[:10000]
partial_x_train = x_train[10000:]
y_val = y_train[:10000]
partial_y_train = y_train[10000:]
```

现在我们将使用由 512 个样本组成的小批量，对模型训练 20 轮，即对训练数据的所有样本进行 20 次迭代。与此同时，我们还要监控在留出的 10 000 个样本上的损失和精度。可以通过 validation_data 参数传入验证数据，如代码清单 4-7 所示。

代码清单 4-7　训练模型

```
history = model.fit(partial_x_train,
                    partial_y_train,
                    epochs=20,
                    batch_size=512,
                    validation_data=(x_val, y_val))
```

如果在 CPU 上运行，那么每轮的时间不到 2 秒，整个训练过程将在 20 秒内完成。每轮结束时会有短暂的停顿，因为模型需要计算在验证集的 10 000 个样本上的损失和精度。

注意，调用 model.fit() 返回了一个 History 对象，正如第 3 章所示。这个对象有一个名为 history 的成员，它是一个字典，包含训练过程中的全部数据。我们来看一下。

```
>>> history_dict = history.history
>>> history_dict.keys()
[u"accuracy", u"loss", u"val_accuracy", u"val_loss"]
```

这个字典包含 4 个条目，分别对应训练过程和验证过程中监控的指标。在代码清单 4-8 和代码清单 4-9 中，我们将使用 Matplotlib 在同一张图上绘制训练损失和验证损失（见图 4-4），以及训练精度和验证精度（见图 4-5）。请注意，由于模型的随机初始值不同，你得到的结果可能会略有不同。

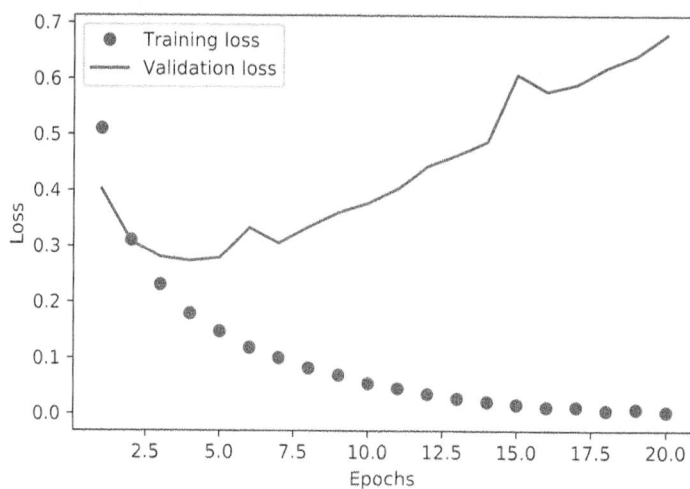

图 4-4   训练损失和验证损失

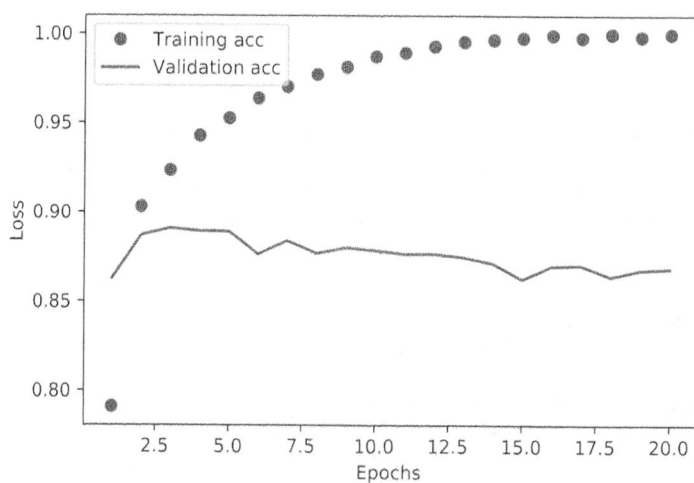

图 4-5   训练精度和验证精度

代码清单 4-8   绘制训练损失和验证损失

```
import matplotlib.pyplot as plt
history_dict = history.history
loss_values = history_dict["loss"]
val_loss_values = history_dict["val_loss"]
epochs = range(1, len(loss_values) + 1)
plt.plot(epochs, loss_values, "bo", label="Training loss")
plt.plot(epochs, val_loss_values, "b", label="Validation loss")
plt.title("Training and validation loss")
plt.xlabel("Epochs")
```

"bo" 表示 "蓝色圆点"

"b" 表示 "蓝色实线"

```
plt.ylabel("Loss")
plt.legend()
plt.show()
```

代码清单 4-9　绘制训练精度和验证精度

```
plt.clf()                                          ←──── 清空图像
acc = history_dict["accuracy"]
val_acc = history_dict["val_accuracy"]
plt.plot(epochs, acc, "bo", label="Training acc")
plt.plot(epochs, val_acc, "b", label="Validation acc")
plt.title("Training and validation accuracy")
plt.xlabel("Epochs")
plt.ylabel("Accuracy")
plt.legend()
plt.show()
```

　　如你所见，训练损失每轮都在减小，训练精度每轮都在提高。这正是梯度下降优化的预期结果——我们想要最小化的量随着每次迭代变得越来越小。但验证损失和验证精度并非如此，它们似乎在第 4 轮达到峰值。这正是我之前警告过的一种情况：模型在训练数据上的表现越来越好，但在前所未见的数据上不一定表现得越来越好。准确地说，这种现象叫作**过拟合**（overfit）：在第 4 轮之后，你对训练数据过度优化，最终学到的表示仅针对于训练数据，无法泛化到训练集之外的数据。

　　在这种情况下，为防止过拟合，你可以在 4 轮之后停止训练。一般来说，你可以用多种方法来降低过拟合，我们将在第 5 章详细介绍。

　　我们从头开始训练一个新模型，训练 4 轮，然后在测试数据上评估模型，如代码清单 4-10 所示。

代码清单 4-10　从头开始训练一个模型

```
model = keras.Sequential([
    layers.Dense(16, activation="relu"),
    layers.Dense(16, activation="relu"),
    layers.Dense(1, activation="sigmoid")
])
model.compile(optimizer="rmsprop",
              loss="binary_crossentropy",
              metrics=["accuracy"])
model.fit(x_train, y_train, epochs=4, batch_size=512)
results = model.evaluate(x_test, y_test)
```

最终结果如下所示。

```
>>> results                                        ←──── 第一个数字是测试损失，
[0.2929924130630493, 0.88327999999999995]                第二个数字是测试精度
```

　　这种相当简单的方法得到了约 88% 的精度。利用最先进的方法，你应该可以得到接近 95% 的精度。

4.1.5 利用训练好的模型对新数据进行预测

训练好一个模型之后，最好用于实践。你在第 3 章学过，可以用 predict 方法来计算评论为正面的可能性。

```
>>> model.predict(x_test)
array([[ 0.98006207]
       [ 0.99758697]
       [ 0.99975556]
       ...,
       [ 0.82167041]
       [ 0.02885115]
       [ 0.65371346]], dtype=float32)
```

如你所见，模型对某些样本的结果非常确信（大于等于 0.99，或小于等于 0.01），但对其他样本不那么确信（0.6 或 0.4）。

4.1.6 进一步实验

通过以下实验，可以确信前面选择的神经网络架构是非常合理的，不过仍有改进的空间。
- 我们在最后的分类层之前使用了两个表示层。可以尝试使用一个或三个表示层，然后观察这么做对验证精度和测试精度的影响。
- 尝试使用更多或更少的单元，比如 32 个或 64 个。
- 尝试使用 mse 损失函数代替 binary_crossentropy。
- 尝试使用 tanh 激活函数（这种激活函数在神经网络早期非常流行）代替 relu。

4.1.7 小结

下面是你应该从这个例子中学到的要点。
- 通常需要对原始数据进行大量预处理，以便将其转换为张量输入到神经网络中。单词序列可以被编码为二进制向量，但也有其他编码方式。
- 带有 relu 激活函数的 Dense 层堆叠，可以解决很多问题（包括情感分类）。你可能会经常用到这种模型。
- 对于二分类问题（两个输出类别），模型的最后一层应该是只有一个单元并使用 sigmoid 激活函数的 Dense 层，模型输出应该是一个 0 到 1 的标量，表示概率值。
- 对于二分类问题的 sigmoid 标量输出，应该使用 binary_crossentropy 损失函数。
- 无论你的问题是什么，rmsprop 优化器通常都是一个足够好的选择。你无须为此费神。
- 随着神经网络在训练数据上的表现越来越好，模型最终会过拟合，并在前所未见的数据上得到越来越差的结果。一定要一直监控模型在训练集之外的数据上的性能。

4.2　新闻分类：多分类问题示例

4.1 节介绍了如何用密集连接神经网络将向量输入划分为两个互斥的类别。但如果类别不止两个，要怎么做呢？

本节将构建一个模型，把路透社新闻划分到 46 个互斥的主题中。由于有多个类别，因此这是一个**多分类**（multiclass classification）问题。由于每个数据点只能划分到一个类别中，因此更具体地说，这是一个**单标签、多分类**（single-label, multiclass classification）问题。如果每个数据点可以划分到多个类别（主题）中，那就是**多标签、多分类**（multilabel, multiclass classification）问题。

4.2.1　路透社数据集

本节将使用路透社数据集，它包含许多短新闻及其对应的主题，由路透社于 1986 年发布。它是一个简单且广泛使用的文本分类数据集，其中包括 46 个主题。某些主题的样本相对较多，但训练集中的每个主题都有至少 10 个样本。

与 IMDB 数据集和 MNIST 数据集类似，路透社数据集也内置为 Keras 的一部分。我们来看一下这个数据集，如代码清单 4-11 所示。

代码清单 4-11　加载路透社数据集

```
from tensorflow.keras.datasets import reuters
(train_data, train_labels), (test_data, test_labels) = reuters.load_data(
    num_words=10000)
```

与 IMDB 数据集一样，参数 num_words=10000 将数据限定为前 10 000 个最常出现的单词。我们有 8982 个训练样本和 2246 个测试样本。

```
>>> len(train_data)
8982
>>> len(test_data)
2246
```

与 IMDB 影评一样，每个样本都是一个整数列表（表示单词索引）。

```
>>> train_data[10]
[1, 245, 273, 207, 156, 53, 74, 160, 26, 14, 46, 296, 26, 39, 74, 2979,
3554, 14, 46, 4689, 4329, 86, 61, 3499, 4795, 14, 61, 451, 4329, 17, 12]
```

如果好奇，你可以用代码清单 4-12 所示的代码将样本解码为单词。

代码清单 4-12　将新闻解码为文本

```
word_index = reuters.get_word_index()
reverse_word_index = dict(
    [(value, key) for (key, value) in word_index.items()])
decoded_newswire = " ".join(
    [reverse_word_index.get(i - 3, "?") for i in     train_data[0]])  ◁──┐
```

注意，索引减去了 3，因为 0、1、2 分别是为 "padding"（填充）、"start of sequence"（序列开始）、"unknown"（未知词）保留的索引

样本对应的标签是一个介于 0 和 45 之间的整数，即话题索引编号。

```
>>> train_labels[10]
3
```

4.2.2　准备数据

你可以沿用上一个例子中的代码将数据向量化，如代码清单 4-13 所示。

代码清单 4-13　编码输入数据

```
x_train = vectorize_sequences(train_data)      ←── 将训练数据向量化
x_test = vectorize_sequences(test_data)        ←── 将测试数据向量化
```

将标签向量化有两种方法：既可以将标签列表转换为一个整数张量，也可以使用 one-hot 编码。one-hot 编码是分类数据的一种常用格式，也叫**分类编码**（categorical encoding）。在这个例子中，标签的 one-hot 编码就是将每个标签表示为全零向量，只有标签索引对应的元素为 1，如代码清单 4-14 所示。

代码清单 4-14　编码标签

```
def to_one_hot(labels, dimension=46):
    results = np.zeros((len(labels), dimension))
    for i, label in enumerate(labels):
        results[i, label] = 1.
    return results
y_train = to_one_hot(train_labels)      ←── 将训练标签向量化
y_test = to_one_hot(test_labels)        ←── 将测试标签向量化
```

注意，Keras 有一个内置方法可以实现这种编码。

```
from tensorflow.keras.utils import to_categorical
y_train = to_categorical(train_labels)
y_test = to_categorical(test_labels)
```

4.2.3　构建模型

这个主题分类问题与前面的影评分类问题类似，二者都是对简短的文本片段进行分类。但这个问题有一个新的限制条件：输出类别从 2 个变成 46 个。输出空间的维度要大得多。

对于前面用过的 Dense 层堆叠，每一层只能访问上一层输出的信息。如果某一层丢失了与分类问题相关的信息，那么后面的层永远无法恢复这些信息，也就是说，每一层都可能成为信息瓶颈。上一个例子使用了 16 维的中间层，但对这个例子来说，16 维空间可能太小了，无法学会区分 46 个类别。这种维度较小的层可能成为信息瓶颈，导致相关信息永久性丢失。

因此，我们将使用维度更大的层，它包含 64 个单元，如代码清单 4-15 所示。

代码清单 4-15 模型定义

```
model = keras.Sequential([
    layers.Dense(64, activation="relu"),
    layers.Dense(64, activation="relu"),
    layers.Dense(46, activation="softmax")
])
```

关于这个架构还应注意以下两点。

第一，模型的最后一层是大小为 46 的 Dense 层。也就是说，对于每个输入样本，神经网络都会输出一个 46 维向量。这个向量的每个元素（每个维度）代表不同的输出类别。

第二，最后一层使用了 softmax 激活函数。你在 MNIST 例子中见过这种用法。模型将输出一个在 46 个输出类别上的**概率分布**——对于每个输入样本，模型都会生成一个 46 维输出向量，其中 output[i] 是样本属于第 i 个类别的概率。46 个概率值的总和为 1。

对于这个例子，最好的损失函数是 categorical_crossentropy（分类交叉熵），如代码清单 4-16 所示。它衡量的是两个概率分布之间的距离，这里两个概率分布分别是模型输出的概率分布和标签的真实分布。我们训练模型将这两个分布的距离最小化，从而让输出结果尽可能接近真实标签。

代码清单 4-16 编译模型

```
model.compile(optimizer="rmsprop",
              loss="categorical_crossentropy",
              metrics=["accuracy"])
```

4.2.4 验证你的方法

我们从训练数据中留出 1000 个样本作为验证集，如代码清单 4-17 所示。

代码清单 4-17 留出验证集

```
x_val = x_train[:1000]
partial_x_train = x_train[1000:]
y_val = y_train[:1000]
partial_y_train = y_train[1000:]
```

现在开始训练模型，共训练 20 轮，如代码清单 4-18 所示。

代码清单 4-18 训练模型

```
history = model.fit(partial_x_train,
                    partial_y_train,
                    epochs=20,
                    batch_size=512,
                    validation_data=(x_val, y_val))
```

最后，我们来绘制损失曲线和精度曲线（见图 4-6 和图 4-7），如代码清单 4-19 和代码清单 4-20 所示。

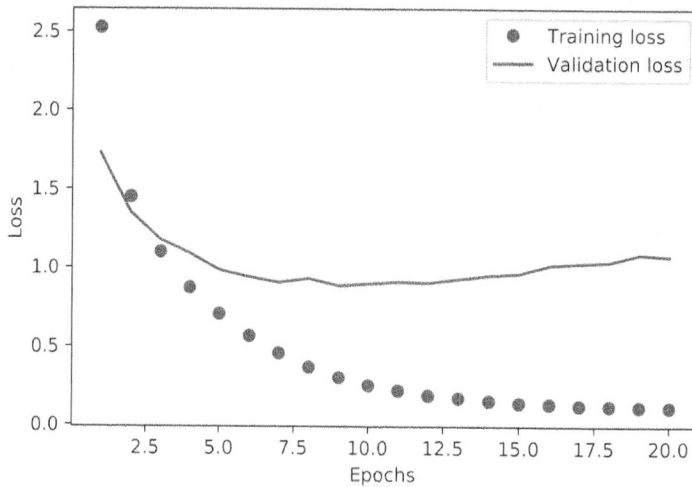

图 4-6   训练损失和验证损失

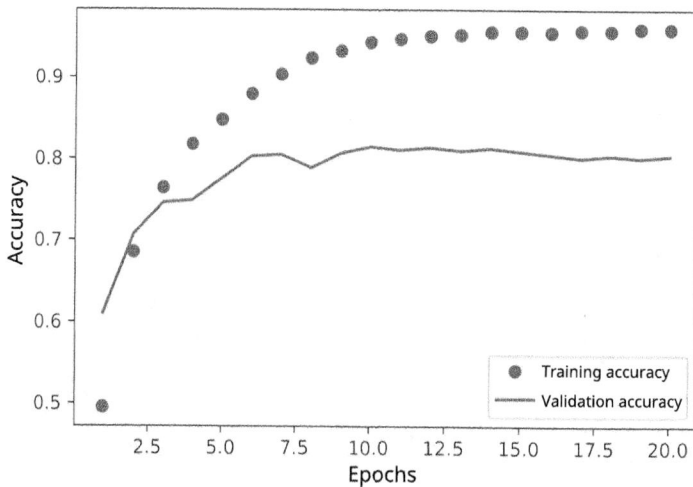

图 4-7   训练精度和验证精度

代码清单 4-19   绘制训练损失和验证损失

```
loss = history.history["loss"]
val_loss = history.history["val_loss"]
epochs = range(1, len(loss) + 1)
plt.plot(epochs, loss, "bo", label="Training loss")
plt.plot(epochs, val_loss, "b", label="Validation loss")
plt.title("Training and validation loss")
plt.xlabel("Epochs")
plt.ylabel("Loss")
plt.legend()
plt.show()
```

代码清单 4-20 绘制训练精度和验证精度

```
plt.clf()          ←──┐ 清空图像
acc = history.history["accuracy"]
val_acc = history.history["val_accuracy"]
plt.plot(epochs, acc, "bo", label="Training accuracy")
plt.plot(epochs, val_acc, "b", label="Validation accuracy")
plt.title("Training and validation accuracy")
plt.xlabel("Epochs")
plt.ylabel("Accuracy")
plt.legend()
plt.show()
```

模型在 9 轮之后开始过拟合。我们从头开始训练一个新模型，训练 9 轮，然后在测试集上评估模型，如代码清单 4-21 所示。

代码清单 4-21 从头开始训练一个模型

```
model = keras.Sequential([
    layers.Dense(64, activation="relu"),
    layers.Dense(64, activation="relu"),
    layers.Dense(46, activation="softmax")
])
model.compile(optimizer="rmsprop",
              loss="categorical_crossentropy",
              metrics=["accuracy"])
model.fit(x_train,
          y_train,
          epochs=9,
          batch_size=512)
results = model.evaluate(x_test, y_test)
```

最终结果如下。

```
>>> results
[0.9565213431445807, 0.79697239536954589]
```

这种方法可以达到约 80% 的精度。对于均衡的二分类问题，完全随机的分类器能达到 50% 的精度。但在这个例子中，我们有 46 个类别，各类别的样本数量可能还不一样。那么一个随机基准模型的精度是多少呢？我们可以通过快速实现随机基准模型来验证一下。

```
>>> import copy
>>> test_labels_copy = copy.copy(test_labels)
>>> np.random.shuffle(test_labels_copy)
>>> hits_array = np.array(test_labels) == np.array(test_labels_copy)
>>> hits_array.mean()
0.18655387355298308
```

可以看到，随机分类器的分类精度约为 19%。从这个角度来看，我们的模型结果看起来相当不错。

4.2.5   对新数据进行预测

对新样本调用模型的 predict 方法，将返回每个样本在 46 个主题上的概率分布。我们对所有测试数据生成主题预测。

```
predictions = model.predict(x_test)
```

predictions 的每个元素都是长度为 46 的向量。

```
>>> predictions[0].shape
(46,)
```

这个向量的所有元素总和为 1，因为它们形成了一个概率分布。

```
>>> np.sum(predictions[0])
1.0
```

向量的最大元素就是预测类别，即概率最高的类别。

```
>>> np.argmax(predictions[0])
4
```

4.2.6   处理标签和损失的另一种方法

前面提到过另一种编码标签的方法，也就是将其转换为整数张量，如下所示。

```
y_train = np.array(train_labels)
y_test = np.array(test_labels)
```

对于这种编码方法，唯一需要改变的就是损失函数的选择。对于代码清单 4-21 使用的损失函数 categorical_crossentropy，标签应遵循分类编码。对于整数标签，你应该使用 sparse_categorical_crossentropy（稀疏分类交叉熵）损失函数。

```
model.compile(optimizer="rmsprop",
              loss="sparse_categorical_crossentropy",
              metrics=["accuracy"])
```

这个新的损失函数在数学上与 categorical_crossentropy 相同，二者只是接口不同。

4.2.7   拥有足够大的中间层的重要性

前面说过，因为最终输出是 46 维的，所以中间层的单元不应少于 46 个。现在我们来看一下，如果中间层的维度远小于 46（比如 4 维），造成了信息瓶颈，那么会发生什么？模型如代码清单 4-22 所示。

代码清单 4-22   具有信息瓶颈的模型

```
model = keras.Sequential([
    layers.Dense(64, activation="relu"),
```

```
    layers.Dense(4, activation="relu"),
    layers.Dense(46, activation="softmax")
])
model.compile(optimizer="rmsprop",
              loss="categorical_crossentropy",
              metrics=["accuracy"])
model.fit(partial_x_train,
          partial_y_train,
          epochs=20,
          batch_size=128,
          validation_data=(x_val, y_val))
```

现在模型的最大验证精度约为 71%，比之前下降了 8%。导致下降的主要原因在于，我们试图将大量信息（这些信息足以找到 46 个类别的分离超平面）压缩到维度过小的中间层。模型能够将**大部分**必要信息塞进这个 4 维表示中，但并不是全部信息。

4.2.8 进一步实验

和前面的例子一样，我建议你尝试以下实验，以锻炼你对这类模型配置选择的直觉。
❑ 尝试使用更小或更大的层，比如 32 个单元、128 个单元等。
❑ 你在最终的 softmax 分类层之前使用了两个中间层。现在尝试使用一个或三个中间层。

4.2.9 小结

下面是你应该从这个例子中学到的要点。
❑ 如果要对 N 个类别的数据点进行分类，那么模型的最后一层应该是大小为 N 的 Dense 层。
❑ 对于单标签、多分类问题，模型的最后一层应该使用 softmax 激活函数，这样可以输出一个在 N 个输出类别上的概率分布。
❑ 对于这种问题，损失函数几乎总是应该使用分类交叉熵。它将模型输出的概率分布与目标的真实分布之间的距离最小化。
❑ 处理多分类问题的标签有两种方法：
  ▪ 通过分类编码（也叫 one-hot 编码）对标签进行编码，然后使用 categorical_crossentropy 损失函数；
  ▪ 将标签编码为整数，然后使用 sparse_categorical_crossentropy 损失函数。
❑ 如果你需要将数据划分到多个类别中，那么应避免使用太小的中间层，以免在模型中造成信息瓶颈。

4.3 预测房价：标量回归问题示例

前面两个例子都是分类问题，其目标是预测输入数据点所对应的单一离散标签。另一种常见的机器学习问题是回归（regression）问题，它预测的是一个连续值，而不是离散标签，比如根据气象数据预测明日气温，或者根据软件说明书预测完成软件项目所需时间。

> **注意**　不要将回归问题与 logistic 回归算法混为一谈。令人困惑的是，logistic 回归不是回归算法，而是分类算法。

4.3.1　波士顿房价数据集

　　本节将尝试预测 20 世纪 70 年代中期波士顿郊区房价的中位数，已知当时郊区的一些数据点，如犯罪率、地方房产税率等。本节用到的数据集与前两个例子有一个有趣的区别。它包含的数据点相对较少，只有 506 个，划分为 404 个训练样本和 102 个测试样本。输入数据的每个**特征**（比如犯罪率）都有不同的取值范围。有的特征是比例，取值在 0 和 1 之间；有的取值在 1 和 12 之间；还有的取值在 0 和 100 之间。我们首先加载波士顿房价数据集，如代码清单 4-23 所示。

代码清单 4-23　加载波士顿房价数据集

```
from tensorflow.keras.datasets import boston_housing
(train_data, train_targets), (test_data, test_targets) = (
    boston_housing.load_data())
```

我们来看一下数据。

```
>>> train_data.shape
(404, 13)
>>> test_data.shape
(102, 13)
```

　　可以看到，我们有 404 个训练样本和 102 个测试样本，每个样本都有 13 个数值特征，比如人均犯罪率、住宅的平均房间数、高速公路可达性等。

　　目标是房价中位数，单位是千美元。

```
>>> train_targets
[ 15.2,  42.3,  50. ...  19.4,  19.4,  29.1]
```

　　房价大都介于 10 000 美元 ~ 50 000 美元。如果你觉得这很便宜，请不要忘记当时是 20 世纪 70 年代中期，而且这些价格没有按通货膨胀进行调整。

4.3.2　准备数据

　　将取值范围差异很大的数据输入到神经网络中，这是有问题的。模型可能会自动适应这种取值范围不同的数据，但这肯定会让学习变得更加困难。对于这类数据，普遍采用的最佳处理方法是对每个特征进行标准化，即对于输入数据的每个特征（输入数据矩阵的每一列），减去特征平均值，再除以标准差，这样得到的特征平均值为 0，标准差为 1。用 NumPy 可以很容易实现数据标准化，如代码清单 4-24 所示。

代码清单 4-24　数据标准化

```
mean = train_data.mean(axis=0)
train_data -= mean
```

```
std = train_data.std(axis=0)
train_data /= std
test_data -= mean
test_data /= std
```

注意，对测试数据进行标准化的平均值和标准差都是在训练数据上计算得到的。在深度学习工作流程中，你不能使用在测试数据上计算得到的任何结果，即使是像数据标准化这么简单的事情也不行。

4.3.3　构建模型

由于样本数量很少，因此我们将使用一个非常小的模型。它包含两个中间层，每层有 64 个单元，如代码清单 4-25 所示。一般来说，训练数据越少，过拟合就会越严重，而较小的模型可以降低过拟合。

代码清单 4-25　模型定义

```
def build_model():
    model = keras.Sequential([
        layers.Dense(64, activation="relu"),      由于需要将同一个模型多次实例化，
        layers.Dense(64, activation="relu"),      因此我们用一个函数来构建模型
        layers.Dense(1)
    ])
    model.compile(optimizer="rmsprop", loss="mse", metrics=["mae"])
    return model
```

模型的最后一层只有一个单元且没有激活，它是一个线性层。这是标量回归（标量回归是预测单一连续值的回归）的典型设置。添加激活函数将限制输出范围。如果向最后一层添加 sigmoid 激活函数，那么模型只能学会预测 0 到 1 的值。这里最后一层是纯线性的，所以模型可以学会预测任意范围的值。

注意，我们编译模型用的是 mse 损失函数，即**均方误差**（mean squared error，MSE），预测值与目标值之差的平方。这是回归问题常用的损失函数。

在训练过程中还要监控一个新指标：**平均绝对误差**（mean absolute error，MAE）。它是预测值与目标值之差的绝对值。如果这个问题的 MAE 等于 0.5，就表示预测房价与实际价格平均相差 500 美元。

4.3.4　利用 K 折交叉验证来验证你的方法

为了在调节参数（比如训练轮数）的同时对模型进行评估，我们可以将数据划分为训练集和验证集，正如前面的例子所做的那样。但由于数据点很少，验证集会非常小（比如大约 100 个样本），因此验证分数可能会有很大波动，这取决于我们所选择的验证集和训练集。也就是说，验证分数对于验证集的划分方式可能会有很大的**方差**，这样我们就无法对模型进行可靠的评估。

在这种情况下，最佳做法是使用 K 折交叉验证，如图 4-8 所示。

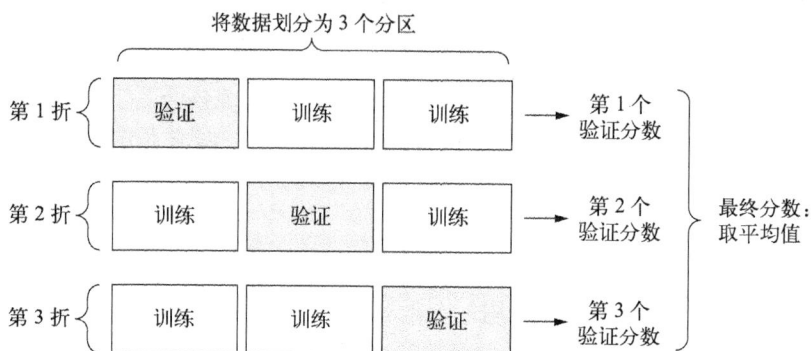

图 4-8   K 折交叉验证（K=3）

这种方法将可用数据划分为 K 个分区（K 通常取 4 或 5），实例化 K 个相同的模型，然后将每个模型在 K−1 个分区上训练，并在剩下的一个分区上进行评估。模型的验证分数等于这 K 个验证分数的平均值。这种方法的代码实现很简单，如代码清单 4-26 所示。

代码清单 4-26   K 折交叉验证

```
k = 4
num_val_samples = len(train_data) // k
num_epochs = 100
all_scores = []
for i in range(k):
    print(f"Processing fold #{i}")
    val_data = train_data[i * num_val_samples: (i + 1) * num_val_samples]    准备验证数据：第 k 个分区的数据
    val_targets = train_targets[i * num_val_samples: (i + 1) * num_val_samples]
    partial_train_data = np.concatenate(                    准备训练数据：其余所有分区的数据
        [train_data[:i * num_val_samples],
         train_data[(i + 1) * num_val_samples:]],
        axis=0)
    partial_train_targets = np.concatenate(                 构建 Keras 模型（已编译）
        [train_targets[:i * num_val_samples],
         train_targets[(i + 1) * num_val_samples:]],
        axis=0)
    model = build_model()                                   训练模型（静默模式，verbose=0）
    model.fit(partial_train_data, partial_train_targets,
              epochs=num_epochs, batch_size=16, verbose=0)
    val_mse, val_mae = model.evaluate(val_data, val_targets, verbose=0)
    all_scores.append(val_mae)                              在验证数据上评估模型
```

设置 num_epochs = 100，运行结果如下。

```
>>> all_scores
[2.112449, 3.0801501, 2.6483836, 2.4275346]
>>> np.mean(all_scores)
2.5671294
```

　　每次运行模型得到的验证分数确实有很大差异，从 2.1 到 3.1 不等。平均分数（2.6）是比单一分数更可靠的指标——这就是 *K* 折交叉验证的核心要点。在这个例子中，预测房价与实际房价平均相差 2600 美元，考虑到实际房价范围是 10 000 美元 ~ 50 000 美元，这一差别还是很大的。

　　我们让模型训练时间更长一点：500 轮。为了记录模型每轮的表现，我们需要修改训练循环，在每轮都保存每折的验证分数，如代码清单 4-27 所示。

代码清单 4-27　保存每折的验证分数

```
num_epochs = 500
all_mae_histories = []
for i in range(k):                                           ← 准备验证数据：第 k 个
    print(f"Processing fold #{i}")                             分区的数据
    val_data = train_data[i * num_val_samples: (i + 1) * num_val_samples]
    val_targets = train_targets[i * num_val_samples: (i + 1) * num_val_samples]
    partial_train_data = np.concatenate(          ← 准备训练数据：其余
        [train_data[:i * num_val_samples],           所有分区的数据
         train_data[(i + 1) * num_val_samples:]],
        axis=0)
    partial_train_targets = np.concatenate(
        [train_targets[:i * num_val_samples],     ← 构建 Keras 模型
         train_targets[(i + 1) * num_val_samples:]],   （已编译）
        axis=0)
    model = build_model()
    history = model.fit(partial_train_data, partial_train_targets, ←
                        validation_data=(val_data, val_targets),
                        epochs=num_epochs, batch_size=16, verbose=0)  ← 训练模型（静默模
    mae_history = history.history["val_mae"]                            式，verbose=0)
    all_mae_histories.append(mae_history)
```

　　然后，计算每轮所有折 MAE 的平均值，如代码清单 4-28 所示。

代码清单 4-28　计算每轮的 *K* 折验证分数平均值

```
average_mae_history = [
    np.mean([x[i] for x in all_mae_histories]) for i in range(num_epochs)]
```

　　我们来画图看看，如代码清单 4-29 和图 4-9 所示。

代码清单 4-29　绘制验证 MAE 曲线

```
plt.plot(range(1, len(average_mae_history) + 1), average_mae_history)
plt.xlabel("Epochs")
plt.ylabel("Validation MAE")
plt.show()
```

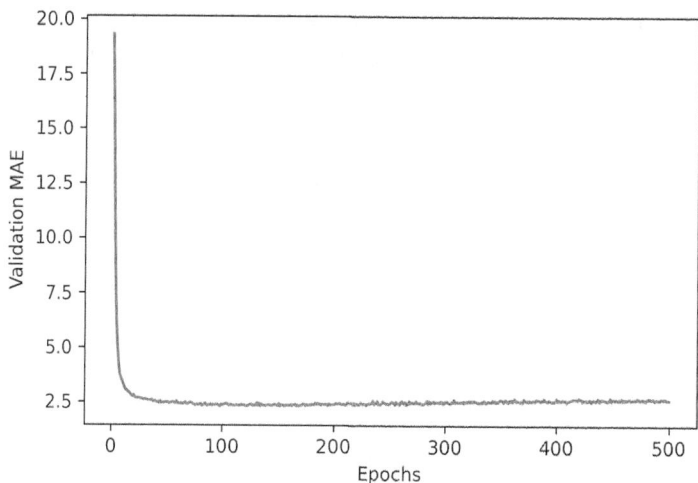

图 4-9　每轮的验证 MAE

由于比例问题，前几轮的验证 MAE 远大于后面的轮次，很难看清这张图的规律。我们忽略前 10 个数据点，因为它们的取值范围与曲线上的其他点不同，如代码清单 4-30 所示。

代码清单 4-30　绘制验证 MAE 曲线（剔除前 10 个数据点）

```
truncated_mae_history = average_mae_history[10:]
plt.plot(range(1, len(truncated_mae_history) + 1), truncated_mae_history)
plt.xlabel("Epochs")
plt.ylabel("Validation MAE")
plt.show()
```

从图 4-10 中可以看出，验证 MAE 在 120 ~ 140 轮（包含剔除的那 10 轮）后不再显著降低，再之后就开始过拟合了。

完成模型调参之后（除了轮数，还可以调节中间层大小），你可以使用最佳参数在所有训练数据上训练最终的生产模型，然后查看模型在测试数据上的表现，如代码清单 4-31 所示。

代码清单 4-31　训练最终模型

```
model = build_model()          ← 一个全新的已编译模型
model.fit(train_data, train_targets,
          epochs=130, batch_size=16, verbose=0)    ← 在所有训练数据上训练模型
test_mse_score, test_mae_score = model.evaluate(test_data, test_targets)
```

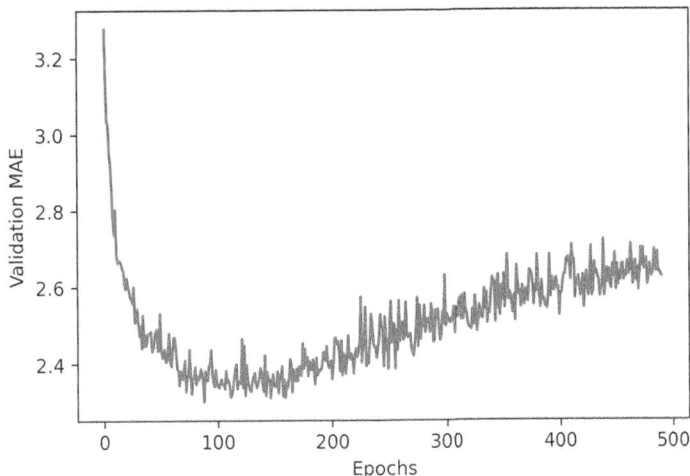

图 4-10 每轮的验证 MAE（剔除前 10 个数据点）

最终结果如下。

```
>>> test_mae_score
2.4642276763916016
```

预测房价和实际房价还是相差不到 2500 美元。不过有进步！就像前两个任务一样，你可以尝试改变模型的层数或每层的单元个数，看是否能够降低测试误差。

4.3.5 对新数据进行预测

在调用二分类模型的 `predict()` 时，每个输入样本都得到一个介于 0 和 1 之间的标量值。对于多分类模型，每个样本都得到一个在所有类别上的概率分布。对于这个标量回归模型，`predict()` 返回的是模型对样本价格的猜测，单位是千美元。

```
>>> predictions = model.predict(test_data)
>>> predictions[0]
array([9.990133], dtype=float32)
```

模型预测，测试集中的第一所房子的价格约为 10 000 美元。

4.3.6 小结

下面是你应该从这个标量回归示例中学到的要点。
- ❑ 回归问题使用的损失函数与分类问题不同。回归常用的损失函数是均方误差（MSE）。
- ❑ 同样，回归问题使用的评估指标也与分类问题不同。显然，精度的概念不再适用于回归问题。常用的回归指标是平均绝对误差（MAE）。

❑ 如果输入数据的特征具有不同的取值范围，那么应该先进行预处理，对每个特征单独进行缩放。

❑ 如果可用的数据很少，那么 K 折交叉验证是评估模型的可靠方法。

❑ 如果可用的训练数据很少，那么最好使用中间层较少（通常只有一两个）的小模型，以避免严重的过拟合。

4.4   本章总结

❑ 对于向量数据，最常见的三类机器学习任务是：二分类问题、多分类问题和标量回归问题。

  ▪ 本章每一节的"小结"都总结了你应从这些任务中学到的要点。

  ▪ 回归问题使用的损失函数和评估指标都与分类问题不同。

❑ 将原始数据输入神经网络之前，通常需要对其进行预处理。

❑ 如果数据特征具有不同的取值范围，应该先进行预处理，对每个特征单独进行缩放。

❑ 随着训练的进行，神经网络最终会过拟合，并在前所未见的数据上得到较差的结果。

❑ 如果训练数据不是很多，那么可以使用只有一两个中间层的小模型，以避免严重的过拟合。

❑ 如果数据被划分为多个类别，那么中间层过小可能会造成信息瓶颈。

❑ 如果要处理的数据很少，那么 K 折交叉验证有助于可靠地评估模型。

机器学习基础

本章包括以下内容：
- ❑ 理解机器学习的根本问题，也就是优化与泛化之间的矛盾
- ❑ 机器学习模型的评估方法
- ❑ 改进模型拟合的最佳做法
- ❑ 提高泛化能力的最佳做法

学完第 4 章的 3 个实例，你应该已经知道如何用神经网络解决分类问题和回归问题，而且也注意到了机器学习的核心难题：过拟合。本章帮助你将对机器学习的直觉固化为可靠的概念框架，并强调以下两点的重要性：准确的模型评估，以及训练与泛化之间的平衡。

5.1 泛化：机器学习的目标

在第 4 章介绍的 3 个例子中（影评分类、新闻分类和房价预测），我们将数据划分为训练集、验证集和测试集。不在同样的训练数据上评估模型的原因显而易见：仅仅几轮过后，模型在前所未见的数据上的性能就开始与训练数据上的性能发生偏离，后者总是随着训练而提高。模型开始**过拟合**。所有机器学习问题都存在过拟合。

机器学习的根本问题在于优化与泛化之间的矛盾。**优化**（optimization）是指调节模型使其在训练数据上得到最佳性能的过程（对应机器学习中的**学习**），**泛化**（generalization）则是指训练好的模型在前所未见的数据上的性能。机器学习的目标当然是得到良好的泛化，但你无法控制泛化，只能让模型对训练数据进行拟合。如果拟合得太好，就会出现过拟合，从而影响泛化。

但究竟是什么导致了过拟合？我们如何才能实现良好的泛化？

5.1.1 欠拟合与过拟合

对于第 4 章的模型，随着训练的进行，模型在留出的验证数据上的性能开始提高，然后不可避免地在一段时间后达到峰值。图 5-1 所示的模式非常普遍，你会在所有模型和所有数据集中遇到。

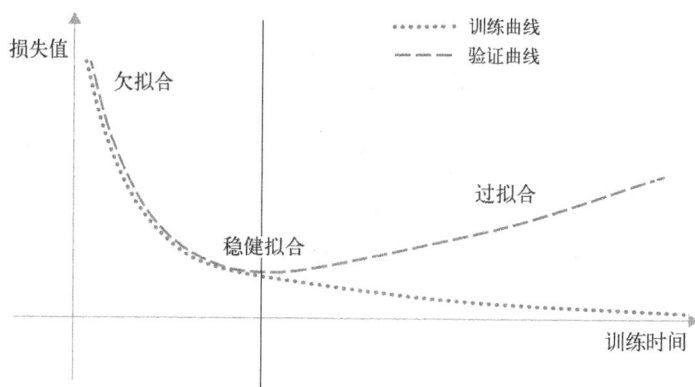

图 5-1   典型的过拟合情况

训练开始时，优化和泛化是相关的：训练数据上的损失越小，测试数据上的损失也越小。这时，模型是**欠拟合**（underfit）的，即仍有改进的空间，模型还没有对训练数据中的所有相关模式建模。但在训练数据上迭代一定次数之后，泛化能力就不再提高，验证指标先是不变，然后开始变差。这时模型开始过拟合，它开始学习仅和训练数据有关的模式，但对新数据而言，这些模式是错误的或是不相关的。

如果数据的不确定性很大或者包含罕见的特征，那么就特别容易出现过拟合。我们来看几个具体的例子。

1. 嘈杂的训练数据

在现实世界的数据集中，有些输入是无法识别的，这很常见。例如，MNIST 数字图像可能是一张全黑的图像，或者像图 5-2 那样。

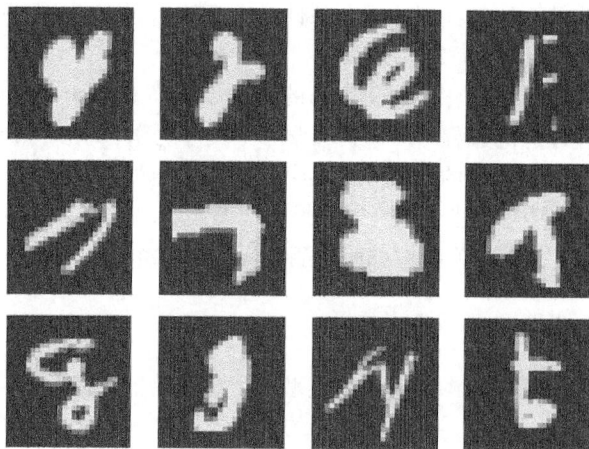

图 5-2   一些非常奇怪的 MNIST 训练样本

这些是什么数字？我也不知道。但它们都是 MNIST 训练集的一部分。更糟糕的一种情况是，输入是有效的，但标签是错误的，如图 5-3 所示。

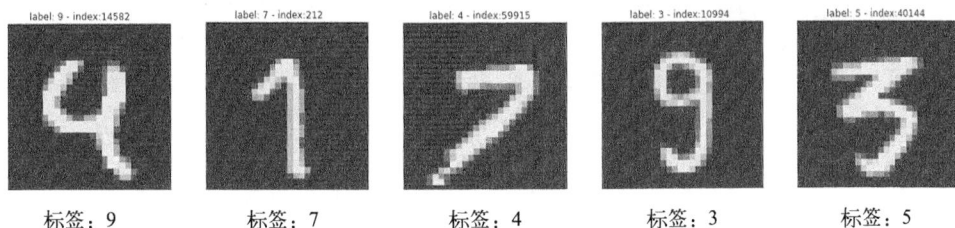

图 5-3　标签错误的 MNIST 训练样本

如果模型将这些异常值全部考虑进去，那么它的泛化性能将会下降，如图 5-4 所示。如果一个手写的 4 与图 5-3 中标签错误的 4 看起来非常相似，那么它很可能会被归类为数字 9。

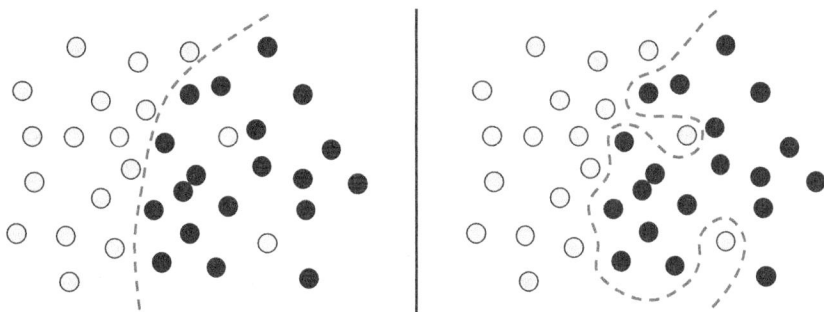

图 5-4　处理异常值：稳健拟合与过拟合的对比

2. 模糊特征

并不是所有数据噪声都来自于误差——如果问题包含不确定性和模糊性，那么即使是完全干净且标记整齐的数据也会存在噪声。对于分类任务，经常出现输入特征空间的某些区域与多个类别同时相关的情况。假设你正在开发一个模型，它接收香蕉图像作为输入，并预测香蕉是未成熟的、成熟的还是腐烂的。这些类别之间没有明确的界限，同一张图片可能会被不同的人标记为未成熟或成熟。同样，许多问题包含随机性。你可以利用气压数据来预测明天是否下雨，但即使测量数据完全相同，第二天也可能有时下雨，有时晴天，二者皆有一定的概率。

模型可能会对特征空间的不确定区域过于自信，从而对这种概率数据过拟合，如图 5-5 所示。更稳健的拟合将忽略个别数据点，而着眼于大局。

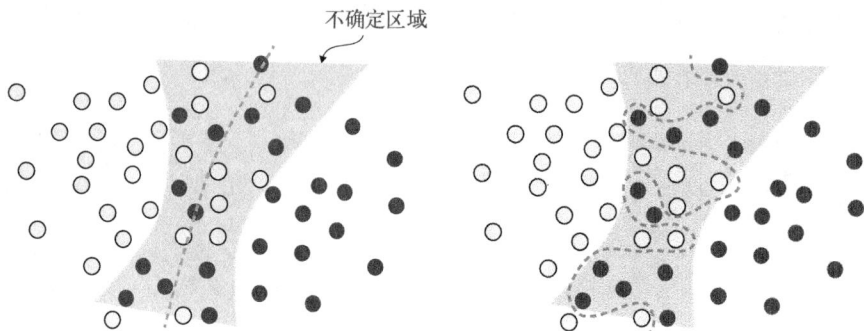

图 5-5   对于特征空间的不确定区域,稳健拟合与过拟合的对比

3. 罕见特征与虚假的相关性

如果你一生中只见过两只橙色的虎斑猫,而且它们碰巧都非常不合群,那么你可能会得出这样的结论:橙色的虎斑猫通常不合群。这就是过拟合。如果你接触过更多品种的猫,包括更多橙色的猫,你就会知道,猫的颜色与性格并没有太大的相关性。

同样,如果机器学习模型在包含罕见特征的数据集上进行训练,也很容易出现过拟合。对于一项情感分类任务,如果"番荔枝"(cherimoya,一种原产于安第斯山脉的水果)这个词只出现在训练数据的一个文本中,而这个文本的情感恰好是负面的,那么一个没有做好正则化的模型可能会对这个词赋予很高的权重,并且总把提到番荔枝的新文本归类为负面的。然而客观地说,番荔枝这个词并没有包含负面情绪。[1]

重要的是,一个特征值出现次数较多,也会导致虚假的相关性。假设一个单词出现在训练数据的 100 个样本中,其中 54% 与正面情绪相关,46% 与负面情绪相关。这种差异很可能完全是统计上的偶然情况,但你的模型很可能学会利用这个特征来完成分类任务。这是过拟合最常见的来源之一。

下面来看一个惊人的例子。对于 MNIST 数据集,将 784 个白噪声维度连接到现有的 784 个数据维度中,从而创建一个新的训练集:现在一半的数据都是噪声。为了对比,还可以连接 784 个全零维度来创建一个等效的数据集,如代码清单 5-1 所示。连接无意义的特征根本不影响数据所包含的信息,我们只是添加了一些内容。人类的分类精度根本不会受到这些变换的影响。

代码清单 5-1   向 MNIST 数据集添加白噪声通道或全零通道

```
from tensorflow.keras.datasets import mnist
import numpy as np

(train_images, train_labels), _ = mnist.load_data()
train_images = train_images.reshape((60000, 28 * 28))
train_images = train_images.astype("float32") / 255
```

---

[1] 马克·吐温甚至称它是"人类已知最美味的水果"。

```
train_images_with_noise_channels = np.concatenate(
    [train_images, np.random.random((len(train_images), 784))], axis=1)

train_images_with_zeros_channels = np.concatenate(
    [train_images, np.zeros((len(train_images), 784))], axis=1)
```

下面我们在这两个训练集上训练第 2 章的模型，如代码清单 5-2 所示。

代码清单 5-2　对于带有噪声通道或全零通道的 MNIST 数据，训练相同的模型

```python
from tensorflow import keras
from tensorflow.keras import layers

def get_model():
    model = keras.Sequential([
        layers.Dense(512, activation="relu"),
        layers.Dense(10, activation="softmax")
    ])
    model.compile(optimizer="rmsprop",
                  loss="sparse_categorical_crossentropy",
                  metrics=["accuracy"])
    return model

model = get_model()
history_noise = model.fit(
    train_images_with_noise_channels, train_labels,
    epochs=10,
    batch_size=128,
    validation_split=0.2)

model = get_model()
history_zeros = model.fit(
    train_images_with_zeros_channels, train_labels,
    epochs=10,
    batch_size=128,
    validation_split=0.2)
```

我们来比较两个模型的验证精度如何随时间变化，如代码清单 5-3 所示。

代码清单 5-3　绘图比较验证精度

```python
import matplotlib.pyplot as plt
val_acc_noise = history_noise.history["val_accuracy"]
val_acc_zeros = history_zeros.history["val_accuracy"]
epochs = range(1, 11)
plt.plot(epochs, val_acc_noise, "b-",
         label="Validation accuracy with noise channels")
plt.plot(epochs, val_acc_zeros, "b--",
         label="Validation accuracy with zeros channels")
plt.title("Effect of noise channels on validation accuracy")
plt.xlabel("Epochs")
plt.ylabel("Accuracy")
plt.legend()
```

尽管二者的数据都包含相同的信息，但在带有噪声通道的数据集上训练的模型，最终验证精度要低约 1%（见图 5-6），这完全是由于虚假相关性的影响。添加的噪声通道越多，精度就会下降得越多。

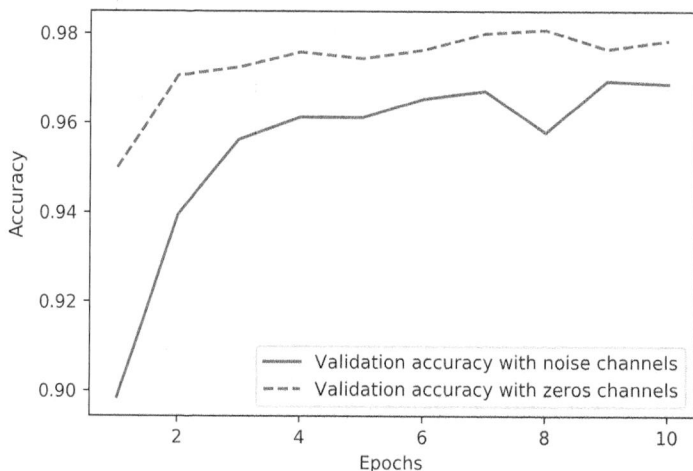

图 5-6　噪声通道对验证精度的影响

噪声特征不可避免会导致过拟合。因此，如果你不确定特征究竟是有用的还是无关紧要的，那么常见的做法是在训练前进行**特征选择**（feature selection）。例如，将 IMDB 数据限制为前 10 000 个最常出现的单词，就是一种粗略的特征选择。特征选择的常用方法是对每个特征计算有用性分数，并且只保留那些分数高于某个阈值的特征。**有用性分数**（usefulness score）是用于衡量特征对于任务来说所包含信息量大小的指标，比如特征与标签之间的互信息。这么做可以过滤前面例子中的白噪声通道。

5.1.2　深度学习泛化的本质

关于深度学习模型的一个值得注意的事实是，只要模型具有足够的表示能力，就可以训练模型拟合任何数据。

不信吗？你可以试着把 MNIST 数据集的标签打乱，然后在打乱后的数据集上训练一个模型，如代码清单 5-4 所示。尽管输入与打乱后的标签之间毫无关系，但训练损失下降得不错，而这只是一个相对较小的模型。当然，验证损失不会随着时间的推移有任何改善，因为在这种情况下不可能泛化。

代码清单 5-4　将标签随机打乱，拟合一个 MNIST 模型

```
(train_images, train_labels), _ = mnist.load_data()
train_images = train_images.reshape((60000, 28 * 28))
train_images = train_images.astype("float32") / 255
```

```
random_train_labels = train_labels[:]
np.random.shuffle(random_train_labels)

model = keras.Sequential([
    layers.Dense(512, activation="relu"),
    layers.Dense(10, activation="softmax")
])
model.compile(optimizer="rmsprop",
              loss="sparse_categorical_crossentropy",
              metrics=["accuracy"])
model.fit(train_images, random_train_labels,
          epochs=100,
          batch_size=128,
          validation_split=0.2)
```

事实上，你甚至不需要用 MNIST 数据来做这件事，而可以直接生成白噪声输入和随机标签。只要模型具有足够多的参数，也可以对这些数据进行拟合。模型最终只会记住特定的输入，就像 Python 字典一样。

如果是这样，那么深度学习模型为什么能够泛化？它不应该只是学会了训练输入与目标之间的一种特别的映射，就像花哨的字典一样吗？我们怎么能指望这种映射会对新输入起作用呢？

事实证明，深度学习泛化的本质与深度学习模型本身关系不大，而与现实世界中的信息结构密切相关。我们来具体解释一下。

1. 流形假说

MNIST 分类器的输入（在预处理之前）是一个由 0 ~ 255 的整数组成的 28 × 28 数组。因此，输入值的总数为 256 的 784 次幂，这远远大于宇宙中的原子数目。但是，这些输入中只有少数看起来像是有效的 MNIST 样本，也就是说，在所有可能的 28 × 28 uint8 数组组成的父空间中，真实的手写数字只占据一个很小的**子空间**。更重要的是，这个子空间不仅仅是父空间中随机散布的一组点，而是高度结构化的。

首先，有效手写数字的子空间是**连续的**：如果取一个样本并稍加修改，那么它仍然可以被识别为同一个手写数字。其次，有效子空间中的所有样本都由穿过子空间的光滑路径**连接**。也就是说，如果你取两个随机的 MNIST 数字 A 和 B，就会存在将 A 变形成 B 的一系列"中间"图像，其中每两幅相邻图像都非常相似（见图 5-7）。在两个类别的边界附近可能会有一些模棱两可的形状，但这些形状看起来仍然很像数字。

用术语来说，手写数字在 28 × 28 uint8 数组的可能性空间中构成了一个**流形**（manifold）。这个词看起来很高深，但其概念非常直观。"流形"是指某个父空间的低维子空间，它局部近似于一个线性空间（欧几里得空间）。例如，平面上的光滑曲线就是二维空间中的一维流形，因为对于曲线上的每一点，你都可以画出一条切线（曲线上的每一点都可以用直线来近似）。三维空间中的光滑表面是一个二维流形，以此类推。

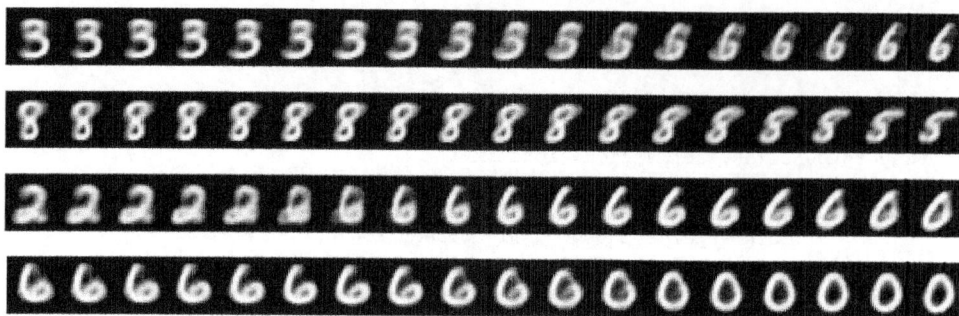

图 5-7　一个 MNIST 手写数字逐渐变形成另一个，表明手写数字空间构成了一个 "流形"。这些图像是用第 12 章的代码生成的

更一般地说，**流形假说**（manifold hypothesis）假定，所有自然数据都位于高维空间中的一个低维流形中，这个高维空间是数据编码空间。这是关于宇宙信息结构的一个非常有力的表述。据我们目前所知，这个表述是准确的，这也是深度学习有效的原因。它不仅适用于 MNIST 手写数字，也适用于树木形态、人脸、人声甚至自然语言。

流形假说意味着：

❑ 机器学习模型只需在其输入空间中拟合相对简单、低维、高度结构化的子空间（潜在流形）；

❑ 在其中一个流形中，总是可以在两个输入之间进行**插值**（interpolate），也就是说，通过一条连续路径将一个输入变形为另一个输入，这条路径上的所有点都位于流形中。

能够在样本之间进行插值是理解深度学习泛化的关键。

2. 插值作为泛化的来源

如果你处理的是可插值的数据点，那么你可以开始理解前所未见的点，方法是将其与流形中相近的其他点联系起来。换句话说，你可以仅用空间的一个**样本**来理解空间的**整体**。你可以用插值来填补空白。

请注意，潜在流形中的插值与父空间中的线性插值不同，如图 5-8 所示。例如，两个 MNIST 手写数字的像素平均值通常不是一个有效数字。

至关重要的是，虽然深度学习实现泛化的方法是对数据流形的学习近似进行插值，但如果认为插值就是泛化的**全部**，那你就错了。它只是冰山一角。插值只能帮你理解那些与之前所见非常接近的事物，即插值可以实现**局部泛化**（local generalization）。但值得注意的是，人类一直在处理极端新奇的事物，而且做得很好。你无须事先对所遇到的每一种情况训练无数次。你的每一天与之前经历的任何一天都不同，也与人类诞生以来任何人所经历的任何一天都不同。你可以在纽约、上海、班加罗尔分别住上一周，而无须为每个城市进行上千次的学习和排练。

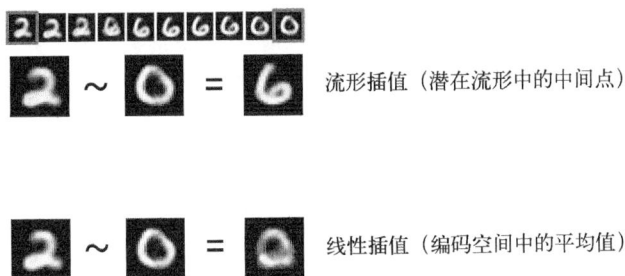

图 5-8 流形插值和线性插值的区别。数字潜在流形中的每一点都是有效数字，
但两个数字的平均值通常不是有效数字

人类能够进行**极端泛化**（extreme generalization），这是由不同于插值的认知机制实现的，包括抽象、世界的符号模型、推理、逻辑、常识，以及关于世界的固有先验知识——我们通常称其为**理性**（reason），与直觉和模式识别相对。后者的本质在很大程度上是可插值的，但前者不是。二者对于智能都是必不可少的。我们将在第 14 章中进一步讨论这个问题。

3. 深度学习为何有效

还记得第 2 章中的皱纸团比喻吗？一张纸表示三维空间中的二维流形，如图 5-9 所示。深度学习模型是一个工具，用于让"纸团"恢复平整，也就是解开潜在流形。

图 5-9 解开复杂的数据流形

深度学习模型本质上是一条高维曲线——一条光滑连续的曲线（模型架构预设对其结构有额外的约束），因为它需要是可微的。通过梯度下降，这条曲线平滑、渐进地对数据点进行拟合。就其本质而言，深度学习就是取一条大而复杂的曲线（流形）并逐步调节其参数，直到曲线拟合了一些训练数据点。

这条曲线包含足够多的参数，可以拟合任何数据。事实上，如果对模型训练足够长的时间，那么它最终会仅仅记住训练数据，根本没有泛化能力。然而，你要拟合的数据并不是由稀疏分布于底层空间的孤立点组成的。你的数据在输入空间中形成一个高度结构化的低维流形，这就是流形假说。随着梯度逐渐下降，模型曲线会平滑地拟合这些数据。因此，在训练过程中会有一个中间点，此时模型大致接近数据的自然流形，如图 5-10 所示。

训练之前：模型的随机
初始状态

训练开始：模型逐渐拟
合得越来越好

进一步训练：在模型从
初始状态到最终状态的
变化过程中，实现了稳
健拟合

最终状态：模型对训练
数据过拟合，达到了完
美的训练损失

测试时间：稳健拟合模
型在新数据点上的表现

测试时间：过拟合模型
在新数据点上的表现

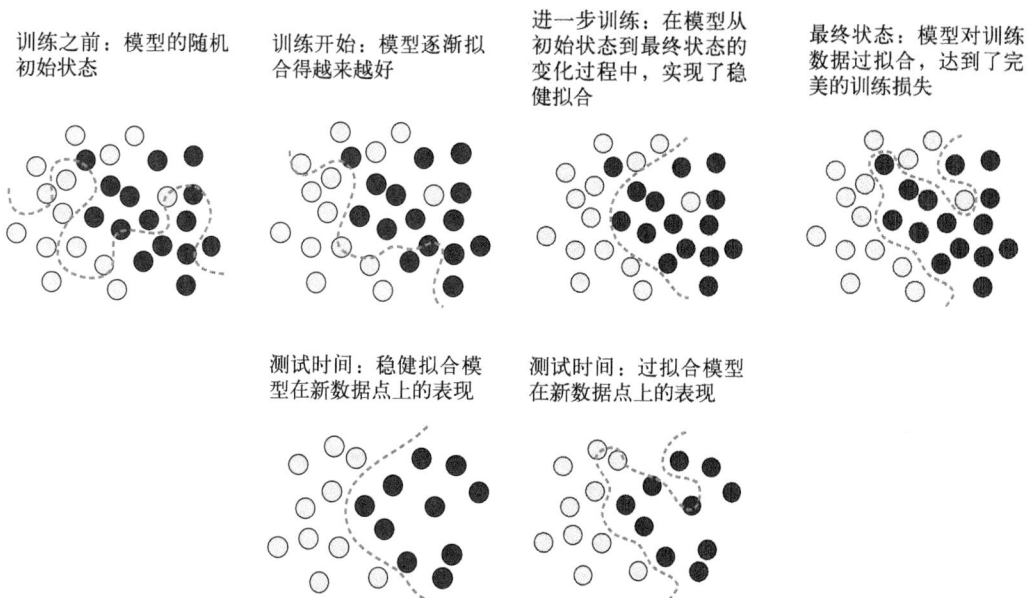

图 5-10　从随机模型到过拟合模型，中间状态实现了稳健拟合

在这个中间点，沿着模型学到的曲线移动近似于沿着数据的实际潜在流形移动。因此，模型能够通过对训练输入进行插值来理解前所未见的输入。

深度学习模型不仅具有足够的表示能力，还具有以下特性，使其特别适合学习潜在流形。

❑ 深度学习模型实现了从输入到输出的光滑连续映射。它必须是光滑连续的，因为它必须是可微的（否则无法进行梯度下降）。这种光滑性有助于逼近具有相同属性的潜在流形。

❑ 深度学习模型的结构往往反映了训练数据中的信息"形状"（通过架构预设）。这对于图像处理模型（见第 8 章和第 9 章）和序列处理模型（见第 10 章）来说尤其如此。更一般地说，深度神经网络以分层和模块化的方式组织学到的表示，这与自然数据的组织方式相呼应。

4. 训练数据至关重要

虽然深度学习确实很适合流形学习，但泛化能力更多是自然数据结构的结果，而不是模型任何属性的结果。只有数据形成一个可以插值的流形，模型才能够泛化。特征包含的信息量越大、特征噪声越小，泛化能力就越强，因为输入空间更简单，结构也更合理。数据管理和特征工程对于泛化至关重要。

此外，由于深度学习是曲线拟合，因此为了使模型表现良好，**需要在输入空间的密集采样上训练模型**。这里的"密集采样"是指训练数据应该密集地覆盖整个输入数据流形，如图 5-11 所示。在决策边界附近尤其应该如此。有了足够密集的采样，就可以理解新输入，方法是在以前的训练输入之间进行插值，无须使用常识、抽象推理或关于世界的外部知识——这些都是机器学习模型无法获取的。

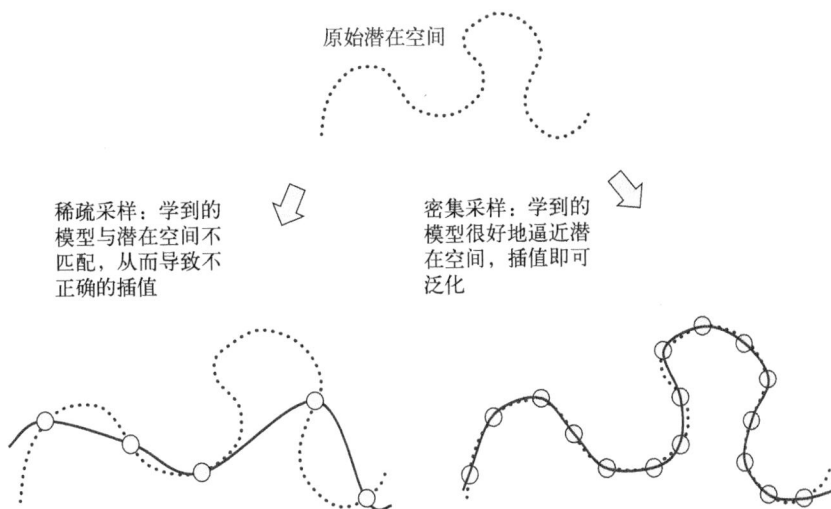

原始潜在空间

稀疏采样：学到的
模型与潜在空间不
匹配，从而导致不
正确的插值

密集采样：学到的
模型很好地逼近潜
在空间，插值即可
泛化

图 5-11 为了学到能够正确泛化的模型，必须对输入空间进行密集采样

应该始终记住，改进深度学习模型的最佳方法就是在更多的数据或更好的数据上训练模型（当然，添加过于嘈杂的数据或不准确的数据会降低泛化能力）。对输入数据流形进行更密集的采样，可以得到泛化能力更强的模型。除了在训练样本之间进行粗略的插值，你不应指望深度学习模型有更强的表现。因此，应该努力使插值尽可能简单。深度学习模型的性能仅由以下两项输入决定：模型架构预设与模型训练数据。

如果无法获取更多数据，次优解决方法是调节模型允许存储的信息量，或者对模型曲线的平滑度添加约束。如果一个神经网络只能记住几种模式或非常有规律的模式，那么优化过程将迫使模型专注于最显著的模式，从而更可能得到良好的泛化。这种降低过拟合的方法叫作**正则化**（regularization）。5.4.4 节将深入介绍正则化方法。

在开始调节模型以提高泛化能力之前，你需要一种能够评估模型当前性能的方法。在 5.2 节中，我们将学习如何在模型开发过程中监控泛化能力，即模型评估。

5.2　评估机器学习模型

你只能控制可以观察到的东西。因为你的目标是开发出能够成功泛化到新数据的模型，所以能够可靠地衡量模型泛化能力是至关重要的。本节将正式介绍评估机器学习模型的各种方法，其中大多数方法在第 4 章中出现过。

5.2.1　训练集、验证集和测试集

评估模型的重点是将可用数据划分为三部分：训练集、验证集和测试集。在训练数据上训练模型，在验证数据上评估模型。模型准备上线之前，在测试数据上最后测试一次，测试数据应与生产数据尽可能相似。做完这些工作之后，就可以在生产环境中部署该模型。

你可能会问，为什么不将数据划分为两部分，即训练集和测试集？在训练数据上进行训练，在测试数据上进行评估。这样做简单多了。

原因在于开发模型时总是需要调节模型配置，比如确定层数或每层大小［这些叫作模型的**超参数**（hyperparameter），以便与**参数**（权重）区分开］。这个调节过程需要使用模型在验证数据上的表现作为反馈信号。该过程本质上是一种学习过程：在某个参数空间中寻找良好的模型配置。因此，基于模型在验证集上的表现来调节模型配置，很快会导致模型**在验证集上过拟合**，即使你并没有在验证集上直接训练模型。

造成这一现象的核心原因是**信息泄露**（information leak）。每次基于模型在验证集上的表现来调节模型超参数，都会将验证数据的一些信息泄露到模型中。如果对每个参数只调节一次，那么泄露的信息很少，验证集仍然可以可靠地评估模型。但如果多次重复这一过程（运行一次实验，在验证集上评估，然后据此修改模型），那么会有越来越多的验证集信息泄露到模型中。

最后得到的模型在验证数据上的表现非常好——这是人为造成的，因为这正是你优化模型的目的。你关心的是模型在全新数据上的表现，而不是在验证数据上的表现，因此你需要一个完全不同、前所未见的数据集来评估模型，这就是测试集。你的模型一定不能读取与测试集有关的**任何**信息，间接读取也不行。如果基于测试集表现对模型做了任何调节，那么对泛化能力的衡量将是不准确的。

将数据划分为训练集、验证集和测试集，看起来可能很简单，但如果可用数据很少，那么有几种高级方法可以派上用场。我们将介绍三种经典的评估方法：简单的留出验证、K 折交叉验证，以及带有打乱数据的重复 K 折交叉验证。我们还会介绍使用基于常识的基准，以判断模型训练是否有效。

1. 简单的留出验证

留出一定比例的数据作为测试集。在剩余的数据上训练模型，然后在测试集上评估模型。如前所述，为防止信息泄露，你不能基于测试集来调节模型，所以**还应该保留一个验证集**。

图 5-12 展示了留出验证的原理，代码清单 5-5 给出了其简单实现。

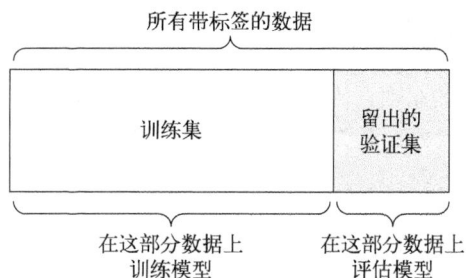

图 5-12   简单的留出验证数据划分

代码清单 5-5　留出验证（注意，为简单起见省略了标签）

```
                                           通常需要打乱数据
        num_validation_samples = 10000
        np.random.shuffle(data)          ◄
定义验   ┌─► validation_data = data[:num_validation_samples]     定义训练集
证集    │   training_data = data[num_validation_samples:]   ◄
        │   model = get_model()
        │   model.fit(training_data, ...)          在训练数据上训练模型，然后
        │   validation_score = model.evaluate(validation_data, ...)   在验证数据上评估模型

                                           现在可以对模型进行调节、重新
        ...                           ◄    训练、评估，然后再次调节

        model = get_model()                        调节好模型的超参数之后，通常
        model.fit(np.concatenate([training_data,   的做法是在所有非测试数据上从
                                  validation_data]), ...)   头开始训练最终模型
        test_score = model.evaluate(test_data, ...)
```

　　这是最简单的评估方法，但它有一个缺点：如果可用的数据很少，那么可能验证集包含的样本就很少，无法在统计学上代表数据。这个问题很容易发现：在划分数据前进行不同的随机打乱，如果最终得到的模型性能差别很大，那么就存在这个问题。接下来会介绍解决这一问题的两种方法：K 折交叉验证和重复 K 折交叉验证。

2. K 折交叉验证

　　K 折交叉验证是指将数据划分为 K 个大小相等的分区。对于每个分区 i，在剩余的 K-1 个分区上训练模型，然后在分区 i 上评估模型。最终分数等于 K 个分数的平均值。对于不同的训练集 – 测试集划分，如果模型的性能变化很大，那么这种方法很有用。与留出验证一样，这种方法也需要独立的验证集来校准模型。

　　图 5-13 展示了 K 折交叉验证的原理，代码清单 5-6 给出了其简单实现。

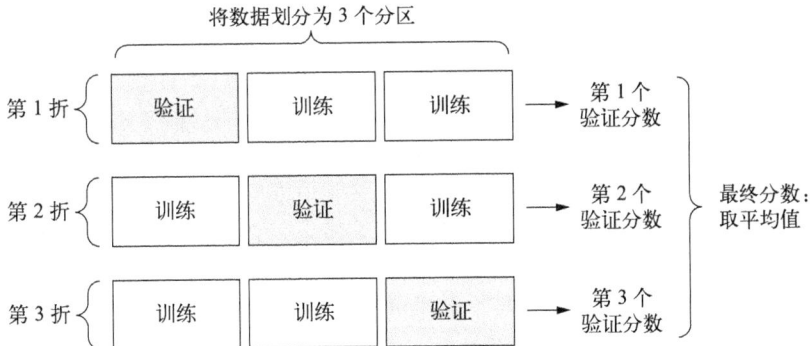

图 5-13　K 折交叉验证（K=3）

代码清单 5-6　K 折交叉验证（注意，为简单起见省略了标签）

```
k = 3
num_validation_samples = len(data) // k
```

```
np.random.shuffle(data)
validation_scores = []
for fold in range(k):
    validation_data = data[num_validation_samples * fold:
                           num_validation_samples * (fold + 1)]
    training_data = np.concatenate(
        data[:num_validation_samples * fold],
        data[num_validation_samples * (fold + 1):])
    model = get_model()
    model.fit(training_data, ...)
    validation_score = model.evaluate(validation_data, ...)
    validation_scores.append(validation_score)
validation_score = np.average(validation_scores)
model = get_model()
model.fit(data, ...)
test_score = model.evaluate(test_data, ...)
```

选择验证
数据分区

创建一个全新的模型
实例（未训练）

最终验证分数：K 折交叉
验证分数的平均值

在所有非测试数据上
训练最终模型

使用剩余数据作为训练数据。注意，
+ 运算符表示列表拼接，不是加法

3. 带有打乱数据的重复 K 折交叉验证

如果可用的数据相对较少，而你又需要尽可能精确地评估模型，那么可以使用带有打乱数据的重复 K 折交叉验证。我发现这种方法在 Kaggle 竞赛中特别有用。具体做法是多次使用 K 折交叉验证，每次将数据划分为 K 个分区之前都将数据打乱。最终分数是每次 K 折交叉验证分数的平均值。注意，这种方法一共要训练和评估 P * K 个模型（P 是重复次数），计算代价很大。

5.2.2   超越基于常识的基准

除了不同的评估方法，你还应该了解的是利用基于常识的基准。

训练深度学习模型就好比在平行世界里按下发射火箭的按钮，你听不到也看不到。你无法观察流形学习过程，它发生在数千维空间中，即使投影到三维空间中，你也无法解释它。唯一的反馈信号就是验证指标，就像隐形火箭的高度计。

特别重要的是，我们需要知道火箭是否离开了地面。发射地点的海拔高度是多少？模型似乎有 15% 的精度——这算是很好吗？在开始处理一个数据集之前，你总是应该选择一个简单的基准，并努力去超越它。如果跨过了这道门槛，你就知道你的方向对了——模型正在使用输入数据中的信息做出具有泛化能力的预测，你可以继续做下去。这个基准既可以是随机分类器的性能，也可以是你能想到的最简单的非机器学习方法的性能。

比如对于 MNIST 数字分类示例，一个简单的基准是验证精度大于 0.1（随机分类器）；对于 IMDB 示例，基准可以是验证精度大于 0.5。对于路透社示例，由于类别不均衡，因此基准约为 0.18 ~ 0.19。对于一个二分类问题，如果 90% 的样本属于类别 A，10% 的样本属于类别 B，那么一个总是预测类别 A 的分类器就已经达到了 0.9 的验证精度，你需要做得比这更好。

在面对一个全新的问题时，你需要设定一个可以参考的基于常识的基准，这很重要。如果无法超越简单的解决方案，那么你的模型毫无价值——也许你用错了模型，也许你的问题根本不能用机器学习方法来解决。这时应该重新思考解决问题的思路。

5.2.3 模型评估的注意事项

选择模型评估方法时，需要注意以下几点。

- □ **数据代表性**（data representativeness）。训练集和测试集应该都能够代表当前数据。假设你要对数字图像进行分类，而初始样本是按类别排序的，如果你将前 80% 作为训练集，剩余 20% 作为测试集，那么会导致训练集中只包含类别 0 ~ 7，而测试集中只包含类别 8 和 9。这个错误看起来很可笑，但非常常见。因此，将数据划分为训练集和测试集之前，通常应该**随机打乱数据**。
- □ **时间箭头**（the arrow of time）。如果想根据过去预测未来（比如明日天气、股票走势等），那么在划分数据前不应该随机打乱数据，因为这么做会造成**时间泄露**（temporal leak）：模型将在未来数据上得到有效训练。对于这种情况，应该始终确保测试集中所有数据的时间都**晚于**训练数据。
- □ **数据冗余**（redundancy in your data）。如果某些数据点出现了两次（这对于现实世界的数据来说十分常见），那么打乱数据并划分成训练集和验证集，将导致训练集和验证集之间出现冗余。从效果上看，你将在部分训练数据上评估模型，这是极其糟糕的。一定要确保训练集和验证集之间没有交集。

有了评估模型性能的可靠方法，你就可以监控机器学习的核心矛盾——优化与泛化之间的矛盾，以及欠拟合与过拟合之间的矛盾。

5.3 改进模型拟合

为了实现完美的拟合，你必须首先实现过拟合。由于事先并不知道界线在哪里，因此你必须穿过界线才能找到它。在开始处理一个问题时，你的初始目标是构建一个具有一定泛化能力并且能够过拟合的模型。得到这样一个模型之后，你的重点将是通过降低过拟合来提高泛化能力。

在这一阶段，你会遇到以下 3 种常见问题。

- □ 训练不开始：训练损失不随着时间的推移而减小。
- □ 训练开始得很好，但模型没有真正泛化：模型无法超越基于常识的基准。
- □ 训练损失和验证损失都随着时间的推移而减小，模型可以超越基准，但似乎无法过拟合，这表示模型仍然处于欠拟合状态。

我们来看一下如何解决这些问题，从而抵达机器学习项目的第一个重要里程碑：得到一个具有一定泛化能力（可以超越简单的基准）并且能够过拟合的模型。

5.3.1 调节关键的梯度下降参数

有时训练不开始，或者过早停止。损失保持不变。这个问题总是可以解决的——请记住，对随机数据也可以拟合一个模型。即使你的问题毫无意义，也应该可以训练出一个模型，不过模型可能只是记住了训练数据。

出现这种情况时,问题总是出在梯度下降过程的配置:优化器、模型权重初始值的分布、学习率或批量大小。所有这些参数都是相互依赖的,因此,保持其他参数不变,调节学习率和批量大小通常就足够了。

我们来看一个具体的例子:训练第 2 章的 MNIST 模型,但选取一个过大的学习率(取值为 1),如代码清单 5-7 所示。

代码清单 5-7   使用过大的学习率训练 MNIST 模型

```
(train_images, train_labels), _ = mnist.load_data()
train_images = train_images.reshape((60000, 28 * 28))
train_images = train_images.astype("float32") / 255

model = keras.Sequential([
    layers.Dense(512, activation="relu"),
    layers.Dense(10, activation="softmax")
])
model.compile(optimizer=keras.optimizers.RMSprop(1.),
              loss="sparse_categorical_crossentropy",
              metrics=["accuracy"])
model.fit(train_images, train_labels,
          epochs=10,
          batch_size=128,
          validation_split=0.2)
```

这个模型的训练精度和验证精度很快就达到了 30% ~ 40%,但无法超出这个范围。下面我们试着把学习率降低到一个更合理的值 1e-2,如代码清单 5-8 所示。

代码清单 5-8   使用更合理的学习率训练同一个模型

```
model = keras.Sequential([
    layers.Dense(512, activation="relu"),
    layers.Dense(10, activation="softmax")
])
model.compile(optimizer=keras.optimizers.RMSprop(1e-2),
              loss="sparse_categorical_crossentropy",
              metrics=["accuracy"])
model.fit(train_images, train_labels,
          epochs=10,
          batch_size=128,
          validation_split=0.2)
```

现在模型可以正常训练了。

如果你自己的模型出现类似的问题,那么可以尝试以下做法。

❑ 降低或提高学习率。学习率过大,可能会导致权重更新大大超出正常拟合的范围,就像前面的例子一样。学习率过小,则可能导致训练过于缓慢,以至于几乎停止。

❑ 增加批量大小。如果批量包含更多样本,那么梯度将包含更多信息且噪声更少(方差更小)。最终,你会找到一个能够开始训练的配置。

5.3.2 利用更好的架构预设

你有了一个能够拟合的模型，但由于某些原因，验证指标根本没有提高。这些指标一直与随机分类器相同，也就是说，模型虽然能够训练，但并没有泛化能力。这是怎么回事？

这也许是你在机器学习中可能遇到的最糟糕的情况。这表示你的方法**从根本上就是错误的**，而且可能很难判断问题出在哪里。下面给出一些提示。

首先，你使用的输入数据可能没有包含足够的信息来预测目标。也就是说，这个问题是无法解决的。前面我们试图拟合一个标签被打乱的 MNIST 模型，它就属于这种情况：模型可以训练得很好，但验证精度停留在 10%，因为这样的数据集显然是不可能泛化的。

其次，你使用的模型类型可能不适合解决当前问题。你会在第 10 章看到，对于一个时间序列预测问题的示例，密集连接架构的性能无法超越简单的基准，而更加合适的循环架构则能够很好地泛化。模型能够对问题做出正确的假设，这是实现泛化的关键，你应该利用正确的架构预设。

在后续章节中，你将学到针对各种数据模式的最佳架构，这些数据模式包括图像、文本、时间序列等。总体来说，你应该充分调研待解决任务的架构最佳实践，因为你可能不是第一个尝试解决这个任务的人。

5.3.3 提高模型容量

如果你成功得到了一个能够拟合的模型，验证指标正在下降，而且模型似乎具有一定的泛化能力，那么恭喜你：你就快要成功了。接下来，你需要让模型过拟合。

考虑下面这个小模型，如代码清单 5-9 所示。它是在 MNIST 上训练的一个简单的 logistic 回归模型。

代码清单 5-9 在 MNIST 上训练的一个简单的 logistic 回归模型

```
model = keras.Sequential([layers.Dense(10, activation="softmax")])
model.compile(optimizer="rmsprop",
              loss="sparse_categorical_crossentropy",
              metrics=["accuracy"])
history_small_model = model.fit(
    train_images, train_labels,
    epochs=20,
    batch_size=128,
    validation_split=0.2)
```

模型得到的损失曲线如图 5-14 所示。

```
import matplotlib.pyplot as plt
val_loss = history_small_model.history["val_loss"]
epochs = range(1, 21)
plt.plot(epochs, val_loss, "b--",
         label="Validation loss")
plt.title("Effect of insufficient model capacity on validation loss")
```

```
plt.xlabel("Epochs")
plt.ylabel("Loss")
plt.legend()
```

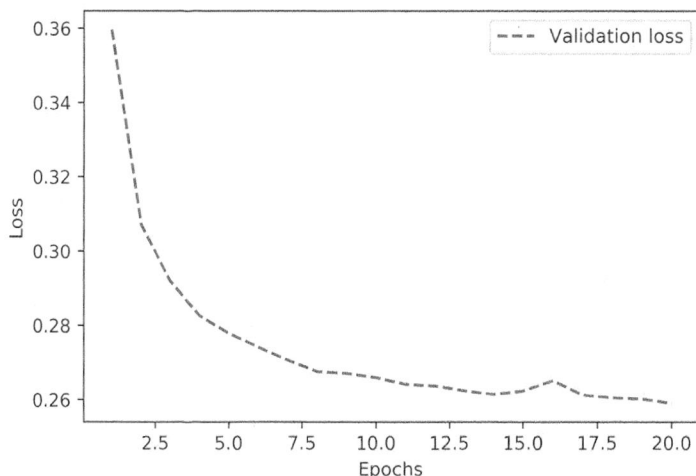

图 5-14　模型容量不足对损失曲线的影响

　　验证指标似乎保持不变，或者改进得非常缓慢，而不是达到峰值后扭转方向。验证损失达到了 0.26，然后就保持不变。你可以拟合模型，但无法实现过拟合，即使在训练数据上多次迭代之后也无法实现。在你的职业生涯中，你可能会经常遇到类似的曲线。

　　请记住，任何情况下应该都可以实现过拟合。与训练损失不下降的问题一样，这个问题也总是可以解决的。如果无法实现过拟合，可能是因为模型的**表示能力**（representational power）存在问题：你需要一个**容量**（capacity）更大的模型，也就是一个能够存储更多信息的模型。若要提高模型的表示能力，你可以添加更多的层、使用更大的层（拥有更多参数的层），或者使用更适合当前问题的层类型（也就是更好的架构预设）。

　　我们尝试训练一个更大的模型，它有两个中间层，每层有 96 个单元。

```
model = keras.Sequential([
    layers.Dense(96, activation="relu"),
    layers.Dense(96, activation="relu"),
    layers.Dense(10, activation="softmax"),
])
model.compile(optimizer="rmsprop",
              loss="sparse_categorical_crossentropy",
              metrics=["accuracy"])
history_large_model = model.fit(
    train_images, train_labels,
    epochs=20,
    batch_size=128,
    validation_split=0.2)
```

现在验证曲线看起来正是它应有的样子：模型很快拟合，并在8轮之后开始过拟合，如图5-15所示。

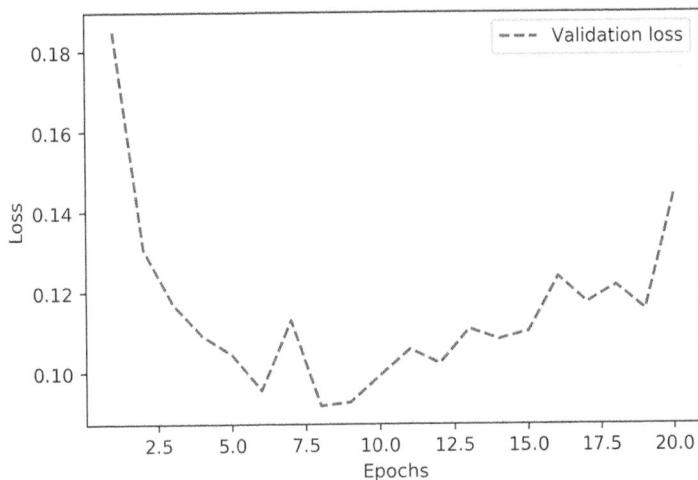

图 5-15 容量适当的模型的验证损失

5.4 提高泛化能力

你的模型表现出一定的泛化能力，并且能够过拟合，接下来应该专注于将泛化能力最大化。

5.4.1 数据集管理

你已经知道，深度学习的泛化来源于数据的潜在结构。如果你的数据允许在样本之间进行平滑插值，你就可以训练出一个具有泛化能力的深度学习模型。如果你的数据过于嘈杂或者本质上是离散的，比如列表排序问题，那么深度学习将无法帮助你解决这类问题。深度学习是曲线拟合，而不是魔法。

因此，你必须确保使用适当的数据集。在收集数据上花费更多的精力和金钱，几乎总是比在开发更好的模型上花费同样的精力和金钱产生更大的投资回报。

- ❑ 确保拥有足够的数据。请记住，你需要对输入-输出空间进行**密集采样**。利用更多的数据可以得到更好的模型。有时，一开始看起来无法解决的问题，在拥有更大的数据集之后就能得到解决。
- ❑ 尽量减少标签错误。将输入可视化，以检查异常样本并核查标签。
- ❑ 清理数据并处理缺失值（第6章将详述）。
- ❑ 如果有很多特征，而你不确定哪些特征是真正有用的，那么需要进行特征选择。

提高数据泛化潜力的一个特别重要的方法就是**特征工程**（feature engineering）。对于大多数机器学习问题，特征工程是成功的关键因素。

5.4.2 特征工程

特征工程是指将数据输入模型之前，利用你自己关于数据和机器学习算法（这里指神经网络）的知识对数据进行硬编码的变换（这种变换不是模型学到的），以改善算法的效果。在多数情况下，机器学习模型无法从完全随意的数据中进行学习。呈现给模型的数据应该便于模型进行学习。

我们来看一个直观的例子。假设你想开发一个模型，输入一张时钟图像，模型就可以输出对应的时间，如图 5-16 所示。

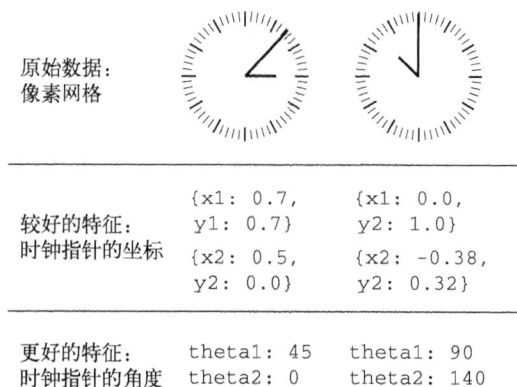

原始数据: 像素网格		
较好的特征: 时钟指针的坐标	{x1: 0.7, y1: 0.7} {x2: 0.5, y2: 0.0}	{x1: 0.0, y2: 1.0} {x2: -0.38, y2: 0.32}
更好的特征: 时钟指针的角度	theta1: 45 theta2: 0	theta1: 90 theta2: 140

图 5-16　根据时钟图像读取时间的特征工程

如果选择使用图像的原始像素作为输入数据，那么这个机器学习问题解决起来会非常困难。你需要用卷积神经网络来解决，而且还需要耗费大量计算资源来训练这个网络。

但如果你从更高的层次理解了这个问题（你知道人们如何读取时钟显示的时间），就可以为机器学习算法找到更好的输入特征，比如你可以编写 5 行 Python 脚本，找到时钟指针对应的黑色像素并输出每个指针顶端的 (x, y) 坐标，这很简单。这样一个简单的机器学习算法就可以学会这些坐标与时间的对应关系。

你还可以进一步思考：利用坐标变换，将 (x, y) 坐标转换为相对于图像中心的极坐标。输入变成了每个时钟指针的角度 theta。这个特征让问题变得非常简单，无须使用机器学习算法，简单的舍入运算和字典查找就足以给出大致时间。

这就是特征工程的本质：用更简单的方式表述问题，从而使问题更容易解决。特征工程可以让潜在流形变得更平滑、更简单、更有条理。特征工程通常需要深入理解问题。

在深度学习出现之前，特征工程曾经是机器学习工作流程中最重要的部分，因为经典的浅层算法没有足够丰富的假设空间来自主学习有用的表示。将数据呈现给算法的方式对成功解决问题至关重要。举例来说，在卷积神经网络成功解决 MNIST 数字分类问题之前，这个问题的解决方法通常是基于硬编码的特征，比如数字图像中的圆圈个数、图像中的数字高度、像素值的直方图等。

幸运的是，对于现代深度学习，大多数特征工程是不需要做的，因为神经网络能够从原始数据中自动提取有用的特征。这是否意味着，只要使用深度神经网络，就无须担心特征工程呢？并非如此，原因有以下两点。

- 良好的特征仍然有助于更优雅地解决问题，同时使用更少的资源。例如，使用卷积神经网络解决读取时钟问题是非常可笑的。
- 良好的特征可以用更少的数据解决问题。深度学习模型自主学习特征的能力依赖于拥有大量的训练数据。如果只有很少的样本，那么特征的信息价值就变得非常重要。

5.4.3 提前终止

在深度学习中，我们总是使用过度参数化的模型：模型自由度远远超过拟合数据潜在流形所需的最小自由度。这种过度参数化并不是问题，因为**永远不会完全拟合一个深度学习模型**。这样的拟合根本没有泛化能力。你总是在达到最小训练损失之前很久就会中断训练。

在训练过程中找到最佳泛化的拟合，即欠拟合曲线和过拟合曲线之间的确切界线，是提高泛化能力的最有效的方法之一。

在第 4 章的例子中，我们首先让模型训练时间比需要的时间更长，以确定最佳验证指标对应的轮数，然后重新训练一个新模型，正好训练这个轮数。这是很标准的做法，但需要做一些冗余工作，有时代价很高。当然，你也可以在每轮结束时保存模型，一旦找到了最佳轮数，就重新使用最近一次保存的模型。在 Keras 中，我们通常使用 EarlyStopping 回调函数来实现这一点，它会在验证指标停止改善时立即中断训练，同时记录最佳模型状态。你将在第 7 章中学习如何使用回调函数。

5.4.4 模型正则化

正则化方法是一组最佳实践，可以主动降低模型完美拟合训练数据的能力，其目的是提高模型的验证性能。它之所以被称为模型的"正则化"，是因为它通常使模型变得更简单、更"规则"，曲线更平滑、更"通用"。因此，模型对训练集的针对性更弱，能够更好地近似数据的潜在流形，从而具有更强的泛化能力。

请记住，模型正则化过程应该始终由一个准确的评估方法来引导。只有能够衡量泛化，你才能实现泛化。

我们来具体了解几种最常用的正则化方法，并将其实际应用于改进第 4 章的影评分类模型。

1. 缩减模型容量

你已经知道，一个太小的模型不会过拟合。降低过拟合最简单的方法，就是缩减模型容量，即减少模型中可学习参数的个数（这由层数和每层单元个数决定）。如果模型的记忆资源有限，它就不能简单地记住训练数据；为了让损失最小化，它必须学会对目标有预测能力的压缩表示，这也正是我们感兴趣的数据表示。同时请记住，你的模型应该具有足够多的参数，以防欠拟合，即模型应避免记忆资源不足。在**容量过大**和**容量不足**之间，要找到一个平衡点。

不幸的是，没有一个魔法公式能够确定最佳层数或每层的最佳大小。你必须评估一系列不同的模型架构（当然是在验证集上评估，而不是测试集），以便为数据找到最佳的模型规模。要确定合适的模型规模，一般的工作流程是开始时选择相对较少的层和参数，然后逐渐增加层的大小或添加新层，直到这种增加对验证损失的影响变得很小。

我们在影评分类模型上试一下。初始模型如代码清单 5-10 所示。

代码清单 5-10　初始模型

```python
from tensorflow.keras.datasets import imdb
(train_data, train_labels), _ = imdb.load_data(num_words=10000)

def vectorize_sequences(sequences, dimension=10000):
    results = np.zeros((len(sequences), dimension))
    for i, sequence in enumerate(sequences):
        results[i, sequence] = 1.
    return results
train_data = vectorize_sequences(train_data)

model = keras.Sequential([
    layers.Dense(16, activation="relu"),
    layers.Dense(16, activation="relu"),
    layers.Dense(1, activation="sigmoid")
])
model.compile(optimizer="rmsprop",
              loss="binary_crossentropy",
              metrics=["accuracy"])
history_original = model.fit(train_data, train_labels,
                             epochs=20, batch_size=512, validation_split=0.4)
```

现在我们尝试用较小的模型来代替它，如代码清单 5-11 所示。

代码清单 5-11　容量更小的模型

```python
model = keras.Sequential([
    layers.Dense(4, activation="relu"),
    layers.Dense(4, activation="relu"),
    layers.Dense(1, activation="sigmoid")
])
model.compile(optimizer="rmsprop",
              loss="binary_crossentropy",
              metrics=["accuracy"])
history_smaller_model = model.fit(
    train_data, train_labels,
    epochs=20, batch_size=512, validation_split=0.4)
```

图 5-17 对比了初始模型与较小模型的验证损失。

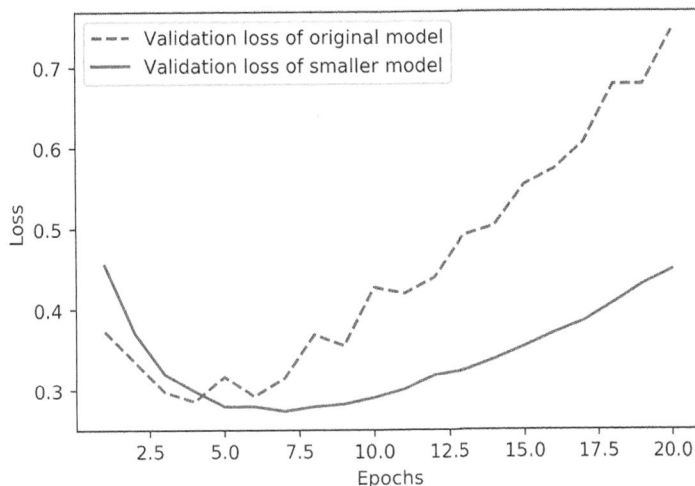

图 5-17　对于影评分类问题，初始模型与较小模型的对比

如图 5-17 所示，较小模型开始过拟合的时间要晚于初始模型（前者 6 轮后开始过拟合，而后者 4 轮后就开始过拟合），而且开始过拟合之后，它的性能下降速度也更慢。

如代码清单 5-12 所示，我们现在添加一个容量更大的模型——其容量远大于问题所需。虽然过度参数化的模型很常见，但肯定会有这样一种情况：模型的记忆容量过大。如果模型立刻开始过拟合，而且它的验证损失曲线看起来很不稳定、方差很大，你就知道模型容量过大了（不过验证指标不稳定的原因也可能是验证过程不可靠，比如验证集太小）。

代码清单 5-12　容量更大的模型

```
model = keras.Sequential([
    layers.Dense(512, activation="relu"),
    layers.Dense(512, activation="relu"),
    layers.Dense(1, activation="sigmoid")
])
model.compile(optimizer="rmsprop",
              loss="binary_crossentropy",
              metrics=["accuracy"])
history_larger_model = model.fit(
    train_data, train_labels,
    epochs=20, batch_size=512, validation_split=0.4)
```

图 5-18 给出了较大模型与初始模型的性能对比。

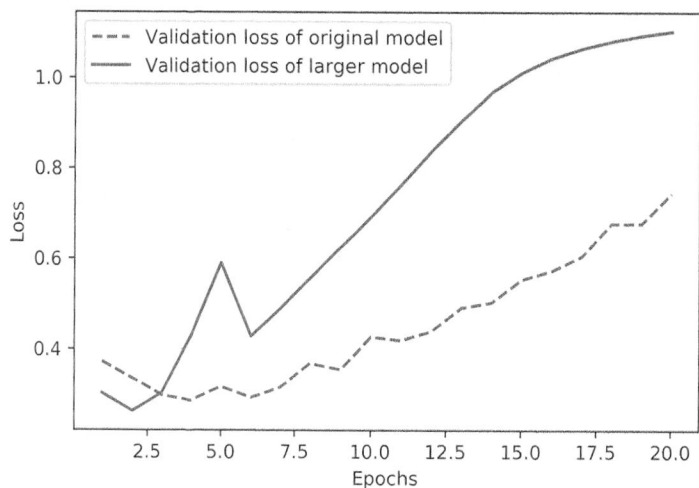

图 5-18　对于影评分类问题，初始模型与较大模型的对比

仅仅过了一轮，较大模型几乎立即开始过拟合，而且过拟合程度要严重得多。它的验证损失波动更大。此外，它的训练损失很快就接近于零。模型的容量越大，它拟合训练数据的速度就越快（得到很小的训练损失），但也更容易过拟合（导致训练损失和验证损失有很大差异）。

2. 添加权重正则化

你可能知道奥卡姆剃刀原理：如果一件事有两种解释，那么最可能正确的解释就是更简单的那种，即假设更少的那种。这个原理也适用于神经网络学到的模型：给定训练数据和网络架构，多组权重值（多个模型）都可以解释这些数据。简单模型比复杂模型更不容易过拟合。

这里的**简单模型**是指参数值分布的熵更小的模型（或参数更少的模型，比如上一节中的例子）。因此，降低过拟合的一种常见方法就是强制让模型权重只能取较小的值，从而限制模型的复杂度，这使得权重值的分布更加规则。这种方法叫作**权重正则化**（weight regularization），其实现方法是向模型损失函数中添加与较大权重值相关的**成本**（cost）。这种成本有两种形式。

- **L1 正则化**：添加的成本与**权重系数的绝对值**（权重的 L1 范数）成正比。
- **L2 正则化**：添加的成本与**权重系数的平方**（权重的 L2 范数）成正比。神经网络的 L2 正则化也叫作**权重衰减**（weight decay）。不要被不同的名称迷惑，权重衰减与 L2 正则化在数学上是完全相同的。

在 Keras 中，添加权重正则化的方法是向层中传入**权重正则化项实例**（weight regularizer instance）作为关键字参数。下面我们向最初的影评分类模型中添加 L2 权重正则化，如代码清单 5-13 所示。

代码清单 5-13　向模型中添加 L2 权重正则化

```
from tensorflow.keras import regularizers
model = keras.Sequential([
    layers.Dense(16,
```

```
            kernel_regularizer=regularizers.l2(0.002),
            activation="relu"),
    layers.Dense(16,
            kernel_regularizer=regularizers.l2(0.002),
            activation="relu"),
    layers.Dense(1, activation="sigmoid")
])
model.compile(optimizer="rmsprop",
            loss="binary_crossentropy",
            metrics=["accuracy"])
history_l2_reg = model.fit(
    train_data, train_labels,
    epochs=20, batch_size=512, validation_split=0.4)
```

在代码清单 5-13 中，l2(0.002) 的含义是该层权重矩阵的每个系数都会使模型总损失值增加 0.002 * `weight_coefficient_value ** 2`[①]。注意，因为**只在训练时添加这个惩罚项**，所以该模型的训练损失会比测试损失大很多。

图 5-19 展示了 L2 正则化惩罚项的影响。如你所见，虽然两个模型的参数个数相同，但具有 L2 正则化的模型比初始模型更不容易过拟合。

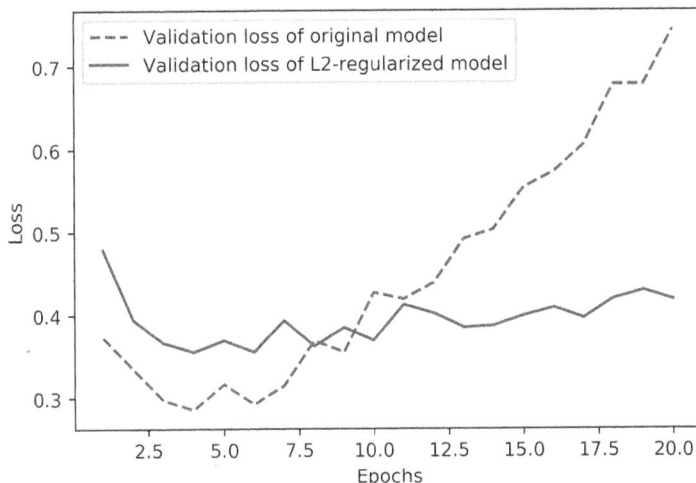

图 5-19　L2 权重正则化对验证损失的影响

你还可以用 Keras 的权重正则化项来代替 L2 正则化项，如代码清单 5-14 所示。

代码清单 5-14　Keras 中不同的权重正则化项

```
from tensorflow.keras import regularizers       L1 正则化
regularizers.l1(0.001)
regularizers.l1_l2(l1=0.001, l2=0.001)           同时做 L1 正则化和 L2 正则化
```

---

① 这里 `weight_coefficient_value` 指的就是该层权重矩阵每个系数的值。——译者注

请注意，权重正则化更常用于较小的深度学习模型。大型深度学习模型往往是过度参数化的，限制权重值大小对模型容量和泛化能力没有太大影响。在这种情况下，应首选另一种正则化方法：dropout。

3. 添加 dropout

dropout 是神经网络最常用且最有效的正则化方法之一，它由多伦多大学的 Geoffrey Hinton 和他的学生开发。对某一层使用 dropout，就是在训练过程中随机**舍弃**该层的一些输出特征（将其设为 0）。比方说，某一层在训练过程中对给定输入样本的返回值应该是向量 [0.2, 0.5, 1.3, 0.8, 1.1]。使用 dropout 之后，这个向量会有随机几个元素变为 0，比如变为 [0, 0.5, 1.3, 0, 1.1]。**dropout 比率**（dropout rate）是指被设为 0 的特征所占的比例，它通常介于 0.2 ~ 0.5。测试时没有单元被舍弃，相应地，该层的输出值需要按 dropout 比率缩小，因为这时比训练时有更多的单元被激活，需要加以平衡。

考虑一个包含某层输出的 NumPy 矩阵 layer_output，其形状为 (batch_size, features)。训练时，我们随机将矩阵中的一些值设为 0。

```
layer_output *= np.random.randint(0, high=2, size=layer_output.shape)    ←
```
训练时，将 50% 的输出单元设为 0

测试时，我们将输出按 dropout 比率缩小。这里我们乘以 0.5（因为训练时舍弃了一半的单元）。

```
layer_output *= 0.5          ←———— 测试时
```

注意，为实现这一过程，还可以在训练的同时完成两个运算，而测试时保持输出不变。这也是实践中常用的实现方法，如图 5-20 所示。

```
layer_output *= np.random.randint(0, high=2, size=layer_output.shape)   ← 训练时
layer_output /= 0.5
```
注意，这里是按比例放大，而不是按比例缩小

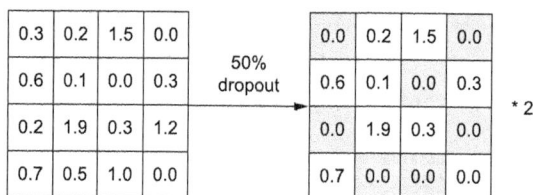

图 5-20　训练时对激活矩阵使用 dropout，并在训练时按比例放大。测试时激活矩阵保持不变

这一方法可能看起来有些奇怪和随意。为什么它能够降低过拟合？ Hinton 说他的灵感之一来自于银行的防欺诈机制。用他自己的话来说："我去银行，柜员不停地换人，我问其中一人这是为什么。他说他不知道，但他们经常换来换去。我想这一定是因为银行职员要想成功欺诈银行，他们之间要合作才行。这让我意识到，随机删除每个样本的一部分神经元，可以阻止'阴谋'，

从而降低过拟合。" dropout 的核心思想是在层的输出值中引入噪声，打破不重要的偶然模式（也就是 Hinton 所说的"阴谋"）。如果没有噪声，那么神经网络将记住这些偶然模式。

在 Keras 中，你可以通过 Dropout 层向模型中引入 dropout。dropout 将被应用于前一层的输出。下面我们向 IMDB 模型中添加两个 Dropout 层，看看它降低过拟合的效果如何，如代码清单 5-15 所示。

代码清单 5-15 向 IMDB 模型中添加 dropout

```
model = keras.Sequential([
    layers.Dense(16, activation="relu"),
    layers.Dropout(0.5),
    layers.Dense(16, activation="relu"),
    layers.Dropout(0.5),
    layers.Dense(1, activation="sigmoid")
])
model.compile(optimizer="rmsprop",
              loss="binary_crossentropy",
              metrics=["accuracy"])
history_dropout = model.fit(
    train_data, train_labels,
    epochs=20, batch_size=512, validation_split=0.4)
```

图 5-21 展示了结果。dropout 的效果比初始模型有了明显改善，似乎比 L2 正则化的效果也要好得多，因为最小验证损失值变得更小。

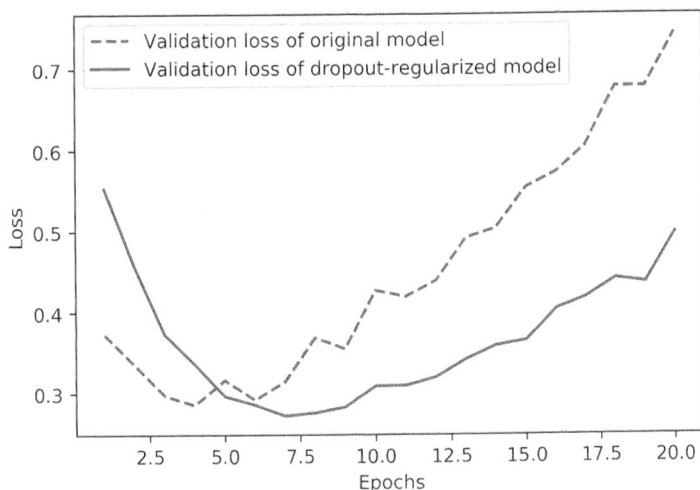

图 5-21 dropout 对验证损失的影响

总结一下，要想将神经网络的泛化能力最大化，并防止过拟合，最常用的方法如下所述。

❑ 获取更多或更好的训练数据。

❑ 找到更好的特征。

❑ 缩减模型容量。

❑ 添加权重正则化（用于较小的模型）。

❑ 添加 dropout。

5.5 本章总结

❑ 机器学习模型的目的在于**泛化**，即在前所未见的输入上表现良好。这看起来不难，但实现起来很难。

❑ 深度神经网络实现泛化的方式是：学习一个参数化模型，这个模型可以成功地在训练样本之间进行**插值**——这样的模型学会了训练数据的"潜在流形"。这就是为什么深度学习模型只能理解与训练数据非常接近的输入。

❑ 机器学习的根本问题是**优化与泛化之间的矛盾**：为了实现泛化，你必须首先实现对训练数据的良好拟合，但改进模型对训练数据的拟合，在一段时间之后将不可避免地降低泛化能力。深度学习的所有最佳实践都旨在解决这一矛盾。

❑ 深度学习模型的泛化能力来自于这样一个事实：模型努力逼近数据的潜在流形，从而通过插值来理解新的输入。

❑ 在开发模型时，能够准确评估模型的泛化能力是非常重要的。你可以使用多种评估方法，包括简单的留出验证、K 折交叉验证，以及带有打乱数据的重复 K 折交叉验证。请记住，要始终保留一个完全独立的测试集用于最终的模型评估，因为可能已经发生了从验证数据到模型的信息泄露。

❑ 开始构建模型时，你的目标首先是实现一个具有一定泛化能力并且能够过拟合的模型。要做到这一点，最佳做法包括调整学习率和批量大小、利用更好的架构预设、增加模型容量或者仅仅延长训练时间。

❑ 模型开始过拟合之后，你的目标将转为利用**模型正则化**来提高泛化能力。你可以缩减模型容量、添加 dropout 或权重正则化，以及使用 EarlyStopping。当然，要想提高模型的泛化能力，首选方法始终是收集更大或更好的数据集。

第6章

机器学习的通用工作流程

6

本章包括以下内容:
- ❑ 如何定义一个机器学习问题
- ❑ 如何开发一个工作模型
- ❑ 如何在生产环境中部署和维护模型

在前文的示例中,我们假设已经拥有了一个标记好的数据集,可以立即开始训练模型。但是,现实世界中的情况往往并非如此。你不是从一个数据集着手,而是从一个问题开始。

假设你要开办一家机器学习咨询公司。你注册了公司,建立了一个精美的网站,并将消息发布在社交网络上。如下所述的项目开始蜂拥而至。

- ❑ 用于图片共享社交网站的个性化图片搜索引擎。无须任何手动标记,输入"婚礼"就能检索到你在婚礼上拍摄的所有照片。
- ❑ 对于一个新的聊天应用程序,在留言中标记出垃圾信息和攻击性内容。
- ❑ 为互联网电台用户构建一个音乐推荐系统。
- ❑ 为电子商务网站检测信用卡欺诈。
- ❑ 预测展示广告的点击率,以确定在特定时间向特定用户投放哪条广告。
- ❑ 在饼干生产线的传送带上标记异常饼干。
- ❑ 利用卫星图像来预测未知考古遗址的位置。

关于道德的说明

有时你可能会遇到一些不合道德的可疑项目,比如"构建一个人工智能项目,根据一个人的面部照片来评价他的可信度"。首先,这个项目的有效性是值得怀疑的,我们尚不清楚人脸能否反映可信度。其次,这样的任务可能会引发各种道德问题。为这项任务收集数据集,相当于记录给图片打标签的人的偏见与成见。在这种数据上训练模型,只会将这些偏见编码到一个黑盒算法中,为其披上合法的外衣。在大多数人不太懂技术的这样一个社会里,"人工智能算法说这个人不可信"似乎比"张三说这个人不可信"更有分量、更客观。这很奇怪,尽管前者是通过对后者学习得到的近似结果。这个模型利用人类心理的阴暗面并将其"洗白",给现实生活带来负面影响。

技术从来都不是中立的。如果你的工作对世界有影响，那么这种影响就会有一个道德方向：技术选择同时也是道德选择。请一定要慎重思考，你希望你的工作支持哪种价值观。

如果能够从 keras.datasets 中导入正确的数据集，并开始拟合一些深度学习模型，那是非常方便的。不幸的是，在现实世界中，你必须从头开始。

本章将逐步给出一份通用指南，你可以用它来处理和解决任何机器学习问题，比如上面列出的那些问题。这份指南将汇总你在第 4 章和第 5 章学到的全部内容，并提供更多的背景信息，有助于你学习后续章节的内容。

机器学习的通用工作流程大致分为以下 3 步。

(1) **定义任务**。了解问题所属领域和客户需求背后的业务逻辑。收集数据集，理解数据所代表的含义，并选择衡量任务成功的指标。

(2) **开发模型**。准备数据，使其可以被机器学习模型处理。选择模型评估方法，并确定一个简单基准（模型应能够超越这个基准）。训练第一个具有泛化能力并且能够过拟合的模型，然后对模型进行正则化并不断调节，直到获得最佳泛化性能。

(3) **部署模型**。将工作展示给利益相关者，将模型部署到 Web 服务器、移动应用程序、网页或嵌入式设备上，监控模型在真实环境中的性能，并开始收集构建下一代模型所需的数据。

下面详细介绍每一个步骤。

6.1　定义任务

只有深入了解所做事情的背景，你才能将工作做好。你的客户为什么要解决某个问题？他们能够从解决方案中获得什么价值——你的模型将被如何使用，模型又将如何融入客户的业务流程？什么样的数据是可用的，或是可收集的？哪种类型的机器学习任务与业务问题相关？

6.1.1　定义问题

定义一个机器学习问题，通常需要与利益相关者进行多次详细讨论。你应该关注以下问题。

❑ 你的输入数据是什么？你要预测什么？只有拥有可用的训练数据，你才能学习预测某件事情。举个例子，只有拥有可用的影评和情感标注，你才能学习对影评进行情感分类。因此，数据可用性通常是这一阶段的限制因素。在多数情况下，你需要自己收集和标注新的数据集（详见 6.1.2 节）。

❑ 你面对的是什么类型的机器学习任务？是二分类问题、多分类问题、标量回归问题、向量回归问题，还是多分类、多标签问题？是图像分割问题、排序问题，还是聚类、生成式学习或强化学习等其他问题？在某些情况下，机器学习甚至可能不是理解数据的最佳方式，你应该使用其他方法，比如传统的统计分析方法。

- 图片搜索引擎项目是一项多分类、多标签的分类任务。
- 垃圾信息检测项目是一项二分类任务。如果将"攻击性内容"划为一个单独的类别，则它是一项三分类任务。
- 事实证明，对于音乐推荐引擎来说，矩阵分解（协同过滤）比深度学习的效果更好。
- 信用卡欺诈检测项目是一项二分类任务。
- 点击率预测项目是一项标量回归任务。
- 异常饼干检测项目是一项二分类任务。但这个任务前期还需要一个目标检测模型，以便从原始图像中正确裁剪出饼干图像。请注意，被称为"异常检测"的机器学习方法并不适用于此任务。
- 从卫星图像中寻找新的考古遗址，这是一项图像相似度排序任务。你需要检索新图像，找出那些与已知考古遗址最相似的图像。

☐ 现有的解决方案是什么？或许你的客户已经拥有一个人工编写的算法来过滤垃圾信息或检测信用卡欺诈，其中包含很多嵌套的 if 语句。或许目前有人在手动处理以下流程：监控饼干厂的传送带并手动移除异常饼干，或者创建歌曲推荐播放列表并发送给喜欢特定艺术家的用户。你应该知道目前在用的有哪些系统，以及它们是如何工作的。

☐ 你是否需要处理一些特殊的限制？比如你正在为一个应用程序构建垃圾信息检测系统，而这个应用程序是严格端到端加密的，垃圾信息检测模型需要部署在最终用户的手机上，并且需要在外部数据集上进行训练。饼干过滤模型也许会有延迟限制，因此需要在工厂的嵌入式设备上运行，而不是在远程服务器上运行。你应该全面地了解工作背景。

完成对上述问题的调研之后，你应该已经知道你的输入是什么、你的目标是什么，以及这个问题与哪一类机器学习任务相关。要注意你在这一阶段所做的假设。

☐ 假设可以根据输入对目标进行预测。

☐ 假设现有数据（或后续收集的数据）所包含的信息足以用来学习输入和目标之间的关系。

在开发出工作模型之前，这些只是假设，等待验证真假。并不是所有问题都可以用机器学习方法来解决。你收集了包含输入 X 和目标 Y 的许多示例，并不意味着 X 包含足够多的信息来预测 Y。举个例子，如果你想根据某只股票近期历史价格来预测其价格走势，那么不太可能会成功，因为历史价格中没有包含很多可用于预测的信息。

6.1.2 收集数据集

你已经了解任务的性质，并且知道输入和目标分别是什么，下面就该收集数据了——对于大部分机器学习项目而言，这一步是最费力、最费时、最费钱的。

☐ 对于图片搜索引擎项目，你首先需要选择分类标签集，比如 10 000 个常见图像类别。然后，你需要根据这个标签集手动标记用户上传的数十万张图片。

☐ 对于聊天应用程序的垃圾信息检测项目，因为用户的聊天内容是端到端加密的，所以你无法使用聊天内容来训练模型。你需要获取一个单独的数据集，其中包含上万条未经过滤的社交媒体信息，然后手动将其标记为垃圾信息、攻击性信息或正常信息。

❑ 对于音乐推荐引擎，你可以直接使用用户的"点赞"数据，无须收集新数据。同样，对
于点击率预测项目也是如此，你拥有过去几年里大量的广告点击率记录。

    ❑ 对于饼干标记模型，你需要在传送带上方安装摄像头，收集数万张图像，然后需要有人
手动标记这些图像。知道如何标记的人目前都在饼干厂上班，但这似乎并不难。你应该
能够培训人们来完成这件事。

    ❑ 对于卫星图像项目，需要一个由考古学家组成的团队来收集一个数据库，其中包含他们
感兴趣的遗址，并且对于每个遗址，都需要找到在不同天气条件下拍摄的卫星图像。为
了得到一个好的模型，你需要上千个考古遗址的信息。

    第 5 章讲过，模型的泛化能力几乎完全来自训练数据的属性，即数据点的数量、标签的可靠
性以及特征的质量。好的数据集是一种值得关注和投资的资产。如果你在一个项目上额外多出 50
小时可用的时间，那么最有效的时间分配方式可能是收集更多的数据，而不是尝试逐步改进模型。

    数据比算法更重要，这一著名观点由谷歌研究人员 2009 年发表的题为"数据不可思议的有
效性"的文章提出——这个标题意在致敬 Eugene Wigner 于 1960 年发表的著名文章"数学在自
然科学中不可思议的有效性"。这篇文章发表于深度学习流行之前，但值得注意的是，深度学习
的兴起让数据变得更加重要。

    如果你做的是监督学习，那么收集完输入数据（比如图像）之后，你还需要这些输入数据
的**标注**（比如图像的标签），也就是训练模型要预测的目标。有时可以自动获取标注，比如音乐
推荐任务或点击率预测任务，但通常需要人工标注数据。这一过程的工作量很大。

1. 投资数据标注基础设施

    数据标注过程将决定目标的质量，进而决定模型的质量。你需要仔细考虑以下问题。

❑ 是否应该自己对数据进行标注？

❑ 是否应该使用类似 Mechanical Turk 这样的众包平台来收集标签？

❑ 是否应该使用专业数据标注公司的服务？

    外包可能会节约时间和金钱，但会夺走你的控制权。使用类似 Mechanical Turk 这样的平台
可能比较便宜，而且可以很好地扩展内容，但最终的标注可能会包含很多噪声。

    要选定最佳方案，你需要考虑所面临的限制。

❑ 数据标注人员是否需要是该领域的专家，还是说任何人都可以对数据进行标注？对于猫
狗图像分类问题的标签，任何人都可以标注；但对于犬种分类任务的标签，则需要专业
知识。与此相对，对骨折的 CT 图像进行标注，则需要拥有医学学位。

❑ 如果数据标注需要专业知识，你能培训人们去做这件事吗？如果不能，你如何能够接触
到相关专家？

❑ 你自己是否理解专家是如何进行标注的？如果不理解，你将不得不把数据集看作黑盒子，
无法手动进行特征工程——这并不那么重要，但可能会造成一定的局限性。

    如果你决定在公司内部对数据进行标注，那么你需要确定使用什么软件来记录标注。你可
能需要自己开发软件。高效的数据标注软件将为你节省大量时间，所以值得在项目早期对其进
行投资。

2. 谨防非代表性数据

机器学习模型只能理解那些与之前所见相似的输入。因此，用于训练的数据应能**代表**生产数据，这一点至关重要。这应该是所有数据收集工作的基础。

假设你正在开发一款应用程序，用户可以通过上传食物照片来查找这道菜的名称。训练模型使用的图片来自于一个深受美食家喜爱的图片共享社交网站。模型上线后，不断出现用户愤怒的留言：你的应用程序给出的答案，10 次中有 8 次是错的。这是怎么回事？模型在测试集上的精度远超 90%！快速浏览用户上传的数据之后，你发现，用随机的智能手机在随机餐厅拍摄随机菜肴的照片，与训练模型所使用的专业拍摄的、光线充足的、令人垂涎的图片完全不同，也就是说，**你的训练数据不能代表生产数据**。这是一项大错——欢迎来到机器学习苦海。

如果可能的话，直接从模型未来的使用环境中收集数据。一个影评情感分类模型，应该应用于新的 IMDB 影评，而不是 Yelp 的餐厅评论，也不是 Twitter 的状态更新。如果你想对一条推文的情感进行评分，首先需要收集并标注真实推文，这些推文应来自与未来生产环境中的用户类似的用户。如果不能在生产数据上进行训练，那么你需要充分了解训练数据与生产数据有什么不同，并且主动对这些差异做出修正。

有一个相关现象值得了解，那就是**概念漂移**（concept drift）。你在几乎所有现实世界问题中都会遇到概念漂移，特别是那些需要处理用户生成数据的问题。如果生产数据的属性会随时间发生变化，那么就会出现概念漂移，从而导致模型精度逐渐下降。一个在 2013 年训练的音乐推荐引擎，放到今天可能不会很有效。同样，我们使用的 IMDB 数据集是在 2011 年收集的，我们用它训练了一个模型，这个模型在 2020 年影评上的性能很可能不如在 2012 年影评上的性能，因为词汇、表达和电影类型都在随着时间的推移而演变。对于信用卡欺诈检测这样的对抗性问题，概念漂移尤为严重，因为欺诈模式几乎每天都在变化。要解决快速的概念漂移，需要持续不断地进行数据收集、数据标注和模型再训练。

请记住，机器学习只能用来记忆训练数据中存在的模式。你只能识别出曾经见过的事物。在过去的数据上训练机器学习模型来预测未来，这里存在一个假设，那就是未来的规律与过去相同。但事实往往并非如此。

抽样偏倚问题

非代表性数据有一个特别隐蔽又特别常见的例子，那就是**抽样偏倚**（sampling bias）。如果你的数据收集过程与你尝试预测的目标之间存在相互影响，就会出现抽样偏倚，从而导致有偏差的结果。一个著名的历史案例发生于 1948 年的美国总统大选。在选举之夜，《芝加哥每日论坛报》头条发布"杜威击败杜鲁门"，如图 6-1 所示。第二天一早，杜鲁门赢得了大选。《芝加哥每日论坛报》的编辑相信了一项电话调查的结果，但 1948 年的电话用户并不是随机的、有代表性的选民样本。他们更可能较为富有且保守，更可能投票给共和党候选人杜威。

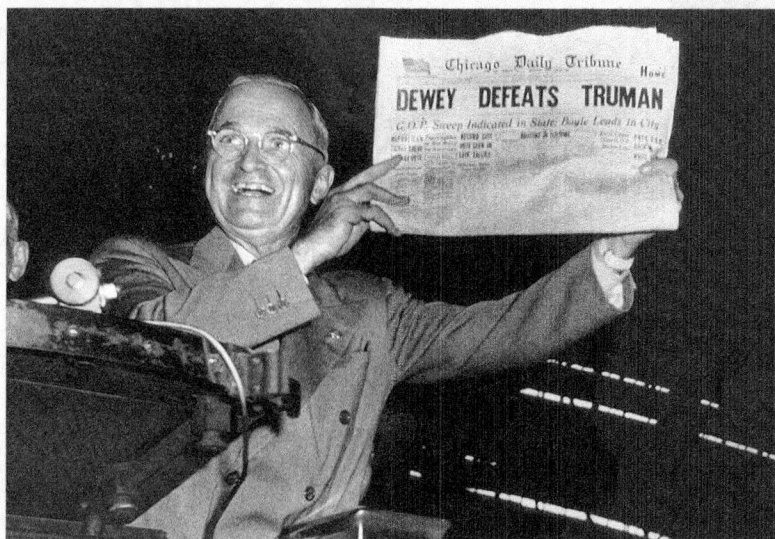

图 6-1 "杜威击败杜鲁门"（DEWEY DEFEATS TRUMAN），抽样偏倚的著名案例

如今，所有的电话调查都会考虑抽样偏倚。这并不意味着抽样偏倚在民意调查中已成为过去时——事实远非如此。但与 1948 年不同，民意调查者已经意识到这一点并采取纠正措施。

6.1.3 理解数据

将数据集看作黑盒子，这是一种非常不好的做法。在开始训练模型之前，你应该探索数据并将其可视化，深入了解数据为何具有预测性，这将为特征工程提供信息并发现潜在问题。

- ❑ 如果数据包含图像或自然语言文本，那么可以直接查看一些样本（及其标签）。
- ❑ 如果数据包含数值特征，那么最好绘制特征的直方图，大致了解特征的取值范围和不同取值的出现频率。
- ❑ 如果数据包括位置信息，那么可以将其绘制在地图上，观察是否出现了任何明显的模式。
- ❑ 一些样本是否有特征值缺失？如果是，那么你需要在准备数据时处理这个问题（我们将在 6.2.1 节介绍如何处理）。
- ❑ 对于分类问题，可以算一下数据中每个类别的样本数。各个类别的比例是否大致相同？如果不是，那么需要考虑这种不平衡。
- ❑ 检查是否存在**目标泄露**（target leaking）：你的数据包含能够提供目标信息的特征，而这些特征在生产环境中可能并不存在。如果你在医疗记录上训练模型，以预测某人未来是否会接受癌症治疗，而医疗记录包含"此人已被诊断出患有癌症"这一特征，那么你的目标就被人为地泄露到数据中。经常问问自己：数据中的每个特征是否都会以相同形式出现在生产环境中？

6.1.4 选择衡量成功的指标

要控制某个事物，你需要能够观察它。要在一个项目上获得成功，你必须首先给出成功的定义：精度、准确率和召回率、还是客户留存率？衡量成功的指标将指引你在整个项目中的所有技术选择。它应该与你的最终目标（如客户的商业成功）保持一致。

对于平衡分类问题（每个类别的比例相同），精度和**受试者操作特征曲线下面积**（area under a receiver operating characteristic curve，缩写为 ROC AUC）是两个常用指标。对于类别不平衡的问题、排序问题和多标签分类问题，你既可以使用准确率和召回率，也可以使用精度或 ROC AUC 的加权形式。自定义的成功衡量指标也很常见。要想了解机器学习的各种成功衡量指标以及这些指标与不同问题领域的关系，你可以浏览 Kaggle 网站上的数据科学竞赛，上面展示了各种各样的问题和评估指标。

6.2 开发模型

你已经知道了如何衡量进展，下面就可以开始开发模型了。大多数教程和研究项目假设这是唯一的步骤——跳过了问题定义和数据收集，假设这两步均已完成；跳过了模型部署和维护，假设这两步都是由别人来处理。事实上，模型开发只是机器学习工作流程中的一个步骤，在我看来，它并不是最难的一步。机器学习中最难的步骤是问题定义、数据收集、数据标注和数据清理。所以请打起精神来，与上一节相比，接下来的内容会很简单。

6.2.1 准备数据

前面说过，深度学习模型通常不会直接读取原始数据。数据预处理的目的是让原始数据更适于用神经网络处理，它包括向量化、规范化和处理缺失值。许多预处理方法是和特定领域相关的（比如针对于文本数据或图像数据），后续章节将介绍这些方法。现在要介绍的是所有数据通用的基本方法。

1. 向量化

神经网络的所有输入和目标通常都必须是浮点数张量（在特定情况下可以是整数张量或字符串张量）。无论你要处理什么数据（无论是声音、图像还是文本），首先都必须将其转换为张量，这一步叫作**数据向量化**（data vectorization）。比如在第 4 章的两个文本分类示例中，开始时文本被表示为整数列表（代表单词序列），我们用 one-hot 编码将其转换为 float32 格式的张量。在手写数字分类和预测房价的示例中，数据已经是向量形式，所以可以跳过这一步。

2. 规范化

在第 2 章的 MNIST 数字分类示例中，开始时图像数据被编码为取值在 0 ~ 255 范围内的整数，代表灰度值。将这一数据输入神经网络之前，我们需要将其转换为 float32 格式并除以 255，这样就得到取值 0 ~ 1 范围内的浮点数。同样，在预测房价的示例中，开始时数据特征有着不同的取值范围，有些特征是较小的浮点数，有些则是相对较大的整数。将这一数据输入神经网络之前，我们需要对每个特征分别做规范化，使其均值为 0、标准差为 1。

一般来说，将取值相对较大的数据（比如多位整数，比神经网络权重的初始值大很多）或异质数据（heterogeneous data，比如数据的一个特征在 0 ~ 1 范围内，另一个特征在 100 ~ 200 范围内）输入神经网络是不安全的。这么做可能导致较大的梯度更新，进而导致神经网络无法收敛。为了让神经网络的学习变得更容易，输入数据应具有以下特征。

❑ **取值较小**：通常情况下，大部分取值应该在 0 ~ 1 范围内。

❑ **同质性**：所有特征的取值应该大致在同一范围内。

此外，下面这种更严格的规范化方法也很常见，而且很有用，不过并非必需（比如在数字分类问题中我们就没有这么做）。

❑ 对每个特征分别规范化，使其均值为 0。

❑ 对每个特征分别规范化，使其标准差为 1。

这对于 NumPy 数组很容易实现。

```
x -= x.mean(axis=0)
x /= x.std(axis=0)
```
假设 x 是一个形状为 (samples, features) 的二维矩阵

3. 处理缺失值

你的数据有时可能会有缺失值。比如在房价预测示例中，第一个特征（数据中索引编号为 0 的列）是人均犯罪率。如果不是所有样本都具有这个特征，那怎么办？这样你的训练数据或测试数据中将有缺失值。

你可以完全舍弃这个特征，但不一定非得这么做。

❑ 如果是分类特征，则可以创建一个新的类别，表示"此值缺失"。模型会自动学习这个新类别对于目标的含义。

❑ 如果是数值特征，应避免输入像 "0" 这样随意的值，因为它可能会在特征形成的潜在空间中造成不连续性，从而让模型更加难以泛化。相反，你可以考虑用数据集中该特征的均值或中位值来代替缺失值。你也可以训练一个模型，给定其他特征的值，预测该特征的值。

请注意，如果测试数据的分类特征有缺失值，而训练数据中没有缺失值，那么神经网络无法学会忽略缺失值。在这种情况下，你应该手动生成一些有缺失值的训练样本：将一些训练样本复制多次，然后舍弃测试数据中可能缺失的某些分类特征。

6.2.2   选择评估方法

第 5 章讲过，模型的目的是实现泛化。在整个模型开发过程中，你所做的每一个建模决定都将以**验证指标**为指导，这些指标的作用是衡量泛化性能。评估方法的目的是准确估计在实际生产数据上的成功衡量指标（如精度）。这一过程的可靠性对于构建一个有用的模型来说至关重要。

第 5 章介绍过三种常用的评估方法。

- **简单的留出验证**：数据量很大时可以采用这种方法。
- **K 折交叉验证**：如果留出验证的样本太少，无法保证可靠性，则应该使用这种方法。
- **重复 K 折交叉验证**：如果可用的数据很少，同时模型评估又需要非常准确，则应该使用这种方法。

从三种方法中选择一种即可。大多数情况下，第一种方法就足以得到很好的效果。不过要始终注意验证集的**代表性**，并注意在训练集和验证集之间不要存在冗余样本。

6.2.3 超越基准

在开始研究模型本身时，你的初始目标是获得**统计功效**（statistical power），正如第 5 章所示：开发一个能够超越简单基准的小模型。

在这一阶段，你应该关注以下三件非常重要的事情。

- **特征工程**。过滤没有信息量的特征（特征选择），并利用你对问题的了解，开发可能有用的新特征。
- **选择正确的架构预设**。你要使用什么类型的模型架构？密集连接网络、卷积神经网络、循环神经网络还是 Transformer？深度学习是不是完成这个任务的好方法，还是说应该使用其他方法？
- **选择足够好的训练配置**。你应该使用什么损失函数？批量大小和学习率分别是多少？

选择正确的损失函数

通常无法直接对成功衡量指标进行优化。有时难以将指标转化为损失函数，因为损失函数需要在只有小批量数据时就是可计算的（理想情况下，只有一个数据点时，损失函数应该也是可计算的），而且还必须是可微的（否则无法用反向传播来训练神经网络）。例如，常用的分类指标 ROC AUC 就不能被直接优化。因此在分类任务中，常见的做法是优化 ROC AUC 的替代指标，比如交叉熵。一般可以认为，交叉熵越小，ROC AUC 就越大。

对于一些常见的问题类型，表 6-1 可以帮你选择最后一层激活函数和损失函数。

表 6-1 为模型正确选择最后一层激活函数和损失函数

问题类型	最后一层激活函数	损失函数
二分类问题	sigmoid	binary_crossentropy
多分类、单标签问题	softmax	categorical_crossentropy
多分类、多标签问题	sigmoid	binary_crossentropy

对于大多数问题，你可以利用已有的模板。你不是第一个尝试构建垃圾信息检测器、音乐推荐引擎或图像分类器的人。一定要调研先前的技术，以确定最有可能在你的任务上表现良好的特征工程方法和模型架构。

请注意，模型不一定总是能够获得统计功效。如果你尝试了多种合理架构之后，仍然无法超越简单基准，那么问题的答案可能并不包含在输入数据中。请记住你所做的两个假设。

□ 假设可以根据输入对输出进行预测。

□ 假设现有数据包含足够多的信息，足以学习输入和输出之间的关系。

这些假设可能是错的，这时你必须重新从头思考解决问题的思路。

6.2.4　扩大模型规模：开发一个过拟合的模型

一旦得到了具有统计功效的模型，问题就变成了：模型是否足够强大？它是否具有足够多的层和参数来对问题进行正确建模？举个例子，一个 logistic 回归模型在 MNIST 问题上具有统计功效，但并不足以很好地解决这个问题。请记住，机器学习中普遍存在的矛盾是优化与泛化之间的矛盾，理想的模型刚好在欠拟合和过拟合的界线上，在容量不足和容量过大的界线上。为了找到这条界线，首先必须越过它。

要知道需要多大的模型，你必须先开发一个过拟合的模型。这很简单，你在第 5 章学过：

(1) 增加层数；

(2) 让每一层变得更大；

(3) 训练更多轮数。

要始终监控训练损失和验证损失，以及你所关心的指标的训练值和验证值。如果你发现模型在验证数据上的性能开始下降，那么就实现了过拟合。

6.2.5　模型正则化与调节超参数

如果模型具有统计功效，并且能够过拟合，你就知道自己走在了正确的道路上。这时你的目标就变成了将泛化性能最大化。

这一步是最费时间的：你需要不断调节模型、训练模型、在验证数据上评估模型（这里不是测试数据）、再次调节模型，然后不断重复这一过程，直到模型达到最佳性能。你应该尝试以下做法。

□ 尝试不同的架构，增加或减少层数。

□ 添加 dropout 正则化。

□ 如果模型很小，则添加 L1 正则化或 L2 正则化。

□ 尝试不同的超参数（比如每层的单元个数或优化器的学习率），以找到最佳配置。

□（可选）反复进行数据收集或特征工程：收集并标注更多的数据；开发更好的特征；删除没有信息量的特征。

利用超参数自动调节软件（如 KerasTuner），可以将大部分工作自动化。第 13 章将介绍这一点。

请注意，每次使用验证过程的反馈来调节模型，都会将验证过程的信息泄露到模型中。如果只重复几次，那么无关紧要；但如果系统性地迭代很多次，最终会导致模型对验证过程过拟合（即使没有在验证数据上直接训练模型）。这会降低评估过程的可靠性。

一旦开发出令人满意的模型配置，你就可以在所有可用数据（训练数据和验证数据）上训练最终的生产模型，然后在测试集上最后评估一次。如果模型在测试集上的性能比在验证数据上差很多，那么这可能意味着你的验证流程不可靠，或者在调节模型参数时在验证数据上出现了过拟合。在这种情况下，你可能需要换用更可靠的评估方法，比如重复 K 折交叉验证。

6.3 部署模型

你的模型已成功通过在测试集上的最终评估，下面可以将其部署到生产环境中。

6.3.1 向利益相关者解释你的工作并设定预期

要取得成功并获得客户的信任，需要持续满足客户的需求或超出他们的预期。交付系统只是完成了一半的工作，另一半是在系统启动前设定适当的预期。

非专业人士对人工智能系统往往抱有不切实际的期望。例如，他们可能期望系统能够"理解"任务，并且能够像人类一样使用常识完成任务。为了解决这个问题，你应该考虑展示模型**失败模式**的一些案例，比如展示一些错误分类的样本，特别是那些错误类别很令人吃惊的样本。

非专业人士可能会期待人工智能系统具有人类水平的表现，特别是那些以前由人工处理的流程。大多数机器学习模型被（不完美地）训练以近似人类生成的标签，所以几乎无法达到人类水平。你应该清楚地传达模型性能预期。举例来说，应该避免使用"模型精度为 98%"这样的抽象表述（大多数人会在头脑中将精度四舍五入为 100%），而应该更多地谈论假阴性率和假阳性率等。你可以说："在这种情况下，欺诈检测模型将有 5% 的假阴性率和 2.5% 的假阳性率。每天平均有 200 笔有效交易被标记为欺诈性交易并被送去人工审查，平均有 14 笔欺诈性交易会被遗漏，平均有 266 笔欺诈性交易会被正确识别。"你应该将模型性能指标与业务目标联系在一起。

你还应该与利益相关者讨论关键启动参数的选择，比如交易应被标记的概率阈值（不同的阈值对应不同的假阴性率和假阳性率）。这些决策需要权衡，只有深入了解业务背景才能处理好。

6.3.2 部署推断模型

你在 Colab 笔记本中保存了训练好的模型之后，机器学习项目并没有结束。你很少会将与训练过程中完全相同的 Python 模型对象投入生产环境中。

首先，你可能想将模型导出到 Python 之外：

❏ 你的生产环境可能不支持 Python，比如移动应用或嵌入式系统；

❏ 如果应用程序的其余部分不是用 Python 编写的（可能是用 JavaScript、C++ 等编写的），那么用 Python 实现模型可能会导致大量开销。

其次，由于生产模型只用于输出预测结果［这一过程叫作**推断**（inference）］，而不用于训练，因此你还可以执行各种优化，提高模型速度并减少内存占用。

我们来快速了解几种可用的模型部署方式。

1. 将模型部署为 REST API

这可能是将模型转化为产品的常用方式：在服务器或云实例上安装 TensorFlow，并通过 REST API 来查询模型预测结果。你既可以使用 Flask（或 Python 的其他 Web 开发库）建立你自己的服务应用程序，也可以使用 TensorFlow 库将模型部署为 API，这叫作 TensorFlow Serving。利用 TensorFlow Serving，你可以在几分钟内部署一个 Keras 模型。

你应该在以下情况下采用这种部署方式。

❑ 使用模型预测结果的应用程序，能够可靠地访问互联网——这是显而易见的。如果你的应用程序是一个移动应用，通过远程 API 提供预测结果，那么该应用程序在飞行模式下或在网络连接较差的环境中则无法使用。

❑ 应用程序没有严格的延迟要求：请求、推断与回答整个过程通常需要 500 毫秒左右。

❑ 为模型推断所发送的输入数据不是高度敏感的：数据需要在服务器上以解密的形式提供，因为它需要被模型读取（但要注意，你应该对 HTTP 请求和响应使用 SSL 加密）。

举例来说，图片搜索引擎项目、音乐推荐系统、信用卡欺诈检测项目和卫星图像项目都很适合通过 REST API 提供服务。

将模型部署为 REST API 时，需要考虑一个重要的问题：你是要自己托管代码，还是要使用完全托管的第三方云服务。例如，利用谷歌的产品 Cloud AI Platform，你只需将 TensorFlow 模型上传到谷歌云存储（GCS），它会为你提供一个 API 端点以供查询。此外，它还会处理许多实际细节，如批量预测、负载均衡和扩展。

2. 在设备上部署模型

有时，你可能需要让模型与使用它的应用程序在同一设备上运行，这个设备可能是智能手机、机器人上的嵌入式 ARM CPU 或微型设备上的微控制器。你可能见过这种照相机，它指向某个场景就可以自动检测其中的人和面孔，这种照相机可能有一个内置运行的小型深度学习模型。

你应该在以下情况下采用这种部署方式。

❑ 模型有严格的延迟限制，或者需要在网络连接较差的环境中运行。如果你正在构建一个沉浸式增强现实应用程序，那么查询远程服务器的做法并不可行。

❑ 模型可以做得足够小，能够在目标设备的内存限制和功率限制下运行。你可以使用 TensorFlow 模型优化工具包（TensorFlow Model Optimization Toolkit）来帮助优化。

❑ 对于你的任务来说，尽可能提高精度并不是最关键的。在运行效率和精度之间总是需要平衡，因此，由于内存和功率方面的限制，你部署的模型通常不如在大型 GPU 上运行的最佳模型那么好。

❑ 输入数据是完全保密的，因此不应在远程服务器上解密。

我们的垃圾信息检测模型作为聊天应用程序的一部分，需要在最终用户的智能手机上运行。由于消息是端到端加密的，因此不能被远程托管的模型读取。同样，异常饼干检测模型有严格的延迟限制，需要在工厂运行。幸运的是，这些例子没有任何功率限制或空间限制，所以实际上我们可以在 GPU 上运行模型。

若要在智能手机或嵌入式设备上部署 Keras 模型,首选方法是使用 TensorFlow Lite。它是一个用于设备端推断的高效深度学习框架,可以在安卓智能手机和 iOS 智能手机、基于 ARM64 架构的计算机、树莓派或某些微控制器上运行。它包含一个转换器,可以将 Keras 模型直接转换为 TensorFlow Lite 格式。

3. 在浏览器中部署模型

深度学习常用于基于浏览器或基于桌面的 JavaScript 应用程序中。虽然通常可以让应用程序通过 REST API 来查询远程模型,但在用户计算机的浏览器中直接运行模型(还可以利用可用的 GPU 资源),会有很大优势。

你应该在以下情况下采用这种部署方式。

- ❑ 你想让最终用户分担计算开销,这可以大大降低服务器成本。
- ❑ 输入数据需要保存在最终用户的计算机或手机上。例如,在我们的垃圾信息检测项目中,Web 版和桌面版的聊天应用程序(用 JavaScript 编写的跨平台应用程序)都应该使用本地运行的模型。
- ❑ 应用程序有严格的延迟限制。虽然在最终用户的笔记本计算机或智能手机上运行的模型可能比在服务器上的大型 GPU 上运行的模型要慢,但你无须额外等待 100 毫秒的网络往返时间。
- ❑ 模型已经下载和缓存后,你的应用程序需要在没有网络连接的情况下能够继续运行。

只有当模型足够小,不会过分占用用户笔记本计算机或智能手机的 CPU、GPU 或内存时,你才应该选择这种部署方式。此外,由于需要将整个模型下载到用户设备上,因此你应该确保模型的任何信息都不需要保密。请注意,对于一个训练好的深度学习模型,通常可以从中恢复一些关于训练数据的信息:如果模型是在敏感数据上训练的,那么最好不要将训练好的模型公开。

要想在 JavaScript 中部署模型,可以使用 TensorFlow 生态系统中的 TensorFlow.js[①]。它是一个用于深度学习的 JavaScript 库,实现了几乎所有 Keras API(它最初开发时的名称就是 WebKeras)以及许多底层的 TensorFlow API。你可以很容易将已保存的 Keras 模型导入 TensorFlow.js,将其作为基于浏览器的 JavaScript 应用程序或桌面 Electron 应用程序的一部分来进行查询。

4. 推断模型优化

部署模型的环境如果对功率和内存有严格限制(智能手机和嵌入式设备),或者应用程序有低延迟的要求,那么对推断模型进行优化尤为重要。将模型导入 TensorFlow.js 或导出为 TensorFlow Lite 格式之前,你应该尝试优化模型。

你可以使用以下两种常用的优化方法。

- ❑ **权重剪枝**(weight pruning)。权重张量中的每个元素对预测结果的贡献并不相同。仅保留那些最重要的参数,可以大大减少模型的参数个数。这种方法减少了模型占用的内存资源和计算资源,而且在性能指标方面的代价很小。你可以决定剪枝的范围,从而控制模型大小与精度之间的平衡。

---

① 若想进一步了解 TensorFlow.js,请参考《JavaScript 深度学习》:ituring.cn/book/2813。——编者注

❑ **权重量化**（weight quantization）。深度学习模型使用单精度浮点（float32）权重进行训练。但是可以将权重量化为 8 位有符号整数（int8），这样得到的推断模型大小只有原始模型的四分之一，但精度仍与原始模型相当。

TensorFlow 生态系统包含一个权重剪枝和量化工具包，它与 Keras API 深度集成。

6.3.3   监控模型在真实环境中的性能

你已经导出了一个推断模型，将其集成到你的应用程序中，并在生产数据上进行了试运行——模型表现与你的预期完全一致。你已经编写了单元测试以及日志记录和状态监控代码，这很好。现在是时候按下红色按钮，将模型部署到生产环境中了。

但这并不是终点。部署完模型之后，你需要继续监控模型行为、模型在新数据上的性能、模型与应用程序其余部分的相互作用，以及模型最终对业务指标的影响。

❑ 部署新的音乐推荐系统后，用户对互联网电台的参与度是上升还是下降？切换到新的点击率预测模型后，平均广告点击率是否有所提高？你可以考虑使用**随机 A/B 测试**，将模型本身的影响与其他变化区分开：一部分样本通过新模型，而另一部分控制样本则使用旧方法。处理足够多的样本之后，二者结果的差异很可能归因于该模型。

❑ 如果可能的话，对模型在生产数据上的预测结果定期进行人工审核。通常可以重复使用与数据标注相同的基础设施：对一部分生产数据进行人工标注，并将新的标注与模型预测结果进行对比。例如，对图片搜索引擎和异常饼干标记系统都应该做这项对比。

❑ 如果无法进行人工审核，你还可以考虑其他评估方法，如用户调查（垃圾信息和攻击性内容标记系统就可以使用这种方法）。

6.3.4   维护模型

最后一点，任何模型都不会永远有效。你已经了解过**概念漂移**：随着时间的推移，生产数据的属性会发生变化，从而逐渐降低模型的性能和适用性。音乐推荐系统的生命周期按周计算。信用卡欺诈检测系统的生命周期则是几天。对于图片搜索引擎来说，生命周期最长是几年。

模型发布之后，你应该立即准备训练下一代模型来取代它。因此，你需要做以下事情。

❑ 关注生产数据的变化。是否出现了新的特征？是否应该扩展标签集或编辑标签集？

❑ 继续收集和标注数据，并随着时间的推移不断改进标注工作流程。你应该特别注意收集那些对当前模型来说似乎很难分类的样本，这些样本最有可能帮助提高性能。

至此，机器学习的通用工作流程就讲完了，有很多内容需要你牢记。要想成为专家，需要时间和经验，但不必担心，你已经比几章前聪明多了。现在你已经了解了全局，即机器学习项目所涉及的整个流程。虽然本书大部分内容侧重于模型开发，但现在你知道，这只是整个工作流程的一部分。一定要始终牢记全局！

6.4　本章总结

- ☐ 上手一个新的机器学习项目时，首先定义要解决的问题。
  - 了解项目的大背景：最终目标是什么，有哪些限制？
  - 收集并标注数据集，确保你对数据有深入了解。
  - 选择衡量成功的指标：你要在验证数据上监控哪些指标？
- ☐ 理解问题并拥有合适的数据集之后，你就可以开发模型了。
  - 准备数据。
  - 选择评估方法：留出验证还是 K 折交叉验证？应该将哪一部分数据用于验证？
  - 实现统计功效：超越简单基准。
  - 扩大模型规模：开发一个过拟合的模型。
  - 根据模型在验证数据上的性能，对模型进行正则化并调节超参数。很多机器学习研究往往只关注这一步，但一定要牢记全局。
- ☐ 模型准备就绪并且在测试数据上表现出良好性能之后，就可以进行部署了。
  - 你首先要为利益相关者设定合理预期。
  - 优化最终的推断模型，并将模型部署到目标环境中，如 Web 服务器、手机、浏览器、嵌入式设备等。
  - 监控模型在生产环境中的性能，并不断收集数据，以便开发下一代模型。

6

第 7 章

深入 Keras

7

本章包括以下内容：
- 构建 Keras 模型的 3 种方法，即序贯模型、函数式 API 和模型子类化
- 使用 Keras 内置的训练循环和评估循环
- 使用 Keras 回调函数来自定义训练
- 使用 TensorBoard 监控训练指标和评估指标
- 从头开始编写训练循环和评估循环

现在你已经掌握了一些 Keras 使用经验，已经熟悉序贯模型、Dense 层，以及用于训练、评估和推断的内置 API——compile()、fit()、evaluate() 和 predict()。在第 3 章中，你还学习了如何通过继承 Layer 类来创建自定义层，以及如何使用 TensorFlow 的 GradientTape 来逐步实现一个训练循环。

后面几章将深入介绍计算机视觉、时间序列预测、自然语言处理和生成式深度学习。要实现这些复杂的应用，需要的知识远不止 Sequential 架构和默认的 fit() 循环。你先要成为 Keras 专家。本章将全面介绍使用 Keras API 的重要方法。学完这些内容，你可以继续学习后面几章的深度学习高级用例。

7.1　Keras 工作流程

Keras API 的设计原则是**渐进式呈现复杂性**（progressive disclosure of complexity）：易于上手，同时又可以处理非常复杂的用例，只需逐步渐进式学习。简单的工作流程应该简单易懂，同时还有高级的工作流程：无论你的问题多么罕见、多么复杂，应该都有一条清晰的解决路径。这条路径是建立在简单工作流程的基础之上的。也就是说，你从初学者成长为专家，可以一直使用相同的工具，只是使用方式不同。

因此，Keras 没有唯一"正确"的使用方式。相反，Keras 提供了**一系列工作流程**，既有非常简单的工作流程，也有非常灵活的工作流程。构建和训练 Keras 模型都有许多种方法，可以满足不同的需求。所有这些工作流程都基于共享 API，比如 Layer 和 Model，所以任何一种工作流程的组件都可以用于其他工作流程，它们之间可以互相通信。

7.2　构建 Keras 模型的不同方法

在 Keras 中，构建模型可以使用以下 3 个 API，如图 7-1 所示。

- **序贯模型**（sequential model）：这是最容易理解的 API。它本质上是 Python 列表，仅限于层的简单堆叠。
- **函数式 API**（functional API）：它专注于类似图的模型结构。它在可用性和灵活性之间找到了很好的平衡点，因此是构建模型最常用的 API。
- **模型子类化**（model subclassing）：它是一个底层选项，你可以从头开始自己编写所有内容。如果你想控制每一个小细节，那么它是理想的选择。但是这样就无法使用 Keras 内置的许多特性，而且更容易犯错误。

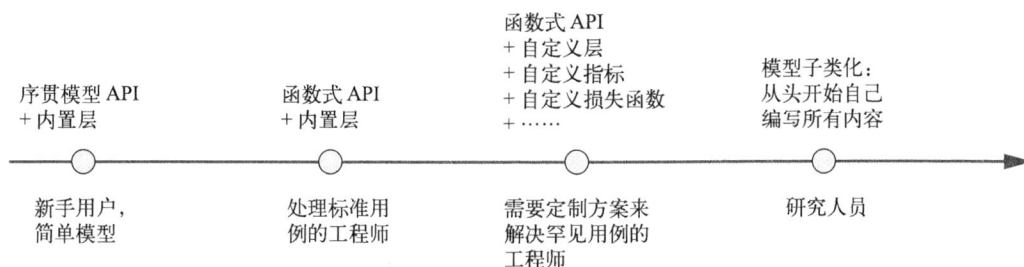

图 7-1　对于构建模型，渐进式呈现复杂性

7.2.1　序贯模型

要构建 Keras 模型，最简单的方法就是使用序贯模型（`Sequential` 类），如代码清单 7-1 所示。

代码清单 7-1 `Sequential` 类

```
from tensorflow import keras
from tensorflow.keras import layers

model = keras.Sequential([
    layers.Dense(64, activation="relu"),
    layers.Dense(10, activation="softmax")
])
```

请注意，还可以使用 `add()` 方法逐步构建相同的模型，如代码清单 7-2 所示。它类似于 Python 列表的 `append()` 方法。

代码清单 7-2 逐步构建序贯模型

```
model = keras.Sequential()
model.add(layers.Dense(64, activation="relu"))
model.add(layers.Dense(10, activation="softmax"))
```

第 4 章介绍过，只有在第一次调用层时，层才会被构建（创建层权重）。这是因为层权重的形状取决于输入形状，只有知道输入形状之后才能创建权重。

因此，前面的序贯模型是没有权重的，如代码清单 7-3 所示。只有在数据上调用模型，或者调用模型的 build() 方法并给定输入形状时，模型才具有权重，如代码清单 7-4 所示。

代码清单 7-3　尚未完成构建的模型没有权重

```
>>> model.weights          ← 这时模型还没有完成构建
ValueError: Weights for model sequential_1 have not yet been created.
```

代码清单 7-4　通过第一次调用模型来完成构建

```
>>> model.build(input_shape=(None, 3))
>>> model.weights          ← 现在可以检索模型权重
[<tf.Variable "dense_2/kernel:0" shape=(3, 64) dtype=float32, ... >,
 <tf.Variable "dense_2/bias:0" shape=(64,) dtype=float32, ... >
 <tf.Variable "dense_3/kernel:0" shape=(64, 10) dtype=float32, ... >,
 <tf.Variable "dense_3/bias:0" shape=(10,) dtype=float32, ... >]
```
调用模型的 **build()** 方法。模型样本形状应该是 **(3,)**。
输入形状中的 **None** 表示批量可以是任意大小

模型构建完成之后，可以用 summary() 方法显示模型内容，这对调试很有帮助，如代码清单 7-5 所示。

代码清单 7-5　summary() 方法

```
>>> model.summary()
Model: "sequential_1"

Layer (type)                   Output Shape              Param #
=================================================================
dense_2 (Dense)                (None, 64)                256

dense_3 (Dense)                (None, 10)                650
=================================================================
Total params: 906
Trainable params: 906
Non-trainable params: 0
```

可以看到，这个模型刚好被命名为 sequential_1。你可以对 Keras 中的所有对象命名，包括每个模型和每一层，如代码清单 7-6 所示。

代码清单 7-6　利用 name 参数命名模型和层

```
>>> model = keras.Sequential(name="my_example_model")
>>> model.add(layers.Dense(64, activation="relu", name="my_first_layer"))
>>> model.add(layers.Dense(10, activation="softmax", name="my_last_layer"))
>>> model.build((None, 3))
>>> model.summary()
Model: "my_example_model"
```

```
Layer (type)                    Output Shape              Param #
=================================================================
my_first_layer (Dense)          (None, 64)                256

my_last_layer (Dense)           (None, 10)                650
=================================================================
Total params: 906
Trainable params: 906
Non-trainable params: 0
```

逐步构建序贯模型时,每添加一层就打印出当前模型的概述信息,这是非常有用的。但在模型构建完成之前是无法打印概述信息的。有一种方法可以实时构建序贯模型:只需提前声明模型的输入形状。你可以通过 Input 类来做到这一点,如代码清单 7-7 所示。

代码清单 7-7 提前声明模型的输入形状

```
model = keras.Sequential()
model.add(keras.Input(shape=(3,)))          ◁── 利用 Input 声明输入形状。请注意,shape 参
model.add(layers.Dense(64, activation="relu"))   数应该是单个样本的形状,而不是批量的形状
```

现在你可以使用 summary() 来跟踪观察,添加更多层之后模型的输出形状是如何变化的,如代码清单 7-8 所示。

代码清单 7-8 使用 summary() 跟踪模型输出形状的变化

```
>>> model.summary()
Model: "sequential_2"
```

```
Layer (type)                    Output Shape              Param #
=================================================================
dense_4 (Dense)                 (None, 64)                256
=================================================================
Total params: 256
Trainable params: 256
Non-trainable params: 0
```

```
>>> model.add(layers.Dense(10, activation="softmax"))
>>> model.summary()
Model: "sequential_2"
```

```
Layer (type)                    Output Shape              Param #
=================================================================
dense_4 (Dense)                 (None, 64)                256

dense_5 (Dense)                 (None, 10)                650
=================================================================
Total params: 906
Trainable params: 906
Non-trainable params: 0
```

这是一种常用的调试工作流程,用于处理那些对输入进行复杂变换的层,比如第 8 章将介绍的卷积层。

7.2.2　函数式 API

序贯模型易于使用,但适用范围非常有限:它只能表示具有单一输入和单一输出的模型,按顺序逐层进行处理。我们在实践中经常会遇到其他类型的模型,比如多输入模型(如图像及其元数据)、多输出模型(预测数据的不同方面)或具有非线性拓扑结构的模型。

在这种情况下,你可以使用函数式 API 构建模型。你在现实世界中遇到的大多数 Keras 模型属于这种类型。它很强大,也很有趣,就像拼乐高积木一样。

1. 简单示例

我们先来看一个简单的示例,即 7.2.1 节中的两层堆叠。这个例子也可以用函数式 API 来实现,如代码清单 7-9 所示。

代码清单 7-9　带有两个 Dense 层的简单函数式模型

```
inputs = keras.Input(shape=(3,), name="my_input")
features = layers.Dense(64, activation="relu")(inputs)
outputs = layers.Dense(10, activation="softmax")(features)
model = keras.Model(inputs=inputs, outputs=outputs)
```

我们来逐行解释一下。

首先声明一个 Input(注意,你也可以对输入对象命名,就像对其他对象一样)。

```
inputs = keras.Input(shape=(3,), name="my_input")
```

这个 inputs 对象保存了关于模型将处理的数据的形状和数据类型的信息。

```
>>> inputs.shape
(None, 3)
>>> inputs.dtype
float32
```

对于这个模型处理的批量,每个样本的形状为 (3,)。每个批量的样本数量是可变的(代码中的批量大小为 None)

数据批量的数据类型为 float32

我们将这样的对象叫作**符号张量**(symbolic tensor)。它不包含任何实际数据,但编码了调用模型时实际数据张量的详细信息。它代表的是未来的数据张量。

接下来,我们创建了一个层,并在输入上调用该层。

```
features = layers.Dense(64, activation="relu")(inputs)
```

所有 Keras 层都可以在真实的数据张量与这种符号张量上调用。对于后一种情况,层返回的是一个新的符号张量,其中包含更新后的形状和数据类型信息。

```
>>> features.shape
(None, 64)
```

得到最终输出之后，我们在 Model 构造函数中指定输入和输出，将模型实例化。

```
outputs = layers.Dense(10, activation="softmax")(features)
model = keras.Model(inputs=inputs, outputs=outputs)
```

模型概述信息如下所示。

```
>>> model.summary()
Model: "functional_1"
```

Layer (type)	Output Shape	Param #
my_input (InputLayer)	[(None, 3)]	0
dense_6 (Dense)	(None, 64)	256
dense_7 (Dense)	(None, 10)	650

```
Total params: 906
Trainable params: 906
Non-trainable params: 0
```

2. 多输入、多输出模型

与上述简单模型不同，大多数深度学习模型看起来不像列表，而像图。比如，模型可能有多个输入或多个输出。正是对于这种模型，函数式 API 才真正表现出色。

假设你要构建一个系统，按优先级对客户支持工单进行排序，并将工单转给相应的部门。这个模型有 3 个输入：

- ❑ 工单标题（文本输入）
- ❑ 工单的文本正文（文本输入）
- ❑ 用户添加的标签（分类输入，假定为 multi-hot 编码）

我们可以将文本输入编码为由 1 和 0 组成的数组，数组大小为 vocabulary_size（第 11 章将详细介绍文本编码方法）。

模型还有 2 个输出：

- ❑ 工单的优先级分数，它是介于 0 和 1 之间的标量（sigmoid 输出）
- ❑ 应处理工单的部门（对所有部门做 softmax）

利用函数式 API，仅凭几行代码就可以构建这个模型，如代码清单 7-10 所示。

代码清单 7-10　多输入、多输出的函数式模型

```
vocabulary_size = 10000
num_tags = 100
num_departments = 4
```

定义模型输入

```
title = keras.Input(shape=(vocabulary_size,), name="title")
text_body = keras.Input(shape=(vocabulary_size,), name="text_body")
tags = keras.Input(shape=(num_tags,), name="tags")
```

通过拼接将输入特征组合
成张量 features

```
features = layers.Concatenate()([title, text_body, tags])
features = layers.Dense(64, activation="relu")(features)
priority = layers.Dense(1, activation="sigmoid", name="priority")(features)
department = layers.Dense(
    num_departments, activation="softmax", name="department")(features)

model = keras.Model(inputs=[title, text_body, tags],
                    outputs=[priority, department])
```

定义模
型输出

利用中间层，将输入特征
重组为更加丰富的表示

通过指定输入和输出来创建模型

函数式 API 很简单，就像拼乐高积木一样，可以非常灵活地定义由层构成的图。

3. 训练一个多输入、多输出模型

这种模型的训练方法与序贯模型相同，都是对输入数据和输出数据组成的列表调用 fit()。
这些数据列表的顺序应该与传入 Model 构造函数的 inputs 的顺序相同，如代码清单 7-11 所示。

代码清单 7-11　通过给定输入和目标组成的列表来训练模型

```
import numpy as np

num_samples = 1280

title_data = np.random.randint(0, 2, size=(num_samples, vocabulary_size))
text_body_data = np.random.randint(0, 2, size=(num_samples, vocabulary_size))
tags_data = np.random.randint(0, 2, size=(num_samples, num_tags))

priority_data = np.random.random(size=(num_samples, 1))
department_data = np.random.randint(0, 2, size=(num_samples, num_departments))

model.compile(optimizer="rmsprop",
              loss=["mean_squared_error", "categorical_crossentropy"],
              metrics=[["mean_absolute_error"], ["accuracy"]])
model.fit([title_data, text_body_data, tags_data],
          [priority_data, department_data],
          epochs=1)
model.evaluate([title_data, text_body_data, tags_data],
               [priority_data, department_data])
priority_preds, department_preds = model.predict(
    [title_data, text_body_data, tags_data])
```

虚构的输
入数据

虚构的目
标数据

如果不想依赖输入顺序（比如有多个输入或输出），你也可以为 Input 对象和输出层指定
名称，通过字典传递数据，如代码清单 7-12 所示。

代码清单 7-12　通过给定输入和目标组成的字典来训练模型

```
model.compile(optimizer="rmsprop",
              loss={"priority": "mean_squared_error", "department":
                    "categorical_crossentropy"},
```

```
                    metrics={"priority": ["mean_absolute_error"], "department":
                            ["accuracy"]})
model.fit({"title": title_data, "text_body": text_body_data,
           "tags": tags_data},
          {"priority": priority_data, "department": department_data},
          epochs=1)
model.evaluate({"title": title_data, "text_body": text_body_data,
                "tags": tags_data},
               {"priority": priority_data, "department": department_data})
priority_preds, department_preds = model.predict(
    {"title": title_data, "text_body": text_body_data, "tags": tags_data})
```

4. 函数式 API 的强大之处：获取层的连接方式

函数式模型是一种图数据结构。这便于我们查看层与层之间是如何连接的，并重复使用之前的图节点（层输出）作为新模型的一部分。它也很适合作为大多数研究人员在思考深度神经网络时使用的"思维模型"：由层构成的图。它有两个重要的用处：模型可视化与特征提取。

我们来可视化上述模型的连接方式（模型的**拓扑结构**）。你可以用 plot_model() 将函数式模型绘制成图，如图 7-2 所示。

```
keras.utils.plot_model(model, "ticket_classifier.png")
```

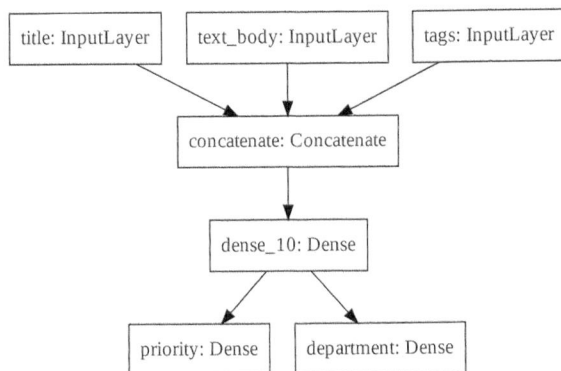

图 7-2 将 plot_model() 应用于工单分类模型生成的图

你可以将模型每一层的输入形状和输出形状添加到这张图中，这对调试很有帮助，如图 7-3 所示。

```
keras.utils.plot_model(
    model, "ticket_classifier_with_shape_info.png", show_shapes=True)
```

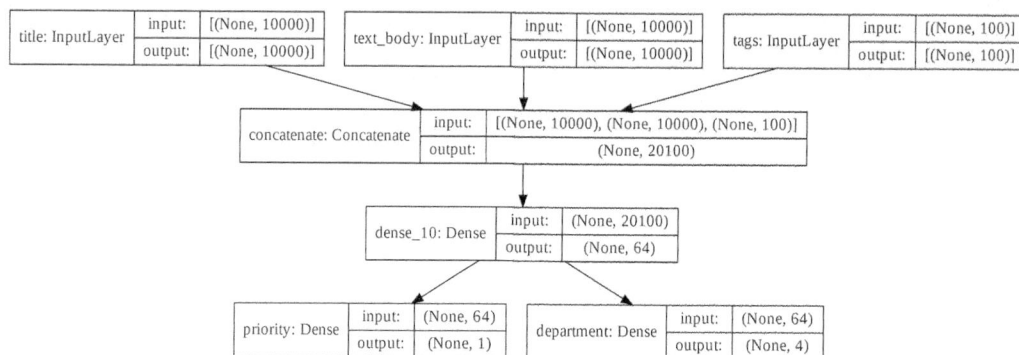

图 7-3   添加形状信息后的模型图

张量形状中的 None 表示批量大小，也就是说，该模型接收任意大小的批量。

获取层的连接方式，意味着你可以查看并重复使用图中的节点（层调用）。模型属性 model.
layers 给出了构成模型的层的列表。对于每一层，你都可以查询 layer.input 和 layer.
output，如代码清单 7-13 所示。

代码清单 7-13   检索函数式模型某一层的输入或输出

```
>>> model.layers
[<tensorflow.python.keras.engine.input_layer.InputLayer at 0x7fa963f9d358>,
 <tensorflow.python.keras.engine.input_layer.InputLayer at 0x7fa963f9d2e8>,
 <tensorflow.python.keras.engine.input_layer.InputLayer at 0x7fa963f9d470>,
 <tensorflow.python.keras.layers.merge.Concatenate at 0x7fa963f9d860>,
 <tensorflow.python.keras.layers.core.Dense at 0x7fa964074390>,
 <tensorflow.python.keras.layers.core.Dense at 0x7fa963f9d898>,
 <tensorflow.python.keras.layers.core.Dense at 0x7fa963f95470>]
>>> model.layers[3].input
[<tf.Tensor "title:0" shape=(None, 10000) dtype=float32>,
 <tf.Tensor "text_body:0" shape=(None, 10000) dtype=float32>,
 <tf.Tensor "tags:0" shape=(None, 100) dtype=float32>]
>>> model.layers[3].output
<tf.Tensor "concatenate/concat:0" shape=(None, 20100) dtype=float32>
```

这样一来，我们就可以进行**特征提取**，重复使用模型的中间特征来创建新模型。

假设你想对前一个模型增加一个输出——估算某个问题工单的解决时长，这是一种难度评分。实现方法是利用包含 3 个类别的分类层，这 3 个类别分别是"快速""中等"和"困难"。你无须从头开始重新创建和训练模型。你可以从前一个模型的中间特征开始（这些中间特征是可以访问的），如代码清单 7-14 所示。

代码清单 7-14   重复使用中间层的输出，创建一个新模型

```
features = model.layers[4].output          ◁——┤ layers[4] 是中间的 Dense 层
difficulty = layers.Dense(3, activation="softmax", name="difficulty")(features)
```

```
new_model = keras.Model(
    inputs=[title, text_body, tags],
    outputs=[priority, department, difficulty])
```

我们来绘制新模型的图，如图 7-4 所示。

```
keras.utils.plot_model(
    new_model, "updated_ticket_classifier.png", show_shapes=True)
```

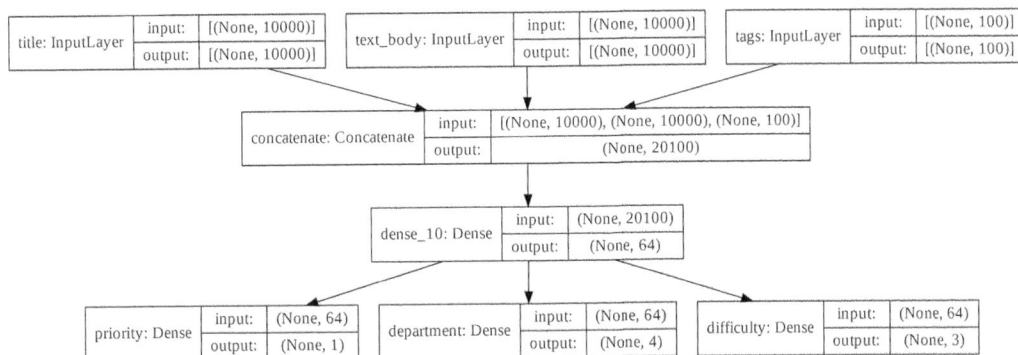

图 7-4　新模型的图

7.2.3　模型子类化

最后一种构建模型的方法是最高级的方法：模型子类化，也就是将 Model 类子类化。第 3 章介绍过如何通过将 Layer 类子类化来创建自定义层，将 Model 类子类化的方法与其非常相似：

- ❑ 在 __init__() 方法中，定义模型将使用的层；
- ❑ 在 call() 方法中，定义模型的前向传播，重复使用之前创建的层；
- ❑ 将子类实例化，并在数据上调用，从而创建权重。

1. 将前一个例子重新实现为 Model 子类

我们看一个简单的例子：使用 Model 子类重新实现客户支持工单管理模型，如代码清单 7-15 所示。

代码清单 7-15　简单的子类化模型

```
class CustomerTicketModel(keras.Model):

    def __init__(self, num_departments):          ← 不要忘记调用 super() 构造函数！
        super().__init__()
        self.concat_layer = layers.Concatenate()
        self.mixing_layer = layers.Dense(64, activation="relu")
        self.priority_scorer = layers.Dense(1, activation="sigmoid")    ← 在构造函数中定义子层
        self.department_classifier = layers.Dense(
            num_departments, activation="softmax")
```

```
    def call(self, inputs):
        title = inputs["title"]
        text_body = inputs["text_body"]
        tags = inputs["tags"]

        features = self.concat_layer([title, text_body, tags])
        features = self.mixing_layer(features)
        priority = self.priority_scorer(features)
        department = self.department_classifier(features)
        return priority, department
```

← 在 call() 方法中定义前向传播

定义好模型之后，就可以将模型实例化。请注意，只有第一次在数据上调用模型时，模型才会创建权重，就像 Layer 子类一样。

```
model = CustomerTicketModel(num_departments=4)

priority, department = model(
    {"title": title_data, "text_body": text_body_data, "tags": tags_data})
```

到目前为止，一切看起来都与 Layer 子类化非常相似，第 3 章已经讲过。那么，Layer 子类和 Model 子类之间有什么区别呢？答案很简单：“层”是用来创建模型的组件，而“模型”是高阶对象，用于训练、导出进行推理等。简而言之，Model 有 fit()、evaluate() 和 predict() 等方法，而 Layer 则没有。除此之外，这两个类几乎相同。（另一个区别是，你可以将模型**保存**为文件，7.3.2 节将介绍。）

你可以编译和训练 Model 子类，就像序贯模型或函数式模型一样。

参数 loss 和 metrics 的结构必须与 call() 返回的内容完全匹配——这里是两个元素组成的列表

```
model.compile(optimizer="rmsprop",
              loss=["mean_squared_error", "categorical_crossentropy"],
              metrics=[["mean_absolute_error"], ["accuracy"]])
model.fit({"title": title_data,
           "text_body": text_body_data,
           "tags": tags_data},
          [priority_data, department_data],
          epochs=1)
model.evaluate({"title": title_data,
                "text_body": text_body_data,
                "tags": tags_data},
               [priority_data, department_data])
priority_preds, department_preds = model.predict({"title": title_data,
                                                   "text_body": text_body_data,
                                                   "tags": tags_data})
```

目标数据的结构必须与 call() 方法返回的内容完全匹配——这里是两个元素组成的列表

输入数据的结构必须与 call() 方法的输入完全匹配——这里是一个字典，字典的键是 title、text_body 和 tags

模型子类化是最灵活的模型构建方法。它可以构建那些无法表示为层的有向无环图的模型，比如这样一个模型，其 call() 方法在 for 循环中使用层，甚至递归调用这些层。一切皆有可能，你说了算。

2. 注意：子类化模型不能做什么

这种自由是有代价的：对于子类化模型，你需要负责更多的模型逻辑，也就是说，你犯错的可能性会更大。因此，你需要做更多的调试工作。你开发的是一个新的 Python 对象，而不仅仅是将乐高积木拼在一起。

函数式模型和子类化模型在本质上有很大区别。函数式模型是一种数据结构——它是由层构成的图，你可以查看、检查和修改它。子类化模型是一段字节码——它是带有 call() 方法的 Python 类，其中包含原始代码。这是子类化工作流程具有灵活性的原因——你可以编写任何想要的功能，但它引入了新的限制。

举例来说，由于层与层之间的连接方式隐藏在 call() 方法中，因此你无法获取这些信息。调用 summary() 无法显示层的连接方式，利用 plot_model() 也无法绘制模型拓扑结构。同样，对于子类化模型，你也不能通过访问图的节点来做特征提取，因为根本就没有图。将模型实例化之后，前向传播就完全变成了黑盒子。

7.2.4　混合使用不同的组件

至关重要的是，选择序贯模型、函数式 API 和模型子类化中的某一种方法，并不会妨碍你使用其他方法。Keras API 的所有模型之间都可以顺畅地交互，无论是序贯模型、函数式模型，还是从头编写的子类化模型。它们都是一系列工作流程的一部分。

举例来说，你可以在函数式模型中使用子类化的层或模型，如代码清单 7-16 所示。

代码清单 7-16　创建一个包含子类化模型的函数式模型

```
class Classifier(keras.Model):

    def __init__(self, num_classes=2):
        super().__init__()
        if num_classes == 2:
            num_units = 1
            activation = "sigmoid"
        else:
            num_units = num_classes
            activation = "softmax"
        self.dense = layers.Dense(num_units, activation=activation)

    def call(self, inputs):
        return self.dense(inputs)

inputs = keras.Input(shape=(3,))
features = layers.Dense(64, activation="relu")(inputs)
outputs = Classifier(num_classes=10)(features)
model = keras.Model(inputs=inputs, outputs=outputs)
```

反过来，你也可以将函数式模型作为子类化层或模型的一部分，如代码清单 7-17 所示。

代码清单 7-17　创建一个包含函数式模型的子类化模型

```
inputs = keras.Input(shape=(64,))
outputs = layers.Dense(1, activation="sigmoid")(inputs)
binary_classifier = keras.Model(inputs=inputs, outputs=outputs)

class MyModel(keras.Model):

    def __init__(self, num_classes=2):
        super().__init__()
        self.dense = layers.Dense(64, activation="relu")
        self.classifier = binary_classifier

    def call(self, inputs):
        features = self.dense(inputs)
        return self.classifier(features)

model = MyModel()
```

7.2.5　用正确的工具完成工作

你已经了解了构建 Keras 模型的一系列工作流程，从最简单的工作流程（序贯模型）到最高级的工作流程（模型子类化）。应该选择哪一种呢？每一种都有自己的优缺点，你应该选择最适合手头工作的那一种。

一般来说，函数式 API 在易用性和灵活性之间实现了很好的平衡。它还可以直接获取层的连接方式，非常适合进行模型可视化或特征提取。如果你能够使用函数式 API，也就是说，你的模型可以表示为层的有向无环图，那么我建议使用函数式 API 而不是模型子类化。

本书后续所有示例都将使用函数式 API，因为书中所有模型都可以表示为由层构成的图。但我们也会经常使用子类化的层。一般来说，使用包含子类化的层的函数式模型，可以实现两全其美的效果：既保留函数式 API 的优点，又具有较强的开发灵活性。

7.3　使用内置的训练循环和评估循环

渐进式呈现复杂性，是指采用一系列从简单到灵活的工作流程，并逐步提高复杂性。这个原则也适用于模型训练。Keras 提供了训练模型的多种工作流程。这些工作流程可以很简单，比如在数据上调用 `fit()`，也可以很高级，比如从头开始编写新的训练算法。

你已经熟悉 `compile()`、`fit()`、`evaluate()` 和 `predict()` 的工作流程。作为提醒，来看一下代码清单 7-18。

代码清单 7-18　标准工作流程：`compile()`、`fit()`、`evaluate()`、`predict()`

```
from tensorflow.keras.datasets import mnist          创建模型（我们将其包装为一个
                                                      单独的函数，以便后续复用）
def get_mnist_model():
    inputs = keras.Input(shape=(28 * 28,))
    features = layers.Dense(512, activation="relu")(inputs)
    features = layers.Dropout(0.5)(features)
```

```
        outputs = layers.Dense(10, activation="softmax")(features)
        model = keras.Model(inputs, outputs)
        return model
```

加载数据，保留一部分数据用于验证

```
(images, labels), (test_images, test_labels) = mnist.load_data()
images = images.reshape((60000, 28 * 28)).astype("float32") / 255
test_images = test_images.reshape((10000, 28 * 28)).astype("float32") / 255
train_images, val_images = images[10000:], images[:10000]
train_labels, val_labels = labels[10000:], labels[:10000]
```

编译模型，指定模型的优化器、需要最小化的损失函数和需要监控的指标

```
model = get_mnist_model()
model.compile(optimizer="rmsprop",
              loss="sparse_categorical_crossentropy",
              metrics=["accuracy"])
model.fit(train_images, train_labels,
          epochs=3,
          validation_data=(val_images, val_labels))
test_metrics = model.evaluate(test_images, test_labels)
predictions = model.predict(test_images)
```

使用 fit() 训练模型，可以选择提供验证数据来监控模型在前所未见的数据上的性能

使用 evaluate() 计算模型在新数据上的损失和指标

使用 predict() 计算模型在新数据上的分类概率

要想自定义这个简单的工作流程，可以采用以下方法：

❑ 编写自定义指标；

❑ 向 fit() 方法传入回调函数，以便在训练过程中的特定时间点采取行动。

下面进一步讨论。

7.3.1 编写自定义指标

指标是衡量模型性能的关键，尤其是衡量模型在训练数据上的性能与在测试数据上的性能之间的差异。常用的分类指标和回归指标内置于 keras.metrics 模块中。大多数情况下，你会使用这些指标。但如果想做一些不寻常的工作，你需要能够编写自定义指标。这很简单！

Keras 指标是 keras.metrics.Metric 类的子类。与层相同的是，指标具有一个存储在 TensorFlow 变量中的内部状态。与层不同的是，这些变量无法通过反向传播进行更新，所以你必须自己编写状态更新逻辑。这一逻辑由 update_state() 方法实现。

举个例子，代码清单 7-19 实现了一个简单的自定义指标，用于衡量均方根误差（RMSE）。

代码清单 7-19 通过将 Metric 类子类化来实现自定义指标

```
import tensorflow as tf

class RootMeanSquaredError(keras.metrics.Metric):
```

将 Metric 类子类化

在构造函数中定义状态变量。与层一样，你可以访问 add_weight() 方法

```
    def __init__(self, name="rmse", **kwargs):
        super().__init__(name=name, **kwargs)
        self.mse_sum = self.add_weight(name="mse_sum", initializer="zeros")
        self.total_samples = self.add_weight(
            name="total_samples", initializer="zeros", dtype="int32")
```

```
def update_state(self, y_true, y_pred, sample_weight=None):
    y_true = tf.one_hot(y_true, depth=tf.shape(y_pred)[1])
    mse = tf.reduce_sum(tf.square(y_true - y_pred))
    self.mse_sum.assign_add(mse)
    num_samples = tf.shape(y_pred)[0]
    self.total_samples.assign_add(num_samples)
```

为了匹配 MNIST 模型，我们需要分类预测值与整数标签

在 `update_state()` 中实现状态更新逻辑。`y_true` 参数是一个数据批量对应的目标（或标签），`y_pred` 则表示相应的模型预测值。你可以忽略 `sample_weight` 参数，这里不会用到

我们可以使用 `result()` 方法返回指标的当前值。

```
def result(self):
    return tf.sqrt(self.mse_sum / tf.cast(self.total_samples, tf.float32))
```

此外，你还需要提供一种方法来重置指标状态，而无须将其重新实例化。如此一来，相同的指标对象可以在不同的训练轮次中使用，或者在训练和评估中使用。这可以用 `reset_state()` 方法来实现。

```
def reset_state(self):
    self.mse_sum.assign(0.)
    self.total_samples.assign(0)
```

自定义指标的用法与内置指标相同。下面来测试一下我们的自定义指标。

```
model = get_mnist_model()
model.compile(optimizer="rmsprop",
              loss="sparse_categorical_crossentropy",
              metrics=["accuracy", RootMeanSquaredError()])
model.fit(train_images, train_labels,
          epochs=3,
          validation_data=(val_images, val_labels))
test_metrics = model.evaluate(test_images, test_labels)
```

你可以看到 `fit()` 的进度条，上面显示模型的 RMSE。

7.3.2   使用回调函数

使用 `model.fit()` 在大型数据集上启动数十轮训练，这样做有点类似于投掷纸飞机：最初给它一点推力，之后你就再也无法控制它的轨迹或着陆点。如果想避免得到不好的结果（从而避免浪费纸飞机），更聪明的做法是，不用纸飞机，而用一架无人机。它可以感知环境，向操作者发送数据，并且能够根据当前状态自主航行。Keras 的回调函数（callback）API 可以让 `model.fit()` 的调用从纸飞机变为自主飞行的无人机，使其能够观察自身状态并不断采取行动。

回调函数是一个对象（实现了特定方法的类实例），它在调用 `fit()` 时被传入模型，并在训练过程中的不同时间点被模型调用。回调函数可以访问关于模型状态与模型性能的所有可用

数据，还可以采取以下行动：中断训练、保存模型、加载一组不同的权重或者改变模型状态。

回调函数的一些用法示例如下。

- □ 模型检查点（model checkpointing）：在训练过程中的不同时间点保存模型的当前状态。
- □ 提前终止（early stopping）：如果验证损失不再改善，则中断训练（当然，同时保存在训练过程中的最佳模型）。
- □ 在训练过程中动态调节某些参数值：比如调节优化器的学习率。
- □ 在训练过程中记录训练指标和验证指标，或者将模型学到的表示可视化（这些表示在不断更新）：`fit()` 进度条实际上就是一个回调函数。

`keras.callbacks` 模块包含许多内置的回调函数，下面列出了其中一些，还有很多没有列出来。

```
keras.callbacks.ModelCheckpoint
keras.callbacks.EarlyStopping
keras.callbacks.LearningRateScheduler
keras.callbacks.ReduceLROnPlateau
keras.callbacks.CSVLogger
```

下面介绍两个回调函数：`EarlyStopping` 和 `ModelCheckpoint`，让你大致了解回调函数的用法。

回调函数 `EarlyStopping` 和 `ModelCheckpoint`

训练模型时，很多事情一开始无法预测，尤其是你无法预测需要多少轮才能达到最佳验证损失。前面所有例子都采用这样一种策略：训练足够多的轮次，这时模型已经开始过拟合，利用第一次运行确定最佳训练轮数，然后用这个最佳轮数从头开始重新训练一次。当然，这种方法很浪费资源。一种更好的处理方法是，发现验证损失不再改善时，停止训练。这可以通过 `EarlyStopping` 回调函数来实现。

如果监控的目标指标在设定的轮数内不再改善，那么可以用 `EarlyStopping` 回调函数中断训练。比如，这个回调函数可以在刚开始过拟合时就立即中断训练，从而避免用更少的轮数重新训练模型。这个回调函数通常与 `ModelCheckpoint` 结合使用，后者可以在训练过程中不断保存模型（你也可以选择只保存当前最佳模型，即每轮结束后具有最佳性能的模型）。代码清单 7-20 展示了如何在 `fit()` 方法中使用 callbacks 参数。

代码清单 7-20　在 `fit()` 方法中使用 callbacks 参数

通过 `fit()` 的 **callbacks** 参数将回调函数
传入模型中，该参数接收一个回调函数列
表，可以传入任意数量的回调函数

如果不再改善，则中断训练

监控模型的验证精度

```
callbacks_list = [
    keras.callbacks.EarlyStopping(
        monitor="val_accuracy",
        patience=2,
    ),
    keras.callbacks.ModelCheckpoint(
```

如果精度在两轮内都不再
改善，则中断训练

在每轮过
后保存当
前权重

模型文件的
保存路径

```
        filepath="checkpoint_path.keras",
        monitor="val_loss",
        save_best_only=True,
    )
]
model = get_mnist_model()
model.compile(optimizer="rmsprop",
              loss="sparse_categorical_crossentropy",
              metrics=["accuracy"])
model.fit(train_images, train_labels,
          epochs=10,
          callbacks=callbacks_list,
          validation_data=(val_images, val_labels))
```

这两个参数的含义是，只有当 **val_loss**
改善时，才会覆盖模型文件，这样就可
以一直保存训练过程中的最佳模型

监控精度，它应该是
模型指标的一部分

因为回调函数要监控验证损失和验证
指标，所以在调用 **fit()** 时需要传入
validation_data（验证数据）

注意，你也可以在训练完成后手动保存模型，只需调用 model.save('my_checkpoint_ path')。要重新加载已保存的模型，只需使用下面这行代码。

```
model = keras.models.load_model("checkpoint_path.keras")
```

7.3.3 编写自定义回调函数

如果想在训练过程中采取特定行动，而这些行动又没有包含在内置回调函数中，那么你可以编写自定义回调函数。回调函数的实现方式是将 keras.callbacks.Callback 类子类化。然后，你可以实现下列方法（从名称中即可看出这些方法的作用），它们在训练过程中的不同时间点被调用。

在每轮开始时被调用 | 在每轮结束时被调用

```
on_epoch_begin(epoch, logs)
on_epoch_end(epoch, logs)
on_batch_begin(batch, logs)
on_batch_end(batch, logs)
on_train_begin(logs)
on_train_end(logs)
```

在处理每个批量
之前被调用

在处理每个批量之后被调用

在训练开始时被调用

在训练结束时被调用

调用这些方法时，都会用到参数 logs。这个参数是一个字典，它包含前一个批量、前一个轮次或前一次训练的信息，比如训练指标和验证指标等。on_epoch_* 方法和 on_batch_* 方法还将轮次索引或批量索引作为第一个参数（整数）。

代码清单 7-21 给出了一个简单示例，它在训练过程中保存每个批量损失值组成的列表，还在每轮结束时保存这些损失值组成的图。

代码清单 7-21 通过对 Callback 类子类化来创建自定义回调函数

```
from matplotlib import pyplot as plt

class LossHistory(keras.callbacks.Callback):
    def on_train_begin(self, logs):
        self.per_batch_losses = []
```

```
def on_batch_end(self, batch, logs):
    self.per_batch_losses.append(logs.get("loss"))

def on_epoch_end(self, epoch, logs):
    plt.clf()
    plt.plot(range(len(self.per_batch_losses)), self.per_batch_losses,
             label="Training loss for each batch")
    plt.xlabel(f"Batch (epoch {epoch})")
    plt.ylabel("Loss")
    plt.legend()
    plt.savefig(f"plot_at_epoch_{epoch}")
    self.per_batch_losses = []
```

我们来测试一下。

```
model = get_mnist_model()
model.compile(optimizer="rmsprop",
              loss="sparse_categorical_crossentropy",
              metrics=["accuracy"])
model.fit(train_images, train_labels,
          epochs=10,
          callbacks=[LossHistory()],
          validation_data=(val_images, val_labels))
```

得到的图像如图 7-5 所示。

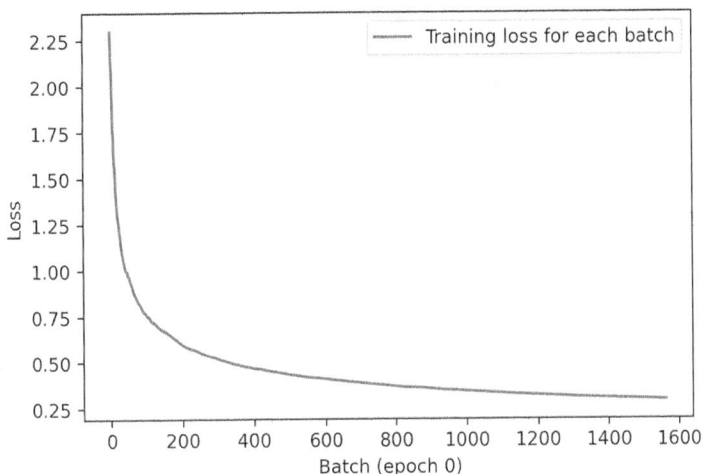

图 7-5　自定义回调函数 LossHistory 的输出图像

7.3.4　利用 TensorBoard 进行监控和可视化

要想做好研究或开发出好的模型，你在实验过程中需要获得丰富且频繁的反馈，从而了解模型内部发生了什么。这正是运行实验的目的：获取关于模型性能好坏的信息，并且越多越好。

取得进展是一个反复迭代的过程，或者说是一个循环：首先，你有一个想法，并将其表述为一个实验，用于验证你的想法是否正确；然后，你运行这个实验并处理生成的信息；这又激发了你的下一个想法。在这个循环中，重复实验的次数越多，你的想法就会变得越来越精确、越来越强大。Keras 可以帮你尽快将想法转化成实验，高速 GPU 则可以帮你尽快得到实验结果。但如何处理实验结果呢？这就需要 TensorBoard 发挥作用了，如图 7-6 所示。

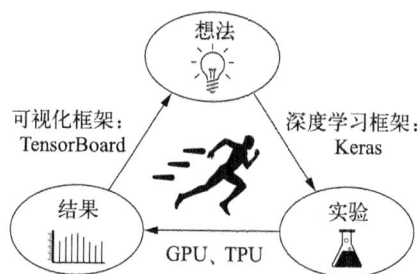

图 7-6   取得进展的循环

TensorBoard 是一个基于浏览器的应用程序，可以在本地运行。它是在训练过程中监控模型的最佳方式。利用 TensorBoard，你可以做以下工作：

❑ 在训练过程中以可视化方式监控指标；
❑ 将模型架构可视化；
❑ 将激活函数和梯度的直方图可视化；
❑ 以三维形式研究嵌入。

如果监控除模型最终损失之外的更多信息，则可以更清楚地了解模型做了什么、没做什么，并且能够更快地取得进展。

要将 TensorBoard 与 Keras 模型和 `fit()` 方法一起使用，最简单的方式就是使用 `keras.callbacks.TensorBoard` 回调函数。

在最简单的情况下，只需指定让回调函数写入日志的位置即可。

```
model = get_mnist_model()
model.compile(optimizer="rmsprop",
              loss="sparse_categorical_crossentropy",
              metrics=["accuracy"])

tensorboard = keras.callbacks.TensorBoard(
    log_dir="/full_path_to_your_log_dir",
)
model.fit(train_images, train_labels,
          epochs=10,
          validation_data=(val_images, val_labels),
          callbacks=[tensorboard])
```

一旦开始运行，模型就将在目标位置写入日志。如果在本地计算机上运行 Python 脚本，那么可以使用下列命令来启动 TensorBoard 本地服务器。（注意，如果你是通过 pip 安装 TensorFlow

的，那么 `tensorboard` 可执行文件应该已经可用；如果不可用，你可以通过 `pip install tensorboard` 手动安装 TensorBoard。）

```
tensorboard --logdir /full_path_to_your_log_dir
```

然后可以访问该命令返回的 URL，以显示 TensorBoard 界面。

如果在 Colab 笔记本中运行脚本，则可以使用以下命令，将 TensorBoard 嵌入式实例作为笔记本的一部分运行。

```
%load_ext tensorboard
%tensorboard --logdir /full_path_to_your_log_dir
```

在 TensorBoard 界面中，你可以实时监控训练指标和评估指标的图像，如图 7-7 所示。

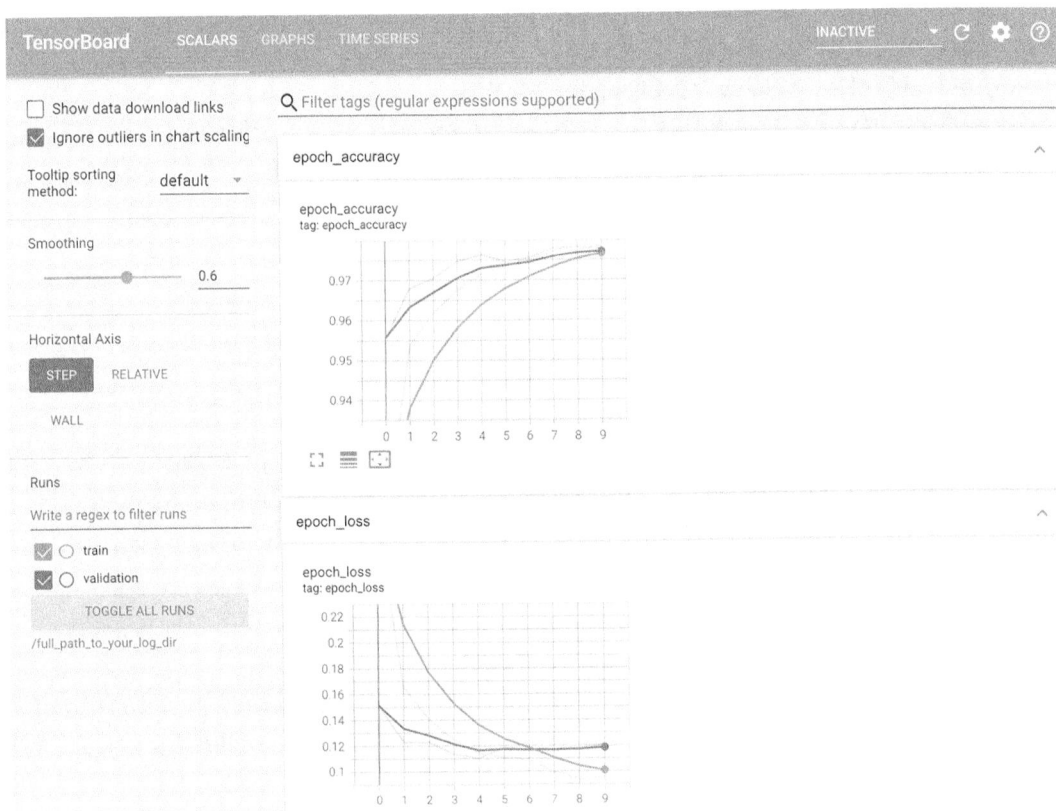

图 7-7　TensorBoard 可用于监控训练指标和评估指标

7.4　编写自定义的训练循环和评估循环

`fit()` 工作流程在易用性和灵活性之间实现了很好的平衡。你在大多数情况下会用到它。然而，即使有了自定义指标、自定义损失函数和自定义回调函数，它也无法实现深度学习研究人员想做的一切事情。

毕竟，内置的 fit() 工作流程只针对于**监督学习**（supervised learning）。监督学习是指，已知与输入数据相关联的**目标**（也叫**标签**或**注释**），将损失计算为这些目标和模型预测值的函数。然而，并非所有机器学习任务都属于这个类别。还有一些机器学习任务没有明确的目标，比如**生成式学习**（generative learning，第 12 章将介绍）、**自监督学习**（self-supervised learning，目标是从输入中得到的）和**强化学习**（reinforcement learning，学习由偶尔的"奖励"驱动，就像训练狗一样）。即使是常规的监督学习，研究人员也可能想添加一些新奇的附加功能，需要用到低阶灵活性。

如果你发现内置的 fit() 不够用，那么就需要编写自定义的训练逻辑。我们在第 2 章和第 3 章中已经遇到过低阶训练循环的简单示例。提醒一下，典型的训练循环包含以下内容：

(1) 在梯度带中运行前向传播（计算模型输出），得到当前数据批量的损失值；

(2) 检索损失相对于模型权重的梯度；

(3) 更新模型权重，以降低当前数据批量的损失值。

这些步骤需要对多个批量重复进行。这基本上就是 fit() 在后台所做的工作。本节将从头开始重新实现 fit()，你将了解编写任意训练算法所需的全部知识。

我们来看一下具体细节。

7.4.1　训练与推断

在前面的低阶训练循环示例中，步骤 1（前向传播）是通过 predictions = model(inputs) 完成的，步骤 2（检索梯度带计算的梯度）是通过 gradients = tape.gradient(loss, model.weights) 完成的。在一般情况下，还有两个细节需要考虑。

某些 Keras 层（如 Dropout 层），在训练过程和推断过程（将其用于预测时）中具有不同的行为。这些层的 call() 方法中有一个名为 training 的布尔参数。调用 dropout(inputs, training=True) 将舍弃一些激活单元，而调用 dropout(inputs, training=False) 则不会舍弃。推而广之，函数式模型和序贯模型的 call() 方法也有这个 training 参数。在前向传播中调用 Keras 模型时，一定要记得传入 training=True。也就是说，前向传播应该变成 predictions = model(inputs, training=True)。

此外请注意，检索模型权重的梯度时，不应使用 tape.gradients(loss, model.weights)，而应使用 tape.gradients(loss, model.trainable_weights)。层和模型具有以下两种权重。

  □ **可训练权重**（trainable weight）：通过反向传播对这些权重进行更新，以便将模型损失最小化。比如，Dense 层的核和偏置就是可训练权重。

  □ **不可训练权重**（non-trainable weight）：在前向传播过程中，这些权重所在的层对它们进行更新。如果你想自定义一层，用于记录该层处理了多少个批量，那么这一信息需要存储在一个不可训练权重中。每处理一个批量，该层将计数器加 1。

在 Keras 的所有内置层中，唯一具有不可训练权重的层是 BatchNormalization 层，第 9 章会介绍它。BatchNormalization 层需要使用不可训练权重，以便跟踪关于传入数据的均值和标准差的信息，从而实时进行**特征规范化**（第 6 章介绍过这一概念）。

将这两个细节考虑在内，监督学习的训练步骤如下所示。

```python
def train_step(inputs, targets):
    with tf.GradientTape() as tape:
        predictions = model(inputs, training=True)
        loss = loss_fn(targets, predictions)
    gradients = tape.gradients(loss, model.trainable_weights)
    optimizer.apply_gradients(zip(model.trainable_weights, gradients))
```

7.4.2 指标的低阶用法

在低阶训练循环中，你可能会用到 Keras 指标（无论是自定义指标还是内置指标）。你已经了解了指标 API：只需对每一个目标和预测值组成的批量调用 update_state(y_true, y_pred)，然后使用 result() 查询当前指标值。

```python
metric = keras.metrics.SparseCategoricalAccuracy()
targets = [0, 1, 2]
predictions = [[1, 0, 0], [0, 1, 0], [0, 0, 1]]
metric.update_state(targets, predictions)
current_result = metric.result()
print(f"result: {current_result:.2f}")
```

你可能还需要跟踪某个标量值（比如模型损失）的均值。这可以通过 keras.metrics.Mean 指标来实现。

```python
values = [0, 1, 2, 3, 4]
mean_tracker = keras.metrics.Mean()
for value in values:
    mean_tracker.update_state(value)
print(f"Mean of values: {mean_tracker.result():.2f}")
```

如果想重置当前结果（在一轮训练开始时或评估开始时），记得使用 metric.reset_state()。

7.4.3 完整的训练循环和评估循环

我们将前向传播、反向传播和指标跟踪组合成一个类似于 fit() 的训练步骤函数，如代码清单 7-22 所示。这个函数接收数据和目标组成的批量，并返回由 fit() 进度条显示的日志。

代码清单 7-22　逐步编写训练循环：训练步骤函数

```python
model = get_mnist_model()

loss_fn = keras.losses.SparseCategoricalCrossentropy()    ← 准备损失函数
optimizer = keras.optimizers.RMSprop()    ← 准备优化器
metrics = [keras.metrics.SparseCategoricalAccuracy()]    ← 准备需监控的指标列表
```

```
loss_tracking_metric = keras.metrics.Mean()
```
　　　　　　　　　　　　　　　　　　　　　　　　　　准备 **Mean** 指标跟踪器
　　　　　　　　　　　　　　　　　　　　　　　　　　来跟踪损失均值

```
def train_step(inputs, targets):
    with tf.GradientTape() as tape:
        predictions = model(inputs, training=True)
        loss = loss_fn(targets, predictions)
    gradients = tape.gradient(loss, model.trainable_weights)
    optimizer.apply_gradients(zip(gradients, model.trainable_weights))
```
　　　　　　　　　　　　　　　　　　　运行前向传播。注意，这里
　　　　　　　　　　　　　　　　　　　传入了 **training=True**

　　　　　　　　　　　　　　　　　　　运行反向传播。注意，这里使用了
　　　　　　　　　　　　　　　　　　　model.trainable_weights

```
    logs = {}
    for metric in metrics:
        metric.update_state(targets, predictions)
        logs[metric.name] = metric.result()
```
跟踪指标

```
    loss_tracking_metric.update_state(loss)
    logs["loss"] = loss_tracking_metric.result()
    return logs
```
　　　　　　　　　　　　　　　　　　　跟踪损失均值

　　　　　　返回当前的指标和
　　　　　　损失值

　　在每轮开始时和进行评估之前，我们需要重置指标的状态。有一个实用函数可以实现这项操作，如代码清单 7-23 所示。

代码清单 7-23　逐步编写训练循环：重置指标

```
def reset_metrics():
    for metric in metrics:
        metric.reset_state()
    loss_tracking_metric.reset_state()
```

　　现在我们可以编写完整的训练循环了，如代码清单 7-24 所示。请注意，我们使用 `tf.data.Dataset` 对象将 NumPy 数据转换为一个迭代器，以大小为 32 的批量来迭代数据。

代码清单 7-24　逐步编写训练循环：循环本身

```
training_dataset = tf.data.Dataset.from_tensor_slices(
    (train_images, train_labels))
training_dataset = training_dataset.batch(32)
epochs = 3
for epoch in range(epochs):
    reset_metrics()
    for inputs_batch, targets_batch in training_dataset:
        logs = train_step(inputs_batch, targets_batch)
    print(f"Results at the end of epoch {epoch}")
    for key, value in logs.items():
        print(f"...{key}: {value:.4f}")
```

　　接下来是评估循环：一个简单的 for 循环，重复调用 test_step() 函数，如代码清单 7-25 所示。该函数用于处理一批数据。test_step() 函数只是 train_step() 逻辑的子集。它省略了处理更新模型权重的代码，即所有涉及 GradientTape 和优化器的代码。

代码清单 7-25 逐步编写评估循环

```
def test_step(inputs, targets):
    predictions = model(inputs, training=False)        ← 注意，这里传入了
    loss = loss_fn(targets, predictions)                  training=False

    logs = {}
    for metric in metrics:
        metric.update_state(targets, predictions)
        logs["val_" + metric.name] = metric.result()

    loss_tracking_metric.update_state(loss)
    logs["val_loss"] = loss_tracking_metric.result()
    return logs

val_dataset = tf.data.Dataset.from_tensor_slices((val_images, val_labels))
val_dataset = val_dataset.batch(32)
reset_metrics()
for inputs_batch, targets_batch in val_dataset:
    logs = test_step(inputs_batch, targets_batch)
print("Evaluation results:")
for key, value in logs.items():
    print(f"...{key}: {value:.4f}")
```

恭喜！你刚刚重新实现了 fit() 和 evaluate()，或者说几乎重新实现，因为 fit() 和 evaluate() 还支持更多功能，包括大规模分布式计算，这需要更多的代码。

fit() 和 evaluate() 还包含几项关键的性能优化措施，我们来看其中的一项：TensorFlow 函数编译。

7.4.4 利用 tf.function 加快运行速度

你可能已经注意到，尽管实现了基本相同的逻辑，但自定义循环的运行速度比内置的 fit() 和 evaluate() 要慢很多。这是因为默认情况下，TensorFlow 代码是逐行**急切执行**的，就像 NumPy 代码或常规 Python 代码一样。急切执行让调试代码变得更容易，但从性能的角度来看，它远非最佳。

更高效的做法是，将 TensorFlow 代码编译成**计算图**，对该计算图进行全局优化，这是逐行解释代码所无法实现的。这样做的语法非常简单：对于需要在执行前进行编译的函数，只需添加 @tf.function，如代码清单 7-26 所示。

代码清单 7-26 为评估步骤函数添加 @tf.function 装饰器

```
@tf.function                                        ← 只需更改这一行
def test_step(inputs, targets):                        代码
    predictions = model(inputs, training=False)
    loss = loss_fn(targets, predictions)

    logs = {}
    for metric in metrics:
        metric.update_state(targets, predictions)
        logs["val_" + metric.name] = metric.result()
```

```
        loss_tracking_metric.update_state(loss)
        logs["val_loss"] = loss_tracking_metric.result()
        return logs

val_dataset = tf.data.Dataset.from_tensor_slices((val_images, val_labels))
val_dataset = val_dataset.batch(32)
reset_metrics()
for inputs_batch, targets_batch in val_dataset:
    logs = test_step(inputs_batch, targets_batch)
print("Evaluation results:")
for key, value in logs.items():
    print(f"...{key}: {value:.4f}")
```

在 Colab CPU 上运行评估循环，所需的时间从 1.8 秒缩短为 0.8 秒。速度快多了！

请记住，调试代码时，最好使用急切执行，不要使用 @tf.function 装饰器。这样做有利于跟踪错误。一旦代码可以运行，并且你想加快运行速度，就可以将 @tf.function 装饰器添加到训练步骤和评估步骤中，或者添加到其他对性能至关重要的函数中。

7.4.5 在 `fit()` 中使用自定义训练循环

在前几节中，我们从头开始编写了自定义训练循环。这样做具有最大的灵活性，但需要编写大量代码，同时无法利用 fit() 提供的许多方便的特性，比如回调函数或对分布式训练的支持。

如果想自定义训练算法，但仍想使用 Keras 内置训练逻辑的强大功能，那么要怎么办呢？实际上，在使用 fit() 和从头开始编写训练循环之间存在折中：你可以编写自定义的训练步骤函数，然后让框架完成其余工作。

你可以通过覆盖 Model 类的 train_step() 方法来实现这一点。它是 fit() 对每批数据调用的函数。然后，你就可以像平常一样调用 fit()，它将在后台运行你自定义的学习算法。

下面看一个简单的例子，如代码清单 7-27 所示。

❏ 创建一个新类，它是 keras.Model 的子类。

❏ 覆盖 train_step(self, data) 方法，其内容与 7.4.3 节中的几乎相同。它返回一个字典，将指标名称（包括损失）映射到指标当前值。

❏ 实现 metrics 属性，用于跟踪模型的 Metric 实例。这样模型可以在每轮开始时和调用 evaluate() 时对模型指标自动调用 reset_state()，你不必手动执行此操作。

代码清单 7-27 实现自定义训练步骤，并与 `fit()` 结合使用

```
loss_fn = keras.losses.SparseCategoricalCrossentropy()        ┌─ 这个指标对象用于跟踪训练过程和
loss_tracker = keras.metrics.Mean(name="loss")          ◄────┘   评估过程中每批数据的损失均值

class CustomModel(keras.Model):
    def train_step(self, data):       ◄──  覆盖 train_step()          ┌─ 这里使用 self(inputs,
        inputs, targets = data              方法                       │  training=True)，而不是
        with tf.GradientTape() as tape:                                │  model(inputs, train-
            predictions = self(inputs, training=True)   ◄────────────┤  ing=True)，因为模型就
            loss = loss_fn(targets, predictions)                       │  是类本身
```

```
        gradients = tape.gradient(loss, self.trainable_weights)
        self.optimizer.apply_gradients(zip(gradients, self.trainable_weights))

        loss_tracker.update_state(loss)                    更新损失跟踪器指标，该
        return {"loss": loss_tracker.result()}             指标用于跟踪损失均值

    @property
    def metrics(self):                这里应列出需要         通过查询损失跟踪器指标
        return [loss_tracker]         在不同轮次之间         返回当前的损失均值
                                       进行重置的指标
```

现在我们可以将自定义模型实例化，编译模型（只传入优化器，因为损失已经在模型之外定义），并像平常一样使用 fit() 训练模型。

```
inputs = keras.Input(shape=(28 * 28,))
features = layers.Dense(512, activation="relu")(inputs)
features = layers.Dropout(0.5)(features)
outputs = layers.Dense(10, activation="softmax")(features)
model = CustomModel(inputs, outputs)

model.compile(optimizer=keras.optimizers.RMSprop())
model.fit(train_images, train_labels, epochs=3)
```

有两点需要注意。

❑ 这种方法并不妨碍你使用函数式 API 构建模型。无论是构建序贯模型、函数式模型还是子类化模型，你都可以这样做。

❑ 覆盖 train_step() 时，无须使用 @tf.function 装饰器，框架会帮你完成这一步骤。

接下来，指标怎么处理？如何通过 compile() 配置损失？在调用 compile() 之后，你可以访问以下内容。

❑ self.compiled_loss：传入 compile() 的损失函数。

❑ self.compiled_metrics：传入的指标列表的包装器，它允许调用 self.compiled_metrics.update_state() 来一次性更新所有指标。

❑ self.metrics：传入 compile() 的指标列表。请注意，它还包括一个跟踪损失的指标，类似于之前用 loss_tracking_metric 手动实现的例子。

然后编写下列代码。

```
class CustomModel(keras.Model):
    def train_step(self, data):
        inputs, targets = data
        with tf.GradientTape() as tape:
            predictions = self(inputs, training=True)      利用 self.compiled_
            loss = self.compiled_loss(targets, predictions)  loss 计算损失
        gradients = tape.gradient(loss, self.trainable_weights)
        self.optimizer.apply_gradients(zip(gradients, self.trainable_weights))
        self.compiled_metrics.update_state(targets, predictions)
        return {m.name: m.result() for m in self.metrics}   返回一个字典，将指标
                                                             名称映射为指标当前值
    通过 self.compiled_metrics 更新模型指标
```

我们来试一下。

```
inputs = keras.Input(shape=(28 * 28,))
features = layers.Dense(512, activation="relu")(inputs)
features = layers.Dropout(0.5)(features)
outputs = layers.Dense(10, activation="softmax")(features)
model = CustomModel(inputs, outputs)

model.compile(optimizer=keras.optimizers.RMSprop(),
              loss=keras.losses.SparseCategoricalCrossentropy(),
              metrics=[keras.metrics.SparseCategoricalAccuracy()])
model.fit(train_images, train_labels, epochs=3)
```

本节的信息量很大，但现在你已经掌握了足够多的内容，可以用 Keras 大显神通了。

7.5　本章总结

☐ 基于**渐进式呈现复杂性**的原则，Keras 提供了一系列工作流程。你可以顺畅地将它们组合使用。

☐ 构建模型有 3 种方法：序贯模型、函数式 API 和模型子类化。大多数情况下，可以使用函数式 API。

☐ 要训练和评估模型，最简单的方式是使用默认方法 fit() 和 evaluate()。

☐ Keras 回调函数提供了一种简单方式，可以在调用 fit() 时监控模型，并根据模型状态自动采取行动。

☐ 你也可以通过覆盖 train_step() 方法来完全控制 fit() 的效果。

☐ 除了 fit()，你还可以完全从头开始编写自定义的训练循环。这对研究人员实现全新的训练算法非常有用。

第 8 章

计算机视觉深度学习入门

本章包括以下内容：
☐ 理解卷积神经网络
☐ 使用数据增强来降低过拟合
☐ 使用预训练的卷积神经网络进行特征提取
☐ 微调预训练的卷积神经网络

计算机视觉是深度学习最早也是最重要的成功案例。许多人每天都在使用各种深度视觉模型，比如谷歌照片、谷歌图像搜索、YouTube、相机应用中的视频滤镜、光学字符识别（optical character recognition，OCR）软件等。这些模型也是诸多前沿研究领域的核心，包括自动驾驶、机器人、人工智能辅助医疗诊断、零售自助结账系统，以及自动化农业。

2011 年~2015 年，深度学习就是在计算机视觉领域兴起的。当时，一类叫作**卷积神经网络**（convolutional neural network，简称 convnet）的深度学习模型开始在图像分类比赛中取得非常好的成绩，首先是 Dan Ciresan 赢得了两个小众比赛（2011 年 ICDAR 汉字识别比赛和 2011 年 IJCNN 德国交通标志识别比赛），然后更引人注目的是在 2012 年秋季，Hinton 小组赢得了著名的 ImageNet 大规模视觉识别挑战赛。在其他计算机视觉任务上，很快也出现了许多非常好的结果。

有趣的是，这些早期的成功案例还不足以让深度学习成为当时的主流。过了几年时间，深度学习才成为主流。多年来，计算机视觉研究人员一直在研究神经网络以外的方法，他们还没有准备好仅仅因为出现一种新方法就放弃旧方法。在 2013 年和 2014 年，深度学习仍被许多资深计算机视觉研究人员强烈质疑。直到 2016 年，深度学习才终于成为主流。我记得在 2014 年 2 月，我劝告一位前教授转向深度学习。"它是下一个热门领域！"我说。"嗯，也许只是昙花一现，"他说道。到了 2016 年，他的实验室成员全部都在做深度学习。深度学习的时代已经到来，这是无法阻挡的。

本章将介绍卷积神经网络，它是目前几乎所有计算机视觉应用都在使用的一类深度学习模型。你会学习如何将卷积神经网络应用于图像分类问题，特别是那些训练数据集较小的问题。如果你不是在一家大型科技公司工作，那么这也是最常见的使用场景。

8.1 卷积神经网络入门

我们将深入理解卷积神经网络的原理,以及它为什么在计算机视觉任务上如此成功。我们先来看一个简单的卷积神经网络示例,它用于对 MNIST 数字进行分类。这个任务在第 2 章用密集连接网络做过,当时的测试精度约为 97.8%。虽然这个卷积神经网络很简单,但其精度会超过第 2 章的密集连接模型。

代码清单 8-1 给出了一个简单的卷积神经网络。它是 Conv2D 层和 MaxPooling2D 层的堆叠,你很快就会知道这些层的作用。我们将使用第 7 章介绍过的函数式 API 来构建模型。

代码清单 8-1 实例化一个小型卷积神经网络

```
from tensorflow import keras
from tensorflow.keras import layers
inputs = keras.Input(shape=(28, 28, 1))
x = layers.Conv2D(filters=32, kernel_size=3, activation="relu")(inputs)
x = layers.MaxPooling2D(pool_size=2)(x)
x = layers.Conv2D(filters=64, kernel_size=3, activation="relu")(x)
x = layers.MaxPooling2D(pool_size=2)(x)
x = layers.Conv2D(filters=128, kernel_size=3, activation="relu")(x)
x = layers.Flatten()(x)
outputs = layers.Dense(10, activation="softmax")(x)
model = keras.Model(inputs=inputs, outputs=outputs)
```

重要的是,卷积神经网络接收的输入张量的形状为 (image_height, image_width, image_channels)(不包括批量维度)。本例中,我们设置卷积神经网络处理大小为 (28, 28, 1) 的输入,这正是 MNIST 图像的格式。

我们来看一下这个卷积神经网络的架构,如代码清单 8-2 所示。

代码清单 8-2 显示模型的概述信息

```
>>> model.summary()
Model: "model"
```

Layer (type)	Output Shape	Param #
input_1 (InputLayer)	[(None, 28, 28, 1)]	0
conv2d (Conv2D)	(None, 26, 26, 32)	320
max_pooling2d (MaxPooling2D)	(None, 13, 13, 32)	0
conv2d_1 (Conv2D)	(None, 11, 11, 64)	18496
max_pooling2d_1 (MaxPooling2	(None, 5, 5, 64)	0
conv2d_2 (Conv2D)	(None, 3, 3, 128)	73856
flatten (Flatten)	(None, 1152)	0

```
dense (Dense)                    (None, 10)                  11530
=================================================================
Total params: 104,202
Trainable params: 104,202
Non-trainable params: 0
```

可以看到，每个 Conv2D 层和 MaxPooling2D 层的输出都是一个形状为 (height, width, channels) 的 3 阶张量。宽度和高度这两个维度的尺寸通常会随着模型加深而减小。通道数对应传入 Conv2D 层的第一个参数（32、64 或 128）。

在最后一个 Conv2D 层之后，我们得到了形状为 (3, 3, 128) 的输出，即通道数为 128 的 3×3 特征图。下一步是将这个输出传入密集连接分类器中，即 Dense 层的堆叠，你已经很熟悉了。这些分类器可以处理 1 阶的向量，而当前输出是 3 阶张量。为了让二者匹配，我们先用 Flatten 层将三维输出展平为一维，然后再添加 Dense 层。

最后，我们进行十类别分类，所以最后一层使用带有 10 个输出的 softmax 激活函数。

下面我们在 MNIST 数字上训练这个卷积神经网络。我们将重复使用第 2 章的 MNIST 示例中的很多代码。由于我们要做的是带有 softmax 输出的十类别分类，因此要使用分类交叉熵损失，而且由于标签是整数，因此要使用稀疏分类交叉熵损失 sparse_categorical_crossentropy，如代码清单 8-3 所示。

代码清单 8-3　在 MNIST 图像上训练卷积神经网络

```python
from tensorflow.keras.datasets import mnist

(train_images, train_labels), (test_images, test_labels) = mnist.load_data()
train_images = train_images.reshape((60000, 28, 28, 1))
train_images = train_images.astype("float32") / 255
test_images = test_images.reshape((10000, 28, 28, 1))
test_images = test_images.astype("float32") / 255
model.compile(optimizer="rmsprop",
              loss="sparse_categorical_crossentropy",
              metrics=["accuracy"])
model.fit(train_images, train_labels, epochs=5, batch_size=64)
```

我们在测试数据上评估模型，如代码清单 8-4 所示。

代码清单 8-4　评估卷积神经网络

```python
>>> test_loss, test_acc = model.evaluate(test_images, test_labels)
>>> print(f"Test accuracy: {test_acc:.3f}")
Test accuracy: 0.991
```

在第 2 章中，密集连接模型的测试精度约为 97.8%，而这个简单的卷积神经网络的测试精度达到了 99.1%，错误率降低了约 60%（相对比例）。这相当不错！

但是，与密集连接模型相比，这个简单卷积神经网络的效果为什么这么好？要回答这个问题，我们来深入了解 Conv2D 层和 MaxPooling2D 层的作用。

8.1.1　卷积运算

Dense 层与卷积层的根本区别在于，Dense 层从输入特征空间中学到的是全局模式（比如对于 MNIST 数字，全局模式就是涉及所有像素的模式），而卷积层学到的是局部模式（对于图像来说，局部模式就是在输入图像的二维小窗口中发现的模式），如图 8-1 所示。在上面的示例中，窗口尺寸都是 3×3。

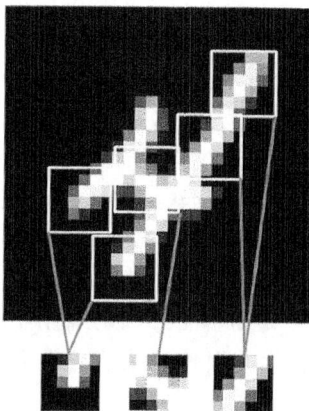

图 8-1　图像可以被分解为局部模式，比如边缘、纹理等

这个重要特性使卷积神经网络具有以下两个有趣的性质。

❑ 卷积神经网络学到的模式具有**平移不变性**（translation invariant）。在图片右下角学到某个模式之后，卷积神经网络可以在任何位置（比如左上角）识别出这个模式。对于密集连接模型来说，如果模式出现在新的位置，它就需要重新学习这个模式。这使得卷积神经网络在处理图像时可以高效地利用数据（因为**视觉世界本质上具有平移不变性**），它只需要更少的训练样本就可以学到具有泛化能力的数据表示。

❑ 卷积神经网络可以学到**模式的空间层次结构**（spatial hierarchies of patterns）。第一个卷积层学习较小的局部模式（比如边缘），第二个卷积层学习由第一层特征组成的更大的模式，以此类推，如图 8-2 所示。这使得卷积神经网络能够有效地学习越来越复杂、越来越抽象的视觉概念，因为**视觉世界本质上具有空间层次结构**。

卷积运算作用于被称为**特征图**（feature map）的 3 阶张量，它有 2 个空间轴（高度和宽度）和 1 个深度轴（也叫通道轴）。对于 RGB 图像，深度轴的维度大小为 3，因为图像有 3 个颜色通道：红色、绿色和蓝色。对于黑白图像（比如 MNIST 数字图像），深度为 1（表示灰度值）。卷积运算从输入特征图中提取图块，并对所有这些图块应用相同的变换，生成**输出特征图**。该输出特征图仍是一个 3 阶张量，它有宽度和高度，深度可以任意取值，因为输出深度是该层的参数。深度轴的不同通道不再像 RGB 那样代表某种颜色，而是代表**滤波器**（filter）。滤波器对输入数据的某一方面进行编码。比如，某个层级较高的滤波器可能编码这样一个概念："输入中包含一张人脸。"

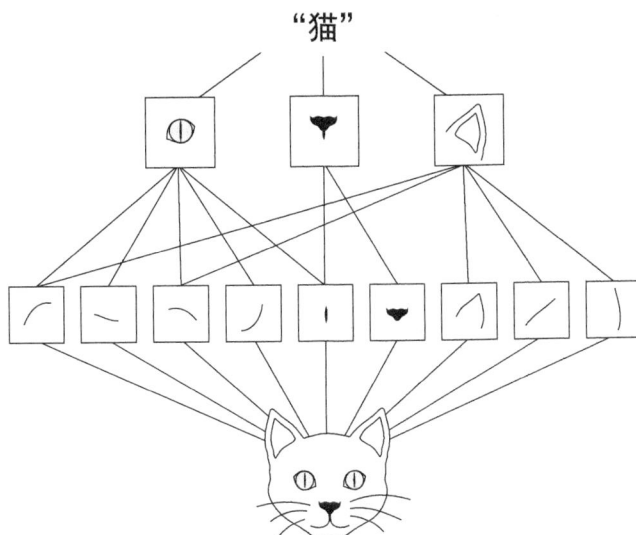

图 8-2 视觉世界形成了视觉模块的空间层次结构：基本的线条和纹理组合成简单对象，
比如眼睛或耳朵。这些简单对象又组合成高级概念，比如"猫"

在 MNIST 示例中，第一个卷积层接收尺寸为 (28, 28, 1) 的特征图，并输出尺寸为
(26, 26, 32) 的特征图，也就是说，它在输入上计算了 32 个滤波器。对于这 32 个输出通道，
每个通道都包含一个 26×26 的数值网格，它是滤波器对输入的**响应图**（response map），表示这
个滤波器模式在输入中不同位置的响应，如图 8-3 所示。

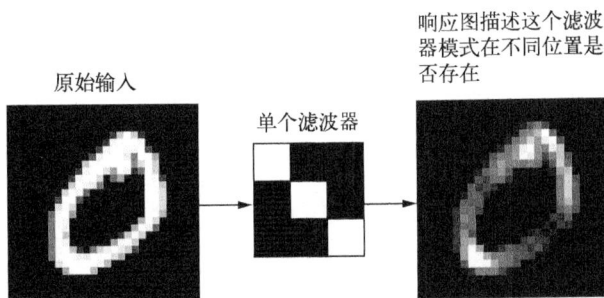

图 8-3 响应图的概念：表示某个模式在输入中不同位置是否存在的二维图

这就是**特征图**这一术语的含义：深度轴上的每个维度都是一个**特征**（滤波器），而 2 阶张量
output[:, :, n] 是这个滤波器在输入上的响应的二维图。

卷积由以下两个关键参数定义。

□ **从输入中提取的图块尺寸**：这些图块尺寸通常是 3×3 或 5×5。本例采用 3×3，这是很
常见的选择。

❑ **输出特征图的深度**：卷积所计算的滤波器的数量。本例第一层的深度为 32，最后一层的深度为 128。

对于 Keras 的 Conv2D 层，这些参数就是向层传入的前几个参数：Conv2D(output_depth, (window_height, window_width))。

卷积的工作原理是这样的：在 3 维输入特征图上**滑动**（slide）这些 3×3 或 5×5 的窗口，在每个可能的位置停下来并提取周围特征的 3 维图块［形状为 (window_height, window_width, input_depth)］。然后将每个这样的 3 维图块与学到的权重矩阵［叫作**卷积核**（convolution kernel），对所有图块都重复使用同一个卷积核］做张量积，使其转换成形状为 (output_depth,) 的 1 维向量。每个图块得到一个向量，然后对所有这些向量进行空间重组，将其转换成形状为 (height, width, output_depth) 的 3 维输出特征图。输出特征图中的每个空间位置都对应输入特征图中的相同位置（比如输出的右下角包含输入右下角的信息）。举个例子，利用 3×3 的窗口，向量 output[i, j, :] 来自于 3 维图块 input[i-1:i+1, j-1:j+1, :]。整个过程详见图 8-4。

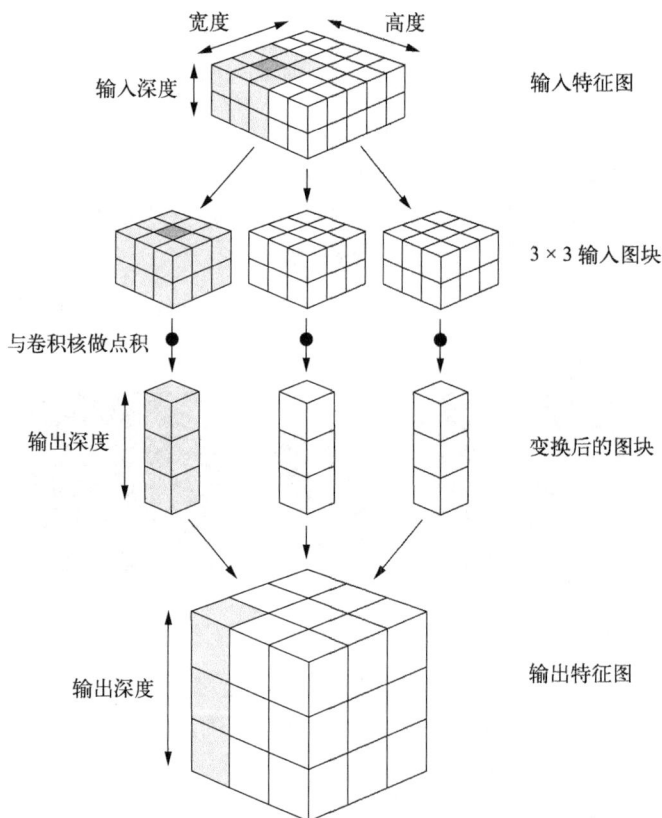

图 8-4 卷积的工作原理

请注意，输出的宽度和高度可能与输入的宽度和高度不同，原因有二：

❑ **边界效应**，这可以通过对输入特征图进行填充来消除；

❑ **步幅**，稍后会给出其定义。

我们来深入了解一下这些概念。

1. 理解边界效应和填充

假设有一张 5×5 的特征图（共 25 个方块），其中只有 9 个方块可以作为中心放入一个 3×3 的窗口。这 9 个方块形成一个 3×3 的网格，如图 8-5 所示。因此，输出特征图的尺寸是 3×3，它比输入缩小了一点，沿着每个维度都刚好减小了 2 个方块。在前面的例子中，你也可以看到这种边界效应：一开始的输入尺寸为 28×28，经过第一个卷积层之后，尺寸变为 26×26。

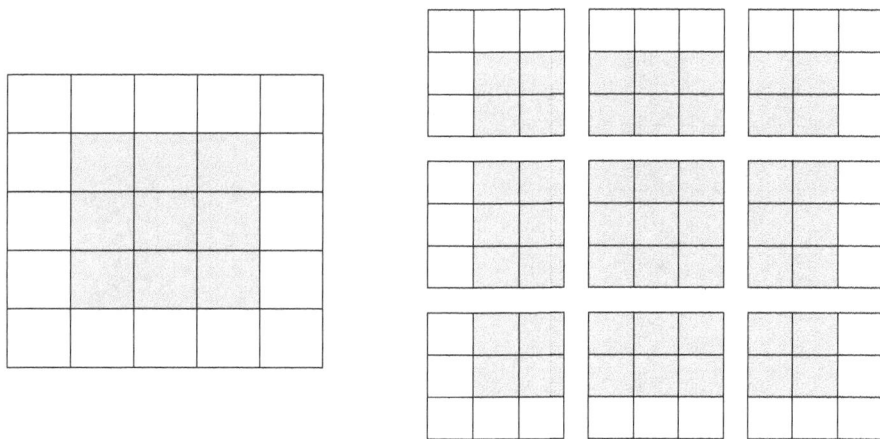

图 8-5　在 5×5 的输入特征图中，可以提取 3×3 图块的有效位置

如果你希望输出特征图的空间尺寸与输入相同，那么可以使用**填充**（padding）。填充是指在输入特征图的每一边添加适当数量的行和列，使得每个输入方块都可以作为卷积窗口的中心。对于 3×3 的窗口，在左右各添加 1 列，在上下各添加 1 行。对于 5×5 的窗口，需要添加 2 行和 2 列，如图 8-6 所示。

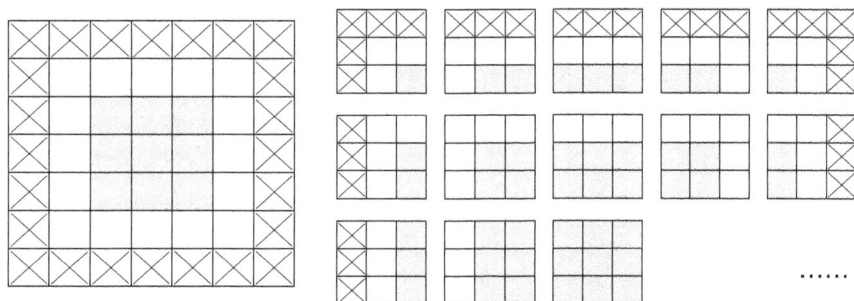

图 8-6　对 5×5 的输入进行填充，以便能够提取出 25 个 3×3 图块

对于 Conv2D 层,可以通过 padding 参数来设置填充。这个参数可以取两个值:"valid" 表示不填充(只使用有效的窗口位置);"same" 表示"填充后输出的宽度和高度与输入相同"。padding 参数的默认值为 "valid"。

2. 理解卷积步幅

影响输出尺寸的另一个因素是**步幅**(stride)。到目前为止,我们对卷积的描述假设卷积窗口的中心方块都是相邻的。但两个连续窗口之间的距离是卷积的一个参数,叫作**步幅**,默认值为 1。也可以使用**步进卷积**(strided convolution),即步幅大于 1 的卷积。在图 8-7 中,你可以看到用步幅为 2 的 3×3 卷积从 5×5 输入中提取的图块(未使用填充)。

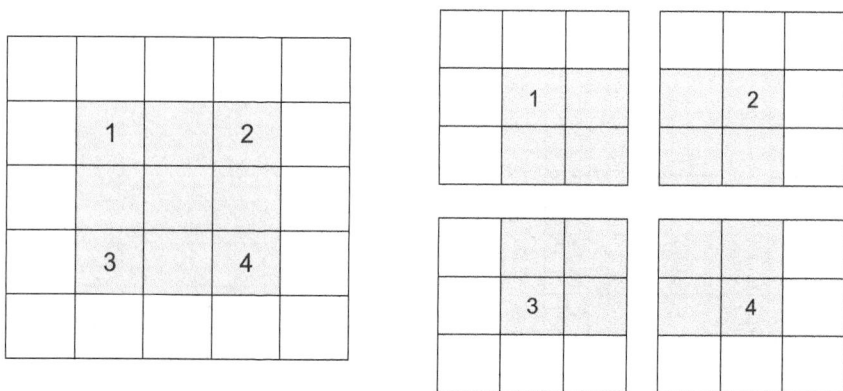

图 8-7　使用 2×2 步幅提取的 3×3 卷积图块

步幅为 2 意味着对特征图的宽度和高度都做了 2 倍下采样(除了边界效应引起的变化)。步进卷积在分类模型中很少使用,但对某些类型的模型可能很有用,你会在第 9 章中看到这一点。

对于分类模型,我们通常不使用步幅,而使用**最大汇聚**(max-pooling)运算来对特征图进行下采样,第一个卷积神经网络示例使用过这个运算。下面我们来深入了解一下。

8.1.2　最大汇聚运算

你可能已经注意到,在卷积神经网络示例的每个 MaxPooling2D 层之后,特征图的尺寸都会减半。例如,在第一个 MaxPooling2D 层之前,特征图的尺寸是 26×26,最大汇聚运算将其减半为 13×13。这就是最大汇聚的作用:主动对特征图进行下采样,与步进卷积类似。

最大汇聚是指从输入特征图中提取窗口,并输出每个通道的最大值。它的概念与卷积类似,但是最大汇聚使用硬编码的 max 张量运算对局部图块进行变换,而不是使用学到的线性变换(卷积核)来进行变换。最大汇聚与卷积的一大区别在于,最大汇聚通常使用 2×2 的窗口和步幅 2,其目的是对特征图进行 2 倍下采样;与此相对,卷积通常使用 3×3 的窗口和步幅 1。

为什么要用这种方法对特征图进行下采样?为什么不删除最大汇聚层,一直保留较大的特征图呢?我们来这样试一下,模型如代码清单 8-5 所示。

代码清单 8-5 一个没有最大汇聚层、结构错误的卷积神经网络

```
inputs = keras.Input(shape=(28, 28, 1))
x = layers.Conv2D(filters=32, kernel_size=3, activation="relu")(inputs)
x = layers.Conv2D(filters=64, kernel_size=3, activation="relu")(x)
x = layers.Conv2D(filters=128, kernel_size=3, activation="relu")(x)
x = layers.Flatten()(x)
outputs = layers.Dense(10, activation="softmax")(x)
model_no_max_pool = keras.Model(inputs=inputs, outputs=outputs)
```

该模型的概述信息如下。

```
>>> model_no_max_pool.summary()
Model: "model_1"
```

Layer (type)	Output Shape	Param #
input_2 (InputLayer)	[(None, 28, 28, 1)]	0
conv2d_3 (Conv2D)	(None, 26, 26, 32)	320
conv2d_4 (Conv2D)	(None, 24, 24, 64)	18496
conv2d_5 (Conv2D)	(None, 22, 22, 128)	73856
flatten_1 (Flatten)	(None, 61952)	0
dense_1 (Dense)	(None, 10)	619530

```
Total params: 712,202
Trainable params: 712,202
Non-trainable params: 0
```

这种架构有以下两个问题。

❑ 这种架构不利于学习特征的空间层级结构。第三层的 3×3 窗口只包含初始输入中 7×7 窗口所包含的信息。卷积神经网络学到的高级模式相对于初始输入来说仍然很小，这可能不足以学会对数字进行分类（你可以试试仅通过 7 像素 ×7 像素的窗口来观察图像并识别其中的数字）。我们需要让最后一个卷积层的特征包含输入的全部信息。

❑ 最后一个特征图对每个样本都有 61 952 个元素（22×22×128=61 952）。这太多了！如果你将特征图展平并在后面添加一个大小为 10 的 Dense 层，那么该层将有超过 50 万个参数。对于这样的小模型来说，这实在是太多了，会导致严重的过拟合。

简而言之，使用下采样的原因，一是减少需要处理的特征图的元素个数，二是通过让连续卷积层的观察窗口越来越大（窗口覆盖原始输入的比例越来越大），从而引入空间滤波器的层级结构。

请注意，最大汇聚不是实现这种下采样的唯一方法。你已经知道，还可以在前一个卷积层中使用步幅来实现。此外，你还可以使用平均汇聚来代替最大汇聚，方法是对每个局部输入图块取各通道的均值，而不是最大值。但最大汇聚的效果往往比这些替代方法更好，原因在于：

特征中往往编码了某种模式或概念在特征图的不同位置是否存在（因此得名**特征图**），观察不同特征的**最大值**而不是**均值**能够给出更多的信息。最合理的子采样策略是，首先生成密集的特征图（利用无步进卷积），然后观察特征在每个小图块上的最大激活值，而不是通过稀疏的窗口观察输入（利用步进卷积）或对输入图块取均值，因为后两种方法可能导致错过或淡化特征是否存在的信息。

现在你应该已经理解了卷积神经网络的基本概念：特征图、卷积和最大汇聚，并且也知道如何构建一个小型卷积神经网络来解决 MNIST 数字分类等简单问题。下面我们将介绍更有用的实际应用。

8.2   在小型数据集上从头开始训练一个卷积神经网络

利用少量数据来训练图像分类模型，这是一种很常见的情况。如果你从事与计算机视觉相关的职业，那么很可能会在实践中遇到这种情况。"少量"样本既可能是几百张图片，也可能是上万张图片。我们来看一个实例——猫狗图片分类，数据集包含 5000 张猫和狗的图片（2500 张猫的图片，2500 张狗的图片）。我们将 2000 张图片用于训练，1000 张用于验证，2000 张用于测试。

本节将介绍解决这个问题的基本方法：使用已有的少量数据从头开始训练一个新模型。首先，我们在 2000 个训练样本上训练一个简单的小型卷积神经网络，不做任何正则化，为模型改进设定一个基准。我们得到的分类精度约为 70%。这时的主要问题是过拟合。然后，我们会使用**数据增强**（data augmentation），它是计算机视觉领域中非常强大的降低过拟合的方法。使用数据增强之后，模型的分类精度将提高到 80% ~ 85%。

8.3 节会介绍将深度学习应用于小型数据集的另外两个重要方法：**使用预训练模型做特征提取**（得到的精度为 97.5%）、**微调预训练模型**（最终精度为 98.5%）。总而言之，这三种方法——从头开始训练一个小模型、使用预训练模型做特征提取、微调预训练模型——构成了你的工具箱，可用于解决小型数据集的图像分类问题。

8.2.1   深度学习对数据量很小的问题的适用性

要训练模型，"样本足够"是相对的，也就是说，"样本足够"是相对于待训练模型的大小和深度而言的。只用几十个样本训练卷积神经网络来解决复杂问题是不可能的，但如果模型很小，并且做了很好的正则化，同时任务非常简单，那么几百个样本可能就足够了。由于卷积神经网络学到的是局部、平移不变的特征，因此它在感知问题上可以高效地利用数据。虽然数据量相对较少，但在非常小的图像数据集上从头开始训练一个卷积神经网络，仍然可以得到不错的结果，而且无须任何自定义的特征工程。你将在本节中看到这种方法的效果。

此外，深度学习模型本质上具有很强的可复用性。比如，已有一个在大规模数据集上训练好的图像分类模型或语音转文本模型，只需稍作修改就能将其复用于完全不同的问题。特别是在计算机视觉领域，许多预训练模型（通常都是在 ImageNet 数据集上训练得到的）现在都可以公开下载，并可用于在数据量很少的情况下构建强大的视觉模型。特征复用是深度学习的一大优势，8.3 节将介绍这一点。

下面我们先来获取数据。

8.2.2　下载数据

本节用到的猫狗分类数据集不包含在 Keras 中。它由 Kaggle 提供，在 2013 年底作为一项计算机视觉竞赛的一部分，当时卷积神经网络还不是主流算法。你可以从 Kaggle 网站下载原始数据集 Dogs vs. Cats（如果没有 Kaggle 账户，你需要注册一个。别担心，注册过程很简单）。此外，你也可以在 Colab 中使用 Kaggle API 来下载数据集（详见下方文本框"在 Google Colaboratory 中下载 Kaggle 数据集"）。

在 Google Colaboratory 中下载 Kaggle 数据集

Kaggle 提供了一个易于使用的 API，可以编写代码下载 Kaggle 托管的数据集。你可以用它将猫狗数据集下载到 Colab 笔记本中。这个 API 包含在 kaggle 包中，kaggle 包已经预先安装在 Colab 上。下载这个数据集非常简单，只需在 Colab 单元格中运行下面这条命令。

```
!kaggle competitions download -c dogs-vs-cats
```

然而，这个 API 的访问仅限于 Kaggle 用户，所以要想运行上述命令，首先需要进行身份验证。kaggle 包会在一个 JSON 文件（位于 ~/.kaggle/kaggle.json）中查找你的登录凭证。我们来创建这个文件。

首先，你需要创建一个 Kaggle API 密钥，并将其下载到本地计算机。只需在浏览器中访问 Kaggle 网站，登录，然后进入 My Account 页面。在账户设置中，找到 API，单击 Create New API Token 按钮将生成一个 kaggle.json 密钥文件，然后将其下载到计算机中。

然后，打开 Colab 笔记本，在笔记本单元格中运行下列代码，将 API 密钥的 JSON 文件上传到 Colab 会话中。

```
from google.colab import files
files.upload()
```

运行这个单元格时，会出现 Choose Files 按钮。单击按钮并选择刚刚下载的 kaggle.json 文件。这样就把文件上传到 Colab 本地运行时。

最后，创建 ~/.kaggle 文件夹（mkdir ~/.kaggle），并将密钥文件复制过去（cp kaggle.json ~/.kaggle/）。作为最佳安全实践，你还应该确保该文件只能由当前用户（也就是你自己）读取（chmod 600）。

```
!mkdir ~/.kaggle
!cp kaggle.json ~/.kaggle/
!chmod 600 ~/.kaggle/kaggle.json
```

现在可以下载我们要使用的数据了。

```
!kaggle competitions download -c dogs-vs-cats
```

第一次尝试下载数据时，你可能会遇到 403 Forbidden 错误。这是因为在下载数据集之前，你需要接受与数据集相关的条款。你需要登录 Kaggle 账户并访问该数据集对应的 Rules 页面，然后单击 I Understand and Accept 按钮。该操作只需完成一次即可。

最后，训练数据是一个名为 train.zip 的压缩文件。请使用静默方式（-qq）解压缩（unzip）。

```
!unzip -qq train.zip
```

这个数据集中的图片都是中等分辨率的彩色 JPEG 图片。图 8-8 给出了一些样本示例。

图 8-8　猫狗分类数据集的一些样本。图像尺寸没有调整，样本具有不同的尺寸、颜色、背景等

不出所料，2013 年猫狗分类 Kaggle 竞赛的优胜者使用的就是卷积神经网络。最佳结果达到了 95% 的精度。本例中，虽然训练模型的数据量不到参赛选手所用数据量的 10%，但结果与这个精度相当接近（参见 8.3 节）。

这个数据集包含 25 000 张猫和狗的图像（每个类别各有 12 500 张），压缩后的大小为 543 MB。下载数据并解压后，我们将创建一个新数据集，其中包含 3 个子集：训练集，每个类别各 1000 个样本；验证集，每个类别各 500 个样本；测试集，每个类别各 1000 个样本。之所以要这样做，是因为在你的职业生涯中，你遇到的许多图像数据集只包含几千个样本，而不是几万个。拥有更多的数据，可以让问题更容易解决，所以使用小型数据集进行学习是很好的做法。

我们要使用的子数据集的目录结构如下所示。

```
cats_vs_dogs_small/        ◁──── 包含 1000 张猫的图像
...train/
......cat/          ◁────
......dog/              ◁──── 包含 1000 张狗的图像
...validation/          ◁──── 包含 500 张猫的图像
......cat/
......dog/          ◁──── 包含 500 张狗的图像
...test/
......cat/          ◁──── 包含 1000 张猫的图像
......dog/
                    ◁──── 包含 1000 张狗的图像
```

我们通过调用几次 shutil 来创建这个子数据集，如代码清单 8-6 所示。

代码清单 8-6　将图像复制到训练目录、验证目录和测试目录

```python
import os, shutil, pathlib            ◁──── 原始数据集的解压目录

original_dir = pathlib.Path("train")            ◁────
new_base_dir = pathlib.Path("cats_vs_dogs_small")   ◁──── 保存较小数据集的目录

def make_subset(subset_name, start_index, end_index):
    for category in ("cat", "dog"):
        dir = new_base_dir / subset_name / category
        os.makedirs(dir)
        fnames = [f"{category}.{i}.jpg"
                  for i in range(start_index, end_index)]
        for fname in fnames:
            shutil.copyfile(src=original_dir / fname,
                            dst=dir / fname)

make_subset("train", start_index=0, end_index=1000)       ◁──── 用每个类别的前 1000 张
                                                                图像创建训练子集
make_subset("validation", start_index=1000, end_index=1500)  ◁──── 用每个类别接下来的 500
                                                                    张图像创建验证子集
make_subset("test", start_index=1500, end_index=2500)     ◁──── 用每个类别接下来的 1000
                                                                张图像创建测试子集
```

一个实用函数，将索引从 **start_index** 到 **end_index** 的猫 / 狗图像复制到子目录 new_base_dir/ {subset_name}/cat（或 /dog）下。**subset_name** 可以是 **"train"**、**"validation"** 或 **"test"**

现在我们有 2000 张训练图像、1000 张验证图像和 2000 张测试图像。在这 3 个集合中，两个类别的样本数相同，所以这是一个均衡的二分类问题，分类精度可作为衡量成功的指标。

8.2.3　构建模型

模型的大致结构与前面第一个示例相同，卷积神经网络由 Conv2D 层（使用 relu 激活函数）和 MaxPooling2D 层交替堆叠而成，如代码清单 8-7 所示。

但因为这里要处理更大的图像和更复杂的问题，所以需要相应地增大模型，增加两个 Conv2D+MaxPooling2D 的组合。这样做既可以增大模型容量，又可以进一步缩小特征图尺寸，

使其在进入 Flatten 层时尺寸不会太大。本例初始输入的尺寸为 180 像素 × 180 像素（这是一个随意的选择），最后在 Flatten 层之前的特征图尺寸为 7×7。

注意　在模型中，特征图的深度逐渐增大（从 32 增大到 128），而特征图的尺寸则逐渐缩小（从 180×180 缩小到 7×7）。几乎所有卷积神经网络都是这种模式。

因为这是一个二分类问题，所以模型的最后一层是使用 sigmoid 激活函数的单个单元（大小为 1 的 Dense 层）。这个单元表示的是模型认为样本属于某个类别的概率。

最后还有一个小区别：模型最开始是一个 Rescaling 层，它将图像输入（初始取值范围是 [0，255] 区间）的取值范围缩放到 [0，1] 区间。

代码清单 8-7　为猫狗分类问题实例化一个小型卷积神经网络

```
from tensorflow import keras
from tensorflow.keras import layers

inputs = keras.Input(shape=(180, 180, 3))
x = layers.Rescaling(1./255)(inputs)
x = layers.Conv2D(filters=32, kernel_size=3, activation="relu")(x)
x = layers.MaxPooling2D(pool_size=2)(x)
x = layers.Conv2D(filters=64, kernel_size=3, activation="relu")(x)
x = layers.MaxPooling2D(pool_size=2)(x)
x = layers.Conv2D(filters=128, kernel_size=3, activation="relu")(x)
x = layers.MaxPooling2D(pool_size=2)(x)
x = layers.Conv2D(filters=256, kernel_size=3, activation="relu")(x)
x = layers.MaxPooling2D(pool_size=2)(x)
x = layers.Conv2D(filters=256, kernel_size=3, activation="relu")(x)
x = layers.Flatten()(x)
outputs = layers.Dense(1, activation="sigmoid")(x)
model = keras.Model(inputs=inputs, outputs=outputs)
```

将输入除以 255，使其缩放至 [0，1] 区间

模型输入应该是尺寸为 180×180 的 RGB 图像

我们来看一下特征图的尺寸如何变化。

```
>>> model.summary()
Model: "model_2"
```

Layer (type)	Output Shape	Param #
input_3 (InputLayer)	[(None, 180, 180, 3)]	0
rescaling (Rescaling)	(None, 180, 180, 3)	0
conv2d_6 (Conv2D)	(None, 178, 178, 32)	896
max_pooling2d_2 (MaxPooling2	(None, 89, 89, 32)	0
conv2d_7 (Conv2D)	(None, 87, 87, 64)	18496

```
max_pooling2d_3 (MaxPooling2  (None, 43, 43, 64)     0

conv2d_8 (Conv2D)             (None, 41, 41, 128)    73856

max_pooling2d_4 (MaxPooling2  (None, 20, 20, 128)    0

conv2d_9 (Conv2D)             (None, 18, 18, 256)    295168

max_pooling2d_5 (MaxPooling2  (None, 9, 9, 256)      0

conv2d_10 (Conv2D)            (None, 7, 7, 256)      590080

flatten_2 (Flatten)           (None, 12544)          0

dense_2 (Dense)               (None, 1)              12545
=================================================================
Total params: 991,041
Trainable params: 991,041
Non-trainable params: 0
```

与前面一样,模型编译将使用 rmsprop 优化器。模型最后一层是单一的 sigmoid 单元,所以我们将使用二元交叉熵作为损失函数,如代码清单 8-8 所示。(提醒一下,第 6 章中的表 6-1 列出了在各种情况下应该使用哪种损失函数。)

代码清单 8-8 配置模型,以进行训练

```
model.compile(loss="binary_crossentropy",
              optimizer="rmsprop",
              metrics=["accuracy"])
```

8.2.4 数据预处理

现在你已经知道,将数据输入模型之前,应该将数据格式化为经过预处理的浮点数张量。当前数据以 JPEG 文件的形式存储在硬盘上,所以数据预处理步骤大致如下。

(1) 读取 JPEG 文件。

(2) 将 JPEG 文件解码为 RGB 像素网格。

(3) 将这些像素网格转换为浮点数张量。

(4) 将这些张量调节为相同大小(本例为 180×180)。

(5) 将数据打包成批量(一个批量包含 32 张图像)。

这些步骤可能看起来有些复杂,但幸运的是,Keras 拥有自动完成这些步骤的工具。具体地说,Keras 包含实用函数 image_dataset_from_directory(),它可以快速建立数据管道,自动将磁盘上的图像文件转换为预处理好的张量批量。下面我们将使用这个函数,如代码清单 8-9 所示。

调用 image_dataset_from_directory(directory),首先会列出 directory 的子目录,并假定每个子目录都包含某一个类别的图像。然后,它会为每个子目录下的图像文件建立索引。最后，它会创建并返回一个 tf.data.Dataset 对象，用于读取这些文件、打乱其顺序、将其调节为相同大小并打包成批量。

代码清单 8-9 使用 image_dataset_from_directory() 读取图像

```
from tensorflow.keras.utils import image_dataset_from_directory

train_dataset = image_dataset_from_directory(
    new_base_dir / "train",
    image_size=(180, 180),
    batch_size=32)
validation_dataset = image_dataset_from_directory(
    new_base_dir / "validation",
    image_size=(180, 180),
    batch_size=32)
test_dataset = image_dataset_from_directory(
    new_base_dir / "test",
    image_size=(180, 180),
    batch_size=32)
```

理解 TensorFlow Dataset 对象

TensorFlow 提供了 tf.data API，用于为机器学习模型创建高效的输入管道，其中最重要的类是 tf.data.Dataset。

Dataset 对象是一个迭代器，你可以在 for 循环中使用它。它通常会返回由输入数据和标签组成的批量。你可以将 Dataset 对象直接传入 Keras 模型的 fit() 方法中。

幸好 Dataset 类实现了许多重要功能，否则自己实现起来会很麻烦，特别是异步数据预取（在模型处理前一批数据时，预处理下一批数据，从而保持执行流畅而不中断）。

Dataset 类还拥有一个用于修改数据集的函数式 API。下面来看一个简单的例子：利用一个随机 NumPy 数组创建 Dataset 实例。我们将使用 1000 个样本，每个样本是大小为 16 的向量。

```
import numpy as np
import tensorflow as tf
random_numbers = np.random.normal(size=(1000, 16))
dataset = tf.data.Dataset.from_tensor_slices(random_numbers)
```

> from_tensor_slices() 这个类方法可以利用 NumPy 数组或 NumPy 数组的元组或字典来创建一个 Dataset

一开始，数据集只会生成单个样本：

```
>>> for i, element in enumerate(dataset):
>>>     print(element.shape)
>>>     if i >= 2:
>>>         break
(16,)
(16,)
(16,)
```

我们可以用 `.batch()` 方法来批量生成数据：

```
>>> batched_dataset = dataset.batch(32)
>>> for i, element in enumerate(batched_dataset):
>>>     print(element.shape)
>>>     if i >= 2:
>>>         break
(32, 16)
(32, 16)
(32, 16)
```

更一般地说，我们可以使用许多有用的 dataset 方法，举例如下。

❑ `.shuffle(buffer_size)`：打乱缓冲区元素。

❑ `.prefetch(buffer_size)`：将缓冲区元素预取到 GPU 内存中，以提高设备利用率。

❑ `.map(callable)`：对数据集的每个元素进行某项变换（函数 callable 的输入是数据集生成的单个元素）。

`.map()` 方法很常用。我们来看一个例子：利用这一方法将数据集元素的形状由 `(16,)` 变为 `(4, 4)`。

```
>>> reshaped_dataset = dataset.map(lambda x: tf.reshape(x, (4, 4)))
>>> for i, element in enumerate(reshaped_dataset):
>>>     print(element.shape)
>>>     if i >= 2:
>>>         break
(4, 4)
(4, 4)
(4, 4)
```

你会在本章中见到 `.map()` 的更多示例。

8

对于本示例，我们来看其中一个 Dataset 对象的输出，如代码清单 8-10 所示。它生成了由 180×180 的 RGB 图像［形状为 `(32, 180, 180, 3)`］和整数标签［形状为 `(32,)`］组成的批量。每个批量包含 32 个样本（批量大小）。

代码清单 8-10 显示 Dataset 生成的数据和标签的形状

```
>>> for data_batch, labels_batch in train_dataset:
>>>     print("data batch shape:", data_batch.shape)
>>>     print("labels batch shape:", labels_batch.shape)
>>>     break
data batch shape: (32, 180, 180, 3)
labels batch shape: (32,)
```

下面我们在数据集上拟合模型，如代码清单 8-11 所示。我们将使用 fit() 方法的 validation_data 参数来监控模型在另一个 Dataset 对象上的验证指标。

请注意，我们还将使用 ModelCheckpoint 回调函数，在每轮过后保存模型。我们将指定文件的保存路径，并设置参数 save_best_only=True 和 monitor="val_loss"。这两个参数的作用是，只有当 val_loss 指标的当前值低于训练过程之前的所有值时，回调函数才会保存一个新文件（覆盖之前的文件）。这样做可以保证保存的文件始终包含最佳训练轮次的模型状态，即在验证数据上取得最佳性能的模型状态。因此，如果出现过拟合，我们不必用较少的轮数重新训练一个新模型，只需重新加载已保存的文件。

代码清单 8-11 利用 Dataset 拟合模型

```
callbacks = [
    keras.callbacks.ModelCheckpoint(
        filepath="convnet_from_scratch.keras",
        save_best_only=True,
        monitor="val_loss")
]
history = model.fit(
    train_dataset,
    epochs=30,
    validation_data=validation_dataset,
    callbacks=callbacks)
```

我们来绘制训练过程中模型在训练数据和验证数据上的精度曲线和损失曲线，如代码清单 8-12 和图 8-9 所示。

代码清单 8-12 绘制训练过程中的精度曲线和损失曲线

```
import matplotlib.pyplot as plt
accuracy = history.history["accuracy"]
val_accuracy = history.history["val_accuracy"]
loss = history.history["loss"]
val_loss = history.history["val_loss"]
epochs = range(1, len(accuracy) + 1)
plt.plot(epochs, accuracy, "bo", label="Training accuracy")
plt.plot(epochs, val_accuracy, "b", label="Validation accuracy")
plt.title("Training and validation accuracy")
plt.legend()
plt.figure()
plt.plot(epochs, loss, "bo", label="Training loss")
plt.plot(epochs, val_loss, "b", label="Validation loss")
plt.title("Training and validation loss")
plt.legend()
plt.show()
```

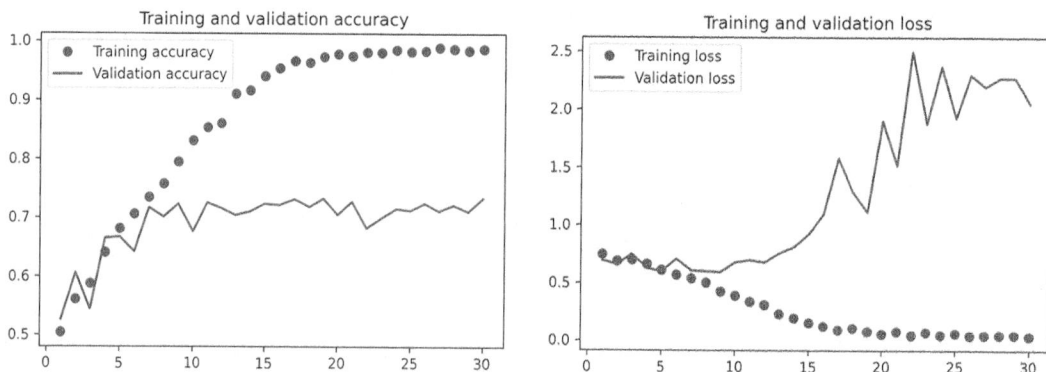

图 8-9 简单卷积神经网络的训练指标和验证指标

从图 8-9 中可以看出过拟合的特征。训练精度随时间线性增加，直到接近 100%，而验证精度的最大值只有 75%。验证损失在仅 10 轮之后就达到最小值，然后在一段时间内变化不大，而训练损失则随着训练的进行一直线性减小。

下面来看一下测试精度。我们从已保存的文件中重新加载模型来评估，因为该文件对应开始过拟合之前的模型，如代码清单 8-13 所示。

代码清单 8-13 在测试集上评估模型

```
test_model = keras.models.load_model("convnet_from_scratch.keras")
test_loss, test_acc = test_model.evaluate(test_dataset)
print(f"Test accuracy: {test_acc:.3f}")
```

我们得到的测试精度为 69.5%。（由于神经网络初始化的随机性，你得到的结果可能会有不到 1% 的差距。）

由于训练样本相对较少（2000 个），因此过拟合是我们最关心的问题。前面已经介绍过几种降低过拟合的方法，比如 dropout 正则化和权重衰减（L2 正则化）。下面介绍一种针对计算机视觉领域的新方法。在用深度学习模型处理图像时几乎普遍使用这种方法，它就是**数据增强**。

8.2.5 使用数据增强

过拟合的原因在于学习样本太少，导致无法训练出能够泛化到新数据的模型。如果拥有无限的数据，模型能够观察到数据分布的所有内容，那么永远不会出现过拟合。数据增强是指从现有的训练样本中生成更多的训练数据，做法是利用一些能够生成可信图像的随机变换来**增强**（augment）样本。数据增强的目标是，模型在训练时不会两次查看完全相同的图片。这有助于模型观察到数据的更多内容，从而具有更强的泛化能力。

在 Keras 中，具体实现方法是一开始就为模型添加一些**数据增强层**。我们来看一个例子，下面这个序贯模型包含几个连续的随机图像变换，如代码清单 8-14 所示。在模型中，我们将数据增强代码块放在 Rescaling 层之前。

代码清单 8-14 定义一个数据增强代码块，以便将其添加到图像模型中

```
data_augmentation = keras.Sequential(
    [
        layers.RandomFlip("horizontal"),
        layers.RandomRotation(0.1),
        layers.RandomZoom(0.2),
    ]
)
```

这里只列出了几种可用的数据增强层（更多内容详见 Keras 文档）。我们来快速了解一下。

❑ RandomFlip("horizontal")：将水平翻转应用于随机抽取的 50% 的图像。

❑ RandomRotation(0.1)：将输入图像在 [−10%, +10%] 的范围随机旋转（这个范围是相对于整个圆的比例，用角度表示的话，范围是 [−36°，+36°]）。

❑ RandomZoom(0.2)：放大或缩小图像，缩放比例在 [−20%, +20%] 范围内随机取值。

我们来看一下增强后的图像，如代码清单 8-15 和图 8-10 所示。

代码清单 8-15   随机显示几张增强后的训练图像

```
plt.figure(figsize=(10, 10))
for images, _ in train_dataset.take(1):          ←    take(N) 可以从数据集中仅抽取
    for i in range(9):                                 N 个批量。这相当于在第 N 个批
        augmented_images = data_augmentation(images)    量后在循环中插入 break
        ax = plt.subplot(3, 3, i + 1)
        plt.imshow(augmented_images[0].numpy().astype("uint8"))    ←
        plt.axis("off")
```

将数据增强代码块应用于图像批量 →

显示输出批量中的第一张图像。在 9 次迭代中，
这都是对同一张图像的不同增强

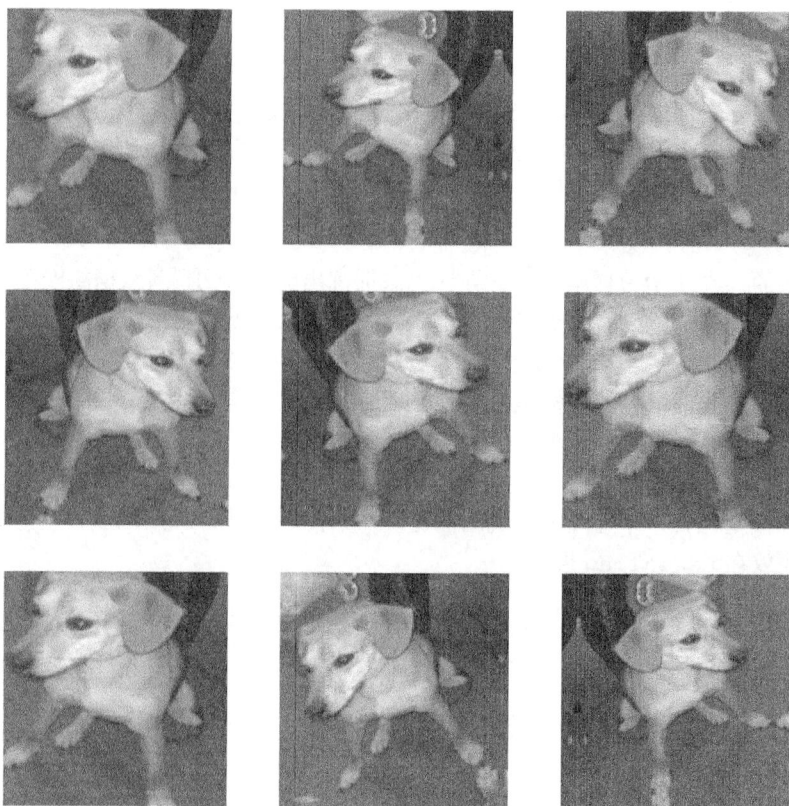

图 8-10   通过随机数据增强生成一只乖乖狗的不同照片

如果使用这种数据增强技巧来训练新模型，那么模型将永远不会两次看到同样的输入。但模型看到的输入仍然是高度相关的，因为这些输入都来自于少量的原始图像。我们无法生成新信息，只能将现有信息重新组合。因此，这种方法可能不足以完全消除过拟合。为了进一步降低过拟合，我们还会在模型的密集连接分类器之前添加一个 Dropout 层，如代码清单 8-16 所示。

关于随机图像增强层，你应该知道一点：就像 Dropout 层一样，它在推断过程中（调用 predict() 或 evaluate() 时）是不起作用的。在评估过程中，模型的表现与不采用数据增强和 dropout 时一样。

代码清单 8-16 定义一个包含数据增强和 dropout 的新卷积神经网络

```
inputs = keras.Input(shape=(180, 180, 3))
x = data_augmentation(inputs)
x = layers.Rescaling(1./255)(x)
x = layers.Conv2D(filters=32, kernel_size=3, activation="relu")(x)
x = layers.MaxPooling2D(pool_size=2)(x)
x = layers.Conv2D(filters=64, kernel_size=3, activation="relu")(x)
x = layers.MaxPooling2D(pool_size=2)(x)
x = layers.Conv2D(filters=128, kernel_size=3, activation="relu")(x)
x = layers.MaxPooling2D(pool_size=2)(x)
x = layers.Conv2D(filters=256, kernel_size=3, activation="relu")(x)
x = layers.MaxPooling2D(pool_size=2)(x)
x = layers.Conv2D(filters=256, kernel_size=3, activation="relu")(x)
x = layers.Flatten()(x)
x = layers.Dropout(0.5)(x)
outputs = layers.Dense(1, activation="sigmoid")(x)
model = keras.Model(inputs=inputs, outputs=outputs)

model.compile(loss="binary_crossentropy",
              optimizer="rmsprop",
              metrics=["accuracy"])
```

我们来训练这个使用了数据增强和 dropout 的模型，如代码清单 8-17 所示。因为预计在训练过程中过拟合会较迟出现，所以我们将训练约 3 倍的轮数，即 100 轮。

代码清单 8-17 训练一个正则化的卷积神经网络

```
callbacks = [
    keras.callbacks.ModelCheckpoint(
        filepath="convnet_from_scratch_with_augmentation.keras",
        save_best_only=True,
        monitor="val_loss")
]
history = model.fit(
    train_dataset,
    epochs=100,
    validation_data=validation_dataset,
    callbacks=callbacks)
```

我们再次绘制结果，如图 8-11 所示。使用了数据增强和 dropout 之后，模型出现过拟合的时间要晚得多，大约在第 60 ~ 70 轮（与此相对，原始模型在第 10 轮就出现过拟合）。验证精度最终保持在 80% ~ 85% 的范围内，与第一次尝试相比有了很大的改进。

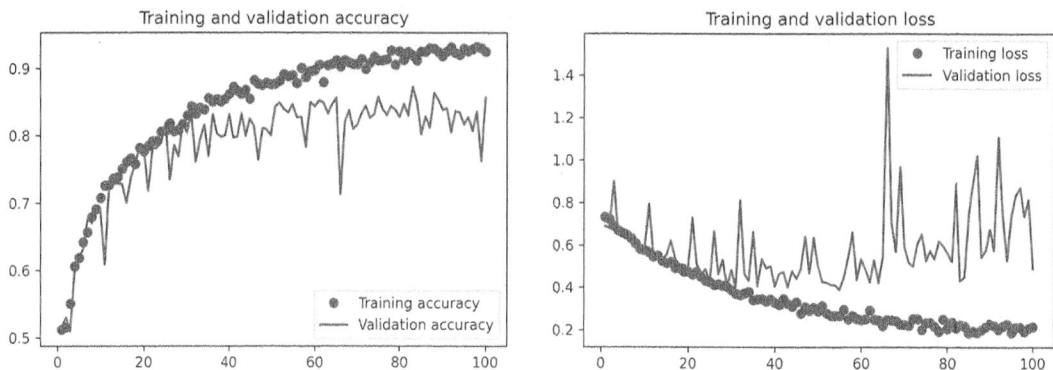

图 8-11 使用数据增强后的训练指标和验证指标

我们来看一下测试精度，如代码清单 8-18 所示。

代码清单 8-18 在测试集上评估模型

```
test_model = keras.models.load_model(
    "convnet_from_scratch_with_augmentation.keras")
test_loss, test_acc = test_model.evaluate(test_dataset)
print(f"Test accuracy: {test_acc:.3f}")
```

测试精度为 83.5%。看起来相当不错！如果你用的是 Colab，请一定要下载已保存的文件（convnet_from_scratch_with_augmentation.keras），因为第 9 章会用它来做一些实验。

通过进一步调节模型配置（比如每个卷积层的滤波器数量或者模型层数），我们可以得到更高的精度，可能达到 90%。但事实证明，仅通过从头开始训练自己的卷积神经网络，再想提高精度十分困难，因为可用的数据太少了。要想在这个问题上进一步提高精度，我们需要使用预训练模型，这是 8.3 节的重点。

8.3 使用预训练模型

在小型图像数据集上做深度学习，一种常用且非常有效的方法是使用预训练模型。**预训练模型**（pretrained model）是指之前在大型数据集（通常是大规模图像分类任务）上训练好的模型。如果这个原始数据集足够大且足够通用，那么预训练模型学到的特征的空间层次结构可以有效地作为视觉世界的通用模型，因此这些特征可用于各种计算机视觉问题，即使这些新问题涉及的类别与原始任务完全不同。举个例子，你在 ImageNet 上训练了一个模型（其类别主要是动物和日常物品），然后可以将这个训练好的模型重新应用于某个不相干的任务，比如识别图像中的家具。与许多早期浅层学习方法相比，这种学到的特征在不同问题之间的可移植性是深度学习的重要优势，它使得深度学习对数据量很小的问题非常有效。

本例中，我们将使用一个在 ImageNet 数据集上训练好的大型卷积神经网络。ImageNet 有140 万张标记图像和 1000 个类别，其中包含许多动物类别，比如不同品种的猫和狗，因此可以预计它在猫狗分类问题上会有很好的表现。

我们将使用 VGG16 架构,它由 Karen Simonyan 和 Andrew Zisserman 于 2014 年开发[1]。虽然 VGG16 是一个比较旧的模型,其性能远不如当前最先进的模型,而且还比许多新模型更复杂,但之所以选择它,是因为它的架构与你已经熟悉的架构很相似,无须引入新概念就可以让你很好地理解。这可能是你第一次遇到这种奇怪的模型名称——VGG、ResNet、Inception、Xception 等。你会习惯这些名称的,因为如果你继续用深度学习完成计算机视觉任务,那么会经常和它们打交道。

使用预训练模型有两种方法:**特征提取**和**微调模型**。两种方法都会介绍。首先来看特征提取。

8.3.1 使用预训练模型做特征提取

特征提取是指,利用之前训练好的模型学到的表示,从新样本中提取出有趣的特征,然后将这些特征输入一个新的分类器,从头开始训练这个分类器。

如前所述,用于图像分类的卷积神经网络分为两部分:首先是一系列汇聚层和卷积层,然后是一个密集连接分类器。第一部分叫作模型的**卷积基**(convolutional base)。对于卷积神经网络而言,特征提取就是取出之前训练好的网络的卷积基,在上面运行新数据,然后在输出上训练一个新的分类器,如图 8-12 所示。

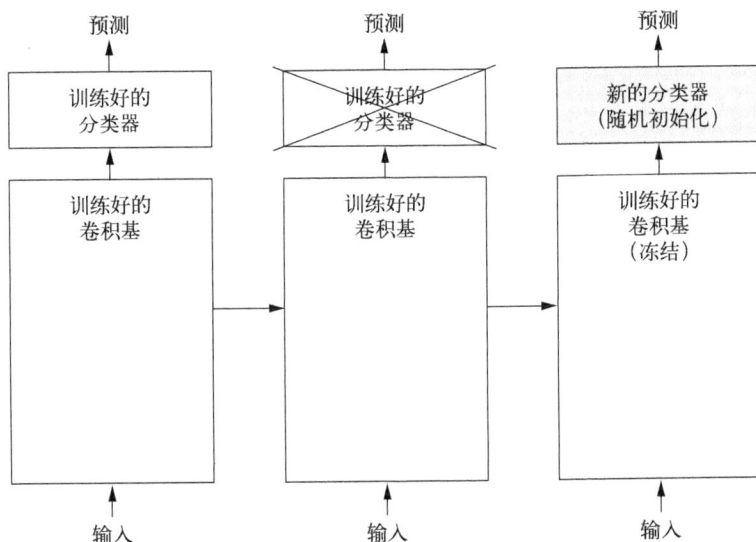

图 8-12 保持卷积基不变,改变分类器

为什么只重复使用卷积基?我们能不能也重复使用密集连接分类器?一般来说,应该避免这样做。原因在于卷积基学到的表示可能更通用,因此更适合重复使用。卷积神经网络的特征图表示某个一般概念在图片中是否存在,无论是什么计算机视觉问题,这种特征图可能都很

① Karen Simonyan, Andrew Zisserman. Very Deep Convolutional Networks for Large-Scale Image Recognition. arXiv, 2014.

有用。然而，分类器学到的表示必然是针对于模型训练的特定类别，其中仅包含整张图片中某个类别是否存在的概率信息。此外，密集连接层学到的表示不再包含物体在输入图像中的位置信息，它舍弃了空间的概念，而卷积特征图仍然包含物体的位置信息。如果物体位置对问题很重要，那么密集连接层的特征多半是没有价值的。

请注意，某个卷积层提取的表示的通用性（以及可复用性）取决于该层在模型中的深度。模型中较早添加的层提取的是局部、高度通用的特征图（比如视觉边缘、颜色和纹理），而较晚添加的层提取的是更加抽象的概念（比如"猫耳朵"或"狗眼睛"）。因此，如果新数据集与原始模型的训练数据集有很大差异，那么最好只使用原始模型的前几层来做特征提取，而不是使用整个卷积基。

本例中，ImageNet 的类别包含许多狗和猫的品种，所以重复使用原始模型密集连接层中所包含的信息可能很有用。但我们选择不这样做，以便涵盖更一般的情况，即新问题的类别与原始模型的类别没有交集的情况。我们来实践一下，使用在 ImageNet 上训练的 VGG16 网络的卷积基从猫狗图像中提取有趣的特征，然后利用这些特征训练一个猫狗分类器。

VGG16 等很多模型内置于 Keras 中，可以从 keras.applications 模块中导入。keras.applications 中还包含许多其他图像分类模型（都是在 ImageNet 数据集上预训练得到的），举例如下：

❑ Xception

❑ ResNet

❑ MobileNet

❑ EfficientNet

❑ DenseNet

我们将 VGG16 卷积基实例化，如代码清单 8-19 所示。

代码清单 8-19　将 VGG16 卷积基实例化

```
conv_base = keras.applications.vgg16.VGG16(
    weights="imagenet",
    include_top=False,
    input_shape=(180, 180, 3))
```

这里向构造函数传入了 3 个参数。

❑ weights 指定模型初始化的权重检查点。

❑ include_top 指定是否包含密集连接分类器。默认情况下，这个密集连接分类器对应 ImageNet 的 1000 个类别。由于我们打算使用自己的密集连接分类器（只有 cat 和 dog 这两个类别），因此不需要包含它。

❑ input_shape 是输入模型的图像张量的形状。这个参数完全是可选的。如果不传入这个参数，那么模型能够处理任意形状的输入。这里我们传入这个参数，以便直观地观察特征图的尺寸如何随着每个新的卷积层和汇聚层而减小（见下面的架构）。

VGG16 卷积基的详细架构如下所示。它与你已经熟悉的简单卷积神经网络很相似。

```
>>> conv_base.summary()
Model: "vgg16"

Layer (type)                    Output Shape               Param #
=================================================================
input_19 (InputLayer)           [(None, 180, 180, 3)]      0

block1_conv1 (Conv2D)           (None, 180, 180, 64)       1792

block1_conv2 (Conv2D)           (None, 180, 180, 64)       36928

block1_pool (MaxPooling2D)      (None, 90, 90, 64)         0

block2_conv1 (Conv2D)           (None, 90, 90, 128)        73856

block2_conv2 (Conv2D)           (None, 90, 90, 128)        147584

block2_pool (MaxPooling2D)      (None, 45, 45, 128)        0

block3_conv1 (Conv2D)           (None, 45, 45, 256)        295168

block3_conv2 (Conv2D)           (None, 45, 45, 256)        590080

block3_conv3 (Conv2D)           (None, 45, 45, 256)        590080

block3_pool (MaxPooling2D)      (None, 22, 22, 256)        0

block4_conv1 (Conv2D)           (None, 22, 22, 512)        1180160

block4_conv2 (Conv2D)           (None, 22, 22, 512)        2359808

block4_conv3 (Conv2D)           (None, 22, 22, 512)        2359808

block4_pool (MaxPooling2D)      (None, 11, 11, 512)        0

block5_conv1 (Conv2D)           (None, 11, 11, 512)        2359808

block5_conv2 (Conv2D)           (None, 11, 11, 512)        2359808

block5_conv3 (Conv2D)           (None, 11, 11, 512)        2359808

block5_pool (MaxPooling2D)      (None, 5, 5, 512)          0
=================================================================
Total params: 14,714,688
Trainable params: 14,714,688
Non-trainable params: 0
```

最终特征图的形状为 (5, 5, 512)。我们将在这个特征图上添加一个密集连接分类器。
这一步有以下两种方法可供选择。

❑ 在我们的数据集上运行卷积基，将输出保存为 NumPy 数组，并保存在硬盘上，然后将
　这个数组输入到一个独立的密集连接分类器中（与第 4 章介绍的内容类似）。这种方法

速度快，计算代价低，因为对于每张输入图像只需运行一次卷积基，而卷积基是当前流程中计算代价最高的。但出于同样的原因，这种方法无法使用数据增强。

❑ 在已有模型（conv_base）上添加 Dense 层，并在输入数据上端到端地运行整个模型。这样就可以使用数据增强，因为每张输入图像进入模型时都会经过卷积基。但出于同样的原因，这种方法的计算代价比第一种要高很多。

以下分别介绍这两种方法。首先来看第一种方法：将 conv_base 在数据上的输出保存下来，然后将这些输出作为新模型的输入。

1. 不使用数据增强的快速特征提取

我们将在训练集、验证集和测试集上调用 conv_base 模型的 predict() 方法，将特征提取为 NumPy 数组。

我们来遍历数据集，提取 VGG16 的特征和对应的标签，如代码清单 8-20 所示。

代码清单 8-20　提取 VGG16 的特征和对应的标签

```
import numpy as np

def get_features_and_labels(dataset):
    all_features = []
    all_labels = []
    for images, labels in dataset:
        preprocessed_images = keras.applications.vgg16.preprocess_input(images)
        features = conv_base.predict(preprocessed_images)
        all_features.append(features)
        all_labels.append(labels)
    return np.concatenate(all_features), np.concatenate(all_labels)

train_features, train_labels = get_features_and_labels(train_dataset)
val_features, val_labels = get_features_and_labels(validation_dataset)
test_features, test_labels = get_features_and_labels(test_dataset)
```

重要的是，predict() 只接收图像作为输入，不接收标签，但当前数据集生成的批量既包含图像又包含标签。此外，VGG16 模型的输入需要先使用函数 keras.applications.vgg16.preprocess_input 进行预处理。这个函数的作用是将像素值缩放到合适的范围内。

提取的特征形状为（samples, 5, 5, 512）。

```
>>> train_features.shape
(2000, 5, 5, 512)
```

接下来，我们可以定义密集连接分类器（注意使用 dropout 正则化），并在刚刚保存的数据和标签上训练这个分类器，如代码清单 8-21 所示。

代码清单 8-21　定义并训练密集连接分类器

```
inputs = keras.Input(shape=(5, 5, 512))
x = layers.Flatten()(inputs)          ←——  请注意，将特征传入 Dense 层之前，
x = layers.Dense(256)(x)                    需要先经过 Flatten 层
x = layers.Dropout(0.5)(x)
```

```
outputs = layers.Dense(1, activation="sigmoid")(x)
model = keras.Model(inputs, outputs)

model.compile(loss="binary_crossentropy",
              optimizer="rmsprop",
              metrics=["accuracy"])

callbacks = [
    keras.callbacks.ModelCheckpoint(
        filepath="feature_extraction.keras",
        save_best_only=True,
        monitor="val_loss")
]
history = model.fit(
    train_features, train_labels,
    epochs=20,
    validation_data=(val_features, val_labels),
    callbacks=callbacks)
```

训练速度非常快，因为只需要处理两个 Dense 层。即使在 CPU 上运行，每轮的时间也不到 1 秒。

我们来看一下训练过程中的精度曲线和损失曲线，如代码清单 8-22 和图 8-13 所示。

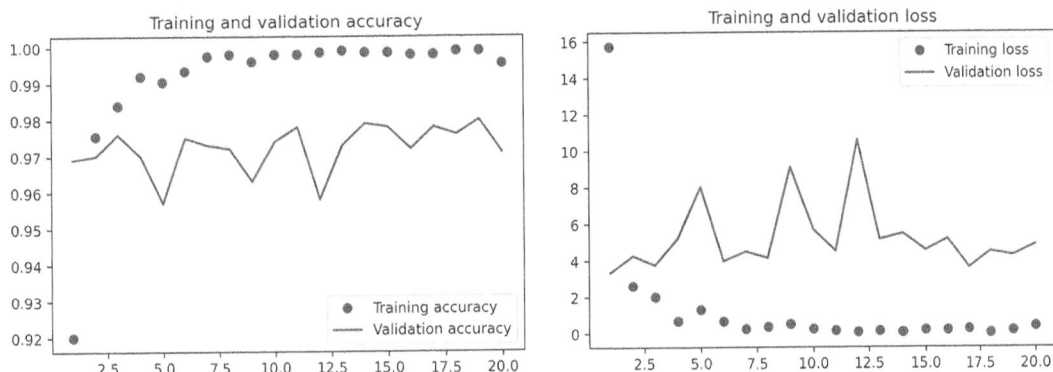

图 8-13 使用简单特征提取后的训练指标和验证指标

代码清单 8-22 绘制结果

```
import matplotlib.pyplot as plt
acc = history.history["accuracy"]
val_acc = history.history["val_accuracy"]
loss = history.history["loss"]
val_loss = history.history["val_loss"]
epochs = range(1, len(acc) + 1)
plt.plot(epochs, acc, "bo", label="Training accuracy")
plt.plot(epochs, val_acc, "b", label="Validation accuracy")
plt.title("Training and validation accuracy")
plt.legend()
```

```
plt.figure()
plt.plot(epochs, loss, "bo", label="Training loss")
plt.plot(epochs, val_loss, "b", label="Validation loss")
plt.title("Training and validation loss")
plt.legend()
plt.show()
```

验证精度达到约 97%，比 8.2 节从头开始训练的小模型要高得多。但这种对比有失公平，因为 ImageNet 包含许多狗和猫的样本，也就是说，我们的预训练模型已经拥有完成当前任务所需的知识。在使用预训练的特征时，情况并非总是如此。

然而，从图 8-13 中也可以看出，尽管 dropout 比率很大，但模型几乎从一开始就出现过拟合。这是因为这种方法没有使用数据增强，而数据增强对防止小型图像数据集的过拟合非常重要。

2. 使用数据增强的特征提取

下面我们来看特征提取的第二种方法。它的速度更慢，计算代价更高，但在训练过程中可以使用数据增强。这种方法就是将 conv_base 与一个新的密集分类器连接起来以创建一个新模型，然后在输入数据上端到端地训练这个模型。

为了实现这一方法，首先要**冻结卷积基**。冻结一层或多层，是指在训练过程中保持其权重不变。如果不这样做，那么卷积基之前学到的表示将会在训练过程中被修改。因为其上添加的 Dense 层是随机初始化的，所以在神经网络中传播的权重更新将非常大，会对之前学到的表示造成很大破坏。

在 Keras 中，冻结某层或模型的方法是将其 trainable 属性设为 False，如代码清单 8-23 所示。

代码清单 8-23　将 VGG16 卷积基实例化并冻结

```
conv_base = keras.applications.vgg16.VGG16(
    weights="imagenet",
    include_top=False)
conv_base.trainable = False
```

将 trainable 设为 False，这将清空该层或模型的可训练权重列表，如代码清单 8-24 所示。

代码清单 8-24　打印冻结前后的可训练权重列表

```
>>> conv_base.trainable = True
>>> print("This is the number of trainable weights "
        "before freezing the conv base:", len(conv_base.trainable_weights))
This is the number of trainable weights before freezing the conv base: 26
>>> conv_base.trainable = False
>>> print("This is the number of trainable weights "
        "after freezing the conv base:", len(conv_base.trainable_weights))
This is the number of trainable weights after freezing the conv base: 0
```

现在我们可以创建一个新模型，将以下三部分连接起来，如代码清单 8-25 所示。

(1) 一个数据增强代码块

(2) 已冻结的卷积基

(3) 一个密集连接分类器

代码清单 8-25　在卷积基上添加数据增强代码块和分类器

```
data_augmentation = keras.Sequential(
    [
        layers.RandomFlip("horizontal"),
        layers.RandomRotation(0.1),
        layers.RandomZoom(0.2),
    ]
)

inputs = keras.Input(shape=(180, 180, 3))
x = data_augmentation(inputs)                              ◄─── 使用数据
x = keras.applications.vgg16.preprocess_input(x)           增强
x = conv_base(x)                                    ◄─── 对输入值进行
x = layers.Flatten()(x)                             缩放
x = layers.Dense(256)(x)
x = layers.Dropout(0.5)(x)
outputs = layers.Dense(1, activation="sigmoid")(x)
model = keras.Model(inputs, outputs)
model.compile(loss="binary_crossentropy",
              optimizer="rmsprop",
              metrics=["accuracy"])
```

如此设置之后，只会训练新添加的 2 个 Dense 层的权重。总共有 4 个权重张量，每层 2 个（主权重矩阵和偏置向量）。请注意，为了让这些修改生效，你必须编译模型。如果在编译之后修改权重的 `trainable` 属性，那么应该重新编译模型，否则这些修改将被忽略。

下面来训练模型。由于使用了数据增强，模型需要更长时间才会开始过拟合，因此可以训练更多轮——这里设为 50 轮。

> **注意**　这种方法的计算代价很高，只有在能够使用 GPU 的情况下（比如 Colab 的免费 GPU）才可以去尝试。它在 CPU 上是无法运行的。如果无法在 GPU 上运行代码，那么应首选第一种方法。

```
callbacks = [
    keras.callbacks.ModelCheckpoint(
        filepath="feature_extraction_with_data_augmentation.keras",
        save_best_only=True,
        monitor="val_loss")
]

history = model.fit(
    train_dataset,
    epochs=50,
    validation_data=validation_dataset,
    callbacks=callbacks)
```

我们再次绘制结果，如图 8-14 所示。可以看到，验证精度达到约 98%。这比之前的模型有了很大改进。

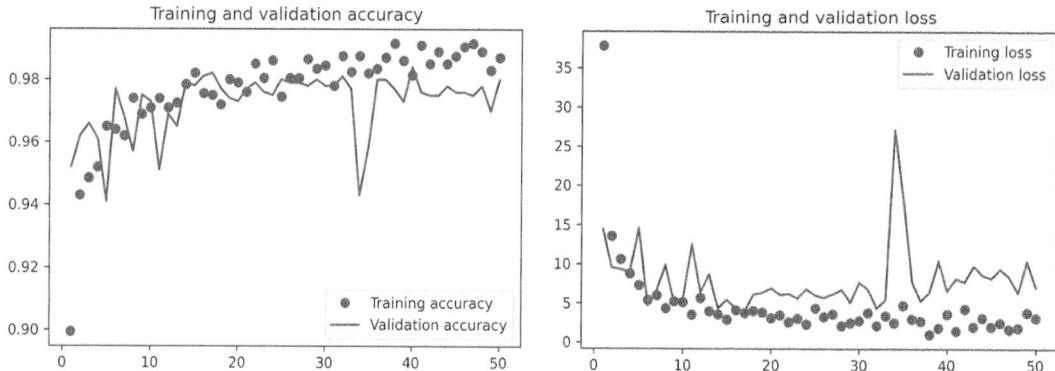

图 8-14　使用数据增强的特征提取的训练指标和验证指标

我们来看一下测试精度，如代码清单 8-26 所示。

代码清单 8-26　在测试集上评估模型

```
test_model = keras.models.load_model(
    "feature_extraction_with_data_augmentation.keras")
test_loss, test_acc = test_model.evaluate(test_dataset)
print(f"Test accuracy: {test_acc:.3f}")
```

测试精度为 97.5%。与之前相比，这只是一个不大的改进。鉴于模型在验证数据上取得的好结果，这有点令人失望。模型的精度始终取决于评估模型的样本集。有些样本集可能比其他样本集更难以预测，在一个样本集上得到的好结果，并不一定能够在其他样本集上完全复现。

8.3.2　微调预训练模型

另一种常用的模型复用方法是**微调**，如图 8-15 所示，它与特征提取互为补充。微调是指，对于用于特征提取的已冻结模型基，将其顶部几层"解冻"，并对这解冻的几层与新增加的部分（本例中为全连接分类器）共同训练。之所以叫作**微调**，是因为它只略微调整了复用模型中更加抽象的表示，以便让这些表示与手头的问题更加相关。

前面说过，冻结 VGG16 卷积基是为了能够在上面训练一个随机初始化的分类器。出于同样的原因，只有该分类器已经训练好，才能对卷积基的顶部几层进行微调。如果分类器没有训练好，那么训练过程中通过神经网络传播的误差信号将会非常大，微调的几层之前学到的表示将被破坏。因此，微调的步骤如下。

(1) 在已经训练好的基网络（base network）上添加自定义网络。

(2) 冻结基网络。

(3) 训练新添加的部分。

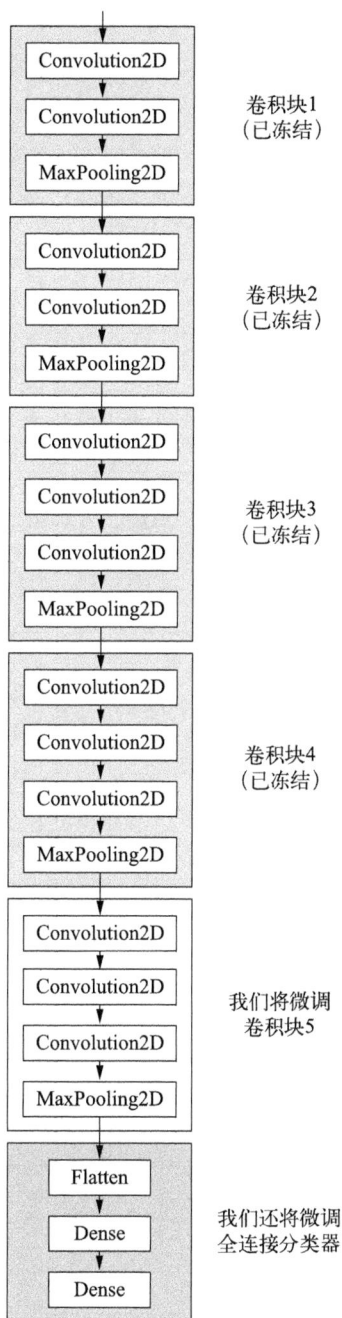

图 8-15　微调 VGG16 网络的最后一个卷积块

(4) 解冻基网络的一些层。（注意，你不应该解冻"批量规范化"层。VGG16 中没有这样的层，所以这里无须过多关注。第 9 章会介绍批量规范化及其对微调的影响。）

(5) 共同训练解冻的这些层和新添加的部分。

你在做特征提取时已经完成了前 3 个步骤。我们来完成第 4 步：先解冻 conv_base，然后冻结其中的部分层。

提醒一下，卷积基的架构如下所示。

```
>>> conv_base.summary()
Model: "vgg16"
```

Layer (type)	Output Shape	Param #
input_19 (InputLayer)	[(None, 180, 180, 3)]	0
block1_conv1 (Conv2D)	(None, 180, 180, 64)	1792
block1_conv2 (Conv2D)	(None, 180, 180, 64)	36928
block1_pool (MaxPooling2D)	(None, 90, 90, 64)	0
block2_conv1 (Conv2D)	(None, 90, 90, 128)	73856
block2_conv2 (Conv2D)	(None, 90, 90, 128)	147584
block2_pool (MaxPooling2D)	(None, 45, 45, 128)	0
block3_conv1 (Conv2D)	(None, 45, 45, 256)	295168
block3_conv2 (Conv2D)	(None, 45, 45, 256)	590080
block3_conv3 (Conv2D)	(None, 45, 45, 256)	590080
block3_pool (MaxPooling2D)	(None, 22, 22, 256)	0
block4_conv1 (Conv2D)	(None, 22, 22, 512)	1180160
block4_conv2 (Conv2D)	(None, 22, 22, 512)	2359808
block4_conv3 (Conv2D)	(None, 22, 22, 512)	2359808
block4_pool (MaxPooling2D)	(None, 11, 11, 512)	0
block5_conv1 (Conv2D)	(None, 11, 11, 512)	2359808
block5_conv2 (Conv2D)	(None, 11, 11, 512)	2359808
block5_conv3 (Conv2D)	(None, 11, 11, 512)	2359808
block5_pool (MaxPooling2D)	(None, 5, 5, 512)	0

```
Total params: 14,714,688
Trainable params: 14,714,688
Non-trainable params: 0
```

我们将微调最后 3 个卷积层，也就是说，直到 `block4_pool` 的所有层都应该被冻结，而 `block5_conv1`、`block5_conv2` 和 `block5_conv3` 这 3 层应该是可训练的。

为什么不对更多的层进行微调？为什么不对整个卷积基进行微调？你当然可以这样做，但需要考虑以下两点。

- 卷积基中较早添加的层编码的是更通用的可复用特征，较晚添加的层编码的则是针对性更强的特征。微调这些针对性更强的特征更有用，因为它们需要在你的新问题上改变用途。微调较早添加的层，得到的回报会更小。
- 训练的参数越多，出现过拟合的风险就越大。卷积基有 1500 万个参数，在小型数据集上训练这么多参数是有风险的。

因此，针对这种情况，一个好的策略是仅微调卷积基最后添加的两三层。我们从上一个例子结束的地方开始，继续实现这种策略，如代码清单 8-27 所示。

代码清单 8-27　冻结除最后 4 层外的所有层

```
conv_base.trainable = True
for layer in conv_base.layers[:-4]:
    layer.trainable = False
```

下面我们开始微调模型，如代码清单 8-28 所示。我们将使用学习率很小的 RMSprop 优化器。之所以将学习率设置得很小，是因为对于微调的 3 层表示，我们希望其变化幅度不要太大。太大的权重更新可能会破坏这些表示。

代码清单 8-28　微调模型

```
model.compile(loss="binary_crossentropy",
              optimizer=keras.optimizers.RMSprop(learning_rate=1e-5),
              metrics=["accuracy"])

callbacks = [
    keras.callbacks.ModelCheckpoint(
        filepath="fine_tuning.keras",
        save_best_only=True,
        monitor="val_loss")
]
history = model.fit(
    train_dataset,
    epochs=30,
    validation_data=validation_dataset,
    callbacks=callbacks)
```

最后，我们在测试数据上评估这个模型。

```
model = keras.models.load_model("fine_tuning.keras")
test_loss, test_acc = model.evaluate(test_dataset)
print(f"Test accuracy: {test_acc:.3f}")
```

测试精度为 98.5%（同样，你得到的结果可能会有不到 1% 的差距）。在围绕这个数据集的原始 Kaggle 竞赛中，这个结果是最佳结果之一。但这样比较并不公平，因为我们使用了预训练特征，这些特征已经包含了关于猫和狗的先验知识，而当时的参赛者无法使用这些特征。

从积极的一面来看，利用现代深度学习技术，我们只用了一小部分比赛训练数据（约 10%）就得到了这个结果。训练 20 000 个样本与训练 2000 个样本是有很大差别的！

至此，你已经拥有一套可靠的工具来处理图像分类问题，特别是对于小型数据集。

8.4　本章总结

- ❑ 卷积神经网络是用于计算机视觉任务的最佳机器学习模型。即使在非常小的数据集上从头开始训练一个卷积神经网络，也可以得到不错的结果。
- ❑ 卷积神经网络通过学习模块化模式和概念的层次结构来表示视觉世界。
- ❑ 模型在小型数据集上的主要问题是过拟合。在处理图像数据时，数据增强是降低过拟合的强大方法。
- ❑ 利用特征提取，可以很容易地将现有的卷积神经网络复用于新的数据集。对于小型图像数据集，这是一种很有用的方法。
- ❑ 作为特征提取的补充，你还可以使用微调技术，将现有模型之前学到的一些数据表示应用于新问题。这种方法可以进一步提高模型性能。

第 9 章

计算机视觉深度学习进阶

本章包括以下内容：
- ❑ 计算机视觉的不同分支，包括图像分类、图像分割和目标检测
- ❑ 现代卷积神经网络的架构模式，包括残差连接、批量规范化和深度可分离卷积
- ❑ 对卷积神经网络所学内容进行可视化和解释的方法

　　第 8 章通过简单模型（Conv2D 层和 MaxPooling2D 层的堆叠）和简单示例（图像二分类）初步介绍了计算机视觉深度学习。但是，除了图像分类，计算机视觉还包含更多的内容。本章将深入介绍计算机视觉深度学习的更多应用和最佳实践。

9.1 三项基本的计算机视觉任务

　　到目前为止，我们一直专注于图像分类模型：输入一张图片，输出一个标签。"这张图片里可能有一只猫；那张图片里可能有一只狗。"但图像分类只是深度学习在计算机视觉领域的诸多应用之一。总体来说，你需要了解以下三项基本的计算机视觉任务。

- ❑ **图像分类**（image classification）的目的是为图像指定一个或多个标签。它既可以是单标签分类（一张图像只能属于一个类别，不属于其他类别），也可以是多标签分类（找出一张图像所属的所有类别），如图 9-1 所示。如果你在谷歌照片应用程序中搜索一个关键词，后台会查询一个非常大的多标签分类模型。这个模型包含 20 000 多个类别，是在数百万张图像上训练出来的。

- ❑ **图像分割**（image segmentation）的目的是将图像"分割"或"划分"成不同的区域，每个区域通常对应一个类别，如图 9-1 所示。例如，使用软件进行视频通话时，你可以在身后设置自定义背景，它就是用图像分割模型将你的脸和身后的物体区分开，并且可以达到像素级的区分效果。

- ❑ **目标检测**（object detection）的目的是在图像中感兴趣的目标周围绘制矩形（称为**边界框**），并给出每个矩形对应的类别。例如，自动驾驶汽车可以使用目标检测模型监控摄像头中的汽车、行人和交通标志。

图 9-1   三项基本的计算机视觉任务：图像分类、图像分割、目标检测（见彩插）

除了这三项任务，计算机视觉深度学习还包括一些更小众的任务，比如图像相似度评分（评估两张图像的视觉相似程度）、关键点检测（精确定位图像中感兴趣的属性，如面部特征）、姿态估计、三维网格估计等。但首先，图像分类、图像分割和目标检测是每个机器学习工程师都应该了解的基础内容。大多数计算机视觉应用可以归结为这三者之一。

第 8 章已经介绍过图像分类的实际应用。接下来我们将深入了解图像分割。这项技术非常有用且用途广泛，你可以利用已学知识来实现这一技术。

请注意，本书不会介绍目标检测，因为对于一本入门书来说，这项技术过于专业和复杂。不过，你可以看一下 Keras 网站上的 RetinaNet 示例，它使用约 450 行代码用 Keras 从头开始构建并训练一个目标检测模型。

9.2   图像分割示例

用深度学习进行图像分割，是指利用模型为图像中的每个像素指定一个类别，从而将图像分割成不同的区域（比如"背景"和"前景"，或者"道路""汽车"和"人行道"）。这种通用技术可用于驱动大量有价值的应用，比如图像编辑、视频剪辑、自动驾驶、机器人、医学成像等。

你应该了解以下两种图像分割。

❑ **语义分割**（semantic segmentation）：分别将每个像素划分到一个语义类别，比如"猫"。如果图像中有两只猫，那么对应的像素都会被映射到同一个"猫"类别中，如图 9-2 所示。

❑ **实例分割**（instance segmentation）：不仅按类别对图像像素进行分类，还要解析出单个的对象实例。对于包含两只猫的图像，实例分割会将"猫 1"和"猫 2"作为两个独立的像素类别，如图 9-2 所示。

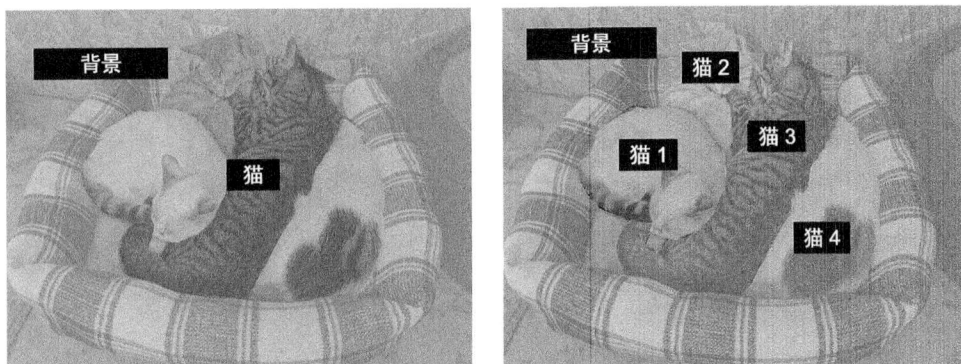

图 9-2　语义分割与实例分割（见彩插）

本例将重点介绍语义分割。我们将再次使用猫狗图像，然后学习如何区分主体和背景。

我们将使用 Oxford-IIIT 宠物数据集，其中包含 7390 张不同品种的猫狗图片，以及每张图片的前景－背景分割掩码。**分割掩码**（segmentation mask）相当于图像分割任务的标签：它是与输入图像大小相同的图像，具有单一颜色通道，其中每个整数值对应输入图像中相应像素的类别。本例中，分割掩码的像素值可以取以下三者之一。

❑ 1（表示前景）

❑ 2（表示背景）

❑ 3（表示轮廓）

我们首先下载数据集并解压，这里用到了 wget 和 tar 这两个 shell 工具。

```
!wget http://www.robots.ox.ac.uk/~vgg/data/pets/data/images.tar.gz
!wget http://www.robots.ox.ac.uk/~vgg/data/pets/data/annotations.tar.gz
!tar -xf images.tar.gz
!tar -xf annotations.tar.gz
```

输入图片以 JPG 文件存储在 images/ 文件夹中（如 images/Abyssinian_1.jpg），对应的分割掩码以同名 PNG 文件存储在 annotations/trimaps/ 文件夹中（如 annotations/trimaps/Abyssinian_1.png）。

我们来准备输入文件路径的列表，以及对应的掩码文件路径的列表。

```
import os

input_dir = "images/"
target_dir = "annotations/trimaps/"
```

```
input_img_paths = sorted(
    [os.path.join(input_dir, fname)
     for fname in os.listdir(input_dir)
     if fname.endswith(".jpg")])
target_paths = sorted(
    [os.path.join(target_dir, fname)
     for fname in os.listdir(target_dir)
     if fname.endswith(".png") and not fname.startswith(".")])
```

这些输入及其掩码是什么样的？我们来快速看一下。下列代码会显示一张样本图像，如图 9-3 所示。

```
import matplotlib.pyplot as plt
from tensorflow.keras.utils import load_img, img_to_array

plt.axis("off")                                     ← 显示索引编号为 9 的
plt.imshow(load_img(input_img_paths[9]))              输入图像
```

图 9-3　一张样本图像（见彩插）

下列代码会显示这个样本对应的目标，如图 9-4 所示。

```
                                          原始标签是 1、2、3。我们减去 1，使标签
                                          的值变为 0 ～ 2，然后乘以 127，使标签变
                                          为 0（黑色）、127（灰色）、254（接近白色）
def display_target(target_array):
    normalized_array = (target_array.astype("uint8") - 1) * 127   ←
    plt.axis("off")
    plt.imshow(normalized_array[:, :, 0])

img = img_to_array(load_img(target_paths[9], color_mode="grayscale"))   ←
display_target(img)
                                          设置 color_mode="grayscale"，这样
                                          加载的图像将被视为具有单一颜色通道
```

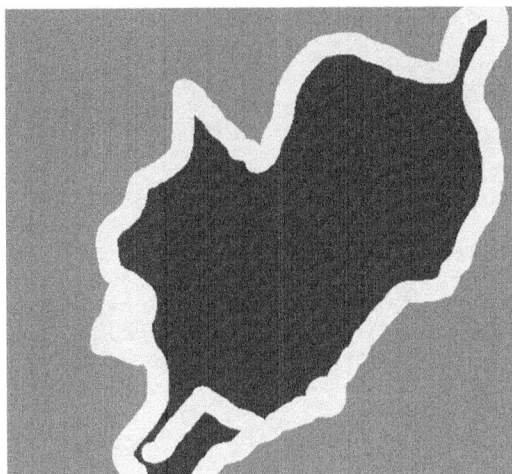

图 9-4 对应的目标掩码（见彩插）

接下来，我们将输入和目标加载到两个 NumPy 数组中，然后将其划分为训练集和验证集。由于数据集很小，因此我们可以将所有数据直接加载到内存中。

```python
import numpy as np
import random

img_size = (200, 200)
num_imgs = len(input_img_paths)

random.Random(1337).shuffle(input_img_paths)
random.Random(1337).shuffle(target_paths)

def path_to_input_image(path):
    return img_to_array(load_img(path, target_size=img_size))

def path_to_target(path):
    img = img_to_array(
        load_img(path, target_size=img_size, color_mode="grayscale"))
    img = img.astype("uint8") - 1
    return img

input_imgs = np.zeros((num_imgs,) + img_size + (3,), dtype="float32")
targets = np.zeros((num_imgs,) + img_size + (1,), dtype="uint8")
for i in range(num_imgs):
    input_imgs[i] = path_to_input_image(input_img_paths[i])
    targets[i] = path_to_target(target_paths[i])

num_val_samples = 1000
train_input_imgs = input_imgs[:-num_val_samples]
train_targets = targets[:-num_val_samples]
val_input_imgs = input_imgs[-num_val_samples:]
val_targets = targets[-num_val_samples:]
```

- 将所有图像的尺寸都调整为 200×200
- 数据集中的样本总数
- 将文件路径打乱（最初是按品种排序的）。这两行代码使用了相同的种子（1337），目的是确保输入路径和目标路径仍然保持顺序相同
- 减 1，使标签变为 0、1、2
- 留出 1000 个样本用于验证
- 将数据划分为训练集和验证集
- 将所有图像加载到 float32 格式的 input_imgs 数组中，将所有图像掩码加载到 uint8 格式的 targets 数组中（二者顺序相同）。输入有 3 个通道（RGB 值），目标只有 1 个通道（包含整数标签）

下面我们来定义模型。

```python
from tensorflow import keras
from tensorflow.keras import layers

def get_model(img_size, num_classes):
    inputs = keras.Input(shape=img_size + (3,))
    x = layers.Rescaling(1./255)(inputs)

    x = layers.Conv2D(64, 3, strides=2, activation="relu", padding="same")(x)
    x = layers.Conv2D(64, 3, activation="relu", padding="same")(x)
    x = layers.Conv2D(128, 3, strides=2, activation="relu", padding="same")(x)
    x = layers.Conv2D(128, 3, activation="relu", padding="same")(x)
    x = layers.Conv2D(256, 3, strides=2, padding="same", activation="relu")(x)
    x = layers.Conv2D(256, 3, activation="relu", padding="same")(x)

    x = layers.Conv2DTranspose(256, 3, activation="relu", padding="same")(x)
    x = layers.Conv2DTranspose(
        256, 3, activation="relu", padding="same", strides=2)(x)
    x = layers.Conv2DTranspose(128, 3, activation="relu", padding="same")(x)
    x = layers.Conv2DTranspose(
        128, 3, activation="relu", padding="same", strides=2)(x)
    x = layers.Conv2DTranspose(64, 3, activation="relu", padding="same")(x)
    x = layers.Conv2DTranspose(
        64, 3, activation="relu", padding="same", strides=2)(x)

    outputs = layers.Conv2D(num_classes, 3, activation="softmax",
     padding="same")(x)

    model = keras.Model(inputs, outputs)
    return model

model = get_model(img_size=img_size, num_classes=3)
model.summary()
```

不要忘记将输入图像的尺寸调整到 [0, 1] 区间

请注意, 我们会一直使用 `padding="same"`, 以避免边界填充对特征图大小造成影响

模型最后是像素级的 3 路 `softmax`, 将每个输出像素划分为三个类别之一

调用 `model.summary()` 的输出如下。

```
Model: "model"
```

Layer (type)	Output Shape	Param #
input_1 (InputLayer)	[(None, 200, 200, 3)]	0
rescaling (Rescaling)	(None, 200, 200, 3)	0
conv2d (Conv2D)	(None, 100, 100, 64)	1792
conv2d_1 (Conv2D)	(None, 100, 100, 64)	36928
conv2d_2 (Conv2D)	(None, 50, 50, 128)	73856
conv2d_3 (Conv2D)	(None, 50, 50, 128)	147584
conv2d_4 (Conv2D)	(None, 25, 25, 256)	295168

```
conv2d_5 (Conv2D)              (None, 25, 25, 256)      590080
_____
conv2d_transpose (Conv2DTran   (None, 25, 25, 256)      590080
_____
conv2d_transpose_1 (Conv2DTr   (None, 50, 50, 256)      590080
_____
conv2d_transpose_2 (Conv2DTr   (None, 50, 50, 128)      295040
_____
conv2d_transpose_3 (Conv2DTr   (None, 100, 100, 128)    147584
_____
conv2d_transpose_4 (Conv2DTr   (None, 100, 100, 64)     73792
_____
conv2d_transpose_5 (Conv2DTr   (None, 200, 200, 64)     36928
_____
conv2d_6 (Conv2D)              (None, 200, 200, 3)      1731
==============================================================================
Total params: 2,880,643
Trainable params: 2,880,643
Non-trainable params: 0
_____
```

　　模型前半部分与用于图像分类的卷积神经网络非常相似，二者都是多个 Conv2D 层的堆叠，滤波器的数量逐渐增加。我们对图像进行 3 次 2 倍下采样，最终激活尺寸为 (25, 25, 256)。前半部分的目的是将图像编码为较小的特征图，其中每个空间位置（或像素）都包含原始图像中较大空间的信息。你可以将它理解为一种压缩操作。

　　这个模型的前半部分与之前的分类模型有一个重要区别，那就是下采样的方法不同：在第 8 章的分类卷积神经网络中，我们使用 MaxPooling2D 层来对特征图进行下采样；本例的下采样方法是每隔一个卷积层使用**步幅**（如果你不记得卷积步幅的工作原理细节，请参阅 8.1.1 节的"理解卷积步幅"）。我们这样做的原因在于，对于图像分割，我们非常关注图像中信息的**空间位置**，因为我们需要生成每个像素的目标掩码作为模型输出。对于 2×2 最大汇聚，它完全破坏了每个汇聚窗口中的位置信息：对每个窗口返回一个标量值，却完全不知道这个值来自窗口中 4 个位置中的哪一个。因此，虽然最大汇聚层在分类任务中表现很好，但在分割任务中会对性能造成很大影响。与此相对，步进卷积可以很好地对特征图进行下采样，同时保留位置信息。读完本书你会发现，如果模型关注特征的位置，则往往使用步幅而不是最大汇聚，比如第 12 章的生成式模型。

　　模型的后半部分是多个 Conv2DTranspose 层的堆叠。Conv2DTranspose 层有什么作用呢？模型前半部分的输出是形状为 (25, 25, 256) 的特征图，但我们希望最终输出与目标掩码具有相同的形状，即 (200, 200, 3)。因此，我们需要使用之前变换的**逆变换**，对特征图进行**上采样**（upsample）而不是下采样。这就是 Conv2DTranspose 层的作用，你可以将其视为一种学习上采样的卷积层。如果给定一个形状为 (100, 100, 64) 的输入，让其通过 Conv2D(128, 3, strides=2, padding="same") 层，那么会得到形状为 (50, 50, 128) 的输出。如果让这个输出通过 Conv2DTranspose(64, 3, strides=2, padding="same")

层，那么会得到形状为 (100，100，64) 的输出，与原始输入形状相同。因此，在通过一系列 Conv2D 层将输入压缩为形状 (25，25，256) 的特征图后，我们可以应用一系列相应的 Conv2DTranspose 层，重新得到形状为 (200，200，3) 的图像。

下面我们来编译和拟合模型。

```
model.compile(optimizer="rmsprop", loss="sparse_categorical_crossentropy")

callbacks = [
    keras.callbacks.ModelCheckpoint("oxford_segmentation.keras",
                                    save_best_only=True)
]

history = model.fit(train_input_imgs, train_targets,
                    epochs=50,
                    callbacks=callbacks,
                    batch_size=64,
                    validation_data=(val_input_imgs, val_targets))
```

我们来看一下训练损失和验证损失，如图 9-5 所示。

```
epochs = range(1, len(history.history["loss"]) + 1)
loss = history.history["loss"]
val_loss = history.history["val_loss"]
plt.figure()
plt.plot(epochs, loss, "bo", label="Training loss")
plt.plot(epochs, val_loss, "b", label="Validation loss")
plt.title("Training and validation loss")
plt.legend()
```

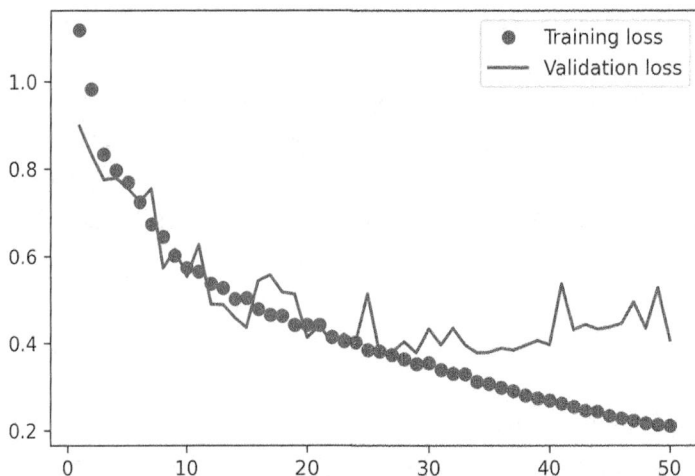

图 9-5　训练损失和验证损失的曲线

从图 9-5 中可以看出，模型大约从第 25 轮开始过拟合。我们根据验证损失重新加载性能最好的模型，并演示如何使用该模型来预测分割掩码，如图 9-6 所示。

```
from tensorflow.keras.utils import array_to_img

model = keras.models.load_model("oxford_segmentation.keras")

i = 4
test_image = val_input_imgs[i]
plt.axis("off")
plt.imshow(array_to_img(test_image))

mask = model.predict(np.expand_dims(test_image, 0))[0]

def display_mask(pred):                          ◁┐ 这个函数可以展示
    mask = np.argmax(pred, axis=-1)                │ 模型预测结果
    mask *= 127
    plt.axis("off")
    plt.imshow(mask)

display_mask(mask)
```

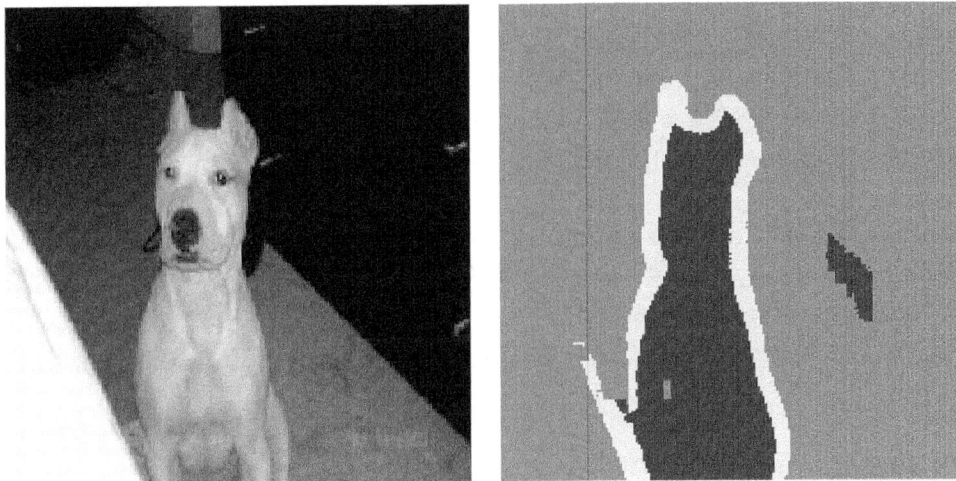

图 9-6　一张测试图像和模型预测的分割掩码（见彩插）

在预测的掩码中有几处小瑕疵，这是由前景和背景中的几何形状造成的。尽管如此，模型似乎仍然运行良好。

至此，你已经学习了图像分类和图像分割的基础知识，并可以用所学知识完成很多工作。然而，经验丰富的工程师为解决实际问题而开发的卷积神经网络，并不像前面所演示的那么简单。专家能够快速、准确地决定如何构建最先进的模型，而这些专家的心智模型和思维方式是你尚不具备的。为了弥补这一差距，你需要了解**架构模式**（architecture pattern）。我们来深入了解一下。

9.3 现代卷积神经网络架构模式

模型的"架构"是指我们在创建模型的过程中做出的所有选择：使用哪些层、如何配置这些层，以及如何连接这些层。这些选择定义了模型的**假设空间**，即梯度下降可以搜索的函数空间，其参数为模型权重。与特征工程一样，一个好的假设空间包含你对当前问题及其解决方案的先验知识。例如，使用卷积层，意味着你事先知道输入图像中的相关模式具有平移不变性。为了有效地从数据中学习，你需要做一些假设。

模型架构往往会决定成败。如果你选择了不合适的架构，那么模型可能会被次优指标拖累，再多的训练数据也无法改进它。相反，良好的模型架构可以加速学习过程，让模型可以有效利用训练数据，并降低对大型数据集的需求。一个良好的模型架构可以**减小搜索空间**，或者**更容易收敛到搜索空间的良好位置**。就像特征工程和数据收集一样，模型架构就是为了能够利用梯度下降**更轻松地解决问题**。请记住，梯度下降是非常呆板的搜索过程，所以它需要尽可能获得帮助。

模型架构更像是一门艺术，而不是一门科学。经验丰富的机器学习工程师能够在第一次尝试时就凭直觉拼凑出高性能的模型，而初学者往往很难构建出一个可用于训练的模型。这里的关键词是**直觉**：没人可以向你清楚地解释什么有效、什么无效。专家依靠的是模式匹配，这种能力是他们通过大量实践经验获得的。你在阅读本书的过程中也会培养自己的直觉。然而，这也不仅仅与直觉有关——真正的科学方法并不多，但就像任何工程学科一样，有一些最佳实践。

本节将介绍一些基本的卷积神经网络架构最佳实践，特别是**残差连接**（residual connection）、**批量规范化**（batch normalization）和**可分离卷积**（separable convolution）。掌握了这些最佳实践之后，你将能够构建高效的图像模型。我们会将这些最佳实践应用于猫狗分类问题。

我们先从全局角度看看系统架构的模块化 – 层次结构 – 复用（modularity-hierarchy-reuse，MHR）方法。

9.3.1 模块化、层次结构和复用

要让一个复杂系统变得简单，有一种通用的方法：只需将无定形的复杂内容构建为**模块**（module），将模块组织成**层次结构**（hierarchy），并多次**复用**（reuse）相同的模块（这里的"复用"是"抽象"的另一种表述）。这就是 MHR 方法，在所有使用"架构"一词的领域，它几乎都是系统架构的基础。它是任何有意义的复杂系统组织的核心，无论是大教堂、人体，还是 Keras 代码库，如图 9-7 所示。

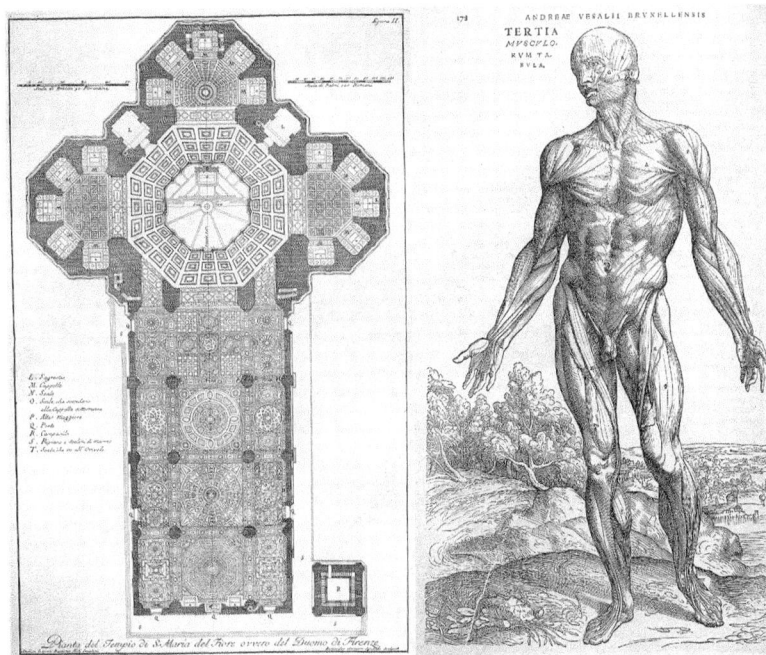

图 9-7　复杂系统遵循层次结构，并由不同的模块组织而成。这些模块又被多次复用

如果你是一名软件工程师，那么应该已经非常熟悉这些原则：一个有效的代码库应该是模块化的，具有层次结构，并且无须两次实现同样的内容，而是依靠可复用的类和函数。如果遵循这些原则来管理代码，那么你就是在做"软件架构"。

深度学习就是将上述方法应用于通过梯度下降进行连续优化：选择一种经典的优化方法（在连续函数空间中的梯度下降），将搜索空间划分为模块（层），并复用所有可复用的内容（例如，卷积就是在不同的空间位置复用相同的信息）。这些模块组成一个深度的层次结构（通常只是堆叠，这是最简单的层次结构）。

同样，深度学习模型架构主要就是巧妙利用模块化、层次结构和复用。你会注意到，所有流行的卷积神经网络架构不仅划分为层，而且还划分为重复使用的层组（叫作"层块"或"模块"）。例如，第 8 章使用的 VGG16 架构就被划分为重复的"卷积层－卷积层－最大汇聚层"层块，如图 9-8 所示。

此外，大多数卷积神经网络通常具有类似金字塔的结构（特征层次结构）。例如，在第 8 章构建的第一个卷积神经网络中，卷积滤波器的数量逐渐增加：32、64、128。滤波器的数量随着模型深度的增加而增大，而特征图的尺寸则相应减小。你会注意到在 VGG16 模型的层块中也有相同的模式，如图 9-8 所示。

从本质上来说，更深的层次结构是好的，因为它鼓励特征复用，也鼓励抽象化。一般来说，尺寸较小的层的深度堆叠比尺寸较大的层的浅层堆叠性能更好。然而，由于**梯度消失**问题，层的堆叠深度是有限的。这将我们引向了第一种基本的模型架构模式：残差连接。

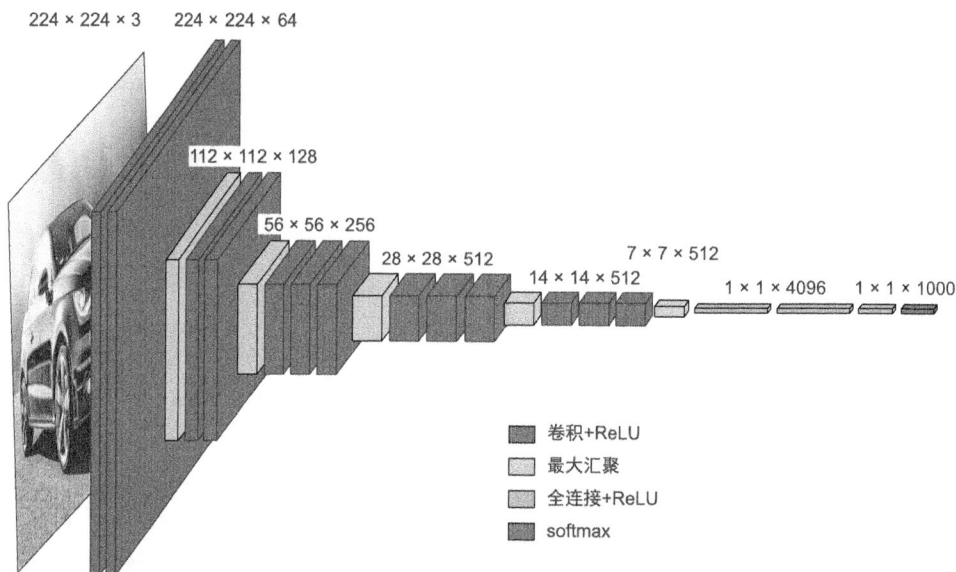

图 9-8 VGG16 架构：注意那些重复的层块与特征图的金字塔式结构（见彩插）

消融研究在深度学习研究中的重要性

深度学习架构通常是**逐步发展而来的**，而非**直接设计出来的**，其开发过程就是反复尝试并选择那些有效的架构。就像在生物系统中一样，如果你做复杂的实验性深度学习，很可能可以删除一些模块（或将一些训练好的特征替换为随机特征）而不会造成性能损失。

深度学习研究人员的激励机制使情况变得更糟：他们让系统变得非常复杂，从而让系统看起来更有趣或更新颖，进而让论文更有可能通过同行评审程序。如果阅读大量深度学习论文，你就会注意到它们通常都为通过同行评审而在风格和内容上进行了优化，这样做会降低解释的清晰性和结果的可靠性。举个例子，深度学习论文中的数学很少被用来清楚地阐述概念或推导非显而易见的结果，相反，它被用来传递一种严肃的信号，就像推销员身上的昂贵西装一样。

研究的目的不应该仅仅是发表文章，而应该是产生可靠的知识。至关重要的是，理解系统中的**因果关系**，是产生可靠知识的最直接的方式。研究因果关系有一种非常简单的方法：**消融研究**（ablation study）。消融研究是指系统性地移除一个系统的某些部分，使其变得更简单，以找到系统性能的真正来源。如果你发现 X + Y + Z 可以得到很好的结果，那么也尝试一下 X、Y、Z、X + Y、X + Z 和 Y + Z，看一下结果如何。

如果你成为了深度学习研究人员，请一定要消除研究过程中的噪声，也就是说，为你的模型做消融研究。不停地问自己："有没有更简单的解释？这种额外的复杂性真的有必要吗？为什么？"

9.3.2 残差连接

你可能听说过传话游戏。该游戏的玩法是：将初始信息在一名玩家耳边说出，然后他又在下一名玩家耳边说出，如此继续。最后的信息与初始信息几乎没有任何相似之处。这个有趣的类比展示了在嘈杂的信道上进行连续传输时所累积的错误。

碰巧的是，深度学习序贯模型中的反向传播与传话游戏非常类似。假设有一个函数链，如下所示。

```
y = f4(f3(f2(f1(x))))
```

我们的目标是：根据 f4 的输出（模型损失）记录的误差来调节链中每个函数的参数。要想调节 f1，我们需要通过 f2、f3 和 f4 来传递误差信息。然而，链中的每个函数都会引入一些噪声。如果函数链太长，那么这些噪声会盖过梯度信息，反向传播就会停止工作，模型也就根本无法训练。这就是**梯度消失**（vanishing gradient）问题。

解决方法很简单：只需强制要求链中的每个函数都是无损的，即能够保留前一个输入中所包含的信息（不含噪声）。实现这一点的最简单的方法是使用**残差连接**。具体实现很简单：只需将一层或一个层块的输入添加到它的输出中，如图9-9 所示。残差连接的作用是提供**信息捷径**，围绕着有损的或有噪声的层块（如包含 relu 激活或 dropout 层的层块），让来自较早的层的误差梯度信息能够通过深度网络以无噪声的方式传播。这项技术是在 2015 年由 ResNet 系列模型（由微软的何恺明等人开发）[1] 引入的。

在实践中，残差连接的实现方法如代码清单 9-1 所示。

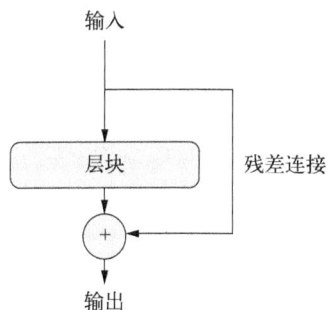

图 9-9　围绕处理层块的残差连接

代码清单 9-1　残差连接的伪代码

```
某个输入张量          保存一个指向原始输入的
                    指针。这叫作残差
x = ...
residual = x         这个计算块可以是有损的
x = block(x)         或有噪声的，没关系
x = add([x, residual])

将原始输入与该层输出相加，
这样最终输出始终保留关于
原始输入的全部信息
```

请注意，将输入与层块输出相加，意味着输出与输入应该具有相同的形状。然而，如果层块中有包含更多滤波器的卷积层或最大汇聚层，那么二者的形状就不相同。在这种情况下，可以使用一个没有激活的 1×1 Conv2D 层，将残差线性投影为输出形状，如代码清单 9-2 所示。

---

[1] Kaiming He et al. Deep Residual Learning for Image Recognition. Conference on Computer Vision and Pattern Recognition, 2015.

我们通常会在目标层块的卷积层中使用 `padding="same"`，以避免由于填充导致的空间下采样。此外，我们还会在残差投影中使用步幅，以匹配由于最大汇聚层导致的下采样，如代码清单 9-3 所示。

代码清单 9-2 滤波器数量发生变化时的残差块

```
from tensorflow import keras
from tensorflow.keras import layers

inputs = keras.Input(shape=(32, 32, 3))
x = layers.Conv2D(32, 3, activation="relu")(inputs)
residual = x
x = layers.Conv2D(64, 3, activation="relu", padding="same")(x)
residual = layers.Conv2D(64, 1)(residual)
x = layers.add([x, residual])
```

留出残差

我们围绕这一层构建残差连接。该层将输出滤波器的数量从 32 增加到 64。请注意，我们使用 `padding="same"`，以避免由于填充导致的下采样

残差只有 32 个滤波器，所以我们使用 1×1 的 `Conv2D` 层将其投影为正确的形状

现在层块输出与残差具有相同的形状，二者可以相加

代码清单 9-3 目标层块包含最大汇聚层的情况

```
inputs = keras.Input(shape=(32, 32, 3))
x = layers.Conv2D(32, 3, activation="relu")(inputs)
residual = x
x = layers.Conv2D(64, 3, activation="relu", padding="same")(x)
x = layers.MaxPooling2D(2, padding="same")(x)
residual = layers.Conv2D(64, 1, strides=2)(residual)
x = layers.add([x, residual])
```

留出残差

现在层块输出与残差具有相同的形状，二者可以相加

在残差投影中使用 `strides=2`，以匹配最大汇聚层导致的下采样

这是由两层组成的层块（包含一个 2×2 的最大汇聚层），我们将围绕其构建残差连接。请注意，我们在卷积层和最大汇聚层中都使用 `padding="same"`，以避免由于填充导致的下采样

为了具体解释这些想法，下面来看一个简单的卷积神经网络示例：网络结构是一系列层块，每个层块包含两个卷积层和一个可选的最大汇聚层，并且每个层块周围都有一个残差连接。

```
inputs = keras.Input(shape=(32, 32, 3))
x = layers.Rescaling(1./255)(inputs)

def residual_block(x, filters, pooling=False):
    residual = x
    x = layers.Conv2D(filters, 3, activation="relu", padding="same")(x)
    x = layers.Conv2D(filters, 3, activation="relu", padding="same")(x)
    if pooling:
        x = layers.MaxPooling2D(2, padding="same")(x)
        residual = layers.Conv2D(filters, 1, strides=2)(residual)
    elif filters != residual.shape[-1]:
        residual = layers.Conv2D(filters, 1)(residual)
    x = layers.add([x, residual])
    return x
```

一个实用函数，用于实现带有残差连接的卷积层块，可选择添加最大汇聚

如果使用最大汇聚，则添加一个步进卷积，将残差投影为想要的形状

如果不使用最大汇聚，只需在通道数量发生变化时对残差进行投影

```
第一个    ┌─┐  x = residual_block(x, filters=32, pooling=True)
层块      │  │  x = residual_block(x, filters=64, pooling=True)
         └─┤  x = residual_block(x, filters=128, pooling=False)

            x = layers.GlobalAveragePooling2D()(x)
            outputs = layers.Dense(1, activation="sigmoid")(x)
            model = keras.Model(inputs=inputs, outputs=outputs)
            model.summary()
```

第二个层块。注意层块中的滤波器数量在不断增加

最后一个层块不需要最大汇聚层，因为其后将应用全局平均汇聚

模型架构如下所示。

Model: "model"

Layer (type)	Output Shape	Param #	Connected to
input_1 (InputLayer)	[(None, 32, 32, 3)]	0	
rescaling (Rescaling)	(None, 32, 32, 3)	0	input_1[0][0]
conv2d (Conv2D)	(None, 32, 32, 32)	896	rescaling[0][0]
conv2d_1 (Conv2D)	(None, 32, 32, 32)	9248	conv2d[0][0]
max_pooling2d (MaxPooling2D)	(None, 16, 16, 32)	0	conv2d_1[0][0]
conv2d_2 (Conv2D)	(None, 16, 16, 32)	128	rescaling[0][0]
add (Add)	(None, 16, 16, 32)	0	max_pooling2d[0][0] conv2d_2[0][0]
conv2d_3 (Conv2D)	(None, 16, 16, 64)	18496	add[0][0]
conv2d_4 (Conv2D)	(None, 16, 16, 64)	36928	conv2d_3[0][0]
max_pooling2d_1 (MaxPooling2D)	(None, 8, 8, 64)	0	conv2d_4[0][0]
conv2d_5 (Conv2D)	(None, 8, 8, 64)	2112	add[0][0]
add_1 (Add)	(None, 8, 8, 64)	0	max_pooling2d_1[0][0] conv2d_5[0][0]
conv2d_6 (Conv2D)	(None, 8, 8, 128)	73856	add_1[0][0]
conv2d_7 (Conv2D)	(None, 8, 8, 128)	147584	conv2d_6[0][0]
conv2d_8 (Conv2D)	(None, 8, 8, 128)	8320	add_1[0][0]
add_2 (Add)	(None, 8, 8, 128)	0	conv2d_7[0][0] conv2d_8[0][0]
global_average_pooling2d (Globa	(None, 128)	0	add_2[0][0]

9

```
dense (Dense)                (None, 1)          129       global_average_pooling2d[0][0]
==================================================================================================
Total params: 297,697
Trainable params: 297,697
Non-trainable params: 0
```

利用残差连接,你可以构建任意深度的神经网络,而无须担心梯度消失问题。

下面我们讨论下一种基本的卷积神经网络架构模式:**批量规范化**。

9.3.3 批量规范化

规范化(normalization)包含多种方法,旨在让机器学习模型看到的不同样本之间更加相似,这有助于模型学习,还有助于更好地泛化到新数据。最常见的数据规范化形式就是本书已多次介绍过的那种形式:将数据减去均值,使其中心为 0,然后除以标准差,使其标准差为 1。实际上,这种做法假设数据服从正态分布(也叫高斯分布),并确保让该分布的中心为 0,并缩放到方差为 1。

```
normalized_data = (data - np.mean(data, axis=...)) / np.std(data, axis=...)
```

在本书前面的示例中,将数据输入模型之前都会对数据进行规范化。但是,在神经网络的每次变换后,人们可能也会对数据规范化感兴趣。即使输入 Dense 层或 Conv2D 层的数据均值为 0、方差为 1,也没有理由先入为主地认为输出数据也是如此。对中间激活值进行规范化,会有用吗?

批量规范化就是这样做的。它是由 Sergey Ioffe 和 Christian Szegedy 在 2015 年提出的一种层[1](Keras 中的 BatchNormalization)。即使在训练过程中均值和方差随时间发生变化,它也可以适应性地对数据进行规范化。在训练过程中,它使用当前数据批量的均值和方差来对样本进行规范化,而在推断过程中(可能没有足够大的有代表性的数据批量),它使用训练数据批量均值和方差的指数移动平均值。

虽然原始论文指出,批量规范化的作用是"减少内部协变量偏移",但没有人能真正确定批量规范化为何有效。有各种假说,但没有确定的说法。你会发现,深度学习中的许多事情是这样的——深度学习不是一门精确的科学,而是一组不断变化、根据经验得出的最佳工程实践,其中夹杂着不可靠的表述。有时你会觉得,本书告诉你**如何**做某事,却没有很好地说明这样做**为何**有效。那是因为我们知道如何做,但不知道为何要这样做。只要有可靠的解释,我一定会提到。然而,批量规范化还没有一个可靠的解释。

在实践中,批量规范化的主要效果在于它有助于梯度传播(这一点和残差连接很像),从而实现更深的神经网络。对于一些非常深的神经网络,只有包含多个 BatchNormalization 层才能进行训练。例如,批量规范化广泛应用于 Keras 内置的许多卷积神经网络高级架构,如

[1] Sergey Ioffe, Christian Szegedy. Batch Normalization: Accelerating Deep Network Training by Reducing Internal Covariate Shift. Proceedings of the 32nd International Conference on Machine Learning, 2015.

ResNet50、EfficientNet 和 Xception。

BatchNormalization 层可以用于任意层（比如 Dense 层、Conv2D 层等）之后。

```
x = ...
x = layers.Conv2D(32, 3, use_bias=False)(x)      ←── 因为后面会将 Conv2D 层的输出规范化，
x = layers.BatchNormalization()(x)                    所以该层不需要偏置向量
```

注意　Dense 层和 Conv2D 层都包含一个**偏置向量**（bias vector），它是一个需要学习的变量，其目的是让该层进行**仿射变换**，而不是纯线性变换。例如，Conv2D 层返回的是 y = conv(x, kernel) + bias，而 Dense 层返回的是 y = dot(x, kernel) + bias。由于规范化会将该层输出的均值设为 0，因此在使用 BatchNormalization 时不再需要偏置向量，可以通过 use_bias=False 选项来创建没有偏置的层。这使得该层略微精简。

重要的是，我通常建议将前一层的激活放在批量规范化层之后（尽管这仍然存在争议）。因此，你不应该执行代码清单 9-4 中的操作，而应像代码清单 9-5 那样使用批量规范化。

代码清单 9-4　不应如此使用批量规范化

```
x = layers.Conv2D(32, 3, activation="relu")(x)
x = layers.BatchNormalization()(x)
```

代码清单 9-5　如何使用批量规范化：将激活放在批量规范化层之后

```
x = layers.Conv2D(32, 3, use_bias=False)(x)
x = layers.BatchNormalization()(x)               ←── 注意，这里没有
x = layers.Activation("relu")(x)                      使用激活
```

我们将激活放在 **BatchNormalization** 层之后

这种方法的直观解释是，批量规范化将输入的均值设为 0，而 relu 激活则将 0 作为保留或舍弃激活通道的分界点。因此，在激活前做规范化可以最大限度地利用 relu。即便如此，这种顺序并不是特别重要。如果你先做卷积，再做激活，然后做批量规范化，模型仍然可以正常训练，而且结果不一定会变差。

关于批量规范化和模型微调

　　批量规范化有很多奇怪之处，其中一处与模型微调有关：对包含 BatchNormalization 层的模型进行微调时，我建议将这些层冻结（将其 trainable 属性设为 False）。否则，这些层会不断更新其内部的均值和方差，这可能会影响其周围 Conv2D 层的非常小的权重更新。

　　下面我们来看最后一种架构模式：深度可分离卷积。

9.3.4　深度可分离卷积

如果我告诉你，有一种层可以替代 Conv2D 层，并可以让模型变得更加轻量（可训练权重参数更少）、更加精简（浮点运算更少），还可以将模型性能提高几个百分点，你觉得怎么样？我说的正是**深度可分离卷积**（depthwise separable convolution）层的作用（Keras 中的 SeparableConv2D 层）。这种层对输入的每个通道分别进行空间卷积，然后通过逐点卷积（1×1 卷积）将输出通道混合，如图 9-10 所示。

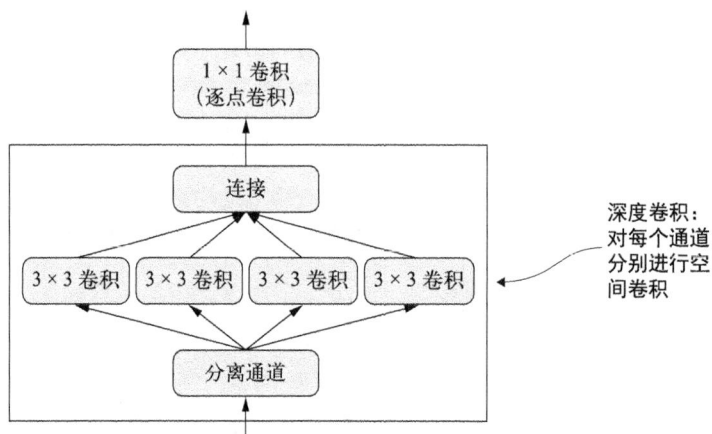

图 9-10　深度可分离卷积：深度卷积 + 逐点卷积

这相当于将空间特征学习与通道特征学习分开。与卷积依赖于图像中的模式与特定位置无关的假设一样，深度可分离卷积依赖于以下假设：中间激活的**空间位置**之间是**非常相关的**，但不同通道之间是**非常不相关的**。对于深度神经网络学到的图像表示来说，这个假设通常是正确的，所以它可以作为一个有用的先验假设，帮助模型更有效地利用训练数据。如果模型对其处理信息的结构有更强的先验假设，那么它就是一个更好的模型——只要先验假设是准确的。

与普通卷积相比，深度可分离卷积的参数更少，计算量也更小，同时具有相似的表示能力。它得到的是更小的模型，其收敛速度更快，更不容易出现过拟合。如果只用有限的数据从头开始训练一个小模型，这些优点就变得尤为重要。

对于规模更大的模型，深度可分离卷积是 Xception 架构的基础。Xception 是 Keras 内置的高性能卷积神经网络。要了解更多关于深度可分离卷积和 Xception 的理论基础，你可以阅读论文 "Xception: Deep Learning with Depthwise Separable Convolutions"。[①]

---

① François Chollet. Xception: Deep Learning with Depthwise Separable Convolutions. Conference on Computer Vision and Pattern Recognition, 2017.

硬件、软件和算法的共同发展

考虑一个常规的卷积运算，窗口尺寸3×3，有64个输入通道和64个输出通道。它包含 36 864 个可训练参数（3×3×64×64=36 864）。如果将其应用于图像，浮点运算的次数与这个参数个数成正比。同时，考虑一个等效的深度可分离卷积：它只包含 4672 个可训练参数（3×3×64+64×64=4672），浮点运算的次数也会相应减少。随着滤波器数量的增加或卷积窗口尺寸的增加，这种效率提升只会更大。

因此，你可能会认为深度可分离卷积的速度快得多，对吗？等一下。如果你为这些算法编写简单的 CUDA 实现或 C 语言实现，那么这种想法是对的——事实上，如果在 CPU 上运行，确实可以看到明显的速度提升，因为 CPU 的底层实现是并行化的 C 语言。但在实践中，你可能用的是 GPU，而且执行的远非"简单"的 CUDA 实现，而是 **cuDNN 内核**。它是一段经过特别优化的代码，一直优化到每条机器指令。花费大量精力优化这段代码当然是有意义的，因为 NVIDIA 硬件上的 cuDNN 卷积每天都要进行许多 exaFLOPS 的计算。但是，这种极端微优化的额外作用是，其他方法在性能上几乎无法与之竞争，即使是那些明显具有固有优势的方法，比如深度可分离卷积。

尽管人们不断向 NVIDIA 公司提出请求，但是深度可分离卷积并未受益于与常规卷积几乎相同的软硬件优化。因此，尽管它使用的参数和浮点运算都大大减少，但它的速度仍然只与常规卷积差不多。但请注意，虽然没有带来速度提升，但使用深度可分离卷积仍然是一种好的做法，因为它的参数更少，因而过拟合的风险更小。此外，它假设通道之间是不相关的，这会让模型收敛得更快，并得到更加稳健的表示。

在此种情况下只是轻微的不便，但在其他情况下可能成为无法逾越的墙：由于深度学习的整个软硬件生态系统已经针对一组非常具体的算法（特别是通过反向传播训练的卷积神经网络）进行了微优化，因此偏离这条路径的成本非常高。如果你想尝试其他算法，比如无梯度优化或脉冲神经网络，那么无论你的想法多么聪明和高效，你想到的前几种并行 C++ 或 CUDA 实现都会比原始卷积神经网络慢几个数量级。即使你的方法更好，你也很难说服其他研究人员使用它。

可以说，现代深度学习是硬件、软件和算法共同发展的产物：NVIDIA GPU 和 CUDA 的出现促进了反向传播训练的卷积神经网络的早期成功，这促使 NVIDIA 为这些算法优化硬件和软件，反过来又推动了这些方法背后的研究。目前来看，要找出一条不同的路径，需要对整个生态系统进行数年的重新设计。

9.3.5　综合示例：一个类似 Xception 的迷你模型

提醒一下，你目前学到的卷积神经网络架构原则如下。
- 模型应该被划分为重复的层块。层块通常包含多个卷积层和一个最大汇聚层。
- 随着空间特征图的尺寸减小，层的滤波器数量应该增加。

❑ 深而窄的网络比浅而宽的网络更好。

❑ 在层块周围引入残差连接，有助于训练更深的网络。

❑ 在卷积层之后添加批量规范化层是有好处的。

❑ 用 SeparableConv2D 层替代 Conv2D 层是有好处的，这样做使参数效率更高。

下面我们将这些想法整合到一个模型中。模型架构类似于小型 Xception，我们将其应用于第 8 章的猫狗分类任务。数据加载和模型训练将重复使用 8.2.5 节所用的设置，而模型定义将使用下面这个卷积神经网络。

不要忘记对输入进行缩放

```
inputs = keras.Input(shape=(180, 180, 3))
x = data_augmentation(inputs)          ◄── 使用和之前相同的
                                           数据增强设置
x = layers.Rescaling(1./255)(x)
x = layers.Conv2D(filters=32, kernel_size=5, use_bias=False)(x)

for size in [32, 64, 128, 256, 512]:
    residual = x

    x = layers.BatchNormalization()(x)
    x = layers.Activation("relu")(x)
    x = layers.SeparableConv2D(size, 3, padding="same", use_bias=False)(x)

    x = layers.BatchNormalization()(x)
    x = layers.Activation("relu")(x)
    x = layers.SeparableConv2D(size, 3, padding="same", use_bias=False)(x)

    x = layers.MaxPooling2D(3, strides=2, padding="same")(x)

    residual = layers.Conv2D(
        size, 1, strides=2, padding="same", use_bias=False)(residual)
    x = layers.add([x, residual])

x = layers.GlobalAveragePooling2D()(x)   ◄── 原始模型在 Dense 层之前使用的是 Flatten 层。
                                             这里使用 GlobalAveragePooling2D 层
x = layers.Dropout(0.5)(x)
outputs = layers.Dense(1, activation="sigmoid")(x)
model = keras.Model(inputs=inputs, outputs=outputs)
```

与原始模型一样，我们添加了
一个 dropout 层来进行正则化

应用一系列卷积层块，特征深度逐渐增大。每个卷积层块包含两个批量规范化的深度可分离卷积层和一个最大汇聚层。整个卷积层块周围使用残差连接

请注意，可分离卷积的底层假设，即"特征通道在很大程度上是不相关的"，对于 RGB 图像来说并不成立！在自然图像中，红、绿、蓝这 3 个颜色通道实际上是高度相关的。因此，模型的第一层是常规的 Conv2D 层，之后使用 SeparableConv2D 层

这个卷积神经网络的可训练参数共有 721 857 个，略少于原始模型的 991 041 个，但仍处于同一范围。图 9-11 显示了该神经网络的训练指标和验证指标。

可以看到，新模型的测试精度达到了 90.8%，而第 8 章中的简单模型的测试精度为 83.5%。如你所见，遵循架构最佳实践，会对模型性能产生立竿见影的效果。

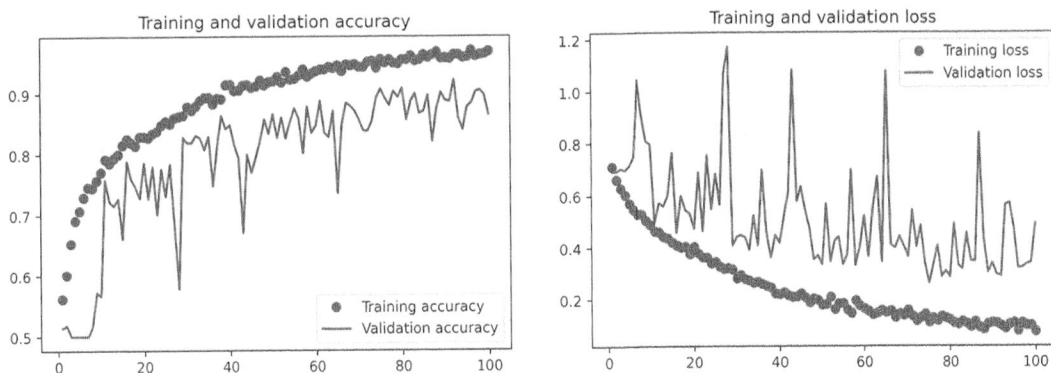

图 9-11　类似 Xception 架构的训练指标和验证指标

此时如果想进一步提高性能，你应该系统性地调节架构的超参数，第 13 章将详细介绍这一主题。我们在这里没有这样做，所以前面的模型配置完全是基于我们讨论过的最佳实践，此外在确定模型尺寸时，还用到了一点直觉。

请注意，这些架构最佳实践与计算机视觉领域相关，而不仅仅是图像分类。例如，Xception 被用作 DeepLabV3 的标准卷积基，这是常用、最先进的图像分割解决方案[①]。

以上就是重要的卷积神经网络架构最佳实践。掌握了这些原则，你就可以针对许多计算机视觉任务开发出性能更高的模型。现在，你正在朝着成为一名计算机视觉专家的方向前进。为了帮助你进一步巩固专业知识，本章介绍最后一个重要主题：解释模型如何做出预测。

9.4　解释卷积神经网络学到的内容

构建计算机视觉应用时的一个基本问题就是**可解释性**（interpretability）：**为什么分类器认为**某张图像中包含冰箱，而你看到的却是卡车？这与深度学习用来补充人类专业知识的使用场景尤为相关，比如医学成像。本节将介绍一系列技术，用于可视化卷积神经网络学到的内容，并帮助你理解神经网络所做的决策。

人们常说，深度学习模型是"黑盒子"，模型学到的表示很难用人类可以理解的方式来提取和呈现。虽然对某些类型的深度学习模型来说，这种说法部分正确，但对卷积神经网络来说绝不是这样的。卷积神经网络学到的表示非常适合可视化，这在很大程度上是因为它们是**视觉概念的表示**。自 2013 年以来，人们开发了一系列方法来对这些表示进行可视化和解释。我们不会全部介绍，但会介绍其中 3 种最容易理解也最有用的方法。

❑ **可视化卷积神经网络的中间输出（中间激活值）**：这有助于理解卷积神经网络的层如何对输入进行变换，也有助于初步了解卷积神经网络单个滤波器的作用。

❑ **可视化卷积神经网络的滤波器**：这有助于准确理解卷积神经网络中每个滤波器响应的视觉模式或视觉概念。

① Liang-Chieh Chen et al. Encoder-Decoder with Atrous Separable Convolution for Semantic Image Segmentation. ECCV, 2018.

❑ **可视化图像中的类激活热力图**：这有助于理解图像中哪些部分被识别为属于某个类别，从而定位图像中的物体。

对于第一种方法（中间激活值的可视化），我们将使用 8.2 节在猫狗分类问题上从头开始训练的小型卷积神经网络。对于后两种方法，我们将使用预训练的 Xception 模型。

9.4.1　中间激活值的可视化

中间激活值的可视化是指对于给定输入，显示模型中各个卷积层和汇聚层的返回值（某一层的输出通常被称为该层的**激活值**，即激活函数的输出）。这样就可以看到一个输入如何被分解为不同的滤波器，这些滤波器由神经网络进行学习。我们想在 3 个维度上对特征图进行可视化：宽度、高度和深度（通道）。每个通道对应相对独立的特征，所以将这些特征图可视化的正确方法是，将每个通道的内容分别绘制成二维图像。我们首先加载 8.2 节保存的模型。

```
>>> from tensorflow import keras
>>> model = keras.models.load_model(
    "convnet_from_scratch_with_augmentation.keras")
>>> model.summary()
Model: "model_1"
```

Layer (type)	Output Shape	Param #
input_2 (InputLayer)	[(None, 180, 180, 3)]	0
sequential (Sequential)	(None, 180, 180, 3)	0
rescaling_1 (Rescaling)	(None, 180, 180, 3)	0
conv2d_5 (Conv2D)	(None, 178, 178, 32)	896
max_pooling2d_4 (MaxPooling2	(None, 89, 89, 32)	0
conv2d_6 (Conv2D)	(None, 87, 87, 64)	18496
max_pooling2d_5 (MaxPooling2	(None, 43, 43, 64)	0
conv2d_7 (Conv2D)	(None, 41, 41, 128)	73856
max_pooling2d_6 (MaxPooling2	(None, 20, 20, 128)	0
conv2d_8 (Conv2D)	(None, 18, 18, 256)	295168
max_pooling2d_7 (MaxPooling2	(None, 9, 9, 256)	0
conv2d_9 (Conv2D)	(None, 7, 7, 256)	590080
flatten_1 (Flatten)	(None, 12544)	0
dropout (Dropout)	(None, 12544)	0
dense_1 (Dense)	(None, 1)	12545

```
==============================================================
Total params: 991,041
Trainable params: 991,041
Non-trainable params: 0
```

接下来，我们需要一张输入图像，即一张猫的图片。它不属于神经网络的训练图像。我们
对该图像做一些预处理工作，如代码清单 9-6 所示。

代码清单 9-6　预处理单张图像

```
from tensorflow import keras
import numpy as np

img_path = keras.utils.get_file(
    fname="cat.jpg",                                          下载一张测试图像
    origin="https://img-datasets.s3.amazonaws.com/cat.jpg")

def get_img_array(img_path, target_size):
    img = keras.utils.load_img(
        img_path, target_size=target_size)      打开图像文件并调整尺寸
    array = keras.utils.img_to_array(img)
    array = np.expand_dims(array, axis=0)       将图像转换成形状为 (180, 180, 3)、
    return array                                格式为 float32 的 NumPy 数组

img_tensor = get_img_array(img_path, target_size=(180, 180))
```

添加一个维度，将数组转换为单个样本组成的
“批量”，其形状变为 (1, 180, 180, 3)

下面来显示这张图像，如代码清单 9-7 和图 9-12 所示。

代码清单 9-7　显示测试图像

```
import matplotlib.pyplot as plt
plt.axis("off")
plt.imshow(img_tensor[0].astype("uint8"))
plt.show()
```

图 9-12　测试图像

为了提取想查看的特征图，我们需要创建一个 Keras 模型。它接收图像批量作为输入，并输出所有卷积层和汇聚层的激活值，如代码清单 9-8 所示。

代码清单 9-8 实例化一个返回各层激活值的模型

```
from tensorflow.keras import layers

layer_outputs = []
layer_names = []
for layer in model.layers:
    if isinstance(layer, (layers.Conv2D, layers.MaxPooling2D)):
        layer_outputs.append(layer.output)
        layer_names.append(layer.name)
activation_model = keras.Model(inputs=model.input, outputs=layer_outputs)
```

提取所有 Conv2D 层和 MaxPooling2D 层的输出，并将其放入一个列表

保存层的名称，以备后用

给定模型输入，创建一个返回这些输出的模型

对于一张输入图像，这个模型会返回一个列表，其中包含原始模型中各层的激活值，如代码清单 9-9 所示。第 7 章介绍过多输出模型，这是你在本书中第一次遇到多输出模型。在此之前，你见到的模型都只有一个输入和一个输出。这个模型有一个输入和 9 个输出：每个输出对应一个激活值。

代码清单 9-9 利用模型计算层的激活值

```
activations = activation_model.predict(img_tensor)
```

返回包含 9 个 NumPy 数组的列表，每个数组对应一个激活值

例如，这是输入图像的第一个卷积层的激活值：

```
>>> first_layer_activation = activations[0]
>>> print(first_layer_activation.shape)
(1, 178, 178, 32)
```

它是 178×178 的特征图，有 32 个通道。我们来绘制原始模型第一层激活值的第 5 个通道，如代码清单 9-10 和图 9-13 所示。

代码清单 9-10 将第 5 个通道可视化

```
import matplotlib.pyplot as plt
plt.matshow(first_layer_activation[0, :, :, 5], cmap="viridis")
```

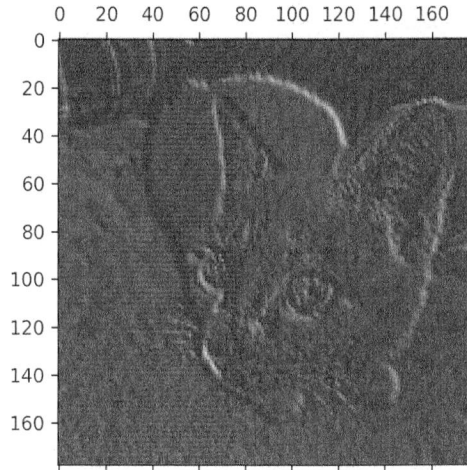

图 9-13　测试图像的第一层激活值的第 5 个通道

这个通道似乎是对角边缘检测器，但是请注意，你自己的通道可能会有所不同，因为卷积层学到的滤波器并不确定。

下面我们来可视化神经网络中的所有激活值，如代码清单 9-11 和图 9-14 所示。我们将提取并绘制每层激活值的每个通道，然后将结果堆叠在一个大网格中，每层的各个通道并排在一起。

代码清单 9-11　将每个中间激活值的每个通道可视化

```
images_per_row = 16
for layer_name, layer_activation in zip(layer_names, activations):    ← 对所有激活值（以及相应层的名称）进行迭代
    n_features = layer_activation.shape[-1]    激活值的形状为 (1, size, size, n_features)
    size = layer_activation.shape[1]
    n_cols = n_features // images_per_row
    display_grid = np.zeros(((size + 1) * n_cols - 1,    准备一个空网格，用于显示这个激活值中的所有通道
                            images_per_row * (size + 1) - 1))

    for col in range(n_cols):
        for row in range(images_per_row):
            channel_index = col * images_per_row + row
            channel_image = layer_activation[0, :, :, channel_index].copy()    ← 这是单个通道（或特征）
            if channel_image.sum() != 0:    将通道值规范化到 [0, 255] 范围内。所有零通道仍保持为零
                channel_image -= channel_image.mean()
                channel_image /= channel_image.std()
                channel_image *= 64
                channel_image += 128
            channel_image = np.clip(channel_image, 0, 255).astype("uint8")
            display_grid[
                col * (size + 1): (col + 1) * size + col,
                row * (size + 1) : (row + 1) * size + row] = channel_image    ← 将通道矩阵放在准备好的空网格中
```

9

```
scale = 1. / size
plt.figure(figsize=(scale * display_grid.shape[1],
                     scale * display_grid.shape[0]))
plt.title(layer_name)
plt.grid(False)
plt.axis("off")
plt.imshow(display_grid, aspect="auto", cmap="viridis")
```

显示该层的网格

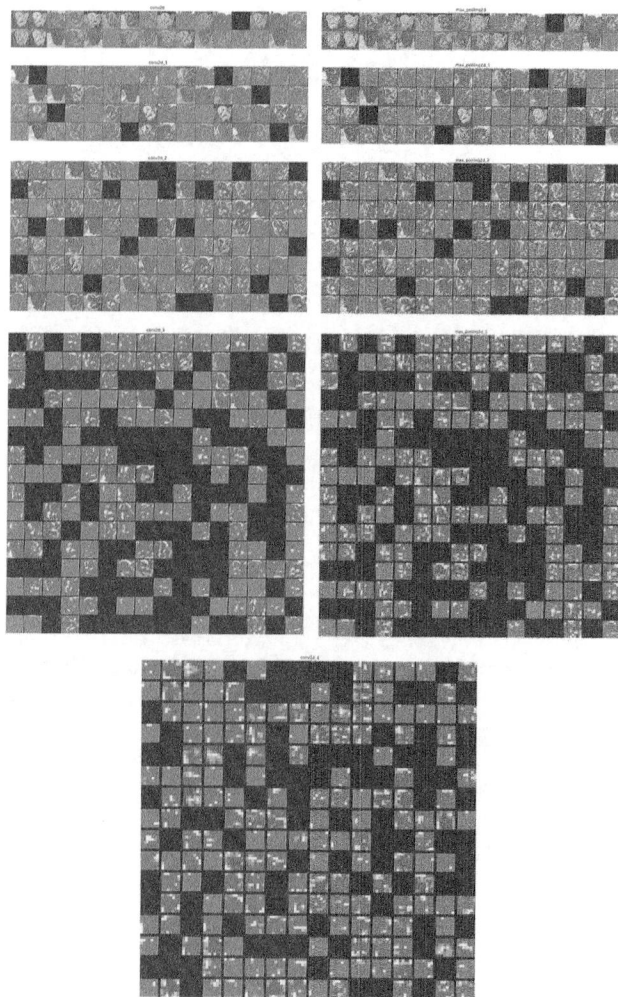

图 9-14　对于测试图像，每一层激活值的每一个通道

需要注意以下几点。

❑ 第一层的作用是充当各种边缘检测器。在这一阶段，激活值保留了原始图像中的几乎所有信息。

- □ 随着层数的增多，激活值变得越来越抽象，并且越来越难以直观解释。它们开始表示更高层次的概念，比如"猫耳朵"和"猫眼睛"。层数越多，层表示中关于图像视觉内容的信息越少，而关于图像类别的信息则越多。
- □ 激活值的稀疏度随着层数的增多而增大。在第一层，几乎所有滤波器都被输入图像激活，但在后面的层中，越来越多的滤波器是空白的。也就是说，输入图像中没有找到这些滤波器所对应的模式。

我们刚刚揭示了深度神经网络所学表示的一个重要的普遍特征：随着层数的增多，层所提取的特征变得越来越抽象。更高层的激活值包含关于特定输入的信息越来越少，而关于目标的信息则越来越多（本例的目标是图像类别：猫或狗）。深度神经网络可以有效地作为**信息蒸馏管道**（information distillation pipeline），接收原始数据（本例中是 RGB 图像）作为输入，反复对其进行变换，过滤无关信息（比如图像的具体外观），并放大和细化有用的信息（比如图像类别）。

这与人类和动物感知世界的方式类似：人类观察一个场景几秒之后，可以记住其中有哪些抽象物体（自行车、树），但记不住这些物体的具体外观。事实上，如果你尝试凭记忆画出一辆普通自行车，很可能完全画不出真实的样子，尽管你在生活中见过上千辆自行车，如图 9-15 所示。你现在就可以试着画一下，这种说法绝对是真实的。你的大脑已经学会将视觉输入完全抽象化，也就是说，将其转换为更高层次的视觉概念，同时过滤不相关的视觉细节，这使得大脑很难记住周围事物的外观。

图 9-15 左：试着凭记忆画出自行车；右：自行车示意图

9.4.2 卷积神经网络滤波器的可视化

还有一种简单方法可以查看卷积神经网络学到的滤波器，那就是显示每个滤波器所响应的视觉模式。实现方法是**在输入空间中进行梯度上升**：从一张空白输入图像开始，将梯度下降应用于卷积神经网络输入图像的值，其目的是让某个滤波器的响应**最大化**。这样得到的输入图像就是选定滤波器最大响应的图像。

　　我们使用在 ImageNet 上预训练的 Xception 模型的滤波器来实验一下。这个过程很简单：构建一个损失函数，其目的是让某个卷积层的某个滤波器的值最大化；然后，使用随机梯度下降来调节输入图像的值，从而将这个激活值最大化。这是利用 GradientTape 对象的底层梯度下降循环的第二个示例（第一个示例见第 2 章）。

　　将 Xception 模型实例化，并加载在 ImageNet 数据集上的预训练权重，如代码清单 9-12 所示。

代码清单 9-12　将 Xception 卷积基实例化

```
model = keras.applications.xception.Xception(
    weights="imagenet",
    include_top=False)        ◁──── 分类层与本例无关，所以
                                     这里不包括模型的顶层
```

　　我们感兴趣的是模型的卷积层，即 Conv2D 层和 SeparableConv2D 层。我们需要知道这些层的名称，以便检索层的输出。我们按深度顺序打印出这些层的名称，如代码清单 9-13 所示。

代码清单 9-13　打印 Xception 中所有卷积层的名称

```
for layer in model.layers:
    if isinstance(layer, (keras.layers.Conv2D, keras.layers.SeparableConv2D)):
        print(layer.name)
```

　　可以看到，这里的 SeparableConv2D 层都被命名为 block6_sepconv1、block7_sepconv2 之类的名称。Xception 被划分为多个层块，每个层块包含几个卷积层。

　　接下来我们创建第二个模型——一个**特征提取器**（feature extractor）模型。它返回某一层的输出，如代码清单 9-14 所示。我们的模型是一个函数式 API 模型，所以它是可查询的，我们可以查询其中一层的 output，并在新模型中复用。无须复制完整的 Xception 代码。

代码清单 9-14　创建一个特征提取器模型

```
                      你可以将其替换为 Xception
                      卷积基中任意层的名称
                                                      这是我们感兴趣的
layer_name = "block3_sepconv1"                        层对象
layer = model.get_layer(name=layer_name)        ◁────
feature_extractor = keras.Model(inputs=model.input, outputs=layer.output)   ◁────

                             我们利用 model.input 和 layer.output 来创建一个模型。
                             给定一张输入图像，它可以返回目标层的输出
```

　　要使用这个模型，只需在输入数据上调用模型即可，如代码清单 9-15 所示。（请注意，Xception 的输入需要用 keras.applications.xception.preprocess_input 函数进行预处理。）

代码清单 9-15　使用特征提取器模型

```
activation = feature_extractor(
    keras.applications.xception.preprocess_input(img_tensor)
)
```

我们使用特征提取器模型来定义一个函数。该函数返回一个标量值,用于量化给定输入图像对该层中某个滤波器的"激活"程度。这个函数就是我们要在梯度上升过程中最大化的"损失函数"。

```python
import tensorflow as tf

def compute_loss(image, filter_index):
    activation = feature_extractor(image)
    filter_activation = activation[:, 2:-2, 2:-2, filter_index]
    return tf.reduce_mean(filter_activation)
```

损失函数接收图像张量和我们感兴趣的滤波器索引(一个整数)

返回滤波器激活值的均值

请注意,损失仅涉及非边界像素,以避免边界伪影。我们舍弃了激活边界的两像素

model.predict(x) 与 model(x) 的区别

在第 8 章中,我们使用 predict(x) 进行特征提取。这里,我们使用的是 model(x)。为什么?

y = model.predict(x) 和 y = model(x)(其中 x 是输入数据组成的数组)均表示"在 x 上运行模型并检索输出 y",但二者并不完全相同。

predict() 对数据进行批量循环(实际上,你可以通过 predict(x, batch_size=64) 指定批量大小),并提取输出的 NumPy 值。它的作用等价于下列代码。

```python
def predict(x):
    y_batches = []
    for x_batch in get_batches(x):
        y_batch = model(x).numpy()
        y_batches.append(y_batch)
    return np.concatenate(y_batches)
```

这意味着调用 predict() 可以扩展到非常大的数组。与之相对,model(x) 则发生在内存中,无法扩展。此外,predict() 是不可微的,如果在 GradientTape 作用域内调用它,则无法检索它的梯度。

如果你需要检索模型调用的梯度,那么应该使用 model(x);如果你只需要输出值,则应该使用 predict(x)。换句话说,除非你想编写底层的梯度下降循环(就像我们现在这样),否则请使用 predict(x)。

我们使用 GradientTape 来创建梯度上升步骤函数,如代码清单 9-16 所示。请注意,我们将使用 @tf.function 装饰器来加速。

有一个不太显而易见的技巧可以帮助梯度下降顺利进行,那就是将梯度张量除以其 L2 范数(张量中所有值的平方的均值的平方根),从而将梯度张量规范化。这样做可以确保输入图像的更新大小始终在同一范围内。

代码清单 9-16　通过随机梯度上升实现损失最大化

明确地监控图像张量，因为它不是一个 TensorFlow
`Variable`（在梯度带中只会自动监控 `Variable`）

```
@tf.function
def gradient_ascent_step(image, filter_index, learning_rate):
    with tf.GradientTape() as tape:
        tape.watch(image)
        loss = compute_loss(image, filter_index)
    grads = tape.gradient(loss, image)
    grads = tf.math.l2_normalize(grads)
    image += learning_rate * grads
    return image
```

计算损失标量，它表示当前
图像对滤波器的激活程度

计算损失相对于
图像的梯度

应用"梯度规范化技巧"

返回更新后的图像，
以便我们在循环中
运行这个步骤函数

将图像沿着能够更强
烈激活目标滤波器的
方向移动一小步

　　现在一切准备就绪。我们将所有部分组合为一个 Python 函数，该函数接收一个滤波器索引作为输入，并返回一个张量，表示能够将某个滤波器的激活值最大化的模式，如代码清单 9-17 所示。

代码清单 9-17　生成可视化滤波器的函数

```
img_width = 200
img_height = 200

def generate_filter_pattern(filter_index):
    iterations = 30
    learning_rate = 10.
    image = tf.random.uniform(
        minval=0.4,
        maxval=0.6,
        shape=(1, img_width, img_height, 3))
    for i in range(iterations):
        image = gradient_ascent_step(image, filter_index, learning_rate)
    return image[0].numpy()
```

梯度上升
的步数

单步
步长

将图像张量随机初始化
（因为 Xception 模型的输
入值应在 [0，1] 范围内，
所以这里选择以 0.5 为
中心的范围）

不断更新图像张量的值，
以将损失最大化

　　我们得到的图像张量是一个形状为 (200, 200, 3) 的浮点数数组，其值可能不是 [0, 255] 范围内的整数。因此，我们需要对这个张量进行后处理，将其转换为可显示的图像。我们用代码清单 9-18 所示的这个简单的实用函数来实现这一点。

代码清单 9-18　将张量转换为有效图像的实用函数

```
def deprocess_image(image):
    image -= image.mean()
    image /= image.std()
    image *= 64
    image += 128
    image = np.clip(image, 0, 255).astype("uint8")
    image = image[25:-25, 25:-25, :]
    return image
```

将图像取值规范化到 [0，255]
这个范围

中心裁剪，以避免
边界伪影

我们来试用一下这个函数，如图 9-16 所示。

```
>>> plt.axis("off")
>>> plt.imshow(deprocess_image(generate_filter_pattern(filter_index=2)))
```

图 9-16　block3_sepconv1 层第 2 个通道最大响应的模式

看起来，block3_sepconv1 层第 2 个滤波器响应的是水平线图案，有点儿像水或毛皮。

接下来的内容很有趣：你可以将层的每一个滤波器可视化，甚至是模型中每一层的每个滤波器，如代码清单 9-19 所示。

代码清单 9-19　生成某一层所有滤波器响应模式组成的网格

```
all_images = []
for filter_index in range(64):                        为该层前 64 个滤波器生成
    print(f"Processing filter {filter_index}")        可视化内容并保存
    image = deprocess_image(
        generate_filter_pattern(filter_index)
    )
    all_images.append(image)

margin = 5                        准备一张空白画布，用于
n = 8                             显示滤波器的可视化内容
cropped_width = img_width - 25 * 2
cropped_height = img_height - 25 * 2
width = n * cropped_width + (n - 1) * margin
height = n * cropped_height + (n - 1) * margin
stitched_filters = np.zeros((width, height, 3))

for i in range(n):                        将保存的滤波器
    for j in range(n):                    图像填入画布
        image = all_images[i * n + j]
        row_start = (cropped_width + margin) * i
        row_end = (cropped_width + margin) * i + cropped_width
        column_start = (cropped_height + margin) * j
        column_end = (cropped_height + margin) * j + cropped_height
```

```
                    stitched_filters[
                        row_start: row_end,
                        column_start: column_end, :] = image
```

将画布保存
到磁盘上

```
└──▷ keras.utils.save_img(
        f"filters_for_layer_{layer_name}.png", stitched_filters)
```

　　这些滤波器图像如图 9-17 所示，它们提供了许多关于卷积神经网络的各层如何观察世界的信息：卷积神经网络的每一层都学习一组滤波器，以便将其输入表示为滤波器的组合。这类似于傅里叶变换将信号分解为一组余弦函数。随着模型层数的增多，卷积神经网络的滤波器变得越来越复杂、越来越精细。

　　❑ 模型前几层的滤波器对应简单的方向边缘和颜色（在某些情况下是彩色边缘）。

　　❑ 较高层的滤波器，如 block4_sepconv1，对应由边缘和颜色组合而成的简单纹理。

　　❑ 更高层的滤波器类似自然图像中的纹理，如羽毛、眼睛、树叶等。

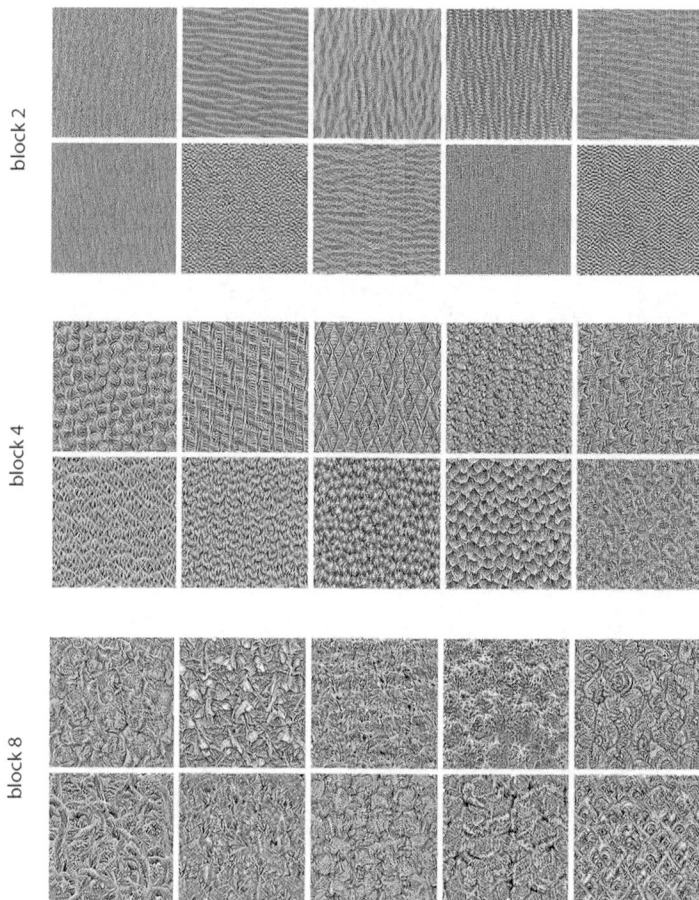

图 9-17　block2_sepconv1 层、block4_sepconv1 层和 block8_sepconv1 层的一些滤波器模式

9.4.3　类激活热力图的可视化

我们还要介绍最后一种可视化方法，它有助于理解一张图像的哪些部分让卷积神经网络做出了最终分类决策。它有助于"调试"卷积神经网络的决策过程，特别是在出现分类错误的情况下（这个问题域被称为**模型可解释性**）。这种方法还可以定位图像中的特定物体。

这种通用技术叫作**类激活图**（class activation map，CAM）可视化，它会对输入图像生成类激活热力图。类激活热力图是与某个输出类别相关的二维分数网格，它对输入图像的每个位置都会计算一个分数，表示该位置对该类别的重要性。举例来说，对于猫狗分类卷积神经网络的一张输入图像，CAM 可视化可以生成类别"猫"的热力图，表示图像的各个部分与猫的相似程度；还可以生成类别"狗"的热力图，表示图像的各个部分与狗的相似程度。

我们将使用 "Grad-CAM: Visual Explanations from Deep Networks via Gradient-based Localization" [①] 这篇论文中介绍的方法。

Grad-CAM 是指，给定一张输入图像，对于某个卷积层的输出特征图，用类别相对于通道的梯度对这个特征图中的每个通道进行加权。直观理解这个技巧的一种方法是，想象你是用"每个通道对类别的重要程度"对"输入图像对不同通道的激活强度"的空间图进行加权，从而得到"输入图像对类别的激活强度"的空间图。

我们用预训练的 Xception 模型来演示这一方法，如代码清单 9-20 所示。

代码清单 9-20　加载带有预训练权重的 Xception 模型

```
model = keras.applications.xception.Xception(weights="imagenet")
```
请注意，这里包括顶部的密集连接分类器（之前我们都将其舍弃）

图 9-18 显示了两只在大草原上漫步的非洲象，它们可能是一只母象和它的小象。我们将这张图像转换为 Xception 模型可以读取的格式。Xception 模型是在尺寸为 299×299 的图像上训练得到的，这些图像都是根据 keras.applications.xception.preprocess_input 函数内置的一些规则进行预处理的。因此，我们需要加载图像，将其尺寸调整为 299×299，然后将其转换为 float32 格式的 NumPy 张量，并应用这些预处理规则，如代码清单 9-21 所示。

代码清单 9-21　为 Xception 模型预处理一张输入图像

下载图像，并将其保存在本地 **img_path** 路径下

```
img_path = keras.utils.get_file(
    fname="elephant.jpg",
    origin="https://img-datasets.s3.amazonaws.com/elephant.jpg")

def get_img_array(img_path, target_size):
    img = keras.utils.load_img(img_path, target_size=target_size)
```
返回一张尺寸为 299×299 的 PIL（Python Imaging Library，Python 图像库）图像

[①] Ramprasaath R. Selvaraju et al. Grad-CAM: Visual Explanations from Deep Networks via Gradient-based Localization. arXiv, 2017.

返回一个形状为 `(299, 299, 3)`、
格式为 `float32` 的 NumPy 数组

```
        array = keras.utils.img_to_array(img)
        array = np.expand_dims(array, axis=0)
        array = keras.applications.xception.preprocess_input(array)
        return array

    img_array = get_img_array(img_path, target_size=(299, 299))
```

对批量进行预处理（对每个通道做颜色规范化）

添加一个维度，将数组转换成尺寸
为 `(1, 299, 299, 3)` 的批量

图 9-18 非洲象测试图像（见彩插）

现在你可以在图像上运行预训练模型，并将预测向量解码为人类可读的格式。

```
>>> preds = model.predict(img_array)
>>> print(keras.applications.xception.decode_predictions(preds, top=3)[0])
[("n02504458", "African_elephant", 0.8699266),
 ("n01871265", "tusker", 0.076968715),
 ("n02504013", "Indian_elephant", 0.02353728)]
```

对这张图像预测的前 3 个类别如下：

❑ 非洲象（African elephant，87% 的概率）；

❑ 长牙动物（tusker，8% 的概率）；

❑ 印度象（Indian elephant，2% 的概率）。

这个模型已经识别出图像中包含数量不定的非洲象。预测向量中被最大激活的元素对应"非洲象"类别，其索引为 386。

```
>>> np.argmax(preds[0])
386
```

为了直观地观察图像中哪些部分最可能是非洲象，我们来使用 Grad-CAM 方法。

首先，创建一个模型，将输入图像映射到最后一个卷积层的激活值，如代码清单 9-22 所示。

代码清单 9-22　创建一个模型，返回最后一个卷积输出

```
last_conv_layer_name = "block14_sepconv2_act"
classifier_layer_names = [
    "avg_pool",
    "predictions",
]
last_conv_layer = model.get_layer(last_conv_layer_name)
last_conv_layer_model = keras.Model(model.inputs, last_conv_layer.output)
```

然后，创建一个模型，将最后一个卷积层的激活值映射到最终的预测类别，如代码清单 9-23 所示。

代码清单 9-23　在最后一个卷积输出上再次应用分类器

```
classifier_input = keras.Input(shape=last_conv_layer.output.shape[1:])
x = classifier_input
for layer_name in classifier_layer_names:
    x = model.get_layer(layer_name)(x)
classifier_model = keras.Model(classifier_input, x)
```

下面来计算输入图像的最大预测类别相对于最后一个卷积层激活值的梯度，如代码清单 9-24 所示。

代码清单 9-24　检索最大预测类别的梯度

```
import tensorflow as tf

with tf.GradientTape() as tape:                                  ← 计算最后一个卷积层激活值，
    last_conv_layer_output = last_conv_layer_model(img_array)      并让梯度带监控它
    tape.watch(last_conv_layer_output)
    preds = classifier_model(last_conv_layer_output)
    top_pred_index = tf.argmax(preds[0])                         ← 检索与最大预测类别
    top_class_channel = preds[:, top_pred_index]                   对应的激活通道

grads = tape.gradient(top_class_channel, last_conv_layer_output)  ← 这是最大预测类别相对于最后一个
                                                                     卷积层输出特征图的梯度
```

下面对梯度张量进行汇聚和重要性加权，以得到类激活热力图，如代码清单 9-25 所示。

代码清单 9-25   梯度汇聚和通道重要性加权

> 这是一个向量，其中每个元素是某个通道的平均梯度强度，它量化了每个通道对最大预测类别的重要性

```
pooled_grads = tf.reduce_mean(grads, axis=(0, 1, 2)).numpy()
last_conv_layer_output = last_conv_layer_output.numpy()[0]
for i in range(pooled_grads.shape[-1]):
    last_conv_layer_output[:, :, i] *= pooled_grads[i]
heatmap = np.mean(last_conv_layer_output, axis=-1)
```

> 将最后一个卷积层输出的每个通道乘以"该通道的重要性"

> 所得特征图的逐通道均值就是类激活热力图

为了便于可视化，我们还需要将热力图规范化到 0 ~ 1 的范围，如代码清单 9-26 所示。得到的结果如图 9-19 所示。

代码清单 9-26   热力图后处理

```
heatmap = np.maximum(heatmap, 0)
heatmap /= np.max(heatmap)
plt.matshow(heatmap)
```

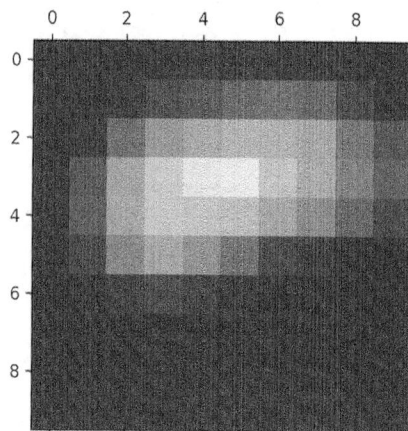

图 9-19   单独的类激活热力图（见彩插）

最后，我们来生成一张图像，将原始图像叠加到刚刚生成的热力图上，如代码清单 9-27 和图 9-20 所示。

代码清单 9-27 将热力图与原始图像叠加

```
import matplotlib.cm as cm

img = keras.utils.load_img(img_path)          加载原始图像
img = keras.utils.img_to_array(img)

heatmap = np.uint8(255 * heatmap)

jet = cm.get_cmap("jet")                      使用 "jet" 颜色图对
jet_colors = jet(np.arange(256))[:, :3]       热力图进行重新着色
jet_heatmap = jet_colors[heatmap]

jet_heatmap = keras.utils.array_to_img(jet_heatmap)                  创建一张图像，使其包
jet_heatmap = jet_heatmap.resize((img.shape[1], img.shape[0]))       含重新着色的热力图
jet_heatmap = keras.utils.img_to_array(jet_heatmap)

superimposed_img = jet_heatmap * 0.4 + img                           将热力图和原始图像
superimposed_img = keras.utils.array_to_img(superimposed_img)        叠加，热力图的不透
                                                                     明度为 40%

save_path = "elephant_cam.jpg"       保存叠加后的图像
superimposed_img.save(save_path)
```

将热力图缩放到 0~255 的范围

图 9-20 测试图像的非洲象类激活热力图（见彩插）

这种可视化方法回答了两个重要问题：
- 为什么模型认为这张图像中包含非洲象？
- 非洲象在图像中的什么位置？

特别值得注意的是，小象耳朵的激活强度很大，这可能是模型区分非洲象和印度象的方式。

9.5 本章总结

- 深度学习可以处理三项基本的计算机视觉任务：图像分类、图像分割和目标检测。
- 遵循现代卷积神经网络架构的最佳实践，有助于充分发挥模型的作用。一些最佳实践包括使用残差连接、批量规范化和深度可分离卷积。
- 卷积神经网络学习的表示很容易可视化，也就是说，卷积神经网络不是黑盒子。
- 你既可以将卷积神经网络学到的滤波器可视化，也可以将类激活热力图可视化。

第 10 章

深度学习处理时间序列

本章包括以下内容：

☐ 处理时间序列数据的机器学习任务示例

☐ 理解循环神经网络

☐ 将循环神经网络应用于温度预测示例

☐ 循环神经网络的高级用法

10.1 不同类型的时间序列任务

时间序列（timeseries）是指定期测量获得的任意数据，比如每日股价、城市每小时耗电量或商店每周销售额。无论是自然现象（如地震活动、鱼类种群的演变或某地天气）还是人类活动模式（如网站访问者、国家 GDP 或信用卡交易），时间序列都无处不在。与前面遇到的数据类型不同，处理时间序列需要了解系统的**动力学**（dynamics），包括系统的周期性循环、系统随时间如何变化、系统的周期规律与突然激增等。

目前，最常见的时间序列任务是预测：预测序列接下来会发生什么。比如提前几小时预测用电量，以便于预计需求；提前几个月预测收入，以便于制订预算计划；提前几天预测天气，以便于规划日程。预测是本章的重点内容。但实际上，你还可以对时间序列做很多其他事情。

☐ **分类**：为时间序列分配一个或多个分类标签。例如，已知一名网站访问者的活动时间序列，判断该访问者是机器人还是人类。

☐ **事件检测**：识别连续数据流中特定预期事件的发生。一个特别有用的应用是"热词检测"，模型监控音频流并检测像"Ok Google"或"Hey Alexa"这样的话。

☐ **异常检测**：检测连续数据流中出现的异常情况。公司网络出现异常活动？可能是有攻击者。生产线出现异常读数？是时候让人去查看一下了。异常检测通常是通过无监督学习实现的，因为你通常不知道要检测哪种异常，所以无法针对特定的异常示例进行训练。

处理时间序列时，你会遇到许多特定领域的数据表示方法。例如，你可能说过**傅里叶变换**，它是指将一系列值表示为不同频率的波的叠加。对那些以周期和振荡为主要特征的数据（如声音、摩天大楼的振动或人的脑电波）进行预处理时，傅里叶变换可以发挥很大作用。对于深度学习而言，傅里叶分析（或相关的梅尔频率分析）与其他特定领域的表示可以用来做特征工程。

这是一种在训练模型之前准备数据的方式，以便让模型更容易运行。然而，本章不会介绍这些技术，而是将重点放在构建模型上。

本章将介绍**循环神经网络**（recurrent neural network，RNN）及如何将其应用于时间序列预测。

10.2　温度预测示例

本章所有代码示例都针对同一个问题：已知每小时测量的气压、湿度等数据的时间序列（数据由屋顶的一组传感器记录），预测 24 小时之后的温度。你会发现，这是一个相当有挑战性的问题。

利用这个温度预测任务，我们会展示时间序列数据与之前见过的各类数据集在本质上有哪些不同。你会发现，密集连接网络和卷积神经网络并不适合处理这种数据集，而另一种机器学习技术——循环神经网络——在这类问题上大放异彩。

我们将使用一个天气时间序列数据集，它由德国耶拿的马克斯·普朗克生物地球化学研究所的气象站记录。在这个数据集中，每 10 分钟记录 14 个物理量（如温度、气压、湿度、风向等），其中包含多年的记录。原始数据可追溯至 2003 年，但本例仅使用 2009 年 ~ 2016 年的数据。

首先下载数据并解压，如下所示。

```
!wget https://s3.amazonaws.com/keras-datasets/jena_climate_2009_2016.csv.zip
!unzip jena_climate_2009_2016.csv.zip
```

下面我们来查看数据，如代码清单 10-1 所示。

代码清单 10-1　查看耶拿天气数据集

```
import os
fname = os.path.join("jena_climate_2009_2016.csv")

with open(fname) as f:
    data = f.read()

lines = data.split("\n")
header = lines[0].split(",")
lines = lines[1:]
print(header)
print(len(lines))
```

从输出可以看出，共有 420 451 行数据（每行数据是一个时间步，记录了 1 个日期和 14 个与天气有关的值），输出还包含以下表头。

```
["Date Time",
 "p (mbar)",
 "T (degC)",
 "Tpot (K)",
 "Tdew (degC)",
 "rh (%)",
 "VPmax (mbar)",
 "VPact (mbar)",
```

```
"VPdef (mbar)",
"sh (g/kg)",
"H2OC (mmol/mol)",
"rho (g/m**3)",
"wv (m/s)",
"max. wv (m/s)",
"wd (deg)"]
```

接下来，我们将所有 420 451 行数据转换为 NumPy 数组，如代码清单 10-2 所示：一个数组包含温度（单位为摄氏度），另一个数组包含其他数据。我们将使用这些特征来预测温度。请注意，我们舍弃了 "Date Time"（日期和时间）这一列。

代码清单 10-2　解析数据

```
import numpy as np
temperature = np.zeros((len(lines),))
raw_data = np.zeros((len(lines), len(header) - 1))
for i, line in enumerate(lines):                          将第 1 列保存在 temperature
    values = [float(x) for x in line.split(",")[1:]]      数组中
    temperature[i] = values[1]         ◄────
    raw_data[i, :] = values[:]         ◄────  将所有列（包括温度）保存
                                               在 raw_data 数组中
```

我们来绘制温度随时间的变化曲线（单位为摄氏度），如代码清单 10-3 和图 10-1 所示。在这张图中，你可以清楚地看到温度的年度周期性变化，数据跨度为 8 年。

代码清单 10-3　绘制温度时间序列

```
from matplotlib import pyplot as plt
plt.plot(range(len(temperature)), temperature)
```

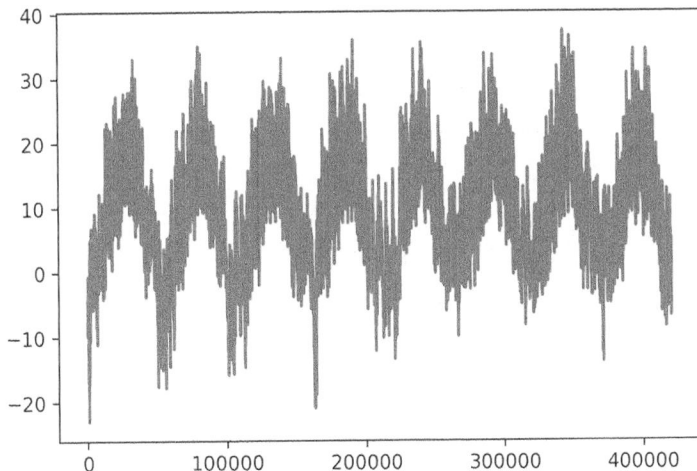

图 10-1　数据集整个时间范围内的温度（℃）

　　我们来绘制前 10 天温度数据的曲线，如代码清单 10-4 和图 10-2 所示。由于每 10 分钟记录一次数据，因此每天有 144 个数据点（24×6=144）。

代码清单 10-4　绘制前 10 天的温度时间序列

```
plt.plot(range(1440), temperature[:1440])
```

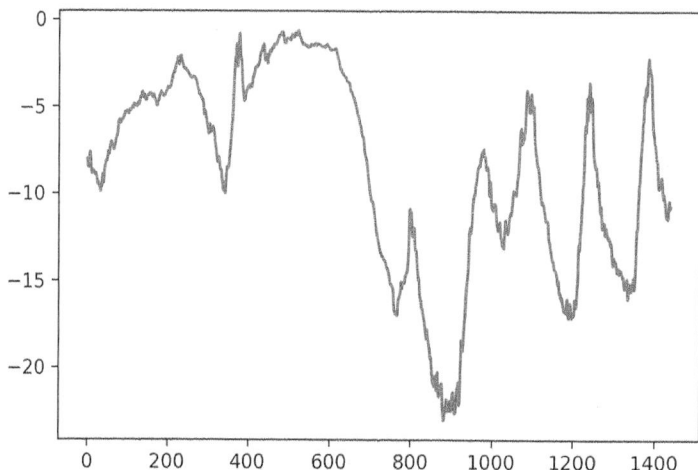

图 10-2　数据集前 10 天的温度（℃）

　　从图 10-2 中可以看到每天的周期性变化，尤其是最后 4 天特别明显。另外请注意，这 10 天一定是来自于寒冷的冬季月份。

始终在数据中寻找周期性

　　在多个时间尺度上的周期性，是时间序列数据非常重要且常见的属性。无论是天气、商场停车位使用率、网站流量、杂货店销售额，还是健身追踪器记录的步数，你都会看到每日周期性和年度周期性（人类生成的数据通常还有每周的周期性）。探索数据时，一定要注意寻找这些模式。

　　对于这个数据集，如果你想根据前几个月的数据来预测下个月的平均温度，那么问题很简单，因为数据具有可靠的年度周期性。但如果查看几天的数据，那么你会发现温度看起来要混乱得多。以天作为观察尺度，这个时间序列是可预测的吗？我们来寻找这个问题的答案。

　　在后续所有实验中，我们将前 50% 的数据用于训练，随后的 25% 用于验证，最后的 25% 用于测试，如代码清单 10-5 所示。处理时间序列数据时，有一点很重要：验证数据和测试数据应该比训练数据更靠后，因为你是要根据过去预测未来，而不是反过来，所以验证 / 测试划分应该反映这一点。如果将时间轴反转，有些问题就会变得简单得多。

代码清单 10-5 计算用于训练、验证和测试的样本数

```
>>> num_train_samples = int(0.5 * len(raw_data))
>>> num_val_samples = int(0.25 * len(raw_data))
>>> num_test_samples = len(raw_data) - num_train_samples - num_val_samples
>>> print("num_train_samples:", num_train_samples)
>>> print("num_val_samples:", num_val_samples)
>>> print("num_test_samples:", num_test_samples)
num_train_samples: 210225
num_val_samples: 105112
num_test_samples: 105114
```

10.2.1 准备数据

这个问题的确切表述如下：每小时采样一次数据，给定前 5 天的数据，我们能否预测 24 小时之后的温度？

首先，我们对数据进行预处理，将其转换为神经网络可以处理的格式。这很简单。因为数据已经是数值型的，所以不需要做向量化。但数据中的每个时间序列位于不同的范围，比如气压大约在 1000 毫巴（mbar）[①]，而水汽浓度（H2OC）大约为 3 毫摩尔 / 摩尔（mmol/mol）。我们将对每个时间序列分别做规范化，使其处于相近的范围，并且都取较小的值，如代码清单 10-6 所示。我们使用前 210 225 个时间步作为训练数据，所以只计算这部分数据的均值和标准差。

代码清单 10-6 数据规范化

```
mean = raw_data[:num_train_samples].mean(axis=0)
raw_data -= mean
std = raw_data[:num_train_samples].std(axis=0)
raw_data /= std
```

接下来我们创建一个 Dataset 对象，它可以生成过去 5 天的数据批量，以及 24 小时之后的目标温度。由于数据集中的样本是高度冗余的（对于样本 N 和样本 N+1，二者的大部分时间步是相同的），因此显式地保存每个样本将浪费资源。相反，我们将实时生成样本，仅保存最初的数组 raw_data 和 temperature。

我们可以轻松地编写一个 Python 生成器来完成这项工作，但也可以直接利用 Keras 内置的数据集函数（timeseries_dataset_from_array()），从而减少工作量。一般来说，你可以将这个函数用于任意类型的时间序列预测任务。

理解 timeseries_dataset_from_array()

为了理解 timeseries_dataset_from_array() 的作用，我们来看一个简单的例子。这个例子的大致思想是：给定一个由时间序列数据组成的数组（data 参数），timeseries_dataset_from_array() 可以给出从原始时间序列中提取的窗口（我们称之为"序列"）。

---

① 1 毫巴 =100 帕。——编者注

举个例子，对于 data = [0, 1, 2, 3, 4, 5, 6] 和 sequence_length = 3，timeseries_dataset_from_array() 将生成以下样本：[0, 1, 2]、[1, 2, 3]、[2, 3, 4]、[3, 4, 5]、[4, 5, 6]。

你还可以向 timeseries_dataset_from_array() 传入 targets 参数（一个数组）。targets 数组的第一个元素应该对应 data 数组生成的第一个序列的预期目标。因此，做时间序列预测时，targets 应该是与 data 大致相同的数组，并偏移一段时间。

例如，对于 data = [0, 1, 2, 3, 4, 5, 6, ...] 和 sequence_length = 3，你可以传入 targets = [3, 4, 5, 6, ...]，创建一个数据集并预测时间序列的下一份数据。我们来试一下。

```
import numpy as np
from tensorflow import keras
int_sequence = np.arange(10)                          生成一个从 0 到 9 的
                                                       有序整数数组
dummy_dataset = keras.utils.timeseries_dataset_from_array(    序列将从 [0, 1, 2, 3,
    data=int_sequence[:-3],                                   4, 5, 6] 中抽样
    targets=int_sequence[3:],
    sequence_length=3,                    对于以 data[N] 开头的序列，
    batch_size=2,                         其目标是 data[N+3]
)
                                          序列长度是 3 个时间步
for inputs, targets in dummy_dataset:     序列批量大小为 2
    for i in range(inputs.shape[0]):
        print([int(x) for x in inputs[i]], int(targets[i]))
```

这段代码的运行结果如下。

```
[0, 1, 2] 3
[1, 2, 3] 4
[2, 3, 4] 5
[3, 4, 5] 6
[4, 5, 6] 7
```

我们将使用 timeseries_dataset_from_array() 来创建 3 个数据集，分别用于训练、验证和测试，如代码清单 10-7 所示。

我们将使用以下参数值。

❑ sampling_rate = 6：观测数据的采样频率是每小时一个数据点，也就是说，每 6 个数据点保留一个。

❑ sequence_length = 120：给定过去 5 天（120 小时）的观测数据。

❑ delay = sampling_rate * (sequence_length + 24 - 1)：序列的目标是序列结束 24 小时之后的温度。

创建训练数据集时，我们传入 start_index = 0 和 end_index = num_train_samples，只使用前 50% 的数据。对于验证数据集，我们传入 start_index = num_train_samples 和 end_index = num_train_samples + num_val_samples，使用接下来 25% 的数据。最后对

于测试数据集，我们传入 start_index = num_train_samples + num_val_samples，使用剩余数据。

代码清单 10-7　创建 3 个数据集，分别用于训练、验证和测试

```
sampling_rate = 6
sequence_length = 120
delay = sampling_rate * (sequence_length + 24 - 1)
batch_size = 256

train_dataset = keras.utils.timeseries_dataset_from_array(
    raw_data[:-delay],
    targets=temperature[delay:],
    sampling_rate=sampling_rate,
    sequence_length=sequence_length,
    shuffle=True,
    batch_size=batch_size,
    start_index=0,
    end_index=num_train_samples)

val_dataset = keras.utils.timeseries_dataset_from_array(
    raw_data[:-delay],
    targets=temperature[delay:],
    sampling_rate=sampling_rate,
    sequence_length=sequence_length,
    shuffle=True,
    batch_size=batch_size,
    start_index=num_train_samples,
    end_index=num_train_samples + num_val_samples)

test_dataset = keras.utils.timeseries_dataset_from_array(
    raw_data[:-delay],
    targets=temperature[delay:],
    sampling_rate=sampling_rate,
    sequence_length=sequence_length,
    shuffle=True,
    batch_size=batch_size,
    start_index=num_train_samples + num_val_samples)
```

每个数据集都会生成一个元组 (samples, targets)，其中 samples 是包含 256 个样本的批量，每个样本包含连续 120 小时的输入数据；targets 是包含相应的 256 个目标温度的数组。请注意，因为样本已被随机打乱，所以一批数据中的两个连续序列（如 samples[0] 和 samples[1]）不一定在时间上接近。我们来查看数据集的输出，如代码清单 10-8 所示。

代码清单 10-8　查看一个数据集的输出

```
>>> for samples, targets in train_dataset:
>>>     print("samples shape:", samples.shape)
>>>     print("targets shape:", targets.shape)
>>>     break
samples shape: (256, 120, 14)
targets shape: (256,)
```

10.2.2   基于常识、不使用机器学习的基准

在开始使用像黑盒子一样的深度学习模型解决温度预测问题之前，我们先尝试一种基于常识的简单方法。它可以作为一种合理性检查，还可以建立一个基准，更高级的机器学习模型需要超越这个基准才能证明其有效性。对于一个尚没有已知解决方案的新问题，这种基于常识的基准很有用。一个经典的例子是不平衡分类任务，其中某些类别比其他类别更常见。如果数据集中包含 90% 的类别 A 样本和 10% 的类别 B 样本，那么对于分类任务，一种基于常识的方法就是对新样本始终预测类别 A。这种分类器的总体精度为 90%，因此任何基于机器学习的方法的精度都应该高于 90%，才能证明其有效性。有时候，这样的简单基准可能很难超越。

在本例中，我们可以放心地假设：温度时间序列是连续的（明天的温度很可能接近今天的温度），并且具有每天的周期性变化。因此，一种基于常识的方法是，始终预测 24 小时之后的温度等于现在的温度。我们用平均绝对误差（MAE）指标来评估这种方法，这一指标的定义如下。

```
np.mean(np.abs(preds - targets))
```

评估循环如代码清单 10-9 所示。

代码清单 10-9   计算基于常识的基准的 MAE

```
def evaluate_naive_method(dataset):
    total_abs_err = 0.
    samples_seen = 0
    for samples, targets in dataset:
        preds = samples[:, -1, 1] * std[1] + mean[1]
        total_abs_err += np.sum(np.abs(preds - targets))
        samples_seen += samples.shape[0]
    return total_abs_err / samples_seen

print(f"Validation MAE: {evaluate_naive_method(val_dataset):.2f}")
print(f"Test MAE: {evaluate_naive_method(test_dataset):.2f}")
```

温度特征在第 1 列，所以 `samples[:, -1, 1]` 是输入序列最后一个温度测量值。之前我们对特征做了规范化，所以要得到以摄氏度为单位的温度值，还需要乘以标准差并加上均值，以实现规范化的逆操作

对于这个基于常识的基准，验证 MAE 为 2.44 摄氏度，测试 MAE 为 2.62 摄氏度。因此，如果假设 24 小时之后的温度总是与现在相同，那么平均会偏差约 2.5 摄氏度。这个结果不算太差，但你可能不会基于这种启发式方法来推出天气预报服务。接下来，我们将利用深度学习知识来得到更好的结果。

10.2.3   基本的机器学习模型

在尝试机器学习方法之前，建立一个基于常识的基准是很有用的。同样，在开始研究复杂且计算代价很大的模型（如 RNN）之前，尝试简单且计算代价很小的机器学习模型（比如小型

的密集连接网络）也是很有用的。这样做可以保证进一步增加问题复杂度是合理的，能够带来真正的好处。

代码清单 10-10 给出了一个全连接模型：首先将数据展平，然后是两个 Dense 层。请注意，最后一个 Dense 层没有激活函数，这是回归问题的典型特征。我们使用均方误差（MSE）作为损失，而不是平均绝对误差（MAE），因为 MSE 在 0 附近是光滑的（而 MAE 不是），这对梯度下降来说是一个有用的属性。我们在 compile() 中监控 MAE 这项指标。

代码清单 10-10　训练并评估一个密集连接模型

```
from tensorflow import keras
from tensorflow.keras import layers

inputs = keras.Input(shape=(sequence_length, raw_data.shape[-1]))
x = layers.Flatten()(inputs)
x = layers.Dense(16, activation="relu")(x)
outputs = layers.Dense(1)(x)
model = keras.Model(inputs, outputs)

callbacks = [
    keras.callbacks.ModelCheckpoint("jena_dense.keras",
                                    save_best_only=True)
]
model.compile(optimizer="rmsprop", loss="mse", metrics=["mae"])
history = model.fit(train_dataset,
                    epochs=10,
                    validation_data=val_dataset,
                    callbacks=callbacks)

model = keras.models.load_model("jena_dense.keras")
print(f"Test MAE: {model.evaluate(test_dataset)[1]:.2f}")
```

这个回调函数用于保存具有最佳性能的模型

重新加载最佳模型，并在测试数据上进行评估

我们来绘制训练和验证的损失曲线，如代码清单 10-11 和图 10-3 所示。

代码清单 10-11　绘制结果

```
import matplotlib.pyplot as plt
loss = history.history["mae"]
val_loss = history.history["val_mae"]
epochs = range(1, len(loss) + 1)
plt.figure()
plt.plot(epochs, loss, "bo", label="Training MAE")
plt.plot(epochs, val_loss, "b", label="Validation MAE")
plt.title("Training and validation MAE")
plt.legend()
plt.show()
```

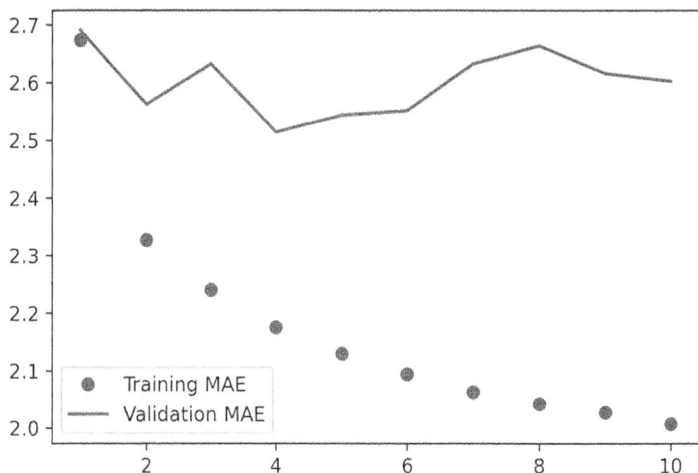

图 10-3　一个简单的密集连接网络在耶拿温度预测任务上的训练 MAE 和验证 MAE

部分验证损失接近不使用机器学习的基准方法，但并不稳定。这也展示了首先建立基准的优点，事实证明，要超越这个基准并不容易。我们的常识中包含大量有价值的信息，而机器学习模型并不知道这些信息。

你可能会问，如果从数据到目标之间存在一个简单且表现良好的模型（基于常识的基准），那么我们训练的模型为什么没有找到它并进一步改进呢？我们在模型空间（假设空间）中搜索解决方案，这个模型空间是具有我们所定义架构的所有双层网络组成的空间。基于常识的启发式方法只是这个空间所表示的数百万个模型中的一个。这就好比大海捞针。从技术上说，假设空间中存在一个好的解决方案，但这并不意味着你可以通过梯度下降找到它。

总体来说，这是机器学习的一个重要限制：如果学习算法没有被硬编码为寻找某种特定类型的简单模型，那么有时候算法无法找到简单问题的简单解决方案。这就是好的特征工程和架构预设非常重要的原因：你需要准确告诉模型它要寻找什么。

10.2.4　一维卷积模型

说到利用正确的架构预设，由于输入序列具有每日周期性的特征，或许卷积模型可能有效。时间卷积神经网络可以在不同日期重复使用相同的表示，就像空间卷积神经网络可以在图像的不同位置重复使用相同的表示。

你已经学过 Conv2D 层和 SeparableConv2D 层，它们通过在二维网格上滑动的小窗口来查看输入。这些层也有一维甚至三维的版本：Conv1D 层、SeparableConv1D 层和 Conv3D 层[①]。Conv1D 层是在输入序列上滑动一维窗口，Conv3D 层则是在三维输入物体上滑动三维窗口。

---

① 请注意，Keras 中没有 SeparableConv3D 层。这并不是因为任何理论上的原因，只是因为我还没有实现它。

　　因此，你可以构建一维卷积神经网络，它非常类似于二维卷积神经网络。它适用于遵循平移不变性假设的序列数据。这个假设的含义是，如果沿着序列滑动一个窗口，那么窗口的内容应该遵循相同的属性，而与窗口位置无关。

　　我们在温度预测问题上试一下一维卷积神经网络。我们选择初始窗口长度为 24，这样就可以每次查看 24 小时的数据（一个周期）。我们对序列进行下采样时（通过 MaxPooling1D 层），也会相应地减小窗口尺寸。

```
inputs = keras.Input(shape=(sequence_length, raw_data.shape[-1]))
x = layers.Conv1D(8, 24, activation="relu")(inputs)
x = layers.MaxPooling1D(2)(x)
x = layers.Conv1D(8, 12, activation="relu")(x)
x = layers.MaxPooling1D(2)(x)
x = layers.Conv1D(8, 6, activation="relu")(x)
x = layers.GlobalAveragePooling1D()(x)
outputs = layers.Dense(1)(x)
model = keras.Model(inputs, outputs)

callbacks = [
    keras.callbacks.ModelCheckpoint("jena_conv.keras",
                                    save_best_only=True)
]
model.compile(optimizer="rmsprop", loss="mse", metrics=["mae"])
history = model.fit(train_dataset,
                    epochs=10,
                    validation_data=val_dataset,
                    callbacks=callbacks)

model = keras.models.load_model("jena_conv.keras")
print(f"Test MAE: {model.evaluate(test_dataset)[1]:.2f}")
```

得到的训练曲线和验证曲线如图 10-4 所示。

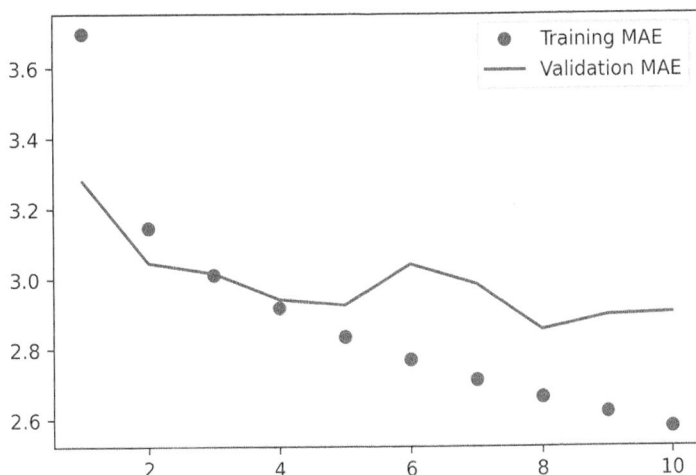

图 10-4　一维卷积神经网络在耶拿温度预测任务上的训练 MAE 和验证 MAE

事实证明，这个模型的性能甚至比密集连接模型更差。它的验证 MAE 约为 2.9 摄氏度，比基于常识的基准差很多。出了什么问题？有以下两个原因。

- 首先，天气数据并不完全遵循平移不变性假设。虽然数据具有每日周期性，但早晨的数据与傍晚或午夜的数据具有不同的属性。天气数据只在某个时间尺度上具有平移不变性。
- 其次，数据的顺序很重要。要想预测第 2 天的温度，最新的数据比 5 天前的数据包含更多的信息。一维卷积神经网络无法利用这一点。特别是，最大汇聚层和全局平均汇聚层在很大程度上破坏了顺序信息。

10.2.5　第一个 RNN 基准

全连接网络和卷积神经网络的效果都不是很好，但这并不意味着机器学习不适用于这个问题。密集连接网络首先将时间序列展平，这从输入数据中去除了时间的概念。卷积神经网络对每段数据都用同样的方式处理，甚至还应用了汇聚运算，这会破坏顺序信息。我们来看一下数据本来的样子：它是一个序列，其中因果关系和顺序都很重要。

有一类专门处理这种数据的神经网络架构，那就是 RNN，其中，**长短期记忆**（Long Short Term Memory，LSTM）层长期以来一直很受欢迎。我们稍后会介绍这种模型的工作原理，但我们先来试用一下 LSTM 层，如代码清单 10-12 所示。

代码清单 10-12　基于 LSTM 的简单模型

```
inputs = keras.Input(shape=(sequence_length, raw_data.shape[-1]))
x = layers.LSTM(16)(inputs)
outputs = layers.Dense(1)(x)
model = keras.Model(inputs, outputs)

callbacks = [
    keras.callbacks.ModelCheckpoint("jena_lstm.keras",
                                    save_best_only=True)
]
model.compile(optimizer="rmsprop", loss="mse", metrics=["mae"])
history = model.fit(train_dataset,
                    epochs=10,
                    validation_data=val_dataset,
                    callbacks=callbacks)

model = keras.models.load_model("jena_lstm.keras")
print(f"Test MAE: {model.evaluate(test_dataset)[1]:.2f}")
```

如图 10-5 所示，该模型的结果比之前的模型好多了！验证 MAE 低至 2.36 摄氏度，测试 MAE 为 2.55 摄氏度。基于 LSTM 的模型终于超越了基于常识的基准（尽管目前只超越了一点点），这证明了机器学习在这项任务上的价值。

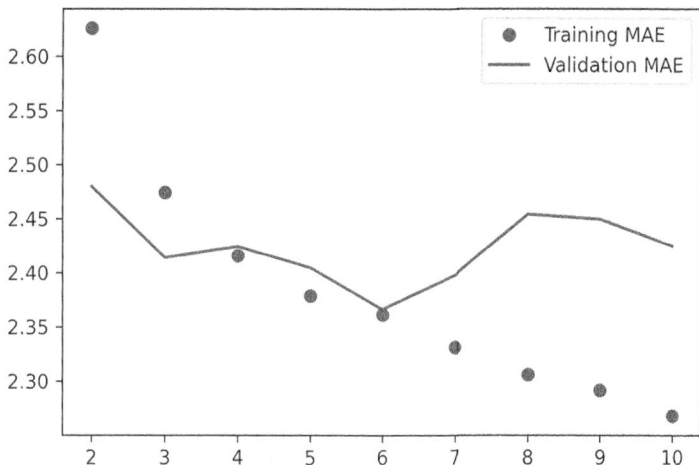

图 10-5 基于 LSTM 的模型在耶拿温度预测任务上的训练 MAE 和验证 MAE。注意，图中没有显示第 1 轮，因为第 1 轮的训练 MAE 很大（7.75），会影响显示比例

为什么 LSTM 模型的性能明显好于密集连接网络或卷积神经网络呢？我们又该如何进一步完善该模型呢？为了回答这些问题，我们来仔细看一下 RNN。

10.3 理解 RNN

目前我们见过的所有神经网络（比如密集连接网络和卷积神经网络）都有一个主要特征，那就是它们都没有记忆。它们对每个输入都是单独处理的，在输入之间没有保存任何状态。这样的神经网络要想处理数据点的序列或时间序列，需要一次性将整个序列输入其中，即将整个序列转换为单个数据点。比如我们在密集连接网络示例中就是这样做的：将 5 天的数据展平为一个大向量，然后一次性处理。这种网络叫作**前馈网络**（feedforward network）。

与此相对，当阅读这个句子时，你是在逐字阅读（或者更确切地说，是在逐行扫视），同时会记住前面的内容。这让你可以流畅地理解这个句子的含义。智能生物处理信息是渐进式的，保存一个关于所处理内容的内部模型，这个模型是根据过去的信息构建的，并随着新信息的进入而不断更新。

RNN 采用相同的原理（不过是一个极其简化的版本）。它处理序列的方式是：遍历所有序列元素，同时保存一个**状态**（state），其中包含与已查看内容相关的信息。实际上，RNN 是一种具有内部**环路**（loop）的神经网络，如图 10-6 所示。

在处理两个彼此独立的序列（比如批量中的两个样本）之间，RNN 的状态会被重置，所以你仍然可以将一个序列看作单个数据点，即神经网络的单个输入。不同的是，这个数据点不再是一步处理完，相反，神经网络内部会对序列元素进行循环操作。

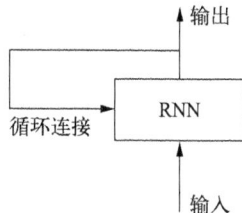

图 10-6 RNN：带有环路的神经网络

为了更好地解释**环路**和**状态**的概念，我们来实现一个简单 RNN 的前向传播。这个 RNN 的输入是一个向量序列，我们将其编码成尺寸为 (timesteps, input_features) 的 2 阶张量。这个 RNN 对时间步进行遍历，在每个时间步 t，它都会考虑 t 的当前状态和 t 的输入（形状为 (input_features,)），并对二者计算得到 t 的输出。然后，我们将下一个时间步的状态设置为上一个时间步的输出。对于第一个时间步，上一个时间步的输出没有定义，所以它没有当前状态。因此，我们将状态初始化为全零向量，这叫作神经网络的**初始状态**。

RNN 伪代码如代码清单 10-13 所示。

代码清单 10-13　RNN 伪代码

```
state_t = 0              ◁── t 的状态
for input_t in input_sequence:        ◁── 对序列元素进行遍历
    output_t = f(input_t, state_t)
    state_t = output_t   ◁── 上一次的输出变为下一次迭代的状态
```

你甚至可以给出具体的 f 函数：它是从输入和状态到输出的变换，其参数包括两个矩阵（W 和 U）和一个偏置向量，如代码清单 10-14 所示。它类似于前馈网络中密集连接层所做的变换。

代码清单 10-14　更详细的 RNN 伪代码

```
state_t = 0
for input_t in input_sequence:
    output_t = activation(dot(W, input_t) + dot(U, state_t) + b)
    state_t = output_t
```

为了将这些概念解释清楚，我们用 NumPy 来实现简单 RNN 的前向传播，如代码清单 10-15 所示。

代码清单 10-15　简单 RNN 的 NumPy 实现

输入数据：随机噪声，仅作为示例

```
import numpy as np              ◁── 输入序列的时间步数
timesteps = 100
input_features = 32            ◁── 输入特征空间的维度
output_features = 64           ◁── 输出特征空间的维度
inputs = np.random.random((timesteps, input_features))
state_t = np.zeros((output_features,))        ◁── 初始状态：全零向量
W = np.random.random((output_features, input_features))
U = np.random.random((output_features, output_features))    ◁── 创建随机的权重矩阵
b = np.random.random((output_features,))
successive_outputs = []
for input_t in inputs:
    output_t = np.tanh(np.dot(W, input_t) + np.dot(U, state_t) + b)
```

对输入和当前状态（上一个输出）进行计算，得到当前输出。

这里使用 tanh 来添加非线性（也可以使用其他激活函数）

input_t 是形状为 (input_features,) 的向量

将输出保存到
一个列表中

```
        successive_outputs.append(output_t)
        state_t = output_t
final_output_sequence = np.stack(successive_outputs, axis=0)
```

最终输出是形状为 (`timesteps`,
`output_features`) 的 2 阶张量

更新网络状态，用于下一个时间步

RNN 实现起来很简单。总而言之，RNN 是一个 `for` 循环，它重复使用循环上一次迭代的计算结果，仅此而已。当然，你可以构建不同的 RNN，它们都能满足上述定义。这个例子展示的只是最简单的 RNN。RNN 的特征在于时间步函数，比如本例中的下面这个函数，如图 10-7 所示。

```
output_t = np.tanh(np.dot(W, input_t) + np.dot(U, state_t) + b)
```

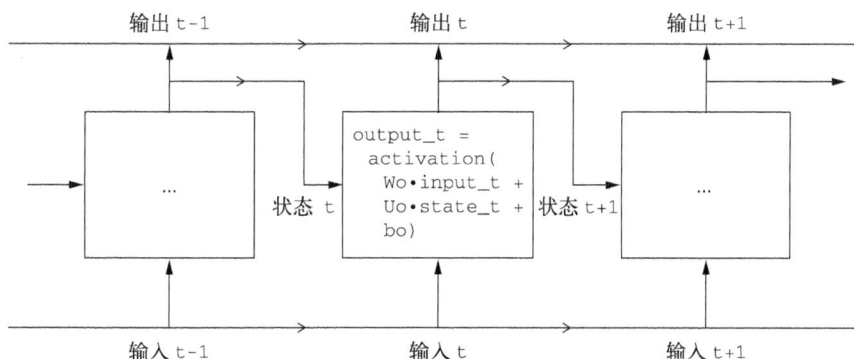

图 10-7　一个简单的 RNN，沿时间展开

> **注意**　本例的最终输出是一个形状为 (`timesteps`, `output_features`) 的 2 阶张量，其中每个时间步是循环在 t 时间步的输出。输出张量中的每个时间步 t 都包含输入序列中时间步 0 到 t 的信息，即关于过去的全部信息。在多数情况下，你并不需要这个完整的输出序列，而只需要最后一个输出（循环结束时的 output_t），因为它已经包含了整个序列的信息。

10

Keras 中的循环层

上面的 NumPy 简单实现对应一个实际的 Keras 层——SimpleRNN 层。

不过，二者有一点小区别：SimpleRNN 层能够像其他 Keras 层一样处理序列批量，而不是像 NumPy 示例中的那样只能处理单个序列。也就是说，它接收形状为 (batch_size, timesteps, input_features) 的输入，而不是 (timesteps, input_features)。指定初始 Input() 的 shape 参数时，你可以将 timesteps 设为 None，这样神经网络就能够处理任意长度的序列，如代码清单 10-16 所示。

代码清单 10-16　能够处理任意长度序列的 RNN 层
```
num_features = 14
inputs = keras.Input(shape=(None, num_features))
outputs = layers.SimpleRNN(16)(inputs)
```

如果你想让模型处理可变长度的序列，那么这就特别有用。但是，如果所有序列的长度相同，那么我建议指定完整的输入形状，因为这样 model.summary() 能够显示输出长度信息，这总是很好的，而且还可以解锁一些性能优化功能（参见 10.4.1 节中的 "RNN 运行性能"）。

Keras 中的所有循环层（SimpleRNN 层、LSTM 层和 GRU 层）都可以在两种模式下运行：一种是返回每个时间步连续输出的完整序列，即形状为 (batch_size, timesteps, output_features) 的 3 阶张量；另一种是只返回每个输入序列的最终输出，即形状为 (batch_size, output_features) 的 2 阶张量。这两种模式由 return_sequences 参数控制。我们来看一个 SimpleRNN 示例，它只返回最后一个时间步的输出，如代码清单 10-17 所示。

代码清单 10-17　只返回最后一个时间步输出的 RNN 层
```
>>> num_features = 14
>>> steps = 120
>>> inputs = keras.Input(shape=(steps, num_features))
>>> outputs = layers.SimpleRNN(16, return_sequences=False)(inputs)     ◁─┐
>>> print(outputs.shape)
(None, 16)                                                      请注意，默认情况下使用
                                                                return_sequences=False
```

代码清单 10-18 给出的示例返回了完整的状态序列。

代码清单 10-18　返回完整输出序列的 RNN 层
```
>>> num_features = 14
>>> steps = 120
>>> inputs = keras.Input(shape=(steps, num_features))
>>> outputs = layers.SimpleRNN(16, return_sequences=True)(inputs)
>>> print(outputs.shape)
(None, 120, 16)
```

为了提高神经网络的表示能力，有时将多个循环层逐个堆叠也是很有用的。在这种情况下，你需要让所有中间层都返回完整的输出序列，如代码清单 10-19 所示。

代码清单 10-19　RNN 层堆叠
```
inputs = keras.Input(shape=(steps, num_features))
x = layers.SimpleRNN(16, return_sequences=True)(inputs)
x = layers.SimpleRNN(16, return_sequences=True)(x)
outputs = layers.SimpleRNN(16)(x)
```

我们在实践中很少会用到 SimpleRNN 层。它通常过于简单，没有实际用途。特别是 SimpleRNN 层有一个主要问题：在 t 时刻，虽然理论上来说它应该能够记住许多时间步之前见过的信息，但事实证明，它在实践中无法学到这种长期依赖。原因在于**梯度消失问题**，这一效应类似于在层数较多的非循环网络（前馈网络）中观察到的效应：随着层数的增加，神经网络最终变得无法训练。Yoshua Bengio 等人在 20 世纪 90 年代初研究了这一效应的理论原因 [1]。

值得庆幸的是，SimpleRNN 层并不是 Keras 中唯一可用的循环层，还有另外两个：LSTM 层和 GRU 层，二者都是为解决这个问题而设计的。

我们来看 LSTM 层，其底层的长短期记忆（LSTM）算法由 Sepp Hochreiter 和 Jürgen Schmidhuber 在 1997 年开发 [2]，是二人研究梯度消失问题的重要成果。

LSTM 层是 SimpleRNN 层的变体，它增加了一种携带信息跨越多个时间步的方式。假设有一条传送带，其运行方向平行于你所处理的序列。序列中的信息可以在任意位置跳上传送带，然后被传送到更晚的时间步，并在需要时原封不动地跳回来。这其实就是 LSTM 的原理：保存信息以便后续使用，从而防止较早的信号在处理过程中逐渐消失。这应该会让你想到第 9 章介绍过的**残差连接**，二者的思路几乎相同。

为了详细解释 LSTM，我们先从 SimpleRNN 单元开始讲起，如图 10-8 所示。因为有许多个权重矩阵，所以对单元中的 W 和 U 两个矩阵添加下标字母 o（Wo 和 Uo），表示**输出**（output）。

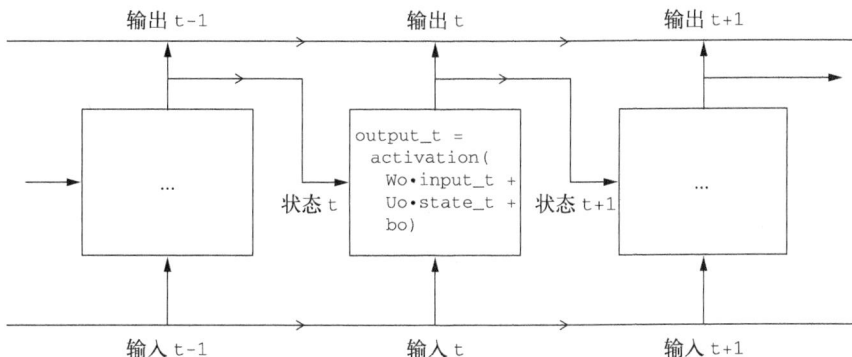

图 10-8　讨论 LSTM 层的出发点：SimpleRNN 层

我们向图 10-8 中添加新的数据流，其中携带跨越时间步的信息。这条数据流在不同时间步的值称为 c_t，其中 c 表示**携带**（carry）。这些信息会对单元产生以下影响：它将与输入连接和循环连接进行计算（通过密集变换，即与权重矩阵做点积，然后加上偏置，再应用激活函数），从而影响传递到下一个时间步的状态（通过激活函数和乘法运算）。从概念上来看，携带数据流可以调节下一个输出和下一个状态，如图 10-9 所示。到目前为止，内容都很简单。

---

① Yoshua Bengio, Patrice Simard, Paolo Frasconi. Learning Long-Term Dependencies with Gradient Descent Is Difficult. IEEE Transactions on Neural Networks 5, no. 2, 1994.

② Sepp Hochreiter, Jürgen Schmidhuber. Long Short-Term Memory. Neural Computation 9, no. 8, 1997.

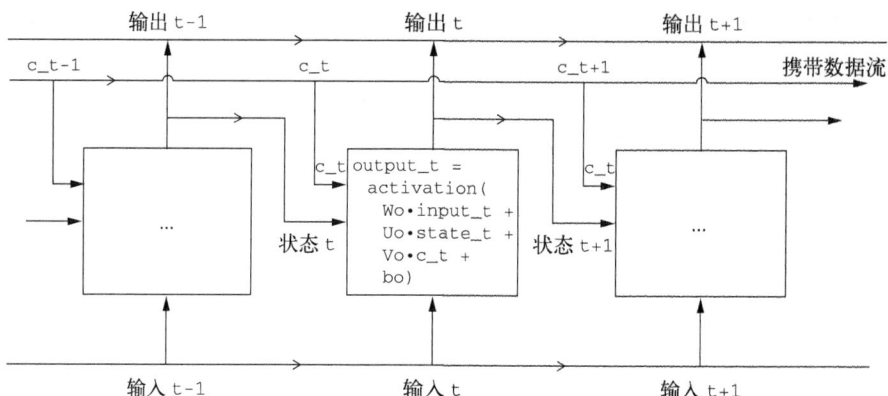

图 10-9　从 SimpleRNN 到 LSTM：添加携带数据流

下面来看一下这种方法的精妙之处，即携带数据流下一个值的计算方法。它包含 3 个变换，这 3 个变换的形式都与 SimpleRNN 单元相同，如下所示。

```
y = activation(dot(state_t, U) + dot(input_t, W) + b)
```

但这 3 个变换都有各自的权重矩阵，我们分别用字母 i、f、k 作为下标。目前的模型如代码清单 10-20 所示（这可能看起来有些随意，但请你耐心一点）。

代码清单 10-20　LSTM 架构的详细伪代码（1/2）

```
output_t = activation(dot(state_t, Uo) + dot(input_t, Wo) + dot(c_t, Vo) + bo)
i_t = activation(dot(state_t, Ui) + dot(input_t, Wi) + bi)
f_t = activation(dot(state_t, Uf) + dot(input_t, Wf) + bf)
k_t = activation(dot(state_t, Uk) + dot(input_t, Wk) + bk)
```

通过对 i_t、f_t 和 k_t 进行计算，我们得到了新的携带状态（下一个 c_t），如代码清单 10-21 所示。

代码清单 10-21　LSTM 架构的详细伪代码（2/2）

```
c_t+1 = i_t * k_t + c_t * f_t
```

添加上述内容之后的模型如图 10-10 所示。这就是 LSTM 层，不算很复杂，只是稍微有些复杂而已。

你甚至可以解释每个运算的作用。比如你可以说，将 c_t 和 f_t 相乘，是为了故意遗忘携带数据流中不相关的信息。同时，i_t 和 k_t 都包含关于当前时间步的信息，可以用新信息来更新携带数据流。但归根结底，这些解释并没有多大意义，因为这些运算的**实际效果**是由权重参数决定的，而权重以端到端的方式进行学习，每次训练都要从头开始，因此不可能为某个运算赋予特定的意义。RNN 单元的类型（如前所述）决定了假设空间，即在训练过程中搜索良好模型配置的空间，但它不能决定 RNN 单元的作用，那是由单元权重来决定的。相同的单元具有不同的权重，可以起到完全不同的作用。因此，RNN 单元的运算组合最好被解释为对搜索的一组约束，而不是工程意义上的**设计**。

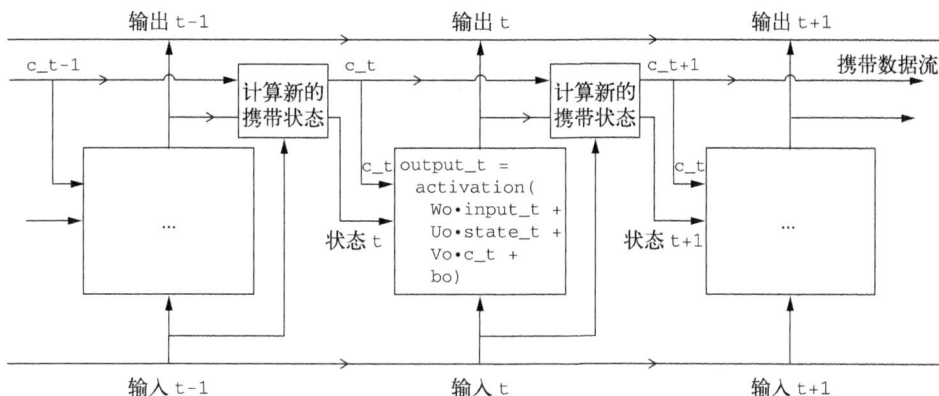

图 10-10 详解 LSTM 架构

这种约束的选择（如何实现 RNN 单元）最好留给优化算法来完成（比如遗传算法或强化学习过程），而不是让人类工程师来完成。那将是未来我们构建模型的方式。总之，你不需要理解 LSTM 单元的具体架构。作为人类，你不需要理解它，而只需记住 LSTM 单元的作用：允许过去的信息稍后重新进入，从而解决梯度消失问题。

10.4 RNN 的高级用法

至此，你已经学习了以下内容：
- ❑ RNN 的概念及其工作原理；
- ❑ LSTM 的概念，以及为什么它在长序列上的效果比普通 RNN 更好；
- ❑ 如何使用 Keras 的 RNN 层来处理序列数据。

接下来，我们将介绍 RNN 的几个高级功能，它们有助于你充分利用深度学习序列模型。学完本节，你将掌握用 Keras 实现 RNN 的大部分知识。

本节将介绍以下内容。
- ❑ **循环 dropout**（recurrent dropout）：这是 dropout 的一种变体，用于在循环层中降低过拟合。
- ❑ **循环层堆叠**（stacking recurrent layers）：这会提高模型的表示能力（代价是更大的计算量）。
- ❑ **双向循环层**（bidirectional recurrent layer）：它会将相同的信息以不同的方式呈现给 RNN，可以提高精度并缓解遗忘问题。

我们将使用这 3 种方法来完善温度预测 RNN。

10.4.1 利用循环 dropout 降低过拟合

我们回头来看 10.2.5 节中的基于 LSTM 的模型，它是第一个能够超越常识基准的模型。观察这个模型的训练曲线和验证曲线（图 10-5），可以明显看出，尽管模型只有很少的单元，但很快就出现过拟合，训练损失和验证损失在几轮过后就开始明显偏离。你已经熟悉了降低过拟合的经典方法——dropout，即让某一层的输入单元随机为 0，其目的是破坏该层训练数据中的偶然相关性。但如何在 RNN 中正确使用 dropout，并不是一个简单的问题。

人们早就知道，在循环层之前使用 dropout 会妨碍学习过程，而不会有助于正则化。2016 年，Yarin Gal 在他关于贝叶斯深度学习的博士论文 [①] 中，确定了在 RNN 中使用 dropout 的正确方式：在每个时间步都应该使用相同的 dropout 掩码（相同模式的舍弃单元），而不是在不同的时间步使用随机变化的 dropout 掩码。此外，为了对 GRU 和 LSTM 等层的循环门得到的表示做正则化，还应该对该层的内部循环激活应用一个不随时间变化的 dropout 掩码（循环 dropout 掩码）。在每个时间步使用相同的 dropout 掩码，可以让神经网络沿着时间传播其学习误差，而随时间随机变化的 dropout 掩码则会破坏这个误差信号，不利于学习过程。

Yarin Gal 使用 Keras 开展这项研究，并帮助将这一机制直接内置于 Keras 循环层中。Keras 中的每个循环层都有两个与 dropout 相关的参数：一个是 dropout，它是一个浮点数，指定该层输入单元的 dropout 比率；另一个是 recurrent_dropout，指定循环单元的 dropout 比率。对于第一个 LSTM 示例，我们向 LSTM 层中添加循环 dropout，看一下它对过拟合的影响，如代码清单 10-22 所示。

由于使用了 dropout，我们不需要过分依赖网络尺寸来进行正则化，因此我们将使用具有两倍单元个数的 LSTM 层，希望它的表示能力更强（如果不使用 dropout，这个网络会马上开始过拟合，你可以试试看）。由于使用 dropout 正则化的网络总是需要更长时间才能完全收敛，因此我们将模型训练轮数设为原来的 5 倍。

代码清单 10-22　训练并评估一个使用 dropout 正则化的 LSTM 模型

```
inputs = keras.Input(shape=(sequence_length, raw_data.shape[-1]))
x = layers.LSTM(32, recurrent_dropout=0.25)(inputs)
x = layers.Dropout(0.5)(x)                    ◁──  这里在 LSTM 层之后还添加了一
outputs = layers.Dense(1)(x)                        个 Dropout 层，对 Dense 层进
model = keras.Model(inputs, outputs)                行正则化

callbacks = [
    keras.callbacks.ModelCheckpoint("jena_lstm_dropout.keras",
                                    save_best_only=True)
]
model.compile(optimizer="rmsprop", loss="mse", metrics=["mae"])
history = model.fit(train_dataset,
                    epochs=50,
                    validation_data=val_dataset,
                    callbacks=callbacks)
```

模型结果如图 10-11 所示。成功！模型在前 20 轮中不再过拟合。验证 MAE 低至 2.27 摄氏度（比不使用机器学习的基准改进了 7%），测试 MAE 为 2.45 摄氏度（比基准改进了 6.5%），还不错。

[①] Yarin Gal. Uncertainty in Deep Learning. PhD thesis, 2016.

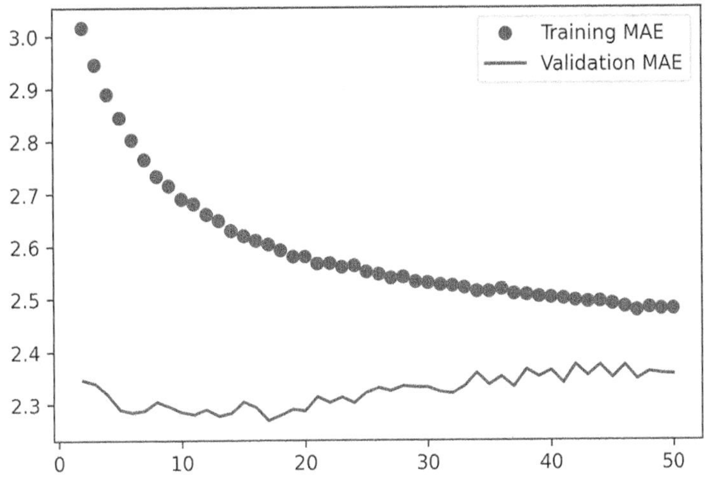

图 10-11 使用 dropout 正则化的 LSTM 模型在耶拿温度预测任务上的训练 MAE 和验证 MAE

RNN 的运行时性能

对于参数很少的循环模型（比如本章中的模型），在多核 CPU 上的运行速度往往比
GPU 上快很多，因为这种模型只涉及小矩阵乘法，而且由于存在 for 循环，因此乘法链无
法很好地并行化。但较大的 RNN 则可以显著地受益于 GPU 运行时。

使用默认关键字参数在 GPU 上运行 Keras LSTM 层或 GRU 层时，该层将利用 cuDNN 内
核。这是由 NVIDIA 提供的低阶底层算法实现，它经过高度优化（9.3.4 节提到过）。cuDNN
内核有利有弊：速度快，但不够灵活。如果你想做一些默认内核不支持的操作，将会遭
受严重的降速，这或多或少会迫使你坚持使用 NVIDIA 提供的操作。例如，LSTM 和 GRU
的 cuDNN 内核不支持循环 dropout，因此在层中添加循环 dropout，会使运行时变为普通
TensorFlow 实现，这在 GPU 上的速度通常是原来的 1/5 ~ 1/2（尽管计算成本相同）。

如果无法使用 cuDNN，有一种方法可以加快 RNN 层的运行速度，那就是将 RNN 层
展开（unroll）。展开 for 循环是指去掉循环，将循环中的内容重复 n 次。对于 RNN 的 for
循环，展开有助于 TensorFlow 对底层计算图进行优化。然而，这样做也会大大增加 RNN 的
内存消耗，因此，它只适用于相对较小的序列（大约 100 个时间步或更少）。另外请注意，
只有当模型事先知道数据中的时间步数时（也就是说，向初始 Input() 传入的 shape 不包
含 None），才能使用这种方法。它的工作原理如下。

```
                                              sequence_length
                                              不能是 None
inputs = keras.Input(shape=(sequence_length, num_features))
x = layers.LSTM(32, recurrent_dropout=0.2, unroll=True)(inputs)
                                              传入 unroll=True
                                              将该层展开
```

10.4.2　循环层堆叠

模型不再过拟合，但似乎遇到了性能瓶颈，所以我们应该考虑增加神经网络的容量和表示能力。回想一下机器学习的通用工作流程，增大模型容量通常是好的做法，直到过拟合成为主要障碍（假设你已经采取了基本措施来降低过拟合，比如使用 dropout）。只要过拟合不是太严重，那么模型就很可能容量不足。

增加网络容量的通常做法是增加每层单元个数或添加更多的层。循环层堆叠是构建更加强大的循环网络的经典方法，比如，不久之前谷歌翻译算法就是 7 个大型 LSTM 层的堆叠——这个模型很大。

在 Keras 中堆叠循环层，所有中间层都应该返回完整的输出序列（一个 3 阶张量），而不是只返回最后一个时间步的输出。前面说过，这可以通过指定 return_sequences=True 来实现。

在下面这个示例中，我们尝试堆叠两个使用 dropout 正则化的循环层，如代码清单 10-23 所示。不同的是，我们将使用门控循环单元（gated recurrent unit，GRU）层代替 LSTM 层。GRU 与 LSTM 非常类似，你可以将其看作 LSTM 架构的精简版本。它由 Kyunghyun Cho 等人于 2014 年提出，当时 RNN 刚刚开始在不大的研究群体中重新引起人们的兴趣 [①]。

代码清单 10-23　训练并评估一个使用 dropout 正则化的堆叠 GRU 模型

```
inputs = keras.Input(shape=(sequence_length, raw_data.shape[-1]))
x = layers.GRU(32, recurrent_dropout=0.5, return_sequences=True)(inputs)
x = layers.GRU(32, recurrent_dropout=0.5)(x)
x = layers.Dropout(0.5)(x)
outputs = layers.Dense(1)(x)
model = keras.Model(inputs, outputs)

callbacks = [
    keras.callbacks.ModelCheckpoint("jena_stacked_gru_dropout.keras",
                                    save_best_only=True)
]
model.compile(optimizer="rmsprop", loss="mse", metrics=["mae"])
history = model.fit(train_dataset,
                    epochs=50,
                    validation_data=val_dataset,
                    callbacks=callbacks)
model = keras.models.load_model("jena_stacked_gru_dropout.keras")
print(f"Test MAE: {model.evaluate(test_dataset)[1]:.2f}")
```

模型结果如图 10-12 所示。测试 MAE 为 2.39 摄氏度（比基准改进了 8.8%）。可以看到，增加一层确实对结果有所改进，但效果并不明显。此时你可能会发现，增加网络容量的回报在逐渐减小。

---

① Kyunghyun Cho et al. On the Properties of Neural Machine Translation: Encoder-Decoder Approaches. 2014.

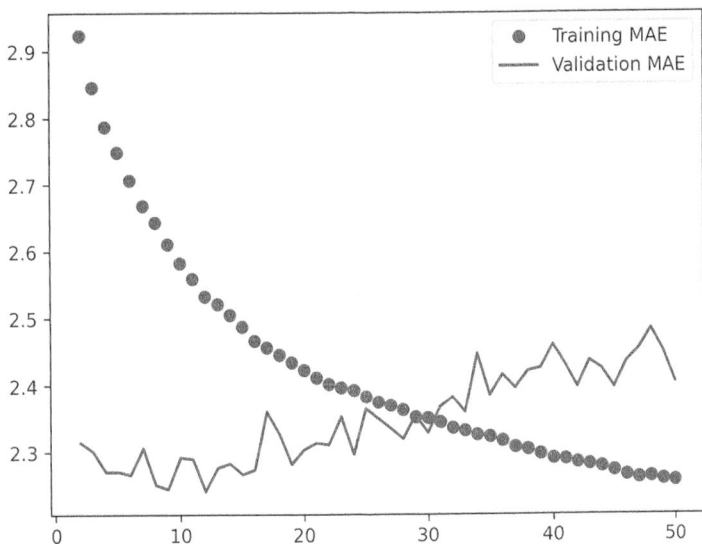

图 10-12 堆叠 GRU 模型在耶拿温度预测任务上的训练 MAE 和验证 MAE

10.4.3 使用双向 RNN

本节介绍的最后一种方法是**双向 RNN**（bidirectional RNN）。双向 RNN 是一种常见的 RNN 变体，它在某些任务上的性能比普通 RNN 更好。它常用于自然语言处理，可谓深度学习对自然语言处理的"瑞士军刀"。

RNN 特别依赖于顺序，它按顺序处理输入序列的时间步，而打乱时间步或反转时间步会完全改变 RNN 从序列中提取的表示。正是由于这个原因，如果顺序对问题很重要（比如温度预测问题），那么 RNN 的表现就会很好。双向 RNN 利用了 RNN 的顺序敏感性：它包含两个普通 RNN（比如前面介绍过的 GRU 层和 LSTM 层），每个 RNN 分别沿一个方向对输入序列进行处理（按时间正序和按时间逆序），然后将它们的表示合并在一起。通过沿着两个方向处理序列，双向 RNN 能够捕捉到可能被单向 RNN 忽略的模式。

值得注意的是，本节所有 RNN 层都按时间正序处理序列（较早的时间步在前），这个决定可能有些随意。至少到目前为止，我们还没有试着去质疑这个决定。如果 RNN 按时间逆序处理输入序列（较晚的时间步在前），能否表现得足够好呢？我们来试一下，看看会发生什么。你只需编写一个数据生成器的变体，将输入序列沿着时间维度反转（将最后一行代码替换为 yield samples[:, ::-1, :], targets）[①]。10.2.5 节中的第一个示例用的是基于 LSTM 的模型，我们训练一个与之相同的模型，得到的结果如图 10-13 所示。

[①] 与本书的第 1 版不同，作者修改了本例的数据集生成代码，用 timeseries_dataset_from_array() 函数代替了第 1 版中的数据生成器。但是，此处的文字没有相应修改。读者可参考第 1 版的数据生成器代码，或修改 timeseries_dataset_from_array() 函数的输入数据。——译者注

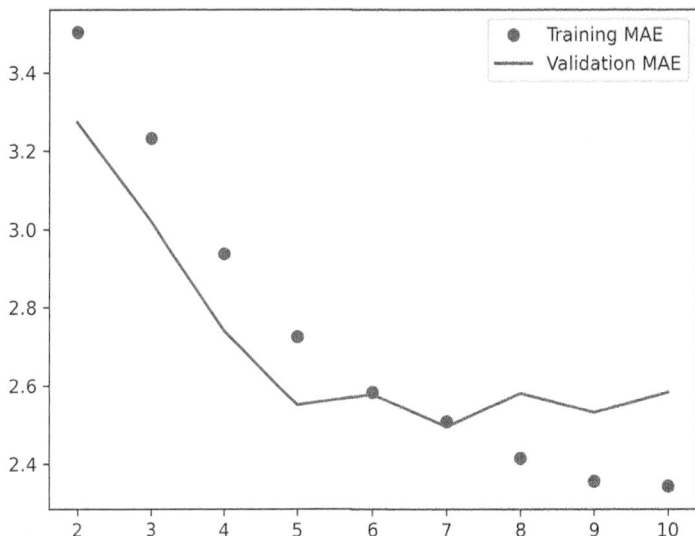

图 10-13　在逆序序列上训练的 LSTM 在耶拿温度预测任务上的训练 MAE 和验证 MAE

逆序 LSTM 的性能甚至比基于常识的基准还要差很多，这说明在本例中，按时间正序处理对成功解决问题很重要。这非常合理：底层的 LSTM 层通常更善于记住最近的过去，而不是遥远的过去。对这个问题而言，更晚的天气数据点当然比更早的天气数据点具有更强的预测能力（这也是基于常识的基准非常强大的原因）。因此，按时间正序的层必然比按时间逆序的层表现要好。

然而，对于许多其他问题（包括自然语言），情况并非如此：直觉上看，一个单词对理解句子的重要性，通常并不取决于它在句子中的位置。对于文本数据，逆序处理的效果与正序处理一样好——你可以倒着阅读文本（试试吧）。虽然单词顺序对理解语言很重要，但使用**哪种顺序**并不重要。

重要的是，在逆序序列上训练的 RNN 学到的表示不同于在原始序列上训练学到的表示，正如在现实世界中，如果时间倒流（你的人生是第一天死亡、最后一天出生），那么你的心智模型也会完全不同。在机器学习中，如果一种数据表示**不同但有用**，那么总是值得加以利用，并且这种表示与其他表示的差异越大越好。它提供了观察数据的全新角度，可以捕捉到数据中被其他方法忽略的内容，因此有助于提高模型在某个任务上的性能。这正是**集成**（ensembling）方法背后的原理，第 13 章将介绍这一概念。

双向 RNN 正是利用这一想法来提高正序 RNN 的性能。它从两个方向查看输入序列（如图 10-14 所示），从而得到更加丰富的表示，并捕捉到仅使用正序 RNN 时可能忽略的一些模式。

要想在 Keras 中将双向 RNN 实例化，你可以使用 Bidirectional 层，它的第一个参数是一个循环层实例。Bidirectional 会对这个循环层创建第二个单独的实例，然后用一个实例按正序处理输入序列，用另一个实例按逆序处理输入序列。你可以在温度预测任务上试试这种方法，如代码清单 10-24 所示。

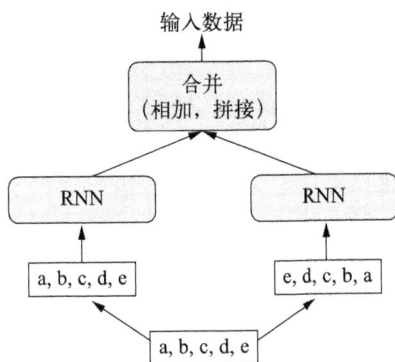

图 10-14 双向 RNN 层的工作原理

代码清单 10-24 训练并评估双向 LSTM

```
inputs = keras.Input(shape=(sequence_length, raw_data.shape[-1]))
x = layers.Bidirectional(layers.LSTM(16))(inputs)
outputs = layers.Dense(1)(x)
model = keras.Model(inputs, outputs)

model.compile(optimizer="rmsprop", loss="mse", metrics=["mae"])
history = model.fit(train_dataset,
                    epochs=10,
                    validation_data=val_dataset)
```

可以看到，双向 LSTM 的性能不如普通 LSTM 层。原因很容易理解：所有的预测能力肯定都来自于正序的那一半网络，因为我们已经知道逆序的那一半网络在这项任务上的性能很差（再次强调，这是因为在本例中，最近的过去比遥远的过去更重要）。同时，逆序的那一半网络使网络容量加倍，从而导致更早开始出现过拟合。

然而，双向 RNN 非常适合用于文本数据或任何其他类型的数据，其中顺序很重要，但使用**哪种顺序**并不重要。事实上，在 2016 年的一段时间里，双向 LSTM 被认为是许多自然语言处理任务中最先进的方法（这是在 Transformer 架构兴起之前，第 11 章会介绍这种架构）。

10.4.4 进一步实验

为了提高模型在温度预测问题上的性能，你还可以尝试下面这些做法。
- 调节堆叠循环层中每层的单元个数和 dropout 比率。当前取值在很大程度上是随意选择的，因此可能不是最优的。
- 调节 RMSprop 优化器的学习率，或者尝试使用其他优化器。
- 在循环层上使用 Dense 层堆叠作为回归器，而不是单一的 Dense 层。
- 改进模型输入：尝试使用更长或更短的序列，或者尝试使用不同的采样率，再或者做特征工程。

如前所述，深度学习更像是一门艺术，而不是一门科学。我们可以提供指导，对于某个问题哪些方法可能有效、哪些方法可能无效，但归根结底，每个数据集都是独一无二的，你必须根据经验来评估不同的策略。目前没有任何理论能够提前准确地告诉你，怎样做才能最优地解决问题。你必须不断迭代。

根据我的经验，在没有使用机器学习的基准上改进 10% 左右，可能是你在这个数据集上能得到的最佳结果。这不算很好，但这些结果是合理的：如果你能获得来自不同地点（范围很广）的数据，那么近期的天气是高度可预测的，但如果你只有单一地点的测量结果，那么近期天气就很难预测。你所在地点的天气演变，取决于周围地区当前的天气模式。

市场与机器学习

有些读者肯定会想到使用这里介绍的技术，尝试将其应用于预测股票市场的证券（或货币汇率等）的未来价格。然而，市场的统计特征与天气模式等自然现象非常不同。谈到市场，过去的表现并**不能**很好地预测未来的回报，正如靠观察后视镜是没法开车的。机器学习适用于那些过去**能够**很好地预测未来的数据集，比如天气、电力消耗或商店客流量。

永远要记住，所有交易本质上都是**信息套利**：利用其他市场参与者所不具备的数据或洞察力来获得优势。如果试图使用众所周知的机器学习技术和公开可用的数据来击败市场，这实际上是一条死胡同，因为与其他人相比，你没有任何信息优势。你很可能会浪费时间和资源，却一无所获。

10.5　本章总结

☐ 正如第 5 章所讲，遇到一个新问题时，最好首先为你选择的指标建立基于常识的基准。如果没有需要超越的基准，那么就无法判断是否取得了真正的进展。

☐ 在尝试计算代价较高的模型之前，先尝试一些简单的模型，以证明增加计算代价是有意义的。有时简单模型就是你的最佳选择。

☐ 如果顺序对数据很重要，特别是对于时间序列数据，那么循环神经网络（RNN）是一种很适合的方法，与那些先将时间数据展平的模型相比，其性能要更好。Keras 中的两个基本的 RNN 层是 LSTM 层和 GRU 层。

☐ 要在 RNN 中使用 dropout，你应该使用不随时间变化的 dropout 掩码和循环 dropout 掩码。这二者都内置于 Keras 的循环层中，所以你只需使用循环层的 `dropout` 参数和 `recurrent_dropout` 参数即可。

☐ 循环层堆叠比单一 RNN 层具有更强的表示能力。它的计算代价也更高，因此不一定总是值得尝试的。虽然它在复杂问题（如机器翻译）上提供了明显的收益，但在小型的简单问题上可能不一定很适用。

第 11 章

深度学习处理文本

11

本章包括以下内容：
- ☐ 为机器学习应用预处理文本数据
- ☐ 用于文本处理的词袋方法和序列模型方法
- ☐ Transformer 架构
- ☐ 序列到序列学习

11.1　自然语言处理概述

在计算机科学领域，我们将人类语言（如英语或普通话）称为"自然"语言，以区别于为机器设计的语言（如汇编语言、LISP 或 XML）。每一种机器语言都是设计出来的：人类工程师写下一组正式规则，描述用这种语言可以编写哪些语句以及这些语句的含义。规则在先，只有这组规则是完备的，人们才会开始使用这种语言。人类语言正好相反：使用在先，规则出现在后。自然语言是进化形成的，就像生物体一样，这是我们称其为"自然语言"的原因。自然语言的"规则"（比如英语语法）是在事后确立的，而且经常被使用者忽视或破坏。因此，虽然机器可读语言是严格、高度结构化的，使用明确的句法规则将固定词表中准确定义的概念组合在一起，但自然语言是模糊、混乱、不断扩展的，并且还在不断变化。

创建出能够理解自然语言的算法，是一件很重要的事情：语言（特别是文本）是我们大多数交流与文化的基础。互联网上大多是文本。语言是我们存储几乎所有知识的方式。我们的思想在很大程度上建立在语言之上。但长期以来，理解自然语言的能力一直是机器所无法实现的。有人曾天真地认为，可以简单地写出"英语规则集"，就像写出 LISP 规则集一样。因此，早期人们在尝试构建**自然语言处理**（natural language processing，NLP）系统时，都是从"应用语言学"的视角进行的。工程师和语言学家手动编写复杂的规则集，以实现初级的机器翻译或创建简单的聊天机器人，比如 20 世纪 60 年代著名的 ELIZA 程序，可以使用模式匹配来进行非常简单的对话。但是，语言是一种叛逆的事物，很难被形式化所束缚。经过人们数十年的努力，这些系统的能力仍然令人失望。

直到 20 世纪 90 年代，手动编写规则一直都是主流方法。但从 20 世纪 80 年代末开始，由于出现了更快的计算机和更多的可用数据，一种更好的替代方法开始变得可行。如果你发现自己构建的系统包含大量特定规则，那么作为聪明的工程师，你可能会问："我能否使用数据语料库来自动寻找这些规则？我能否在某个规则空间内搜索规则，而不必自己想出这些规则？"提出这些问题，你就已经开始做机器学习了。因此，在 20 世纪 80 年代末，人们开始将机器学习方法应用于自然语言处理。最早的方法是基于决策树，其目的是自动开发先前系统中的那种 if/then/else 规则。随后，从 logistic 回归开始，统计学方法开始加速发展。随着时间的推移，参数学习模型完全占据主导地位，语言学被看作一种障碍而不是有用的工具。早期的语音识别专家 Frederick Jelinek 在 20 世纪 90 年代开玩笑说："每次我解雇一名语言学家，语音识别的性能都会提高一些。"

这就是现代自然语言处理：利用机器学习和大型数据集，让计算机可以不对语言进行**理解**（这是一个更崇高的目标），而是接收一段语言作为输入，并返回一些有用的内容，比如预测以下内容：

- ❏ "这段文本的主题是什么？"（文本分类）
- ❏ "这段文本是否包含脏话？"（内容过滤）
- ❏ "这段文本是积极的还是消极的？"（情感分析）
- ❏ "这是一个不完整的句子，下一个词应该是什么？"（语言模型）
- ❏ "这用德语怎么说？"（翻译）
- ❏ "你会如何用一段话来概括这篇文章？"（摘要）

在阅读本章时请记住，你训练的文本处理模型并不会像人类一样理解语言；相反，模型只是在输入数据中寻找统计规律。事实证明，这足以在许多简单任务上表现很好。计算机视觉是应用于像素的模式识别，与此类似，自然语言处理是应用于单词、句子和段落的模式识别。

自然语言处理的工具集——决策树、logistic 回归——从 20 世纪 90 年代到 21 世纪 10 年代初只经历了缓慢的发展。当时的研究重点大多在特征工程上。我在 2013 年第一次参加 Kaggle 自然语言处理竞赛并获胜时，我的模型就是基于决策树和 logistic 回归的——你猜对了。然而，在 2014 年 ~ 2015 年，事情终于开始发生变化。很多研究人员开始研究 RNN 的语言理解能力，特别是 LSTM，它是一个源自 20 世纪 90 年代末的序列处理算法，直到那时才开始受到关注。

2015 年初，人们刚刚开始对 RNN 重新产生巨大的兴趣。Keras 提供了第一个开源、易于使用的 LSTM 实现。在此之前只有"研究代码"，无法被轻易复用。然后从 2015 年 ~ 2017 年，RNN 主导了蓬勃发展的自然语言处理领域，特别是双向 LSTM 模型，它在许多重要的任务（从摘要到问题回答再到机器翻译）上达到了最先进的水平。

在 2017 年 ~ 2018 年，一种新的架构取代了 RNN，它就是 Transformer，本章后半部分会介绍它。Transformer 在很短时间内就在整个领域取得了巨大进展，如今大多数自然语言处理系统是基于 Transformer 的。

我们来深入了解细节。本章内容既涵盖基础知识，也包括用 Transformer 做机器翻译。

11.2   准备文本数据

深度学习模型是可微函数，只能处理数值张量，不能将原始文本作为输入。文本**向量化**是指将文本转换为数值张量的过程。文本向量化有许多种形式，但都遵循相同的流程，如图 11-1 所示。

- 首先，将文本**标准化**，使其更容易处理，比如转换为小写字母或删除标点符号。
- 然后，将文本拆分为单元 [称为**词元**（token）]，比如字符、单词或词组。这一步叫作**词元化**。
- 最后，将每个词元转换为一个数值向量。这通常需要首先对数据中的所有词元**建立索引**。

我们来详细看一下每个步骤。

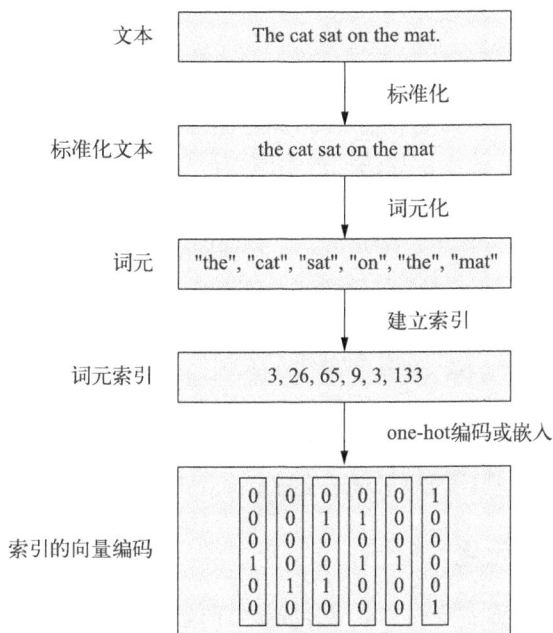

图 11-1　从原始文本到向量

11.2.1　文本标准化

我们来看下面这两个句子[①]。

- "sunset came. i was staring at the Mexico sky. Isnt nature splendid??"
- "Sunset came; I stared at the México sky. Isn't nature splendid?"

两个句子非常相似——事实上，它们几乎完全相同。然而，如果将它们转换成字节串，会得到非常不同的表示，因为 "i" 和 "I" 是不同的字符，"Mexico" 和 "México" 是不同的单词，"Isnt" 不同于 "Isn't"，等等。机器学习模型不会预先知道 "i" 和 "I" 是同一个字母、"é" 是带有重音符的 "e"，以及 "staring" 和 "stared" 是同一个动词的两种形式。

---

① 两句话的意思相同："日落来临。我凝视着墨西哥的天空。大自然难道不美好吗？" 不过，标点、大小写等存在细微差异。——译者注

文本标准化是一种简单的特征工程，旨在消除你不希望模型处理的那些编码差异。它不是机器学习所特有的，如果你想搭建一个搜索引擎，那么也需要做同样的事情。

最简单也是最广泛使用的一种标准化方法是：将所有字母转换为小写并删除标点符号。这样前面的两个句子就会变为：

- "sunset came i was staring at the mexico sky isnt nature splendid"
- "sunset came i stared at the méxico sky isnt nature splendid"

两个句子更加相似了。另一种常见的变换是将特殊字符转换为标准形式，比如将"é"转换为"e"、将"æ"转换为"ae"等。这样一来，词元"méxico"就会转换为"mexico"。

最后还有一种更高级的标准化方法，但在机器学习中很少使用，它就是**词干提取**（stemming）：将一个词的变体（比如动词的不同变位）转换为相同的表示，比如将"caught"和"been catching"转换为"[catch]"，或者将"cats"转换为"[cat]"。使用词干提取之后，"was staring"和"stared"就都会转换为"[stare]"，这样前面两个相似的句子就会变成相同的编码：

- "sunset came i [stare] at the mexico sky isnt nature splendid"

使用这些标准化方法之后，模型将需要更少的训练数据，并且具有更好的泛化效果。模型不需要很多"Sunset"和"sunset"的示例就可以知道二者含义相同，并且即使在训练集中只见过"mexico"，也可以理解"México"。当然，标准化也可能会删掉一些信息，所以要始终牢记任务背景。举个例子，如果你的模型要从采访文章中提取出问题，那么你肯定应该将"？"作为单独的词元，而不应删掉它，因为它对这项特定任务来说很有用。

11.2.2　文本拆分（词元化）

完成文本标准化之后，你需要将文本拆分成能够向量化的单元（词元），这一步叫作**词元化**。词元化有以下 3 种方法。

- **单词级词元化**（word-level tokenization）：词元是以空格（或标点）分隔的子字符串。这种方法的一个变体是将部分单词进一步拆分成子词，比如将"staring"拆分成"star+ing"，或者将"called"拆分成"call+ed"。
- **N 元语法词元化**（N-gram tokenization）：词元是 N 个连续单词，比如"the cat"或"he was"都是二元语法词元。
- **字符级词元化**（character-level tokenization）：每个字符都是一个词元。我们在实践中很少采用这种方法，只有在专门的领域才会用到，比如文本生成或语音识别。

一般来说，你可以一直使用单词级词元化或 N 元语法词元化。有两种文本处理模型：一种是关注词序的模型，叫作**序列模型**（sequence model）；另一种将输入单词作为一个集合，不考虑其原始顺序，叫作**词袋模型**（bag-of-words model）。如果要构建序列模型，则应使用单词级词元化；如果要构建词袋模型，则应使用 N 元语法词元化。N 元语法可以手动向模型注入少量局部词序信息。本章将介绍这两种模型及其使用场景。

理解 N 元语法和词袋

单词 N 元语法是从一个句子中提取的 N 个（或更少）连续单词的集合。这一概念中的 "单词" 也可以替换为 "字符"。

下面来看一个简单的例子。对于句子 "The cat sat on the mat"（猫坐在垫子上），它可以分解为以下二元语法的集合。

```
{"the", "the cat", "cat", "cat sat", "sat",
 "sat on", "on", "on the", "the mat", "mat"}
```

这个句子也可以分解为以下三元语法的集合。

```
{"the", "the cat", "cat", "cat sat", "the cat sat",
 "sat", "sat on", "on", "cat sat on", "on the",
 "sat on the", "the mat", "mat", "on the mat"}
```

这样的集合分别叫作**二元语法袋**（bag-of-2-grams）和**三元语法袋**（bag-of-3-grams）。袋（bag）这一术语指的是，我们处理的是词元组成的集合，而不是列表或序列，也就是说，词元没有特定的顺序。这种词元化方法叫作**词袋**（bag-of-words）或 **N 元语法袋**（bag-of-N-grams）。

词袋是一种不保存顺序的词元化方法（生成的词元是一个集合，而不是一个序列，舍弃了句子的总体结构），因此它通常用于浅层的语言处理模型，而不是深度学习模型。提取 N 元语法是一种特征工程，深度学习序列模型不需要这种手动方法，而是将其替换为分层特征学习。一维卷积神经网络、RNN 和 Transformer 都可以通过观察连续的单词序列或字符序列来学习单词组或字符组的数据表示，而无须明确知道这些组的存在。

11.2.3　建立词表索引

将文本拆分成词元之后，你需要将每个词元编码为数值表示。你可以用无状态的方式来执行此操作，比如将每个词元哈希编码为一个固定的二进制向量，但在实践中，你需要建立训练数据中所有单词（"词表"）的索引，并为词表中的每个单词分配唯一整数，如下所示。

```python
vocabulary = {}
for text in dataset:
    text = standardize(text)
    tokens = tokenize(text)
    for token in tokens:
        if token not in vocabulary:
            vocabulary[token] = len(vocabulary)
```

然后，你可以将这个整数转换为神经网络能够处理的向量编码，比如 one-hot 向量。

```python
def one_hot_encode_token(token):
    vector = np.zeros((len(vocabulary),))
```

11

```
token_index = vocabulary[token]
vector[token_index] = 1
return vector
```

请注意，这一步通常会将词表限制为训练数据中前 20 000 或 30 000 个最常出现的单词。任何文本数据集中往往都包含大量独特的单词，其中大部分只出现一两次。对这些罕见词建立索引会导致特征空间过大，其中大部分特征几乎没有信息量。

第 4 章和第 5 章在 IMDB 数据集上训练了第一个深度学习模型，还记得吗？你使用的数据来自 keras.datasets.imdb，它已经经过预处理转换为整数序列，其中每个整数代表一个特定单词。当时我们设置 num_words=10000，其目的就是将词表限制为训练数据中前 10 000 个最常出现的单词。

这里有一个不可忽略的重要细节：当我们在词表索引中查找一个新的词元时，它可能不存在。你的训练数据中可能不包含 "cherimoya" 一词的任何实例（也可能是你将它从词表中去除了，因为它太罕见了），所以运行 token_index = vocabulary["cherimoya"] 可能导致 KeyError。要处理这种情况，你应该使用 "未登录词"（out of vocabulary，缩写为 OOV）索引，以涵盖所有不在索引中的词元。OOV 的索引通常是 1，即设置 token_index = vocabulary.get(token, 1)。将整数序列解码为单词时，你需要将 1 替换为 "[UNK]" 之类的词（叫作 "OOV 词元"）。

你可能会问："为什么索引是 1 而不是 0？" 这是因为 0 已经被占用了。有两个特殊词元你会经常用到：OOV 词元（索引为 1）和**掩码词元**（mask token，索引为 0）。OOV 词元表示 "这里有我们不认识的一个单词"，掩码词元的含义则是 "别理我，我不是一个单词"。你会用掩码词元来填充序列数据：因为数据批量需要是连续的，一批序列数据中的所有序列必须具有相同的长度，所以需要对较短的序列进行填充，使其长度与最长序列相同。如果你想用序列 [5, 7, 124, 4, 89] 和 [8, 34, 21] 生成一个数据批量，那么它应该是这个样子：

```
[[5,  7, 124, 4, 89]
 [8, 34,  21, 0,  0]]
```

第 4 章和第 5 章所使用的 IMDB 数据集也使用了这种方法，用 0 对整数序列批量进行填充。

11.2.4 使用 **TextVectorization** 层

到目前为止的每一个步骤都很容易用纯 Python 实现。你可以写出如下所示的代码。

```
import string

class Vectorizer:
    def standardize(self, text):
        text = text.lower()
        return "".join(char for char in text
                       if char not in string.punctuation)

    def tokenize(self, text):
        text = self.standardize(text)
```

```
        return text.split()

    def make_vocabulary(self, dataset):
        self.vocabulary = {"": 0, "[UNK]": 1}
        for text in dataset:
            text = self.standardize(text)
            tokens = self.tokenize(text)
            for token in tokens:
                if token not in self.vocabulary:
                    self.vocabulary[token] = len(self.vocabulary)
        self.inverse_vocabulary = dict(
            (v, k) for k, v in self.vocabulary.items())

    def encode(self, text):
        text = self.standardize(text)
        tokens = self.tokenize(text)
        return [self.vocabulary.get(token, 1) for token in tokens]

    def decode(self, int_sequence):
        return " ".join(
            self.inverse_vocabulary.get(i, "[UNK]") for i in int_sequence)

vectorizer = Vectorizer()
dataset = [
    "I write, erase, rewrite",
    "Erase again, and then",          诗人立花北枝的俳句
    "A poppy blooms.",
]
vectorizer.make_vocabulary(dataset)
```

以上代码的效果如下。

```
>>> test_sentence = "I write, rewrite, and still rewrite again"
>>> encoded_sentence = vectorizer.encode(test_sentence)
>>> print(encoded_sentence)
[2, 3, 5, 7, 1, 5, 6]
>>> decoded_sentence = vectorizer.decode(encoded_sentence)
>>> print(decoded_sentence)
"i write rewrite and [UNK] rewrite again"
```

但是，这种做法不是很高效。在实践中，我们会使用 Keras 的 TextVectorization 层。它快速高效，可直接用于 tf.data 管道或 Keras 模型中。

TextVectorization 层的用法如下所示。

```
from tensorflow.keras.layers import TextVectorization
text_vectorization = TextVectorization(
    output_mode="int",      ←── 设置该层的返回值是编码为整数索引的单词序列。
)                                还有其他几种可用的输出模式，稍后会看到其效果
```

默认情况下，TextVectorization 层的文本标准化方法是"转换为小写字母并删除标点符号"，词元化方法是"利用空格进行拆分"。但重要的是，你也可以提供自定义函数来进行标准化

和词元化，这表示该层足够灵活，可以处理任何用例。请注意，这种自定义函数的作用对象应该是 tf.string 张量，而不是普通的 Python 字符串。例如，该层的默认效果等同于下列代码。

```python
import re
import string
import tensorflow as tf

def custom_standardization_fn(string_tensor):
    lowercase_string = tf.strings.lower(string_tensor)           ◄── 将字符串转换为小写字母
    return tf.strings.regex_replace(
        lowercase_string, f"[{re.escape(string.punctuation)}]", "")   ◄── 将标点符号替换为空字符串

def custom_split_fn(string_tensor):
    return tf.strings.split(string_tensor)          ◄── 利用空格对字符串进行拆分

text_vectorization = TextVectorization(
    output_mode="int",
    standardize=custom_standardization_fn,
    split=custom_split_fn,
)
```

要想对文本语料库的词表建立索引，只需调用该层的 adapt() 方法，其参数是一个可以生成字符串的 Dataset 对象或者一个由 Python 字符串组成的列表。

```python
dataset = [
    "I write, erase, rewrite",
    "Erase again, and then",
    "A poppy blooms.",
]
text_vectorization.adapt(dataset)
```

请注意，你可以利用 get_vocabulary() 来获取得到的词表，如代码清单 11-1 所示。对于编码为整数序列的文本，如果你需要将其转换回单词，那么这种方法很有用。词表的前两个元素是掩码词元（索引为 0）和 OOV 词元（索引为 1）。词表中的元素按频率排列，所以对于来自现实世界的数据集，"the" 或 "a" 这样非常常见的单词会排在前面。

代码清单 11-1   显示词表

```
>>> text_vectorization.get_vocabulary()
["", "[UNK]", "erase", "write", ...]
```

作为演示，我们对一个例句进行编码，然后再解码。

```
>>> vocabulary = text_vectorization.get_vocabulary()
>>> test_sentence = "I write, rewrite, and still rewrite again"
>>> encoded_sentence = text_vectorization(test_sentence)
>>> print(encoded_sentence)
tf.Tensor([ 7  3  5  9  1  5 10], shape=(7,), dtype=int64)
>>> inverse_vocab = dict(enumerate(vocabulary))
>>> decoded_sentence = " ".join(inverse_vocab[int(i)] for i in encoded_sentence)
>>> print(decoded_sentence)
"i write rewrite and [UNK] rewrite again"
```

在 `tf.data` 管道中使用 `TextVectorization` 层或者将 `TextVectorization` 层作为模型的一部分

重要的是，`TextVectorization` 主要是字典查询操作，所以它不能在 GPU 或 TPU 上运行，只能在 CPU 上运行。因此，如果在 GPU 上训练模型，那么 `TextVectorization` 层将在 CPU 上运行，然后将输出发送至 GPU，这会对性能造成很大影响。

`TextVectorization` 层有两种用法。第一种用法是将其放在 `tf.data` 管道中，如下所示。

```
int_sequence_dataset = string_dataset.map(          ◄────  string_dataset 是一个能够
    text_vectorization,                                     生成字符串张量的数据集
    num_parallel_calls=4)       ◄────   num_parallel_calls 参数的作用是
                                         在多个 CPU 内核中并行调用 map()
```

第二种用法是将其作为模型的一部分（毕竟它是一个 Keras 层），如下所示。

```
                      创建输入的符号张量，数据类型为字符串
                                                             对输入应用文本
text_input = keras.Input(shape=(), dtype="string")    ◄──── 向量化层
vectorized_text = text_vectorization(text_input)   ◄────
embedded_input = keras.layers.Embedding(...)(vectorized_text)
output = ...                                                 你可以继续添加新层，
model = keras.Model(text_input, output)                      就像普通的函数式 API
                                                             模型一样
```

两种用法之间有一个重要区别：如果向量化是模型的一部分，那么它将与模型的其他部分同步进行。这意味着在每个训练步骤中，模型的其余部分（在 GPU 上运行）必须等待 `TextVectorization` 层（在 CPU 上运行）的输出准备好，才能开始工作。与此相对，如果将该层放在 `tf.data` 管道中，则可以在 CPU 上对数据进行异步预处理：模型在 GPU 上对一批向量化数据进行处理时，CPU 可以对下一批原始字符串进行向量化。

因此，如果在 GPU 或 TPU 上训练模型，你可能会选择第一种用法，以获得最佳性能。本章的所有实例都会使用这种方法。但如果在 CPU 上训练，那么同步处理也可以：无论选择哪种方法，内核利用率都会达到 100%。

接下来，如果想将模型导出到生产环境中，你可能希望导出一个接收原始字符串作为输入的模型（类似上面第二种用法的代码片段），否则，你需要在生产环境中（可能是 JavaScript）重新实现文本标准化和词元化，可能会引入较小的预处理偏差，从而降低模型精度。值得庆幸的是，`TextVectorization` 层可以将文本预处理直接包含在模型中，使其更容易部署，即使一开始将该层用在 `tf.data` 管道中也是如此。在 11.3.2 节的文本框"导出能够处理原始字符串的模型"中，我将介绍如何导出一个包含文本预处理、仅用于推断的已训练模型。

现在你已经掌握了文本预处理的全部知识，下面我们来构建模型。

11.3   表示单词组的两种方法：集合和序列

机器学习模型如何表示**单个单词**，这是一个相对没有争议的问题：它是分类特征（来自预定义集合的值），我们知道如何处理。它应该被编码为特征空间中的维度，或者类别向量（本例中为词向量）。然而，一个更难回答的问题是，如何对**单词组成句子的方式**进行编码，即如何对词序进行编码。

自然语言中的顺序问题很有趣：与时间序列的时间步不同，句子中的单词没有一个自然、标准的顺序。不同语言对单词的排列方式非常不同，比如英语的句子结构与日语就有很大不同。即使在同一门语言中，通常也可以略微重新排列单词来表达同样的含义。更进一步，如果将一个短句中的单词完全随机打乱，你仍然可以大致读懂它的含义——尽管在许多情况下可能会出现明显的歧义。顺序当然很重要，但它与意义之间的关系并不简单。

如何表示词序是一个关键问题，不同类型的 NLP 架构正是源自于此。最简单的做法是舍弃顺序，将文本看作一组无序的单词，这就是**词袋模型**（bag-of-words model）。你也可以严格按照单词出现顺序进行处理，一次处理一个，就像处理时间序列的时间步一样，这样你就可以利用第 10 章介绍的循环模型。最后，你也可以采用混合方法：Transformer 架构在技术上是不考虑顺序的，但它将单词位置信息注入数据表示中，从而能够同时查看一个句子的不同部分（这与 RNN 不同），并且仍然是顺序感知的。RNN 和 Transformer 都考虑了词序，所以它们都被称为**序列模型**（sequence model）。

从历史上看，机器学习在 NLP 领域的早期应用大多只涉及词袋模型。随着 RNN 的重生，人们对序列模型的兴趣从 2015 年开始才逐渐增加。今天，这两种方法仍然都是有价值的。我们来看看二者的工作原理，以及何时使用哪种方法。

我们将在一个著名的文本分类基准上介绍两种方法，这个基准就是 IMDB 影评情感分类数据集。第 4 章和第 5 章使用了 IMDB 数据集的预向量化版本，现在我们来处理 IMDB 的原始文本数据，就如同在现实世界中处理一个新的文本分类问题。

11.3.1   准备 IMDB 影评数据

首先，我们从斯坦福大学 Andrew Maas 的页面下载数据集并解压。

你会得到一个名为 aclImdb 的目录，其结构如下。

```
aclImdb/
...train/
......pos/
......neg/
...test/
......pos/
......neg/
```

例如，train/pos/ 目录包含 12 500 个文本文件，每个文件都包含一个正面情绪的影评文本，用作训练数据。负面情绪的影评在 neg 目录下。共有 25 000 个文本文件用于训练，另有 25 000

个用于测试。

还有一个 train/unsup 子目录，我们不需要它，将其删除。

```
!rm -r aclImdb/train/unsup
```

我们来查看其中几个文本文件的内容。请记住，无论是处理文本数据还是图像数据，在开始建模之前，一定都要查看数据是什么样子。这会让你建立直觉，了解模型在做什么。

```
!cat aclImdb/train/pos/4077_10.txt
```

接下来，我们准备一个验证集，将 20% 的训练文本文件放入一个新目录中，即 aclImdb/val 目录。

```
import os, pathlib, shutil, random

base_dir = pathlib.Path("aclImdb")
val_dir = base_dir / "val"
train_dir = base_dir / "train"
for category in ("neg", "pos"):
    os.makedirs(val_dir / category)
    files = os.listdir(train_dir / category)
    random.Random(1337).shuffle(files)
    num_val_samples = int(0.2 * len(files))
    val_files = files[-num_val_samples:]
    for fname in val_files:
        shutil.move(train_dir / category / fname,
                    val_dir / category / fname)
```

使用种子随机打乱训练文件列表，以确保每次运行代码都会得到相同的验证集

将 20% 的训练文件用于验证

将文件移动到 aclImdb/val/neg 目录和 aclImdb/val/pos 目录

在第 8 章中，我们使用 image_dataset_from_directory() 函数根据目录结构创建一个由图像及其标签组成的批量 Dataset。你可以使用 text_dataset_from_directory() 函数对文本文件做相同的操作。我们为训练、验证和测试创建 3 个 Dataset 对象。

```
from tensorflow import keras
batch_size = 32

train_ds = keras.utils.text_dataset_from_directory(
    "aclImdb/train", batch_size=batch_size
)
val_ds = keras.utils.text_dataset_from_directory(
    "aclImdb/val", batch_size=batch_size
)
test_ds = keras.utils.text_dataset_from_directory(
    "aclImdb/test", batch_size=batch_size
)
```

运行这行代码的输出应该是 "Found 20000 files belonging to 2 classes."（找到属于 2 个类别的 20 000 个文件）；如果你的输出是 "Found 70000 files belonging to 3 classes."（找到属于 3 个类别的 70 000 个文件），那么这说明你忘记删除 aclImdb/train/unsup 目录

11

这些数据集生成的输入是 TensorFlow tf.string 张量，生成的目标是 int32 格式的张量，取值为 0 或 1，如代码清单 11-2 所示。

代码清单 11-2   显示第一个批量的形状和数据类型

```
>>> for inputs, targets in train_ds:
>>>     print("inputs.shape:", inputs.shape)
>>>     print("inputs.dtype:", inputs.dtype)
>>>     print("targets.shape:", targets.shape)
>>>     print("targets.dtype:", targets.dtype)
>>>     print("inputs[0]:", inputs[0])
>>>     print("targets[0]:", targets[0])
>>>     break
inputs.shape: (32,)
inputs.dtype: <dtype: "string">
targets.shape: (32,)
targets.dtype: <dtype: "int32">
inputs[0]: tf.Tensor(b"This string contains the movie review.", shape=(),
    dtype=string)
targets[0]: tf.Tensor(1, shape=(), dtype=int32)
```

一切准备就绪。下面我们开始从这些数据中进行学习。

11.3.2   将单词作为集合处理：词袋方法

要对一段文本进行编码，使其可以被机器学习模型所处理，最简单的方法是舍弃顺序，将文本看作一组（一袋）词元。你既可以查看单个单词（一元语法），也可以通过查看连续的一组词元（N 元语法）来尝试恢复一些局部顺序信息。

1. 单个单词（一元语法）的二进制编码

如果使用单个单词的词袋，那么 "the cat sat on the mat"（猫坐在垫子上）这个句子就会变成 {"cat", "mat", "on", "sat", "the"}。

这种编码方式的主要优点是，你可以将整个文本表示为单一向量，其中每个元素表示某个单词是否存在。举个例子，利用二进制编码（multi-hot），你可以将一个文本编码为一个向量，向量维数等于词表中的单词个数。这个向量的几乎所有元素都是 0，只有文本中的单词所对应的元素为 1。这就是第 4 章和第 5 章处理文本数据时所采用的方法。我们在本项任务中试试这种方法。

首先，我们用 TextVectorization 层来处理原始文本数据集，生成 multi-hot 编码的二进制词向量，如代码清单 11-3 所示。该层只会查看单个单词，即**一元语法**（unigram）。

代码清单 11-3   用 TextVectorization 层预处理数据集

将词表限制为前 20 000 个最常出现的单词。否则，我们需要对训练数据中的每一个单词建立索引——可能会有上万个单词只出现一两次，因此没有信息量。一般来说，20 000 是用于文本分类的合适的词表大小

```
text_vectorization = TextVectorization(    ◁────── 将输出词元编码为 multi-hot
    max_tokens=20000,                                二进制向量
    output_mode="multi_hot",    ◁──────
)
```

```
text_only_train_ds = train_ds.map(lambda x, y: x)
text_vectorization.adapt(text_only_train_ds)

binary_1gram_train_ds = train_ds.map(
    lambda x, y: (text_vectorization(x), y),
    num_parallel_calls=4)
binary_1gram_val_ds = val_ds.map(
    lambda x, y: (text_vectorization(x), y),
    num_parallel_calls=4)
binary_1gram_test_ds = test_ds.map(
    lambda x, y: (text_vectorization(x), y),
    num_parallel_calls=4)
```

准备一个数据集，只包含原始
文本输入（不包含标签）

利用 adapt() 方法对数据集
词表建立索引

分别对训练、验证和测试数
据集进行处理。一定要指定
num_parallel_calls，以
便利用多个 CPU 内核

你可以查看其中一个数据集的输出，如代码清单 11-4 所示。

代码清单 11-4　查看一元语法二进制数据集的输出

```
>>> for inputs, targets in binary_1gram_train_ds:
>>>     print("inputs.shape:", inputs.shape)
>>>     print("inputs.dtype:", inputs.dtype)
>>>     print("targets.shape:", targets.shape)
>>>     print("targets.dtype:", targets.dtype)
>>>     print("inputs[0]:", inputs[0])
>>>     print("targets[0]:", targets[0])
>>>     break
inputs.shape: (32, 20000)
inputs.dtype: <dtype: "float32">
targets.shape: (32,)
targets.dtype: <dtype: "int32">
inputs[0]: tf.Tensor([1. 1. 1. ... 0. 0. 0.], shape=(20000,), dtype=float32)
targets[0]: tf.Tensor(1, shape=(), dtype=int32)
```

输入是由 20 000 维
向量组成的批量

这些向量由
0 和 1 组成

接下来，我们编写一个可复用的模型构建函数，如代码清单 11-5 所示。本节的所有实验都
会用到它。

代码清单 11-5　模型构建函数

```
from tensorflow import keras
from tensorflow.keras import layers

def get_model(max_tokens=20000, hidden_dim=16):
    inputs = keras.Input(shape=(max_tokens,))
    x = layers.Dense(hidden_dim, activation="relu")(inputs)
    x = layers.Dropout(0.5)(x)
    outputs = layers.Dense(1, activation="sigmoid")(x)
    model = keras.Model(inputs, outputs)
    model.compile(optimizer="rmsprop",
                  loss="binary_crossentropy",
                  metrics=["accuracy"])
    return model
```

最后，我们对模型进行训练和测试，如代码清单 11-6 所示。

代码清单 11-6　对一元语法二进制模型进行训练和测试

```
model = get_model()
model.summary()
callbacks = [
    keras.callbacks.ModelCheckpoint("binary_1gram.keras",
                                    save_best_only=True)
]
model.fit(binary_1gram_train_ds.cache(),
          validation_data=binary_1gram_val_ds.cache(),
          epochs=10,
          callbacks=callbacks)
model = keras.models.load_model("binary_1gram.keras")
print(f"Test acc: {model.evaluate(binary_1gram_test_ds)[1]:.3f}")
```

> 对数据集调用 **cache()**，将其缓存在内存中：利用这种方法，我们只需在第一轮做一次预处理，在后续轮次可以复用预处理的文本。只有在数据足够小、可以装入内存的情况下，才可以这样做

模型的测试精度为 89.2%，还不错！请注意，本例的数据集是一个平衡的二分类数据集（正面样本和负面样本数量相同），所以无须训练模型就能实现的"简单基准"的精度只有 50%。与此相对，在不使用外部数据的情况下，在这个数据集上能达到的最佳测试精度为 95% 左右。

2. 二元语法的二进制编码

当然，舍弃词序的做法是非常简化的，因为即使是很简单的概念也需要用多个单词来表达："United States"（美利坚合众国）所传达的概念与"states"（州）和"united"（联合的）这两个单词各自的含义完全不同。因此，你通常会使用 N 元语法（最常用的是二元语法）而不是单个单词，将局部顺序信息重新注入词袋表示中。

利用二元语法，前面的句子变成如下所示。

```
{"the", "the cat", "cat", "cat sat", "sat",
 "sat on", "on", "on the", "the mat", "mat"}
```

你可以设置 TextVectorization 层返回任意 N 元语法，如二元语法、三元语法等。只需传入参数 ngrams=N，如代码清单 11-7 所示。

代码清单 11-7　设置 TextVectorization 层返回二元语法

```
text_vectorization = TextVectorization(
    ngrams=2,
    max_tokens=20000,
    output_mode="multi_hot",
)
```

我们在这个二进制编码的二元语法袋上训练模型，并测试模型性能，如代码清单 11-8 所示。

代码清单 11-8　对二元语法二进制模型进行训练和测试

```
text_vectorization.adapt(text_only_train_ds)
binary_2gram_train_ds = train_ds.map(
    lambda x, y: (text_vectorization(x), y),
    num_parallel_calls=4)
binary_2gram_val_ds = val_ds.map(
    lambda x, y: (text_vectorization(x), y),
    num_parallel_calls=4)
```

```
binary_2gram_test_ds = test_ds.map(
    lambda x, y: (text_vectorization(x), y),
    num_parallel_calls=4)

model = get_model()
model.summary()
callbacks = [
    keras.callbacks.ModelCheckpoint("binary_2gram.keras",
                                    save_best_only=True)
]
model.fit(binary_2gram_train_ds.cache(),
          validation_data=binary_2gram_val_ds.cache(),
          epochs=10,
          callbacks=callbacks)
model = keras.models.load_model("binary_2gram.keras")
print(f"Test acc: {model.evaluate(binary_2gram_test_ds)[1]:.3f}")
```

现在测试精度达到了 90.4%，有很大改进！事实证明，局部顺序非常重要。

3. 二元语法的 TF-IDF 编码

你还可以为这种表示添加更多的信息，方法就是计算每个单词或每个 N 元语法的出现次数，也就是说，统计文本的词频直方图，如下所示。

```
{"the": 2, "the cat": 1, "cat": 1, "cat sat": 1, "sat": 1,
 "sat on": 1, "on": 1, "on the": 1, "the mat": 1, "mat": 1}
```

如果你做的是文本分类，那么知道一个单词在某个样本中的出现次数是很重要的：任何足够长的影评，不管是哪种情绪，都可能包含"可怕"这个词，但如果一篇影评包含许多个"可怕"，那么它很可能是负面的。

你可以用 TextVectorization 层来计算二元语法的出现次数，如代码清单 11-9 所示。

代码清单 11-9　设置 TextVectorization 层返回词元出现次数

```
text_vectorization = TextVectorization(
    ngrams=2,
    max_tokens=20000,
    output_mode="count"
)
```

当然，无论文本的内容是什么，有些单词一定比其他单词出现得更频繁。"the""a""is""are"等单词总是会在词频直方图中占据主导地位，远超其他单词，尽管它们对分类而言是没有用处的特征。我们怎么解决这个问题呢？

你可能已经猜到了：利用规范化。我们可以将单词计数减去均值并除以方差，对其进行规范化（均值和方差是对整个训练数据集进行计算得到的）。这样做是有道理的。但是，大多数向量化句子几乎完全由 0 组成（前面的例子包含 12 个非零元素和 19 988 个零元素），这种性质叫作**稀疏性**。这是一种很好的性质，因为它极大降低了计算负荷，还降低了过拟合的风险。如果我们将每个特征都减去均值，那么就会破坏稀疏性。因此，无论使用哪种规范化方法，都应该

11

只用除法。那用什么作分母呢？最佳实践是一种叫作 TF-IDF 规范化（TF-IDF normalization）的方法。TF-IDF 的含义是"词频 – 逆文档频次"。

TF-IDF 非常常用，它内置于 TextVectorization 层中。要使用 TF-IDF，只需将 output_mode 参数的值切换为 "tf_idf"，如代码清单 11-10 所示。

代码清单 11-10　设置 TextVectorization 层返回 TF-IDF 加权输出

```
text_vectorization = TextVectorization(
    ngrams=2,
    max_tokens=20000,
    output_mode="tf_idf",
)
```

理解 TF-IDF 规范化

某个词在一个文档中出现的次数越多，它对理解文档的内容就越重要。同时，某个词在数据集所有文档中的出现频次也很重要：如果一个词几乎出现在每个文档中（比如"the"或"a"），那么这个词就不是特别有信息量，而仅在一小部分文本中出现的词（比如"Herzog"）则是非常独特的，因此也非常重要。TF-IDF 指标融合了这两种思想。它将某个词的"词频"除以"文档频次"，前者是该词在当前文档中的出现次数，后者是该词在整个数据集中的出现频次。TF-IDF 的计算方法如下。

```
def tfidf(term, document, dataset):
    term_freq = document.count(term)
    doc_freq = math.log(sum(doc.count(term) for doc in dataset) + 1)
    return term_freq / doc_freq
```

我们用这种设置训练一个新模型，如代码清单 11-11 所示。

代码清单 11-11　对 TF-IDF 二元语法模型进行训练和测试

```
text_vectorization.adapt(text_only_train_ds)        ←── 调用 adapt() 不仅会学习词表，
                                                         还会学习 TF-IDF 权重
tfidf_2gram_train_ds = train_ds.map(
    lambda x, y: (text_vectorization(x), y),
    num_parallel_calls=4)
tfidf_2gram_val_ds = val_ds.map(
    lambda x, y: (text_vectorization(x), y),
    num_parallel_calls=4)
tfidf_2gram_test_ds = test_ds.map(
    lambda x, y: (text_vectorization(x), y),
    num_parallel_calls=4)

model = get_model()
model.summary()
callbacks = [
    keras.callbacks.ModelCheckpoint("tfidf_2gram.keras",
                                    save_best_only=True)
```

```
]
model.fit(tfidf_2gram_train_ds.cache(),
          validation_data=tfidf_2gram_val_ds.cache(),
          epochs=10,
          callbacks=callbacks)
model = keras.models.load_model("tfidf_2gram.keras")
print(f"Test acc: {model.evaluate(tfidf_2gram_test_ds)[1]:.3f}")
```

在 IMDB 分类任务上的测试精度达到了 89.8%，这种方法对本例似乎不是特别有用。然而，对于许多文本分类数据集而言，与普通二进制编码相比，使用 TF-IDF 通常可以将精度提高一个百分点。

导出能够处理原始字符串的模型

在前面的例子中，我们将文本标准化、拆分和建立索引都作为 tf.data 管道的一部分。但如果想导出一个独立于这个管道的模型，我们应该确保模型包含文本预处理（否则需要在生产环境中重新实现，这可能很困难，或者可能导致训练数据与生产数据之间的微妙差异）。幸运的是，这很简单。

我们只需创建一个新的模型，复用 TextVectorization 层，并将其添加到刚刚训练好的模型中。

```
inputs = keras.Input(shape=(1,), dtype="string")      ← 每个输入样本都是一个字符串
processed_inputs = text_vectorization(inputs)          ← 应用文本预处理
outputs = model(processed_inputs)                      ← 应用前面训练好的模型
inference_model = keras.Model(inputs, outputs)         ← 将端到端的模型实例化
```

我们得到的模型可以处理原始字符串组成的批量，如下所示。

```
import tensorflow as tf
raw_text_data = tf.convert_to_tensor([
    ["That was an excellent movie, I loved it."],
])
predictions = inference_model(raw_text_data)
print(f"{float(predictions[0] * 100):.2f} percent positive")
```

11.3.3　将单词作为序列处理：序列模型方法

前面几个例子清楚地表明，词序很重要。基于顺序的手动特征工程（比如二元语法）可以很好地提高精度。现在请记住：深度学习的历史就是逐渐摆脱手动特征工程，让模型仅通过观察数据来自己学习特征。如果不手动寻找基于顺序的特征，而是让模型直接观察原始单词序列并自己找出这样的特征，那会怎么样呢？这就是**序列模型**（sequence model）的意义所在。

要实现序列模型，首先需要将输入样本表示为整数索引序列（每个整数代表一个单词）。然后，将每个整数映射为一个向量，得到向量序列。最后，将这些向量序列输入层的堆叠，这些层可以将相邻向量的特征交叉关联，它可以是一维卷积神经网络、RNN 或 Transformer。

2016 年 ~ 2017 年，双向 RNN（特别是双向 LSTM）被认为是最先进的序列模型。你已经熟悉了这种架构，所以第一个序列模型示例将用到它。然而，如今的序列模型几乎都是用 Transformer 实现的，我们稍后会介绍。奇怪的是，一维卷积神经网络在 NLP 中一直没有很流行，尽管根据我自己的经验，一维深度可分离卷积的残差堆叠通常可以实现与双向 LSTM 相当的性能，而且计算成本大大降低。

1. 第一个实例

我们来看一下第一个序列模型实例。首先，准备可以返回整数序列的数据集，如代码清单 11-12 所示。

代码清单 11-12　准备整数序列数据集

```
from tensorflow.keras import layers

max_length = 600
max_tokens = 20000
text_vectorization = layers.TextVectorization(
    max_tokens=max_tokens,
    output_mode="int",
    output_sequence_length=max_length,
)
text_vectorization.adapt(text_only_train_ds)

int_train_ds = train_ds.map(
    lambda x, y: (text_vectorization(x), y),
    num_parallel_calls=4)
int_val_ds = val_ds.map(
    lambda x, y: (text_vectorization(x), y),
    num_parallel_calls=4)
int_test_ds = test_ds.map(
    lambda x, y: (text_vectorization(x), y),
    num_parallel_calls=4)
```

◁ 为保持输入大小可控，我们在前 600 个单词处截断输入。这是一个合理的选择，因为评论的平均长度是 233 个单词，只有 5% 的评论超过 600 个单词

下面来创建模型。要将整数序列转换为向量序列，最简单的方法是对整数进行 one-hot 编码（每个维度代表词表中的一个单词）。在这些 one-hot 向量之上，我们再添加一个简单的双向 LSTM，如代码清单 11-13 所示。

代码清单 11-13　构建于 one-hot 编码的向量序列之上的序列模型

```
import tensorflow as tf
inputs = keras.Input(shape=(None,), dtype="int64")
embedded = tf.one_hot(inputs, depth=max_tokens)
x = layers.Bidirectional(layers.LSTM(32))(embedded)
x = layers.Dropout(0.5)(x)
outputs = layers.Dense(1, activation="sigmoid")(x)
```

← 每个输入是一个整数序列

← 将整数编码为 20 000 维的二进制向量

← 添加一个双向 LSTM

← 最后添加一个分类层

```
model = keras.Model(inputs, outputs)
model.compile(optimizer="rmsprop",
              loss="binary_crossentropy",
              metrics=["accuracy"])
model.summary()
```

下面我们来训练模型，如代码清单 11-14 所示。

代码清单 11-14　训练第一个简单的序列模型

```
callbacks = [
    keras.callbacks.ModelCheckpoint("one_hot_bidir_lstm.keras",
                                    save_best_only=True)
]
model.fit(int_train_ds, validation_data=int_val_ds, epochs=10,
          callbacks=callbacks)
model = keras.models.load_model("one_hot_bidir_lstm.keras")
print(f"Test acc: {model.evaluate(int_test_ds)[1]:.3f}")
```

我们得到两个观察结果。第一，这个模型的训练速度非常慢，尤其是与 11.3.2 节的轻量级模型相比。这是因为输入很大：每个输入样本被编码成尺寸为 (600, 20000) 的矩阵（每个样本包含 600 个单词，共有 20 000 个可能的单词）。一条影评就有 12 000 000 个浮点数。双向 LSTM 需要做很多工作。第二，这个模型的测试精度只有 87%，性能还不如一元语法二进制模型，后者的速度还很快。

显然，使用 one-hot 编码将单词转换为向量，这是我们能做的最简单的事情，但这并不是一个好主意。有一种更好的方法：**词嵌入**（word embedding）。

2. 理解词嵌入

重要的是，进行 one-hot 编码时，你做了一个与特征工程有关的决策。你向模型中注入了有关特征空间结构的基本假设。这个假设是：**你所编码的不同词元之间是相互独立的**。事实上，one-hot 向量之间都是相互正交的。对于单词而言，这个假设显然是错误的。单词构成了一个结构化的空间，单词之间共享信息。在大多数句子中，"movie" 和 "film" 这两个词是可以互换的[①]，所以表示 "movie" 的向量与表示 "film" 的向量不应该正交，它们应该是同一个向量，或者非常相似。

说得更抽象一点，两个词向量之间的**几何关系**应该反映这两个单词之间的**语义关系**。例如，在一个合理的词向量空间中，同义词应该被嵌入到相似的词向量中，一般来说，任意两个词向量之间的几何距离（比如余弦距离或 L2 距离）应该与这两个单词之间的"语义距离"有关。含义不同的单词之间应该相距很远，而相关的单词应该相距更近。

词嵌入是实现这一想法的词向量表示，它将人类语言映射到结构化几何空间中。

one-hot 编码得到的向量是二进制的、稀疏的（大部分元素是 0）、高维的（维度大小等于词表中的单词个数），而词嵌入是低维的浮点向量（密集向量，与稀疏向量相对），如图 11-2 所示。

---

① 这两个词都有"电影"的意思。——译者注

常见的词嵌入是 256 维、512 维或 1024 维（处理非常大的词表时）。与此相对，one-hot 编码的词向量通常是 20 000 维（词表中包含 20 000 个词元）或更高。因此，词嵌入可以将更多的信息塞入更少的维度中。

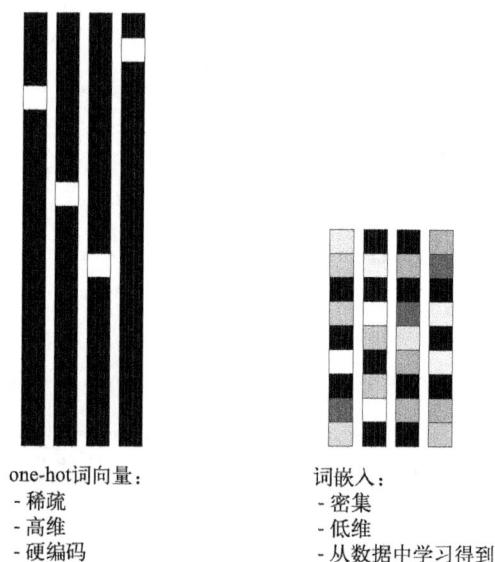

one-hot词向量：
- 稀疏
- 高维
- 硬编码

词嵌入：
- 密集
- 低维
- 从数据中学习得到

图 11-2　one-hot 编码或 one-hot 哈希得到的词表示是稀疏、高维、硬编码的，
而词嵌入是密集、相对低维的，而且是从数据中学习得到的

　　词嵌入是**密集**的表示，也是**结构化**的表示，其结构是从数据中学习得到的。相似的单词会被嵌入到相邻的位置，而且嵌入空间中的特定**方向**也是有意义的。为了更清楚地说明这一点，我们来看一个具体示例。

　　在图 11-3 中，4 个词被嵌入到二维平面中：这 4 个词分别是 Cat（猫）、Dog（狗）、Wolf（狼）和 Tiger（虎）。利用我们这里选择的向量表示，这些词之间的某些语义关系可以被编码为几何变换。例如，从 Cat 到 Tiger 的向量与从 Dog 到 Wolf 的向量相同，这个向量可以被解释为"从宠物到野生动物"向量。同样，从 Dog 到 Cat 的向量与从 Wolf 到 Tiger 的向量也相同，这个向量可以被解释为"从犬科到猫科"向量。

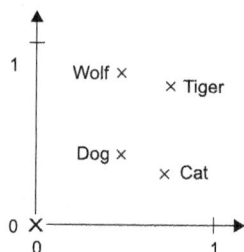

图 11-3　词嵌入空间的简单示例

在现实世界的词嵌入空间中，常见的有意义的几何变换示例包括"性别"向量和"复数"向量。例如，将"king"（国王）向量加上"female"（女性）向量，得到的是"queen"（女王）向量。将"king"（国王）向量加上"plural"（复数）向量，得到的是"kings"向量。词嵌入空间通常包含上千个这种可解释的向量，它们可能都很有用。

我们来看一下在实践中如何使用这样的嵌入空间。有以下两种方法可以得到词嵌入。

- □ 在完成主任务（比如文档分类或情感预测）的同时学习词嵌入。在这种情况下，一开始是随机的词向量，然后对这些词向量进行学习，学习方式与学习神经网络权重相同。
- □ 在不同于待解决问题的机器学习任务上预计算词嵌入，然后将其加载到模型中。这些词嵌入叫作**预训练词嵌入**（pretrained word embedding）。

我们来分别看一下这两种方法。

3. 利用 Embedding 层学习词嵌入

是否存在一个理想的词嵌入空间，它可以完美地映射人类语言，并可用于所有自然语言处理任务？这样的词嵌入空间可能存在，但我们尚未发现。此外，并不存在**人类语言**这种东西。世界上有许多种语言，它们之间并不是同构的，因为语言反映的是特定文化和特定背景。但从更实际的角度来说，一个好的词嵌入空间在很大程度上取决于你的任务，英语影评情感分析模型的完美词嵌入空间，可能不同于英语法律文件分类模型的完美词嵌入空间，因为某些语义关系的重要性因任务而异。

因此，合理的做法是对每个新任务都学习一个新的嵌入空间。幸运的是，反向传播让这种学习变得简单，Keras 则使其变得更简单。我们只需学习 Embedding 层的权重，如代码清单 11-15 所示。

代码清单 11-15　将 Embedding 层实例化

```
embedding_layer = layers.Embedding(input_dim=max_tokens, output_dim=256)
```

Embedding 层至少需要两个参数：词元个数和嵌入维度（这里是 256）

你可以将 Embedding 层理解为一个字典，它将整数索引（表示某个单词）映射为密集向量。它接收整数作为输入，在内部字典中查找这些整数，然后返回对应的向量。Embedding 层的作用实际上就是字典查询，如图 11-4 所示。

单词索引 ——▶ Embedding 层 ——▶ 对应的词向量

图 11-4　Embedding 层

Embedding 层的输入是形状为 (batch_size, sequence_length) 的 2 阶整数张量，其中每个元素都是一个整数序列。该层返回的是一个形状为 (batch_size, sequence_length, embedding_dimensionality) 的 3 阶浮点数张量。

将 Embedding 层实例化时，它的权重（内部的词向量字典）是随机初始化的，就像其他层一样。在训练过程中，利用反向传播来逐渐调节这些词向量，改变空间结构，使其可以被下游模型利用。训练完成之后，嵌入空间会充分地显示结构。这种结构专门针对模型训练所要解决的问题。

我们来构建一个包含 Embedding 层的模型，为我们的任务建立基准，如代码清单 11-16 所示。

代码清单 11-16　从头开始训练一个使用 Embedding 层的模型

```
inputs = keras.Input(shape=(None,), dtype="int64")
embedded = layers.Embedding(input_dim=max_tokens, output_dim=256)(inputs)
x = layers.Bidirectional(layers.LSTM(32))(embedded)
x = layers.Dropout(0.5)(x)
outputs = layers.Dense(1, activation="sigmoid")(x)
model = keras.Model(inputs, outputs)
model.compile(optimizer="rmsprop",
              loss="binary_crossentropy",
              metrics=["accuracy"])
model.summary()

callbacks = [
    keras.callbacks.ModelCheckpoint("embeddings_bidir_gru.keras",
                                    save_best_only=True)
]
model.fit(int_train_ds, validation_data=int_val_ds, epochs=10,
          callbacks=callbacks)
model = keras.models.load_model("embeddings_bidir_gru.keras")
print(f"Test acc: {model.evaluate(int_test_ds)[1]:.3f}")
```

模型训练速度比 one-hot 模型快得多（因为 LSTM 只需处理 256 维向量，而不是 20 000 维），测试精度也差不多（87%）。然而，这个模型与简单的二元语法模型相比仍有一定差距。部分原因在于，这个模型所查看的数据略少：二元语法模型处理的是完整的评论，而这个序列模型在 600 个单词之后截断序列。

4. 理解填充和掩码

这里还有一件事会略微降低模型性能，那就是输入序列中包含许多 0。这是因为我们在 TextVectorization 层中使用了 output_sequence_length=max_length 选项（max_length 为 600），也就是说，多于 600 个词元的句子将被截断为 600 个词元，而少于 600 个词元的句子则会在末尾用 0 填充，使其能够与其他序列连接在一起，形成连续的批量。

我们使用的是双向 RNN，即两个 RNN 层并行运行，一个正序处理词元，另一个逆序处理相同的词元。按正序处理词元的 RNN，在最后的迭代中只会看到表示填充的向量。如果原始句子很短，那么这可能包含几百次迭代。在读取这些无意义的输入时，存储在 RNN 内部状态中的信息将逐渐消失。

我们需要用某种方式来告诉 RNN，它应该跳过这些迭代。有一个 API 可以实现此功能：**掩码**（masking）。

Embedding 层能够生成与输入数据相对应的掩码。这个掩码是由 1 和 0（或布尔值 True/False）组成的张量，形状为 (batch_size, sequence_length)，其元素 mask[i, t] 表示第 i 个样本的第 t 个时间步是否应该被跳过（如果 mask[i, t] 为 0 或 False，则跳过该时间步，反之则处理该时间步）。

默认情况下没有启用这个选项，你可以向 Embedding 层传入 mask_zero=True 来启用它。你可以用 compute_mask() 方法来获取掩码，如下所示。

```
>>> embedding_layer = layers.Embedding(input_dim=10, output_dim=256, mask_zero=True)
>>> some_input = [
... [4, 3, 2, 1, 0, 0, 0],
... [5, 4, 3, 2, 1, 0, 0],
... [2, 1, 0, 0, 0, 0, 0]]
>>> mask = embedding_layer.compute_mask(some_input)
<tf.Tensor: shape=(3, 7), dtype=bool, numpy=
array([[ True,  True,  True,  True, False, False, False],
       [ True,  True,  True,  True,  True, False, False],
       [ True,  True, False, False, False, False, False]])>
```

在实践中，你几乎不需要手动管理掩码。相反，Keras 会将掩码自动传递给能够处理掩码的每一层（作为元数据附加到所对应的序列中）。RNN 层会利用掩码来跳过被掩码的时间步。如果模型返回的是整个序列，那么损失函数也会利用掩码来跳过输出序列中被掩码的时间步。

我们使用掩码重新训练模型，如代码清单 11-17 所示。

代码清单 11-17 使用带有掩码的 Embedding 层

```
inputs = keras.Input(shape=(None,), dtype="int64")
embedded = layers.Embedding(
    input_dim=max_tokens, output_dim=256, mask_zero=True)(inputs)
x = layers.Bidirectional(layers.LSTM(32))(embedded)
x = layers.Dropout(0.5)(x)
outputs = layers.Dense(1, activation="sigmoid")(x)
model = keras.Model(inputs, outputs)
model.compile(optimizer="rmsprop",
              loss="binary_crossentropy",
              metrics=["accuracy"])
model.summary()

callbacks = [
    keras.callbacks.ModelCheckpoint("embeddings_bidir_gru_with_masking.keras",
                                    save_best_only=True)
]
model.fit(int_train_ds, validation_data=int_val_ds, epochs=10,
          callbacks=callbacks)
model = keras.models.load_model("embeddings_bidir_gru_with_masking.keras")
print(f"Test acc: {model.evaluate(int_test_ds)[1]:.3f}")
```

这次模型的测试精度达到了 88%，这是一个很小但仍可观的改进。

11

5. 使用预训练词嵌入

有时可用的训练数据太少，只用手头数据无法学习特定任务的词嵌入。在这种情况下，你可以从预计算嵌入空间中加载词嵌入向量（这个嵌入空间是高度结构化的，并且具有有用的性质，捕捉到了语言结构的通用特征），而不是在解决问题的同时学习词嵌入。在自然语言处理中使用预训练词嵌入，其背后的原理与在图像分类中使用预训练卷积神经网络是一样的：没有足够的数据来自己学习强大的特征，但你需要的特征是非常通用的，即常见的视觉特征或语义特征。在这种情况下，复用在其他问题上学到的特征，这种做法是有意义的。

这种词嵌入通常是利用词频统计计算得到的（观察哪些单词在句子或文档中同时出现），它用到了很多种技术，有些涉及神经网络，有些则不涉及。Yoshua Bengio 等人在 21 世纪初首先研究了一种思路，就是用无监督的方法来计算一个密集、低维的词嵌入空间[①]，但直到成功的著名词嵌入方案 Word2Vec 算法发布之后，这一思路才开始在研究领域和工业应用中受到青睐。Word2Vec 算法由谷歌公司的 Tomas Mikolov 于 2013 年开发，其维度捕捉到了特定的语义属性，比如性别。

有许多预计算的词嵌入数据库，你都可以下载并在 Keras 的 Embedding 层中使用，Word2Vec 是其中之一。另一个常用的叫作**词表示全局向量**（Global Vectors for Word Representation，GloVe），由斯坦福大学的研究人员于 2014 年开发。这种嵌入方法基于对词共现统计矩阵进行因式分解。它的开发者已经公开了数百万个英文词元的预计算嵌入，它们都是从维基百科数据和 Common Crawl 数据得到的。

我们来看一下如何在 Keras 模型中使用 GloVe 嵌入。同样的方法也适用于 Word2Vec 嵌入或其他词嵌入数据库。我们首先下载 GloVe 文件并解析。然后，我们将词向量加载到 Keras Embedding 层中，并利用它来构建一个新模型。

首先，我们下载在 2014 年英文维基百科数据集上预计算的 GloVe 词嵌入。它是一个 822 MB 的压缩文件，里面包含 400 000 个单词（或非词元）的 100 维嵌入向量。

我们对解压后的文件（一个 .txt 文件）进行解析，构建一个索引将单词（字符串）映射为其向量表示，如代码清单 11-18 所示。

代码清单 11-18　解析 GloVe 词嵌入文件

```python
import numpy as np
path_to_glove_file = "glove.6B.100d.txt"

embeddings_index = {}
with open(path_to_glove_file) as f:
    for line in f:
        word, coefs = line.split(maxsplit=1)
        coefs = np.fromstring(coefs, "f", sep=" ")
        embeddings_index[word] = coefs

print(f"Found {len(embeddings_index)} word vectors.")
```

[①] Yoshua Bengio et al. A Neural Probabilistic Language Model. Journal of Machine Learning Research, 2003.

接下来，我们构建一个可以加载到 Embedding 层中的嵌入矩阵，如代码清单 11-19 所示。它必须是一个形状为 (max_words, embedding_dim) 的矩阵，对于索引为 i 的单词（在词元化时建立索引），该矩阵的元素 i 包含这个单词对应的 embedding_dim 维向量。

代码清单 11-19　准备 GloVe 词嵌入矩阵

```
embedding_dim = 100                          ← 获取前面 TextVectorization
                                                层索引的词表
vocabulary = text_vectorization.get_vocabulary()       ← 利用这个词表创建
word_index = dict(zip(vocabulary, range(len(vocabulary))))   一个从单词到其词
                                                             表索引的映射
embedding_matrix = np.zeros((max_tokens, embedding_dim))   ← 准备一个矩阵，后续
for word, i in word_index.items():                            将用 GloVe 向量填充
    if i < max_tokens:
        embedding_vector = embeddings_index.get(word)
    if embedding_vector is not None:        ← 用索引为 i 的单词的词向量
        embedding_matrix[i] = embedding_vector   填充矩阵中的第 i 个元素。
                                                 对于嵌入索引中找不到的单
                                                 词，其嵌入向量全为 0
```

最后，我们使用 Constant 初始化方法在 Embedding 层中加载预训练词嵌入。为避免在训练过程中破坏预训练表示，我们使用 trainable=False 冻结该层，如下所示。

```
embedding_layer = layers.Embedding(
    max_tokens,
    embedding_dim,
    embeddings_initializer=keras.initializers.Constant(embedding_matrix),
    trainable=False,
    mask_zero=True,
)
```

现在我们可以训练一个新模型，如代码清单 11-20 所示。新模型与之前的模型相同，但使用的是 100 维的预训练 GloVe 嵌入，而不是 128 维学到的嵌入。

代码清单 11-20　使用预训练 Embedding 层的模型

```
inputs = keras.Input(shape=(None,), dtype="int64")
embedded = embedding_layer(inputs)
x = layers.Bidirectional(layers.LSTM(32))(embedded)
x = layers.Dropout(0.5)(x)
outputs = layers.Dense(1, activation="sigmoid")(x)
model = keras.Model(inputs, outputs)
model.compile(optimizer="rmsprop",
              loss="binary_crossentropy",
              metrics=["accuracy"])
model.summary()

callbacks = [
    keras.callbacks.ModelCheckpoint("glove_embeddings_sequence_model.keras",
                                    save_best_only=True)
```

```
]
model.fit(int_train_ds, validation_data=int_val_ds, epochs=10,
          callbacks=callbacks)
model = keras.models.load_model("glove_embeddings_sequence_model.keras")
print(f"Test acc: {model.evaluate(int_test_ds)[1]:.3f}")
```

可以看到，对于这项特定的任务，预训练词嵌入不是很有帮助，因为数据集中已经包含足够多的样本，足以从头开始学习一个足够专业的嵌入空间。但是在处理较小的数据集时，预训练词嵌入会非常有用。

11.4　Transformer 架构

从 2017 年开始，一种新的模型架构开始在大多数自然语言处理任务中超越 RNN，它就是 Transformer。

Transformer 由 Ashish Vaswani 等人的奠基性论文 "Attention Is All You Need"[1] 引入。这篇论文的要点就在标题之中。事实证明，一种叫作**神经注意力**（neural attention）的简单机制可以用来构建强大的序列模型，其中并不包含任何循环层或卷积层。

这一发现在自然语言处理领域引发了一场革命，并且还影响到其他领域。神经注意力已经迅速成为深度学习最有影响力的思想之一。本节将深入介绍它的工作原理，以及它为什么对序列数据如此有效。然后，我们将利用自注意力来构建一个 Transformer 编码器。它是 Transformer 架构的一个基本组件，我们会将其应用于 IMDB 影评分类任务。

11.4.1　理解自注意力

你在阅读本书时，可能会略读某些章节而精读另外一些章节，这取决于你的目标或兴趣。如果你的模型也这样做，那会怎么样？这个想法很简单但很强大：所有的模型输入信息并非对手头任务同样重要，所以模型应该对某些特征"多加注意"，对其他特征"少加注意"。

这听起来熟悉吗？本书前面已经两次介绍过类似的概念。

- 卷积神经网络中的最大汇聚：查看一块空间区域内的特征，并选择只保留一个特征。这是一种"全有或全无"的注意力形式，即保留最重要的特征，舍弃其他特征。
- TF-IDF 规范化：根据每个词元可能携带的信息量，确定词元的重要性分数。重要的词元会受到重视，而不相关的词元则会被忽视。这是一种连续的注意力形式。

有各种不同形式的注意力，但它们首先都要对一组特征计算重要性分数。特征相关性越大，分数越高；特征相关性越小，分数越低，如图 11-5 所示。如何计算和处理这个分数，则因方法而异。

---

[1] Ashish Vaswani et al. Attention Is All You Need. 2017.

原始表示

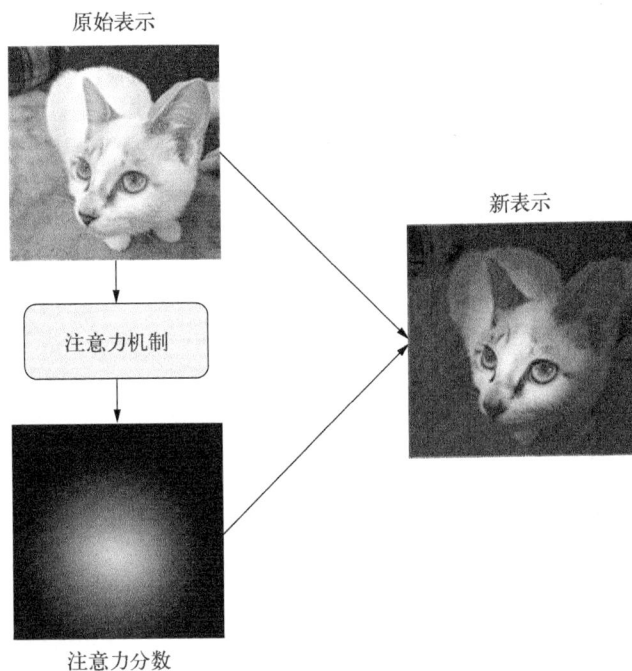

注意力机制

新表示

注意力分数

图 11-5　深度学习中的"注意力"的一般概念：为输入特征给定"注意力分数"，
可利用这个分数给出输入的下一个表示

　　至关重要的是，这种注意力机制不仅可用于突出或抹去某些特征，还可以让特征能够**上下文感知**（context-aware）。你刚刚学过词嵌入，即捕捉不同单词之间语义关系"形状"的向量空间。在嵌入空间中，每个词都有一个固定位置，与空间中其他词都有一组固定关系。但语言并不是这样的：一个词的含义通常取决于上下文。你说的"mark the date"（标记日期）与"go on a date"（去约会），二者中的"date"并不是同一个意思，与你在市场上买的 date（椰枣）也不是同一个意思。当你说"I'll see you soon"（一会儿见）、"I'll see this project to its end"（我会一直跟着这个项目直到结束）或"I see what you mean"（我懂你的意思），这三个"see"的含义也有着微妙的差别。当然，"he"（他）、"it"（它）等代词的含义完全要看具体的句子，甚至在一个句子中含义也可能发生多次变化。

　　显然，一个好的嵌入空间会根据周围词的不同而为一个词提供不同的向量表示。这就是**自注意力**（self-attention）的作用。自注意力的目的是利用序列中相关词元的表示来调节某个词元的表示，从而生成上下文感知的词元表示。来看一个例句："The train left the station on time"（火车准时离开了车站）。再来看句中的一个单词："station"（站）。我们说的是哪种"station"？是"radio station"（广播站），还是"International Space Station"（国际空间站）？我们利用自注意力算法来搞清楚，如图 11-6 所示。

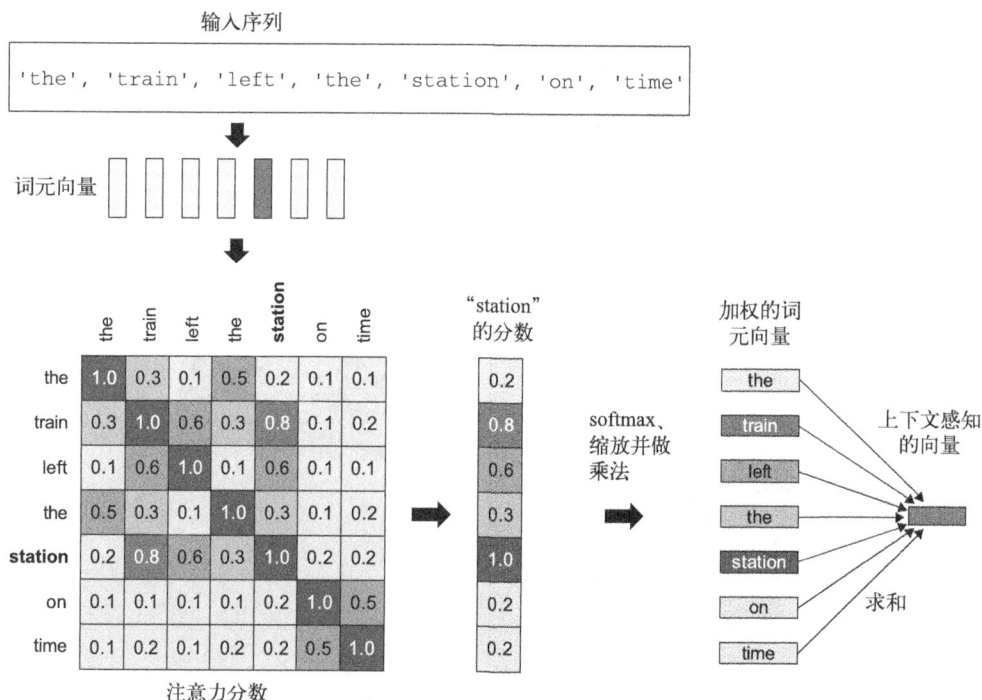

输入序列

'the', 'train', 'left', 'the', 'station', 'on', 'time'

词元向量

图 11-6　自注意力：计算"station"与序列中其余每个单词之间的注意力分数，然后用这个分数
　　　　对词向量进行加权求和，得到新的"station"向量

第 1 步是计算"station"向量与句中其余每个单词之间的相关性分数。这就是"注意力分数"。
我们简单地使用两个词向量的点积来衡量二者的关系强度。它是一种计算效率很高的距离函数，
而且早在 Transformer 出现之前，它就已经是将两个词嵌入相互关联的标准方法。在实践中，这
些分数还会经过缩放函数和 softmax 运算，但目前先忽略这些实现细节。

第 2 步利用相关性分数进行加权，对句中所有词向量进行求和。与"station"密切相关的单
词对求和贡献更大（包括"station"这个词本身），而不相关的单词则几乎没有贡献。由此得到
的向量是"station"的新表示，这种表示包含了上下文。具体地说，这种表示包含了"train"（火
车）向量的一部分，表示它实际上是指"train station"（火车站）。

对句中每个单词重复这一过程，就会得到编码这个句子的新向量序列。类似 NumPy 的伪代
码如下。

对输入序列中的每个
词元进行迭代

```python
def self_attention(input_sequence):
    output = np.zeros(shape=input_sequence.shape)
    for i, pivot_vector in enumerate(input_sequence):
        scores = np.zeros(shape=(len(input_sequence),))
        for j, vector in enumerate(input_sequence):
            scores[j] = np.dot(pivot_vector, vector.T)
```

计算该词元与其余每个词元
之间的点积（注意力分数）

```
        scores /= np.sqrt(input_sequence.shape[1])
        scores = softmax(scores)
        new_pivot_representation = np.zeros(shape=pivot_vector.shape)
        for j, vector in enumerate(input_sequence):
            new_pivot_representation += vector * scores[j]
        output[i] = new_pivot_representation
    return output
```

利用规范化因子进行缩放,并应用 softmax

利用注意力分数进行加权,对所有词元进行求和

这个总和即为输出

当然,你在实践中需要使用向量化实现。Keras 有一个内置层来实现这种方法:MultiHead-Attention 层。该层的用法如下。

```
num_heads = 4
embed_dim = 256
mha_layer = MultiHeadAttention(num_heads=num_heads, key_dim=embed_dim)
outputs = mha_layer(inputs, inputs, inputs)
```

读到这里,你可能会有一些疑问。

❑ 为什么要向该层传递 3 次 inputs?这似乎有些多余。

❑ 我们所说的"多头"(multiple heads)是什么?听起来有点吓人——如果砍掉这些头,它们还会重新长出来吗?

以上问题的答案都很简单,我们来看一下。

一般的自注意力:查询–键–值模型

到目前为止,我们只考虑了输入序列只有一个的情况。但是,Transformer 架构最初是为机器翻译而开发的,它需要处理两个输入序列:当前正在翻译的源序列(比如 "How's the weather today?")与需要将其转换成的目标序列(比如 "¿Qué tiempo hace hoy?" [1])。Transformer 是一种**序列到序列**(sequence-to-sequence)模型,它的设计目的就是将一个序列转换为另一个序列。本章稍后会深入介绍序列到序列模型。

现在我们先回到本节主题。自注意力机制的作用如下所示。

```
outputs = sum(inputs * pairwise_scores(inputs, inputs))
                      C                    A        B
```

这个表达式的含义是:"对于 inputs(A)中的每个词元,计算该词元与 inputs(B)中每个词元的相关程度,然后利用这些分数对 inputs(C)中的词元进行加权求和。"重要的是,A、B、C 不一定是同一个输入序列。一般情况下,你可以使用 3 个序列,我们分别称其为**查询**(query)、**键**(key)和**值**(value)。这样一来,上述运算的含义就变为:"对于查询中的每个元素,计算该元素与每个键的相关程度,然后利用这些分数对值进行加权求和。"

```
outputs = sum(values * pairwise_scores(query, keys))
```

———————————
① 源序列是英语,目标序列是西班牙语,两句话的意思都是"今天天气怎么样"。——译者注

这些术语来自搜索引擎和推荐系统，如图 11-7 所示。想象一下，你输入"沙滩上的狗"，想从数据库中检索一张图片。在数据库内部，每张照片都由一组关键词所描述——"猫""狗""聚会"等。我们将这些关键词称为"键"。搜索引擎会将你的查询和数据库中的键进行对比。"狗"匹配了 1 个结果，"猫"匹配了 0 个结果。然后，它会按照匹配度（相关性）对这些键进行排序，并按相关性顺序返回前 n 张匹配图片。

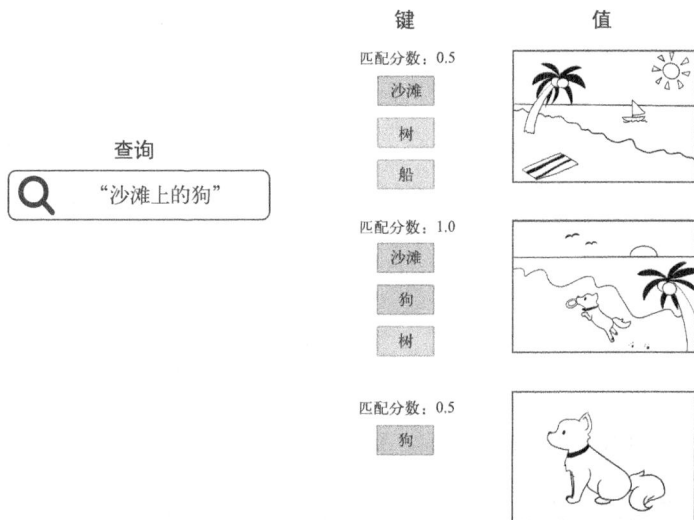

图 11-7　从数据库中检索图片：将"查询"与一组"键"进行对比，
并将匹配分数用于对"值"（图片）进行排序

从概念上来说，这就是 Transformer 注意力所做的事情。你有一个参考序列，用于描述你要查找的内容：查询。你有一个知识体系，并试图从中提取信息：值。每个值都有一个键，用于描述这个值，并可以很容易与查询进行对比。你只需将查询与键进行匹配，然后返回值的加权和。

在实践中，键和值通常是同一个序列。比如在机器翻译中，查询是目标序列，键和值则都是源序列：对于目标序列中的每个元素（如"tiempo"），你都希望回到源序列（"How's the weather today?"），并找到与其相关的元素（"tiempo"和"weather"应该有很强的匹配程度）。当然，如果你只做序列分类，那么查询、键和值这三者是相同的：将一个序列与自身进行对比，用整个序列的上下文来丰富每个词元的表示。

这就解释了为什么要向 MultiHeadAttention 层传递 3 次 inputs。但为什么叫它"多头注意力"呢？

11.4.2　多头注意力

"多头注意力"是对自注意力机制的微调，它由"Attention Is All You Need"这篇论文引入。"多头"是指：自注意力层的输出空间被分解为一组独立的子空间，对这些子空间分别进行学习，也就是说，初始的查询、键和值分别通过 3 组独立的密集投影，生成 3 个独立的向量。每个向量都通过神经注意力进行处理，然后将多个输出拼接为一个输出序列。每个这样的子空间叫作一个"头"。整体示意图如图 11-8 所示。

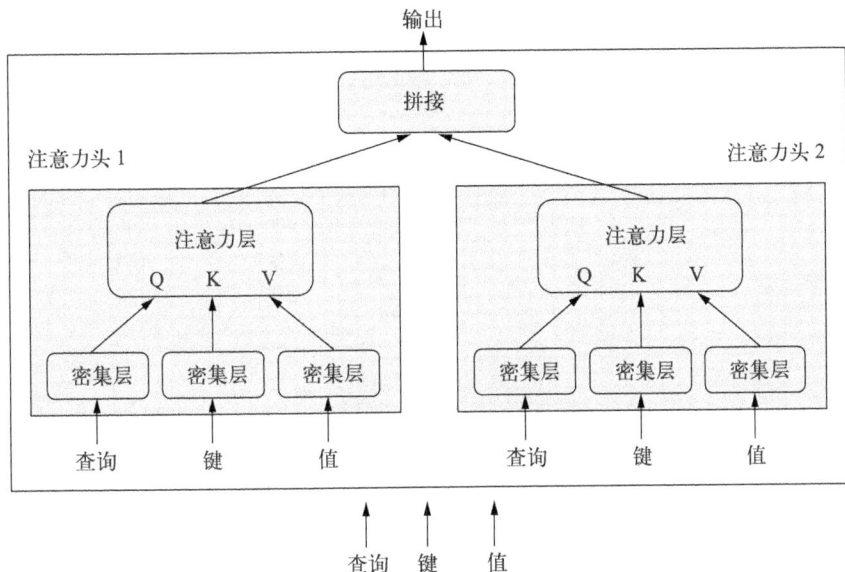

图 11-8 `MultiHeadAttention` 层

由于存在可学习的密集投影，因此该层能够真正学到一些内容，而不是单纯的无状态变换，后者需要在之前或之后添加额外的层才能发挥作用。此外，独立的头有助于该层为每个词元学习多组特征，其中每一组内的特征彼此相关，但与其他组的特征几乎无关。

这在原理上与深度可分离卷积类似：对于深度可分离卷积，卷积的输出空间被分解为多个独立学习的子空间（每个输入通道对应一个子空间）。"Attention Is All You Need"这篇论文发表时，人们发现将特征空间分解为独立子空间的想法对计算机视觉模型有很大好处，无论是深度可分离卷积，还是另一种密切相关的方法，即**分组卷积**。多头注意力只是将同样的想法应用于自注意力。

11.4.3 Transformer 编码器

如果添加密集投影如此有用，那为什么不在注意力机制的输出上也添加一两个呢？实际上这是一个好主意，我们来这样做吧。因为我们的模型已经做了很多工作，所以我们可能想添加残差连接，以确保不会破坏任何有价值的信息——第 9 章说过，对于任意足够深的架构，残差连接都是必需的。第 9 章还介绍过，规范化层有助于梯度在反向传播中更好地流动。因此，我们也添加规范化层。

这大致就是我所想象的 Transformer 架构的发明者当时头脑中的思考过程。将输出分解为多个独立空间、添加残差连接、添加规范化层——所有这些都是标准的架构模式，在任何复杂模型中使用这些模式都是明智的。这些模式共同构成了 Transformer 编码器（Transformer encoder），它是 Transformer 架构的两个关键组件之一，如图 11-9 所示。

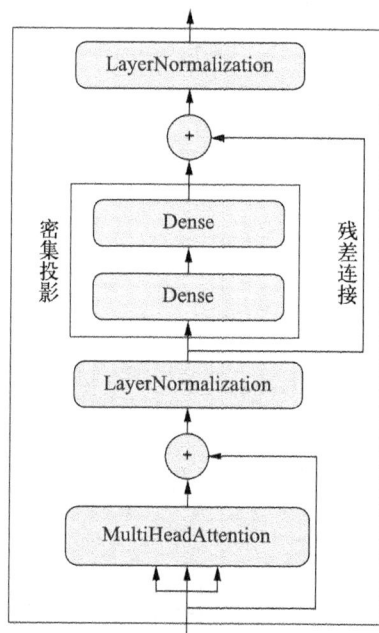

图 11-9　TransformerEncoder 将 MultiHeadAttention 层与密集投影相连接，
　　　　　并添加规范化和残差连接

最初的 Transformer 架构由两部分组成：一个是 **Transformer 编码器**，负责处理源序列；另一个是 **Transformer 解码器**（Transformer decoder），负责利用源序列生成翻译序列。我们很快会介绍关于解码器的内容。

重要的是，编码器可用于文本分类——它是一个非常通用的模块，接收一个序列，并学习将其转换为更有用的表示。我们来实现一个 Transformer 编码器，并尝试将其应用于影评情感分类任务，如代码清单 11-21 所示。

代码清单 11-21　将 Transformer 编码器实现为 Layer 子类

```
import tensorflow as tf
from tensorflow import keras
from tensorflow.keras import layers

class TransformerEncoder(layers.Layer):
    def __init__(self, embed_dim, dense_dim, num_heads, **kwargs):
        super().__init__(**kwargs)
        self.embed_dim = embed_dim          ◁── 输入词元向量的尺寸
```

```
        self.dense_dim = dense_dim
        self.num_heads = num_heads                               内部密集层的尺寸
        self.attention = layers.MultiHeadAttention(
            num_heads=num_heads, key_dim=embed_dim)              注意力头的个数
        self.dense_proj = keras.Sequential(
            [layers.Dense(dense_dim, activation="relu"),
             layers.Dense(embed_dim),]
        )
        self.layernorm_1 = layers.LayerNormalization()
        self.layernorm_2 = layers.LayerNormalization()

    def call(self, inputs, mask=None):                           在 call() 中进行计算
        if mask is not None:
            mask = mask[:, tf.newaxis, :]                        Embedding 层生成的掩码是二维的,
        attention_output = self.attention(                       但注意力层的输入应该是三维或四维
            inputs, inputs, attention_mask=mask)                 的,所以我们需要增加它的维数
        proj_input = self.layernorm_1(inputs + attention_output)
        proj_output = self.dense_proj(proj_input)
        return self.layernorm_2(proj_input + proj_output)

    def get_config(self):                                        实现序列化,以
        config = super().get_config()                            便保存模型
        config.update({
            "embed_dim": self.embed_dim,
            "num_heads": self.num_heads,
            "dense_dim": self.dense_dim,
        })
        return config
```

保存自定义层

在编写自定义层时,一定要实现 get_config() 方法:这样我们可以利用 config 字典将该层重新实例化,这对保存和加载模型很有用。该方法返回一个 Python 字典,其中包含用于创建该层的构造函数的参数值。

所有 Keras 层都可以被序列化(serialize)和反序列化(deserialize),如下所示。

```
config = layer.get_config()                          config 不包含权重值,因此该层的
new_layer = layer.__class__.from_config(config)      所有权重都是从头初始化的
```

来看下面这个例子。

```
layer = PositionalEmbedding(sequence_length, input_dim, output_dim)
config = layer.get_config()
new_layer = PositionalEmbedding.from_config(config)
```

在保存包含自定义层的模型时,保存文件中会包含这些 config 字典。从文件中加载模型时,你应该在加载过程中提供自定义层的类,以便其理解 config 对象,如下所示。

```
model = keras.models.load_model(
    filename, custom_objects={"PositionalEmbedding": PositionalEmbedding})
```

你会注意到，这里使用的规范化层并不是之前在图像模型中使用的 `BatchNormalization` 层。这是因为 `BatchNormalization` 层处理序列数据的效果并不好。相反，我们使用的是 `LayerNormalization` 层，它对每个序列分别进行规范化，与批量中的其他序列无关。它类似 NumPy 的伪代码如下。

```python
def layer_normalization(batch_of_sequences):     # 输入形状: (batch_size, sequence_length, embedding_dim)
    mean = np.mean(batch_of_sequences, keepdims=True, axis=-1)
    variance = np.var(batch_of_sequences, keepdims=True, axis=-1)
    return (batch_of_sequences - mean) / variance     # 计算均值和方差，仅在最后一个轴（-1 轴）上汇聚数据
```

下面是训练过程中的 `BatchNormalization` 的伪代码，你可以将二者对比一下。

```python
def batch_normalization(batch_of_images):     # 输入形状: (batch_size, height, width, channels)
    mean = np.mean(batch_of_images, keepdims=True, axis=(0, 1, 2))
    variance = np.var(batch_of_images, keepdims=True, axis=(0, 1, 2))
    return (batch_of_images - mean) / variance     # 在批量轴（0 轴）上汇聚数据，这会在一个批量的样本之间形成相互作用
```

`BatchNormalization` 层从多个样本中收集信息，以获得特征均值和方差的准确统计信息，而 `LayerNormalization` 层则分别汇聚每个序列中的数据，更适用于序列数据。

我们已经实现了 `TransformerEncoder`，下面可以用它来构建一个文本分类模型，如代码清单 11-22 所示，它与前面的基于 GRU 的模型类似。

代码清单 11-22　将 Transformer 编码器用于文本分类

```python
vocab_size = 20000
embed_dim = 256
num_heads = 2
dense_dim = 32

inputs = keras.Input(shape=(None,), dtype="int64")
x = layers.Embedding(vocab_size, embed_dim)(inputs)
x = TransformerEncoder(embed_dim, dense_dim, num_heads)(x)
x = layers.GlobalMaxPooling1D()(x)     # TransformerEncoder 返回的是完整序列，所以我们需要用全局汇聚层将每个序列转换为单个向量，以便进行分类
x = layers.Dropout(0.5)(x)
outputs = layers.Dense(1, activation="sigmoid")(x)
model = keras.Model(inputs, outputs)
model.compile(optimizer="rmsprop",
              loss="binary_crossentropy",
              metrics=["accuracy"])
model.summary()
```

我们来训练这个模型，如代码清单 11-23 所示。模型的测试精度为 87.5%，比 GRU 模型略低。

代码清单 11-23　训练并评估基于 Transformer 编码器的模型

```
callbacks = [
    keras.callbacks.ModelCheckpoint("transformer_encoder.keras",
                                    save_best_only=True)
]
model.fit(int_train_ds, validation_data=int_val_ds, epochs=20,
          callbacks=callbacks)
model = keras.models.load_model(
    "transformer_encoder.keras",
    custom_objects={"TransformerEncoder": TransformerEncoder})
print(f"Test acc: {model.evaluate(int_test_ds)[1]:.3f}")
```

在模型加载过程中提供自定义的 **TransformerEncoder** 类

现在你应该已经开始感到有些不对劲了。你能看出是哪里不对劲吗？

本节的主题是"序列模型"。我一开始就强调了词序的重要性。我说过，Transformer 是一种序列处理架构，最初是为机器翻译而开发的。然而……你刚刚见到的 Transformer 编码器根本就不是一个序列模型。你注意到了吗？它由密集层和注意力层组成，前者独立处理序列中的词元，后者则将词元视为一个**集合**。你可以改变序列中的词元顺序，并得到完全相同的成对注意力分数和完全相同的上下文感知表示。如果将每篇影评中的单词完全打乱，模型也不会注意到，得到的精度也完全相同。自注意力是一种集合处理机制，它关注的是序列元素对之间的关系，如图 11-10 所示，它并不知道这些元素出现在序列的开头、结尾还是中间。既然是这样，为什么说 Transformer 是序列模型呢？如果它不查看词序，又怎么能很好地进行机器翻译呢？

	词序感知	上下文感知（单词之间相互作用）
一元语法袋	否	否
二元语法袋	非常有限	否
RNN	是	否
自注意力	否	是
Transformer	是	是

图 11-10　各类 NLP 模型的特点

我在本章前面提示过解决方案。我说过，Transformer 是一种混合方法，它在技术上是不考虑顺序的，但将顺序信息手动注入数据表示中。这就是缺失的那部分，它叫作**位置编码**（positional encoding）。我们来看一下。

1. 使用位置编码重新注入顺序信息

位置编码背后的想法非常简单：为了让模型获取词序信息，我们将每个单词在句子中的位置添加到词嵌入中。这样一来，输入词嵌入将包含两部分：普通的词向量，它表示与上下文无关的单词；位置向量，它表示该单词在当前句子中的位置。我们希望模型能够充分利用这一额外信息。

你能想到的最简单的方法就是将单词位置与它的嵌入向量拼接在一起。你可以向这个向量添加一个"位置"轴。在该轴上，序列中的第一个单词对应的元素为 0，第二个单词为 1，以此类推。

然而，这种做法可能并不理想，因为位置可能是非常大的整数，这会破坏嵌入向量的取值范围。如你所知，神经网络不喜欢非常大的输入值或离散的输入分布。

在"Attention Is All You Need"这篇原始论文中，作者使用了一个有趣的技巧来编码单词位置：将词嵌入加上一个向量，这个向量的取值范围是 [-1, 1]，取值根据位置的不同而周期性变化（利用余弦函数来实现）。这个技巧提供了一种思路，通过一个小数值向量来唯一地描述较大范围内的任意整数。这种做法很聪明，但并不是本例中要用的。我们的方法更加简单，也更加有效：我们将学习位置嵌入向量，其学习方式与学习嵌入词索引相同。然后，我们将位置嵌入与相应的词嵌入相加，得到位置感知的词嵌入。这种方法叫作**位置嵌入**（positional embedding）。我们来实现这种方法，如代码清单 11-24 所示。

代码清单 11-24　将位置嵌入实现为 Layer 子类

位置嵌入的一个缺点是，需要事先知道序列长度

准备一个 Embedding 层，用于保存词元索引

另准备一个 Embedding 层，用于保存词元位置

将两个嵌入向量相加

```python
class PositionalEmbedding(layers.Layer):
    def __init__(self, sequence_length, input_dim, output_dim, **kwargs):
        super().__init__(**kwargs)
        self.token_embeddings = layers.Embedding(
            input_dim=input_dim, output_dim=output_dim)
        self.position_embeddings = layers.Embedding(
            input_dim=sequence_length, output_dim=output_dim)
        self.sequence_length = sequence_length
        self.input_dim = input_dim
        self.output_dim = output_dim

    def call(self, inputs):
        length = tf.shape(inputs)[-1]
        positions = tf.range(start=0, limit=length, delta=1)
        embedded_tokens = self.token_embeddings(inputs)
        embedded_positions = self.position_embeddings(positions)
        return embedded_tokens + embedded_positions

    def compute_mask(self, inputs, mask=None):
        return tf.math.not_equal(inputs, 0)

    def get_config(self):
        config = super().get_config()
        config.update({
            "output_dim": self.output_dim,
            "sequence_length": self.sequence_length,
            "input_dim": self.input_dim,
        })
        return config
```

与 Embedding 层一样，该层应该能够生成掩码，从而可以忽略输入中填充的 0。框架会自动调用 compute_mask 方法，并将掩码传递给下一层

实现序列化，以便保存模型

你可以像使用普通 Embedding 层一样使用这个 PositionEmbedding 层。我们来看一下它的实际效果。

2. 综合示例：文本分类 Transformer

要将词序考虑在内，你只需将 Embedding 层替换为位置感知的 PositionEmbedding 层，如代码清单 11-25 所示。

代码清单 11-25 将 Transformer 编码器与位置嵌入相结合

```
vocab_size = 20000
sequence_length = 600
embed_dim = 256
num_heads = 2
dense_dim = 32

inputs = keras.Input(shape=(None,), dtype="int64")          ← 注意这行代码!
x = PositionalEmbedding(sequence_length, vocab_size, embed_dim)(inputs)
x = TransformerEncoder(embed_dim, dense_dim, num_heads)(x)
x = layers.GlobalMaxPooling1D()(x)
x = layers.Dropout(0.5)(x)
outputs = layers.Dense(1, activation="sigmoid")(x)
model = keras.Model(inputs, outputs)
model.compile(optimizer="rmsprop",
              loss="binary_crossentropy",
              metrics=["accuracy"])
model.summary()

callbacks = [
    keras.callbacks.ModelCheckpoint("full_transformer_encoder.keras",
                                    save_best_only=True)
]
model.fit(int_train_ds, validation_data=int_val_ds, epochs=20,
    callbacks=callbacks)
model = keras.models.load_model(
    "full_transformer_encoder.keras",
    custom_objects={"TransformerEncoder": TransformerEncoder,
                    "PositionalEmbedding": PositionalEmbedding})
print(f"Test acc: {model.evaluate(int_test_ds)[1]:.3f}")
```

模型的测试精度为 88.3%。这是一个相当不错的改进，它清楚地表明了词序信息对文本分类的价值。这是迄今为止最好的序列模型，但仍然比词袋方法差一点。

11.4.4 何时使用序列模型而不是词袋模型

有时你会听到这样的说法：词袋方法已经过时了，无论是哪种任务和数据集，基于 Transformer 的序列模型才是正确的选择。事实绝非如此：在很多情况下，在二元语法袋之上堆叠几个 Dense 层，仍然是一种完全有效且有价值的方法。事实上，本章在 IMDB 数据集上尝试的各种方法中，到目前为止性能最好的就是二元语法袋。

应该如何在序列模型和词袋模型之中做出选择呢？

2017 年，我和我的团队系统分析了各种文本分类方法在不同类型的文本数据集上的性能。我们发现了一个显著、令人惊讶的经验法则，可用于决定应该使用词袋模型还是序列模型——它是一个黄金常数。

事实证明，在处理新的文本分类任务时，你应该密切关注训练数据中的样本数与每个样本的平均词数之间的比例，如图 11-11 所示。如果这个比例很小（小于 1500），那么二元语法模型的性能会更好（它还有一个优点，那就是训练速度和迭代速度更快）。如果这个比例大于 1500，那么应该使用序列模型。换句话说，如果拥有大量可用的训练数据，并且每个样本相对较短，那么序列模型的效果更好。

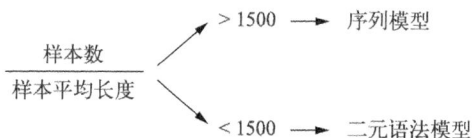

图 11-11　选择文本分类模型的简单启发式方法：训练样本数与样本的平均词数之间的比例

因此，如果想对包含 1000 个词的文件进行分类，并且你有 100 000 份文件（比例为 100），那么应该使用二元语法模型。如果想对平均长度为 40 个单词的推文进行分类，并且有 50 000 条推文（比例为 1250），那么也应该使用二元语法模型。但如果数据集规模增加到 500 000 条推文（比例为 12 500），那么就应该使用 Transformer 编码器。对于 IMDB 影评分类任务，应该如何选择呢？我们有 20 000 个训练样本，平均词数为 233，所以根据我们的经验法则，应该使用二元语法模型，这也证实了我们在实践中的结果。

这在直觉上是有道理的：序列模型的输入代表更加丰富、更加复杂的空间，因此需要更多的数据来映射这个空间；与此相对，普通的词集是一个非常简单的空间，只需几百或几千个样本即可在其中训练 logistic 回归模型。此外，样本越短，模型就越不能舍弃样本所包含的任何信息——特别是词序变得更加重要，舍弃词序可能会产生歧义。对于“this movie is the bomb”和“this movie was a bomb”这两个句子[①]，它们的一元语法表示非常接近，词袋模型可能很难分辨，但序列模型可以分辨出哪句是负面的、哪句是正面的。对于更长的样本，词频统计会变得更加可靠，而且仅从词频直方图来看，主题或情绪会变得更加明显。

现在请记住，这个启发式规则是针对文本分类任务的。它不一定适用于其他 NLP 任务。举例来说，对于机器翻译而言，与 RNN 相比，Transformer 尤其适用于非常长的序列。这个启发式规则只是经验法则，而不是科学规律，所以我们希望它在大多数时候有效，但不一定每次都有效。

11.5　超越文本分类：序列到序列学习

现在你掌握的工具已经可以处理大多数 NLP 任务了。但是，你只在一种任务上使用过这些工具，即文本分类任务。这种任务非常常见，但除此之外，NLP 还包含许多内容。你将在本节

---

① 第一句的意思是“这部电影很棒”，而第二句的意思是“这部电影很烂”。——译者注

中学习**序列到序列模型**（sequence-to-sequence model），以继续巩固前面学过的知识。

序列到序列模型接收一个序列作为输入（通常是一个句子或一个段落），并将其转换成另一个序列。这个任务是许多成功的 NLP 应用的核心。

- **机器翻译**（machine translation）：将源语言的一段话转换为目标语言的相应内容。
- **文本摘要**（text summarization）：将长文档转换为短文档，并保留最重要的信息。
- **问题回答**（question answering）：将输入的问题转换为对它的回答。
- **聊天机器人**（chatbot）：将对话提示转换为对该提示的回复，或将对话历史记录转换为对话的下一次回复。
- **文本生成**（text generation）：将一个文本提示转换为完成该提示的段落。

序列到序列模型的通用模板如图 11-12 所示。训练过程分为以下两步。

- **编码器**模型将源序列转换为中间表示。
- 对**解码器**进行训练，使其可以通过查看前面的词元（从 0 到 i-1）和编码后的源序列，预测目标序列的下一个词元 i。

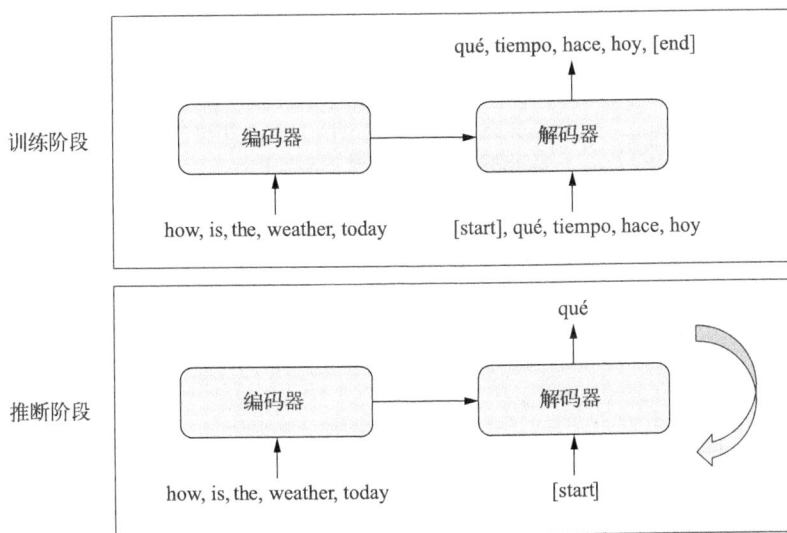

图 11-12　序列到序列学习：编码器处理源序列，然后将其发送至解码器；解码器查看当前目标序列，并预测向后偏移一个时间步的目标序列。在推断过程中，一次生成一个目标词元，并将其重新输入解码器

在推断过程中，我们不会读取目标序列，而会尝试从头开始预测目标序列。我们需要一次生成一个词元。

(1) 从编码器获得编码后的源序列。

(2) 解码器首先查看编码后的源序列和初始的"种子"词元（比如字符串 "[start]"），并利用它们来预测序列的第一个词元。

(3) 将当前预测序列再次输入到解码器中，它会生成下一个词元，如此继续，直到它生成停止词元（比如字符串 "[end]"）。

利用前面所学知识，你可以构建这种新的模型。我们来深入了解一下。

11.5.1 机器翻译示例

我们将在一项机器翻译任务上介绍序列到序列模型。Transformer 正是为机器翻译而开发的。我们将从一个循环序列模型开始，然后使用完整的 Transformer 架构。

我们将使用一个英语到西班牙语的翻译数据集，首先下载数据集并解压，如下所示。

```
!wget http://storage.googleapis.com/download.tensorflow.org/data/spa-eng.zip
!unzip -q spa-eng.zip
```

这个文本文件每行包含一个示例：一个英语句子，后面是一个制表符，然后是对应的西班牙语句子。我们来解析这个文件，如下所示。

```
text_file = "spa-eng/spa.txt"
with open(text_file) as f:
    lines = f.read().split("\n")[:-1]
text_pairs = []
for line in lines:                                  ◁──── 对文件中的每一行进行遍历
    english, spanish = line.split("\t")      ◁────
    spanish = "[start] " + spanish + " [end]"  ◁────
    text_pairs.append((english, spanish))

        将 "[start]" 和 "[end]" 分别添加到西班牙语
        句子的开头和结尾，以匹配图 11-12 所示的模板
```

每一行都包含一个英语句子和它的西班牙语译文，二者以制表符分隔

得到的 text_pairs 如下所示。

```
>>> import random
>>> print(random.choice(text_pairs))
("Soccer is more popular than tennis.",
 "[start] El fútbol es más popular que el tenis. [end]")
```

我们将 text_pairs 打乱，并将其划分为常见的训练集、验证集和测试集。

```
import random
random.shuffle(text_pairs)
num_val_samples = int(0.15 * len(text_pairs))
num_train_samples = len(text_pairs) - 2 * num_val_samples
train_pairs = text_pairs[:num_train_samples]
val_pairs = text_pairs[num_train_samples:num_train_samples + num_val_samples]
test_pairs = text_pairs[num_train_samples + num_val_samples:]
```

接下来，我们准备两个单独的 TextVectorization 层：一个用于英语，一个用于西班牙语。我们需要自定义字符串的预处理方式。

❑ 我们需要保留插入的词元 "[start]" 和 "[end]"。默认情况下，字符 [和] 将被删除，但我们希望保留它们，以便区分单词 "start" 与开始词元 "[start]"。

❑ 不同语言的标点符号是不同的。在西班牙语的 TextVectorization 层中，如果要删除标点符号，也需要删除字符 ¿。

请注意，对于真实的翻译模型，我们会将标点符号作为单独的词元，而不会将其删除，因为我们希望能够生成带有正确标点符号的句子。在这个示例中，为简单起见，我们会去掉所有的标点符号，如代码清单 11-26 所示。

代码清单 11-26 将英语和西班牙语的文本对向量化

```
import tensorflow as tf
import string
import re

strip_chars = string.punctuation + "¿"
strip_chars = strip_chars.replace("[", "")
strip_chars = strip_chars.replace("]", "")

def custom_standardization(input_string):
    lowercase = tf.strings.lower(input_string)
    return tf.strings.regex_replace(
        lowercase, f"[{re.escape(strip_chars)}]", "")

vocab_size = 15000
sequence_length = 20

source_vectorization = layers.TextVectorization(
    max_tokens=vocab_size,
    output_mode="int",
    output_sequence_length=sequence_length,
)
target_vectorization = layers.TextVectorization(
    max_tokens=vocab_size,
    output_mode="int",
    output_sequence_length=sequence_length + 1,
    standardize=custom_standardization,
)
train_english_texts = [pair[0] for pair in train_pairs]
train_spanish_texts = [pair[1] for pair in train_pairs]
source_vectorization.adapt(train_english_texts)
target_vectorization.adapt(train_spanish_texts)
```

> 为西班牙语的 TextVectorization 层准备一个自定义的字符串标准化函数：保留 [和]，但去掉 ¿（同时去掉 string.punctuation 中的其他所有字符）

> 为简单起见，只查看每种语言前 15 000 个最常见的单词，并将句子长度限制为 20 个单词

> 英语层
> 西班牙语层

> 生成的西班牙语句子多了一个词元，因为在训练过程中需要将句子偏移一个时间步

> 学习每种语言的词表

最后，我们可以将数据转换为 tf.data 管道，如代码清单 11-27 所示。我们希望它能够返回一个元组（inputs, target），其中 inputs 是一个字典，包含两个键，分别是"编码器输入"（英语句子）和"解码器输入"（西班牙语句子），target 则是向后偏移一个时间步的西班牙语句子。

代码清单 11-27 准备翻译任务的数据集

```
batch_size = 64

def format_dataset(eng, spa):
    eng = source_vectorization(eng)
```

```
        spa = target_vectorization(spa)
        return ({
            "english": eng,
            "spanish": spa[:, :-1],
        }, spa[:, 1:])

def make_dataset(pairs):
    eng_texts, spa_texts = zip(*pairs)
    eng_texts = list(eng_texts)
    spa_texts = list(spa_texts)
    dataset = tf.data.Dataset.from_tensor_slices((eng_texts, spa_texts))
    dataset = dataset.batch(batch_size)
    dataset = dataset.map(format_dataset, num_parallel_calls=4)
    return dataset.shuffle(2048).prefetch(16).cache()

train_ds = make_dataset(train_pairs)
val_ds = make_dataset(val_pairs)
```

输入西班牙语句子不包含最后一个词元，以保证输入和目标具有相同的长度

目标西班牙语句子向后偏移一个时间步。二者长度相同，都是 20 个单词

利用内存缓存来加快预处理速度

这个数据集如下所示。

```
>>> for inputs, targets in train_ds.take(1):
>>>     print(f"inputs['english'].shape: {inputs['english'].shape}")
>>>     print(f"inputs['spanish'].shape: {inputs['spanish'].shape}")
>>>     print(f"targets.shape: {targets.shape}")
inputs["english"].shape: (64, 20)
inputs["spanish"].shape: (64, 20)
targets.shape: (64, 20)
```

数据已准备就绪，我们可以开始构建模型了。我们首先构建一个序列到序列的循环模型，然后再继续构建 Transformer。

11.5.2　RNN 的序列到序列学习

2015 年 ~ 2017 年，RNN 主宰了序列到序列学习，不过随后被 Transformer 超越。RNN 是现实世界中的许多机器翻译系统的基础。第 10 章说过，2017 年前后的谷歌翻译模型由 7 个大型 LSTM 层堆叠而成。这种方法在今天仍然值得一学，因为它为理解序列到序列模型提供了一个简单的切入点。

使用 RNN 将一个序列转换为另一个序列，最简单的方法是在每个时间步都保存 RNN 的输出。这在 Keras 中的实现如下所示。

```
inputs = keras.Input(shape=(sequence_length,), dtype="int64")
x = layers.Embedding(input_dim=vocab_size, output_dim=128)(inputs)
x = layers.LSTM(32, return_sequences=True)(x)
outputs = layers.Dense(vocab_size, activation="softmax")(x)
model = keras.Model(inputs, outputs)
```

但是，这种方法有两个主要问题。

❑ 目标序列必须始终与源序列的长度相同。在实践中，这种情况很少见。从技术上来说，这一点并不重要，因为可以对源序列或目标序列进行填充，使二者长度相同。

❑ 由于 RNN 逐步处理的性质，模型将仅通过查看源序列第 0 ~ N 个词元来预测目标序列的第 N 个词元。这种限制不适用于大多数任务，特别是翻译。比如将 "The weather is nice today"（今天天气不错）翻译成法语，应该是 "Il fait beau aujourd'hui"。模型需要能够仅从 "The" 预测出 "Il"，仅从 "The weather" 预测出 "Il fait"，以此类推，这根本不可能。

如果你是一名译员，你会先阅读整个源句子，然后再开始翻译。如果你要处理的两种语言具有非常不同的词序，比如英语和日语，那么这一点就尤为重要。这正是标准的序列到序列模型所做的。

在一个正确的序列到序列模型中（如图 11-13 所示），首先使用一个 RNN（编码器）将整个源序列转换为单一向量（或向量集）。它既可以是 RNN 的最后一个输出，也可以是最终的内部状态向量。然后，使用这个向量（或向量集）作为另一个 RNN（解码器）的**初始状态**。解码器会查看目标序列的第 0 ~ N 个元素，并尝试预测目标序列中的第 N+1 个时间步。

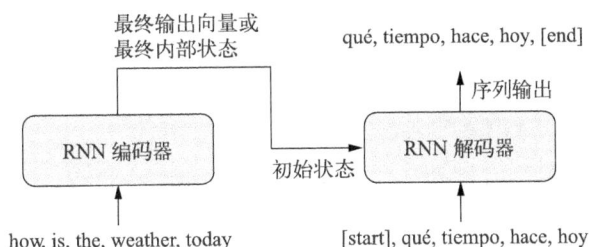

图 11-13　序列到序列 RNN：利用 RNN 编码器生成一个编码整个源序列的向量，这个向量被用作 RNN 解码器的初始状态

我们使用基于 GRU 的编码器和解码器来在 Keras 中实现这一方法。选择 GRU 而不是 LSTM，会让事情变得简单一些，因为 GRU 只有一个状态向量，而 LSTM 有多个状态向量。首先是编码器，如代码清单 11-28 所示。

代码清单 11-28　基于 GRU 的编码器

```
from tensorflow import keras                      不要忘记掩码，它对这种
from tensorflow.keras import layers               方法来说很重要

embed_dim = 256                                    这是英语源句子。指定输入名称，我们
latent_dim = 1024                                  就可以用输入组成的字典来拟合模型

source = keras.Input(shape=(None,), dtype="int64", name="english")
x = layers.Embedding(vocab_size, embed_dim, mask_zero=True)(source)
encoded_source = layers.Bidirectional(
    layers.GRU(latent_dim), merge_mode="sum")(x)   编码后的源句子即为双向
                                                   GRU 的最后一个输出
```

接下来，我们来添加解码器——一个简单的 GRU 层，其初始状态为编码后的源句子。我们再添加一个 Dense 层，为每个输出时间步生成一个在西班牙语词表上的概率分布，如代码清单 11-29 所示。

代码清单 11-29   基于 GRU 的解码器与端到端模型

这是西班牙语目标句子   不要忘记使用掩码

```
past_target = keras.Input(shape=(None,), dtype="int64", name="spanish")
x = layers.Embedding(vocab_size, embed_dim, mask_zero=True)(past_target)
decoder_gru = layers.GRU(latent_dim, return_sequences=True)
x = decoder_gru(x, initial_state=encoded_source)
x = layers.Dropout(0.5)(x)
target_next_step = layers.Dense(vocab_size, activation="softmax")(x)
seq2seq_rnn = keras.Model([source, past_target], target_next_step)
```

预测下一个词元

编码后的源句子作为解码器   端到端模型：将源句子和目标句子
GRU 的初始状态   映射为偏移一个时间步的目标句子

在训练过程中，解码器接收整个目标序列作为输入，但由于 RNN 逐步处理的性质，它将仅通过查看输入中第 0 ~ N 个词元来预测输出的第 N 个词元（对应于句子的下一个词元，因为输出需要偏移一个时间步）。这意味着我们只能使用过去的信息来预测未来——我们也应该这样做，否则就是在作弊，模型在推断过程中将不会生效。

下面开始训练模型，如代码清单 11-30 所示。

代码清单 11-30   训练序列到序列循环模型

```
seq2seq_rnn.compile(
    optimizer="rmsprop",
    loss="sparse_categorical_crossentropy",
    metrics=["accuracy"])
seq2seq_rnn.fit(train_ds, epochs=15, validation_data=val_ds)
```

我们选择精度来粗略监控训练过程中的验证集性能。模型精度为 64%，也就是说，平均而言，该模型在 64% 的时间里正确预测了西班牙语句子的下一个单词。然而在实践中，对于机器翻译模型而言，下一个词元精度并不是一个很好的指标，因为它会假设：在预测第 N+1 个词元时，已经知道了从 0 到 N 的正确的目标词元。实际上，在推断过程中，你需要从头开始生成目标句子，不能认为前面生成的词元都是 100% 正确的。现实世界中的机器翻译系统可能会使用"BLEU 分数"来评估模型。这个指标会评估整个生成序列，并且看起来与人类对翻译质量的评估密切相关。

最后，我们使用模型进行推断，如代码清单 11-31 所示。我们从测试集中挑选几个句子，并观察模型如何翻译它们。我们首先将种子词元 "[start]" 与编码后的英文源句子一起输入解码器模型。我们得到下一个词元的预测结果，并不断将其重新输入解码器，每次迭代都采样一个新的目标词元，直到遇到 "[end]" 或达到句子的最大长度。

代码清单 11-31   利用 RNN 编码器和 RNN 解码器来翻译新句子

```
import numpy as np
spa_vocab = target_vectorization.get_vocabulary()
spa_index_lookup = dict(zip(range(len(spa_vocab)), spa_vocab))
max_decoded_sentence_length = 20
```

准备一个字典，将
词元索引预测值映
射为字符串词元

```
        def decode_sequence(input_sentence):
种子          tokenized_input_sentence = source_vectorization([input_sentence])
词元          decoded_sentence = "[start]"
            for i in range(max_decoded_sentence_length):
                tokenized_target_sentence = target_vectorization([decoded_sentence])
对下一个词        next_token_predictions = seq2seq_rnn.predict(
元进行采样            [tokenized_input_sentence, tokenized_target_sentence])
                sampled_token_index = np.argmax(next_token_predictions[0, i, :])
                sampled_token = spa_index_lookup[sampled_token_index]      将下一个词元预测值
                decoded_sentence += " " + sampled_token                   转换为字符串，并添
                if sampled_token == "[end]":                              加到生成的句子中
                    break
        return decoded_sentence              退出条件：达到最大
                                             长度或遇到停止词元
        test_eng_texts = [pair[0] for pair in test_pairs]
        for _ in range(20):
            input_sentence = random.choice(test_eng_texts)
            print("-")
            print(input_sentence)
            print(decode_sequence(input_sentence))
```

请注意，这种推断方法虽然非常简单，但效率很低，因为每次采样新词时，都需要重新处理整个源句子和生成的整个目标句子。在实际应用中，你会将编码器和解码器分成两个独立的模型，在每次采样词元时，解码器只运行一步，并重新使用之前的内部状态。

翻译结果如代码清单 11-32 所示。对于一个玩具模型而言，这个模型的效果相当好，尽管它仍然会犯许多低级错误。

代码清单 11-32 循环翻译模型的一些结果示例

```
Who is in this room?
[start] quién está en esta habitación [end]
-
That doesn't sound too dangerous.
[start] eso no es muy difícil [end]
-
No one will stop me.
[start] nadie me va a hacer [end]
-
Tom is friendly.
[start] tom es un buen [UNK] [end]
```

有很多方法可以改进这个玩具模型。编码器和解码器可以使用多个循环层堆叠（请注意，对于解码器来说，这会使状态管理变得更加复杂），我们还可以使用 LSTM 代替 GRU，诸如此类。然而，除了这些调整，RNN 序列到序列学习方法还受到一些根本性的限制。

11

❑ 源序列表示必须完整保存在编码器状态向量中，这极大地限制了待翻译句子的长度和复杂度。这有点像一个人完全凭记忆翻译一句话，并且在翻译时只能看一次源句子。

❑ RNN 很难处理非常长的序列，因为它会逐渐忘记过去。等到处理序列中的第 100 个词元时，模型关于序列开始的信息已经几乎没有了。这意味着基于 RNN 的模型无法保存长期上下文，而这对于翻译长文档而言至关重要。

正是由于这些限制，机器学习领域才采用 Transformer 架构来解决序列到序列问题。我们来看一下。

11.5.3   使用 Transformer 进行序列到序列学习

正是序列到序列学习让 Transformer 真正大放异彩。与 RNN 相比，神经注意力使 Transformer 模型能够处理更长、更复杂的序列。

要将英语翻译成西班牙语，你不会一个单词一个单词地阅读英语句子，将其含义保存在记忆中，然后再一个单词一个单词地生成西班牙语句子。这种方法可能适用于只有 5 个单词的句子，但不太可能适用于一整个段落。相反，你可能会在源句子与正在翻译的译文之间来回切换，并在写下译文时关注源句子中的单词。

你可以利用神经注意力和 Transformer 来实现这一方法。你已经熟悉了 Transformer 编码器，对于输入序列中的每个词元，它使用自注意力来生成上下文感知的表示。在序列到序列 Transformer 中，Transformer 编码器当然承担编码器的作用，读取源序列并生成编码后的表示。但与之前的 RNN 编码器不同，Transformer 编码器会将编码后的表示保存为序列格式，即由上下文感知的嵌入向量组成的序列。

模型的后半部分是 **Transformer 解码器**。与 RNN 解码器一样，它读取目标序列中第 0 ~ *N* 个词元来尝试预测第 *N*+1 个词元。重要的是，在这样做的同时，它还使用神经注意力来找出，在编码后的源句子中，哪些词元与它目前尝试预测的目标词元最密切相关——这可能与人类译员所做的没什么不同。回想一下查询 - 键 - 值模型：在 Transformer 解码器中，目标序列即为注意力的 "查询"，指引模型密切关注源序列的不同部分（源序列同时担任键和值）。

1. Transformer 解码器

完整的序列到序列 Transformer 如图 11-14 所示。观察解码器的内部结构，你会发现它与 Transformer 编码器非常相似，只不过额外插入了一个注意力块，插入位置在作用于目标序列的自注意力块与最后的密集层块之间。

偏移一个时间步的目标序列

编码后的源序列

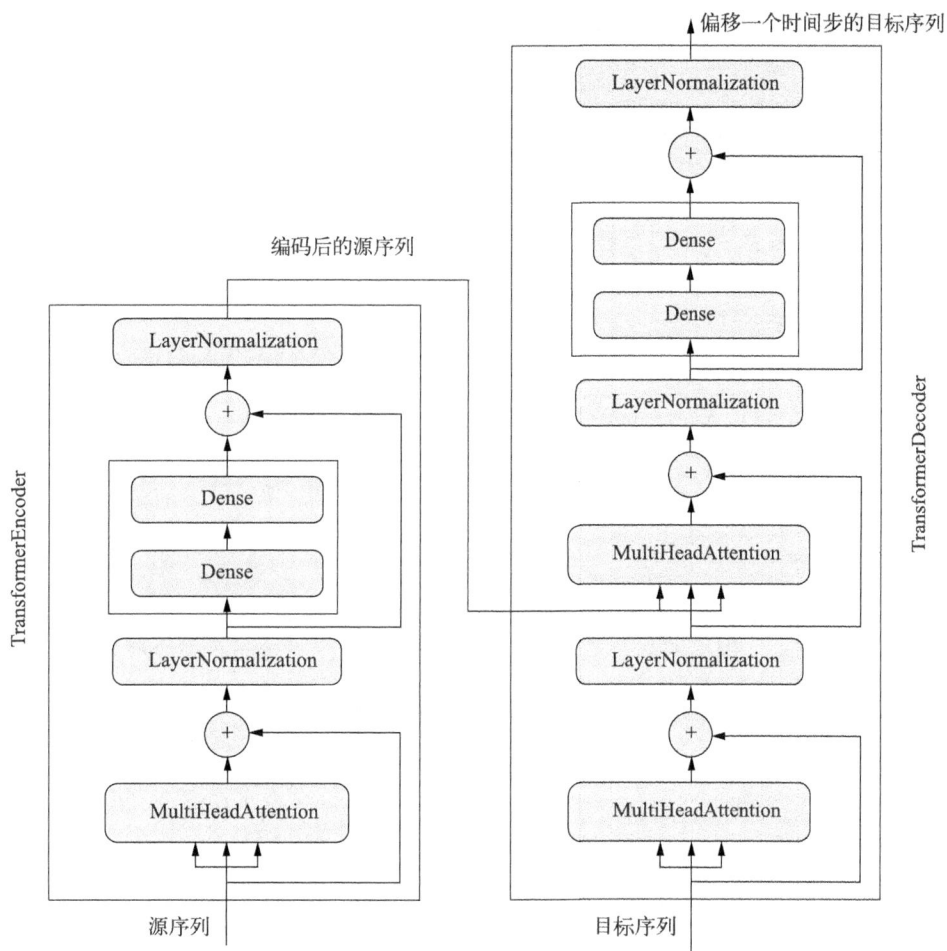

图 11-14 TransformerDecoder 与 TransformerEncoder 类似，只不过额外添加了一个
注意力块，其中的键和值是由 TransformerEncoder 编码的源序列。编码器和
解码器共同构成了端到端 Transformer

我们来实现 Transformer 解码器。与 TransformerEncoder 一样，我们需要将 Layer 子类
化。所有运算都在 call() 方法中进行，在此之前，我们先来定义类的构造函数，其中包含我
们所需要的层，如代码清单 11-33 所示。

代码清单 11-33 TransformerDecoder

```
class TransformerDecoder(layers.Layer):
    def __init__(self, embed_dim, dense_dim, num_heads, **kwargs):
        super().__init__(**kwargs)
        self.embed_dim = embed_dim
        self.dense_dim = dense_dim
        self.num_heads = num_heads
```

```
    self.attention_1 = layers.MultiHeadAttention(
        num_heads=num_heads, key_dim=embed_dim)
    self.attention_2 = layers.MultiHeadAttention(
        num_heads=num_heads, key_dim=embed_dim)
    self.dense_proj = keras.Sequential(
        [layers.Dense(dense_dim, activation="relu"),
         layers.Dense(embed_dim),]
    )
    self.layernorm_1 = layers.LayerNormalization()
    self.layernorm_2 = layers.LayerNormalization()
    self.layernorm_3 = layers.LayerNormalization()
    self.supports_masking = True                    ◁┐

def get_config(self):
    config = super().get_config()
    config.update({
        "embed_dim": self.embed_dim,
        "num_heads": self.num_heads,
        "dense_dim": self.dense_dim,
    })
    return config
```

> 这一属性可以确保该层将输入掩码传递给输出。Keras 中的掩码是可选项。如果一个层没有实现 `compute_mask()` 并且没有暴露这个 `supports_masking` 属性,那么向该层传入掩码则会报错

  `call()` 方法几乎就是对图 11-14 中连接图的简单描述。但我们还需要考虑一个细节:**因果填充**(causal padding)。因果填充对于成功训练序列到序列 Transformer 来说至关重要。RNN 查看输入的方式是每次只查看一个时间步,因此只能通过查看第 0 ~ N 个时间步来生成输出第 N 个时间步(目标序列的第 N+1 个词元)。与 RNN 不同,TransformerDecoder 是不考虑顺序的,它一次性查看整个目标序列。如果它可以读取整个输入,那么它只需学习将输入的第 N+1 个时间步复制到输出中的第 N 个位置即可。这样的模型可以达到完美的训练精度,但在推断过程中,它显然是完全没有用的,因为它无法读取大于 N 的输入时间步。

  解决方法很简单,如代码清单 11-34 所示:我们对成对注意力矩阵的上半部分进行掩码,以防止模型关注来自未来的信息,也就是说,在生成第 N+1 个目标词元时,应该仅使用目标序列中第 0 ~ N 个词元的信息。为了实现这一点,我们向 TransformerDecoder 添加 get_causal_attention_mask(self, inputs) 方法,从而得到一个注意力掩码,我们可以将其传递给 MultiHeadAttention 层。

代码清单 11-34　TransformerDecoder 中可以生成因果掩码的方法

```
def get_causal_attention_mask(self, inputs):
    input_shape = tf.shape(inputs)
    batch_size, sequence_length = input_shape[0], input_shape[1]
    i = tf.range(sequence_length)[:, tf.newaxis]
    j = tf.range(sequence_length)
    mask = tf.cast(i >= j, dtype="int32")
    mask = tf.reshape(mask, (1, input_shape[1], input_shape[1]))
    mult = tf.concat(
        [tf.expand_dims(batch_size, -1),
         tf.constant([1, 1], dtype=tf.int32)], axis=0)
    return tf.tile(mask, mult)
```

> 生成形状为 (sequence_length, sequence_length) 的矩阵,其中一半为 1,另一半为 0

> 沿着批量轴复制,得到形状为 (batch_size, sequence_length, sequence_length) 的矩阵

现在我们可以编写完整的 `call()` 方法，实现解码器的前向传播，如代码清单 11-35 所示。

代码清单 11-35 `TransformerDecoder` 的前向传播

获取因
果掩码 →

将两个掩
码合并 →

准备输入掩码（描述目标
序列的填充位置）

将因果掩码传入第一个
注意力层，该层将自注
意力作用于目标序列

将合并后的掩码传入第二个
注意力层，该层将源序列和
目标序列关联起来

```python
def call(self, inputs, encoder_outputs, mask=None):
    causal_mask = self.get_causal_attention_mask(inputs)
    if mask is not None:
        padding_mask = tf.cast(
            mask[:, tf.newaxis, :], dtype="int32")
        padding_mask = tf.minimum(padding_mask, causal_mask)
    attention_output_1 = self.attention_1(
        query=inputs,
        value=inputs,
        key=inputs,
        attention_mask=causal_mask)
    attention_output_1 = self.layernorm_1(inputs + attention_output_1)
    attention_output_2 = self.attention_2(
        query=attention_output_1,
        value=encoder_outputs,
        key=encoder_outputs,
        attention_mask=padding_mask,
    )
    attention_output_2 = self.layernorm_2(
        attention_output_1 + attention_output_2)
    proj_output = self.dense_proj(attention_output_2)
    return self.layernorm_3(attention_output_2 + proj_output)
```

2. 综合示例：用于机器翻译的 Transformer

我们要训练的模型是端到端 Transformer，如代码清单 11-36 所示。它将源序列和目标序列映射到向后偏移一个时间步的目标序列。它将我们前面构建的组件组合在一起：PositionalEmbedding 层、TransformerEncoder 和 TransformerDecoder。请注意，因为 TransformerEncoder 和 TransformerDecoder 都是不改变形状的，所以你可以堆叠很多个，从而创建更加强大的编码器或解码器。在本示例中，我们都只使用一个。

代码清单 11-36 端到端 Transformer

对源句子进行编码

```python
embed_dim = 256
dense_dim = 2048
num_heads = 8

encoder_inputs = keras.Input(shape=(None,), dtype="int64", name="english")
x = PositionalEmbedding(sequence_length, vocab_size, embed_dim)(encoder_inputs)
encoder_outputs = TransformerEncoder(embed_dim, dense_dim, num_heads)(x)

decoder_inputs = keras.Input(shape=(None,), dtype="int64", name="spanish")
x = PositionalEmbedding(sequence_length, vocab_size, embed_dim)(decoder_inputs)
x = TransformerDecoder(embed_dim, dense_dim, num_heads)(x, encoder_outputs)
x = layers.Dropout(0.5)(x)
```

对目标句子进行编码，并将其与
编码后的源句子合并

11

```
decoder_outputs = layers.Dense(vocab_size, activation="softmax")(x)
transformer = keras.Model([encoder_inputs, decoder_inputs], decoder_outputs)
```

在每个输出位置预测一个单词

　　现在我们来训练模型，如代码清单 11-37 所示。模型精度达到了 67%，比基于 GRU 的模型高了不少。

代码清单 11-37　训练序列到序列 Transformer

```
transformer.compile(
    optimizer="rmsprop",
    loss="sparse_categorical_crossentropy",
    metrics=["accuracy"])
transformer.fit(train_ds, epochs=30, validation_data=val_ds)
```

　　最后，我们尝试用这个模型来翻译测试集中前所未见的英语句子。方法与序列到序列 RNN 模型相同，如代码清单 11-38 所示。

代码清单 11-38　利用 Transformer 模型来翻译新句子

```
import numpy as np
spa_vocab = target_vectorization.get_vocabulary()
spa_index_lookup = dict(zip(range(len(spa_vocab)), spa_vocab))
max_decoded_sentence_length = 20

def decode_sequence(input_sentence):
    tokenized_input_sentence = source_vectorization([input_sentence])
    decoded_sentence = "[start]"
    for i in range(max_decoded_sentence_length):
        tokenized_target_sentence = target_vectorization(
            [decoded_sentence])[:, :-1]
        predictions = transformer(
            [tokenized_input_sentence, tokenized_target_sentence])
        sampled_token_index = np.argmax(predictions[0, i, :])
        sampled_token = spa_index_lookup[sampled_token_index]
        decoded_sentence += " " + sampled_token
        if sampled_token == "[end]":
            break
    return decoded_sentence

test_eng_texts = [pair[0] for pair in test_pairs]
for _ in range(20):
    input_sentence = random.choice(test_eng_texts)
    print("-")
    print(input_sentence)
    print(decode_sequence(input_sentence))
```

对下一个词元进行采样

将预测的下一个词元转换为字符串，并添加到生成的句子中

退出条件

　　主观上看，Transformer 的表现似乎明显好于基于 GRU 的翻译模型，如代码清单 11-39 所示。它仍然只是一个玩具模型，却是一个更好的玩具模型。

代码清单 11-39 Transformer 翻译模型的一些样本结果

```
This is a song I learned when I was a kid.
[start] esta es una canción que aprendí cuando era chico [end]
-
She can play the piano.
[start] ella puede tocar piano [end]
-
I'm not who you think I am.
[start] no soy la persona que tú creo que soy [end]
-
It may have rained a little last night.
[start] puede que llueve un poco el pasado [end]
```

> 虽然源句子没有性别之分，但译文假定说话的人是男性。请记住，翻译模型经常会对输入数据做出无根据的假设，这会导致算法偏差。在最坏的情况下，模型可能会产生"幻觉"，记忆中的信息与当前处理的数据毫无关系

本章关于自然语言处理的内容到此结束。你从最基础的知识一直学到一个功能完备的 Transformer，它可以将英语翻译成西班牙语。现在，你拥有了教机器理解语言这项最新的超能力。

11.6 本章总结

- 自然语言处理（NLP）模型有两类：一类是**词袋模型**，它可以处理一组单词或 N 元语法，而不考虑其顺序；另一类是考虑词序的**序列模型**。词袋模型由多个 Dense 层组成，而序列模型可以是 RNN、一维卷积神经网络或 Transformer。
- 对于文本分类，训练数据中的样本数和每个样本的平均词数之间的比例，有助于判断应该使用词袋模型还是序列模型。
- **词嵌入**是向量空间，其中单词之间的语义关系被表示为这些词向量之间的距离关系。
- **序列到序列**学习是一种通用且强大的学习框架，可用于解决许多 NLP 问题，包括机器翻译。序列到序列模型由编码器和解码器组成，前者处理源序列，后者利用编码器处理后的源序列，并通过查看过去的词元来尝试预测目标序列后面的词元。
- **神经注意力**可以生成上下文感知的词表示。它是 Transformer 架构的基础。
- Transformer 架构由 `TransformerEncoder` 和 `TransformerDecoder` 组成，它在序列到序列的任务上可以得到很好的结果。前半部分（`TransformerEncoder`）也可用于文本分类任务或任意类型的单一输入 NLP 任务。

11

生成式深度学习

本章包括以下内容：
- ❑ 文本生成
- ❑ DeepDream
- ❑ 神经风格迁移
- ❑ 变分自编码器
- ❑ 生成式对抗网络

人工智能模拟人类思维过程的可能性，不仅局限于被动性任务（比如目标识别）和大多数反应性任务（比如驾驶汽车），还包括创造性活动。我曾经宣称，在不远的未来，对于我们所消费的大部分文化内容，其创造过程将得到人工智能的大量帮助。我第一次提出这一说法是在2014 年，当时人们完全不相信我，即使是长期从事机器学习的人也不相信。几年过后，质疑声就以惊人的速度减弱了。2015 年夏天，我们见识了谷歌的 DeepDream 算法，它能够将一张图片转换为狗眼睛和错觉式伪影混合而成的迷幻图案。2016 年，我们开始使用智能手机 App 将照片转换为各种风格的绘画。2016 年夏天，实验性短片 *Sunspring* 发布，它的剧本是由 LSTM 算法写出来的。最近你可能听过神经网络生成的实验性音乐。

的确，到目前为止，我们见到的人工智能艺术作品的质量还很低。人工智能还远远无法媲美人类编剧、画家和作曲家。但是，替代人类始终都不是我们要谈论的重点，人工智能并不是要替代我们人类的智能，而是要为我们的生活和工作带来**更多智能**，即另一种类型的智能。在许多领域，特别是创新领域，人类可以使用人工智能作为增强自身能力的工具，**实现比人工智能还要强大的智能**。

艺术创作的很大一部分涉及简单的模式识别和专业技能。这正是许多人认为没有吸引力，甚至可有可无的那部分。不过，这也正是人工智能的用武之地。我们的感知模式、语言和艺术作品都具有统计结构。学习这种结构正是深度学习算法所擅长的。机器学习模型能够学习图像、音乐和故事的统计**潜在空间**，然后从这个空间中进行**采样**，创造出与模型在训练数据中所见到的艺术作品具有相似特征的新作品。当然，这种采样本身很难说是一种艺术创作行为，它只是一种数学运算。算法并没有关于人类生活、人类情感或人生经验的知识，相反，它从一种与我们的经验完全不同的经验中进行学习。作为人类观众，只有我们的解释才能对模型生成的内容赋予意义。但在技艺高超的艺术家手中,算法生成可以变得很有意义,并且很美。潜在空间采样会变成一支画笔,提高艺术家的能力,增强创造力,并且拓展我们的想象空间。更重要的是,它不需要专业技能和练习,从而让艺术创作变得更加简单。它创造了一种纯粹表达的新媒介,将艺术与技巧分离。

Iannis Xenakis 是电子音乐和算法音乐领域的一位富有远见的先驱。在 20 世纪 60 年代,对于将自动化技术应用于音乐创作,他完美地表达了与上面相同的观点[①]:

> 作曲家从烦琐的计算中解脱出来,从而能够专注于解决新音乐形式所带来的一般性问题,并在修改输入数据的同时探索这种形式的鲜为人知之处。举例来说,他可以测试所有的乐器组合,从独奏到室内管弦乐队再到大型管弦乐队。在电子计算机的帮助下,作曲家变成了飞行员:他按下按钮,输入坐标,监控宇宙飞船在声音的空间中航行,飞船穿越声波的星座和星系。这是以前只能在遥不可及的梦中出现的场景。

本章将从各个角度探索深度学习在增强艺术创作方面的可能性。我们将介绍序列数据生成(可用于生成文本或音乐)、DeepDream 以及使用变分自编码器和生成式对抗网络进行图像生成。我们会让计算机凭空创造出前所未见的内容,可能也会让你梦见科技与艺术交汇处的奇妙可能。让我们开始吧。

12.1 文本生成

本节将介绍如何利用 RNN 来生成序列数据。我们将以文本生成为例,但同样的技术也可以推广到任意类型的序列数据,你既可以将其应用于音符序列来生成新音乐,也可以应用于笔画数据时间序列(比如艺术家在 iPad 上绘画时记录的笔画数据)来一笔一笔地生成绘画,诸如此类。

序列数据生成绝不仅限于艺术内容生成。它已经成功应用于语音合成和聊天机器人的对话生成。谷歌在 2016 年发布了 Smart Reply(智能回复)功能,它能够对电子邮件或短信自动生成一组快速回复,使用的也是类似的技术。

12.1.1 生成式深度学习用于序列生成的简史

在 2014 年末,很少人知道 LSTM 这一缩写词,即使在机器学习领域也是如此。用循环网络生成序列数据的成功应用直到 2016 年才开始出现在主流领域。但是,这些技术都有着相当长的历史,最早的是 1997 年开发的 LSTM 算法(参见第 10 章),这一算法早期用于逐个字符生成文本。

2002 年,当时在瑞士 Schmidhuber 实验室工作的 Douglas Eck 首次将 LSTM 应用于音乐生成,并得到了令人满意的结果。Eck 现在是谷歌大脑(Google Brain)的研究人员,2016 年他在那里创建了一个名为 Magenta 的新研究小组,重点研究将现代深度学习技术用于制作迷人的音乐。有时,好的想法需要 15 年才能变成现实。

12

---

① Iannis Xenakis. Musiques formelles: nouveaux principes formels de composition musicale. Special Issue of La Revue Musicale, 1963, nos. 253-254.

在 20 世纪末和 21 世纪初，Alex Graves 在利用循环网络生成序列数据方面做了重要的开创性工作，特别是他在 2013 年的工作，利用笔尖位置的时间序列将循环混合密度网络用于生成类似人类的手写笔迹，有人认为这是一个转折点[①]。神经网络的这个特定应用在那个特定时刻，用**能够做梦的机器**这一概念适时地引起了我的兴趣，并且在我开始开发 Keras 时为我提供了重要的灵感。Graves 在 2013 年上传到预印本服务器 arXiv 上的 LaTeX 文件中留下了一条类似的注释性评论："生成序列数据是计算机所做的最接近于做梦的事情。"数年过后，我们将这些进展视为理所当然，但在当时，看到 Graves 的演示，很难不为其中所蕴含的可能性所震撼。2015 年 ~ 2017 年，RNN 已成功应用于文本和对话生成、音乐生成和语音合成。

然后在 2017 年 ~ 2018 年，Transformer 架构开始取代 RNN，它不仅可用于有监督的 NLP 任务，还可用于生成式序列模型，特别是**语言模型**（单词级文本生成）。生成式 Transformer 最有名的例子应该是 GPT-3，它是一个包含 1750 亿个参数的文本生成模型，由初创公司 OpenAI 在一个大得惊人的文本语料库上训练得到。该语料库包含大部分数字图书、维基百科和对整个互联网进行爬取的大部分内容。GPT-3 在 2020 年登上新闻头条，因为它能够在几乎所有话题上生成看似合理的文本段落，这种能力引发了短暂的炒作热潮，堪比最火热的人工智能夏天。

12.1.2 如何生成序列数据

用深度学习生成序列数据的通用方法，就是利用前面的词元作为输入，训练模型（通常是 Transformer 或 RNN）来预测序列中接下来的一个或多个词元。例如，给定输入 "the cat is on the"，训练模型来预测目标 "mat"，即下一个单词。与前面处理文本数据一样，词元通常是单词或字符。给定前面的词元，能够对下一个词元的概率进行建模的任何神经网络都叫作**语言模型**（language model）。语言模型能够捕捉到语言的**潜在空间**，即语言的统计结构。

训练好这样的语言模型之后，你可以从中进行**采样**（sample，即生成新序列）。你可以向模型输入一个初始文本字符串［叫作**条件数据**（conditioning data）］，让模型生成下一个字符或下一个单词（甚至可以一次性生成多个词元），然后将生成的输出添加到输入数据中，并多次重复这一过程，如图 12-1 所示。这个循环过程可以生成任意长度的序列，这些序列反映了模型训练数据的结构，它们与人类写出的句子**几乎相同**。

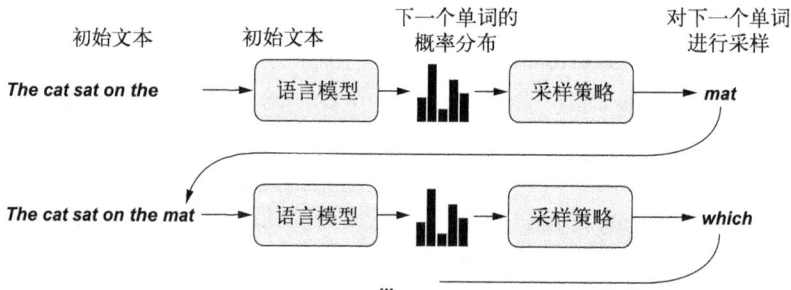

图 12-1   使用语言模型逐个单词生成文本的过程

[①] Alex Graves. Generating Sequences With Recurrent Neural Networks. arXiv, 2013.

12.1.3 采样策略的重要性

生成文本时，如何选择下一个词元是非常重要的。一种简单的方法是**贪婪采样**（greedy sampling），就是始终选择可能性最大的下一个字符。但这种方法会得到重复、可预测的字符串，看起来不像是连贯的语言。一种更有趣的方法是做出稍显意外的选择：在采样过程中引入随机性，从下一个字符的概率分布中进行采样。这叫作**随机采样**（stochastic sampling，你应该还记得，stochasticity 在这个领域是"随机"的意思）。在这种情况下，根据模型结果，如果下一个单词是某个单词的概率为 0.3，那么你会有 30% 的概率选择它。请注意，贪婪采样也可看作从概率分布中进行采样，即某个单词的概率为 1，其他所有单词的概率都是 0。

从模型的 softmax 输出中进行概率采样是一种很巧妙的方法，它甚至可以在某些时候采样到不常见的单词，从而生成看起来更加有趣的句子，而且有时会生成训练数据中没有、看起来像是真实存在的新句子，从而展现创造性。但这种策略有一个问题：它在采样过程中无法**控制随机性的大小**。

为什么要控制随机性的大小？考虑一种极端情况——纯随机采样，即从均匀概率分布中抽取下一个单词，每个单词的概率相等。这种方法具有最大的随机性，换句话说，这种概率分布具有最大的熵。自然，它不会生成任何有趣的内容。再来看另一种极端情况——贪婪采样，它也不会生成任何有趣的内容。它也没有任何随机性，相应的概率分布具有最小的熵。从"真实"概率分布（模型 softmax 函数输出的分布）中进行采样，是这两种极端之间的一个中间点。但是，还有许多其他中间点具有更大或更小的熵，你可能都想研究一番。更小的熵可以让生成序列具有可预测性更强的结构（从而可能看起来更加真实），而更大的熵则会得到更加出人意料、更有创造性的序列。从生成式模型中进行采样时，在生成过程中探索不同的随机性大小总是不错的做法。我们人类最终来判断生成数据是否有趣，所以有趣是非常主观的，我们无法提前知道最佳熵是多大。

为了控制采样过程中的随机性大小，我们引入一个叫作 **softmax 温度**（softmax temperature）的参数，表示用于采样的概率分布的熵，即所选择的下一个单词有多么出人意料或多么可预测。给定一个 `temperature` 值，我们将按照下列方法对原始概率分布（模型的 softmax 输出）进行重新加权，计算出一个新的概率分布，如代码清单 12-1 所示。

代码清单 12-1 对于不同的 softmax 温度，对概率分布进行重新加权

> `original_distribution` 是由概率值组成的一维 NumPy 数组，这些概率值之和必须等于 1。`temperature` 是一个因子，用于定量描述输出分布的熵

```python
import numpy as np
def reweight_distribution(original_distribution, temperature=0.5):
    distribution = np.log(original_distribution) / temperature
    distribution = np.exp(distribution)
    return distribution / np.sum(distribution)
```

> 返回原始分布重新加权后的结果。`distribution` 的和可能不再等于 1，因此需要将它除以和，以得到新的分布

更高的温度得到的是熵更大的采样分布，会生成更加出人意料、结构性更弱的数据；而更低的温度则对应更小的随机性，以及可预测性更强的生成数据，如图 12-2 所示。

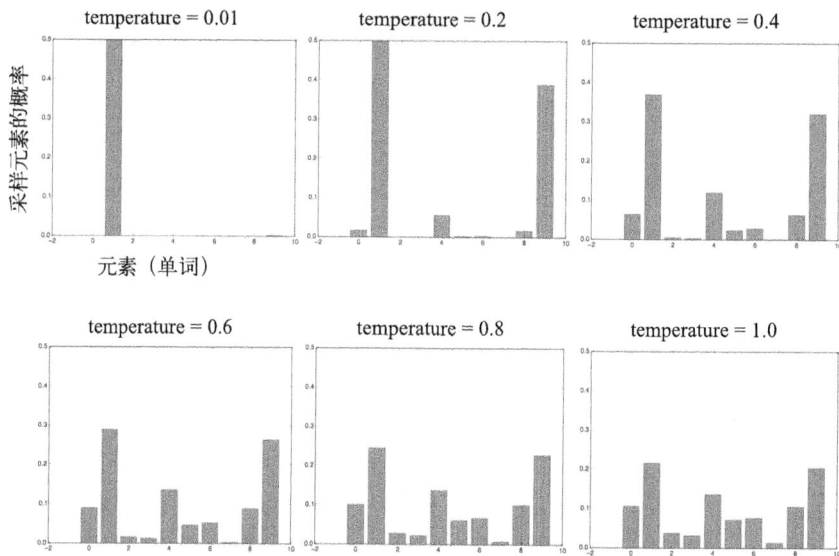

图 12-2   对同一个概率分布进行不同的重新加权。更低的温度表示更确定，更高的温度表示随机性更强

12.1.4   用 Keras 实现文本生成

下面我们用 Keras 来实现上述想法。首先需要大量文本数据，你可以利用这些数据学习一个语言模型。你可以使用任意足够大的一个或多个文本文件，如维基百科、《指环王》等。

本例将继续使用第 11 章的 IMDB 影评数据集，并学习生成前所未见的影评。也就是说，我们的语言模型是针对这些影评的风格和主题的模型，而不是关于英语语言的通用模型。

1. 准备数据

我们已经在第 11 章中下载了 IMDB 影评数据集。现在将数据集解压，如代码清单 12-2 所示。

代码清单 12-2   将 IMDB 影评数据集解压

```
!tar -xf aclImdb_v1.tar.gz
```

你已经熟悉了数据的结构：一个名为 aclImdb 的文件夹，其中包含两个子文件夹，一个保存负面情绪的影评，另一个保存正面情绪的影评。每条影评都是一个文本文件。我们调用 text_dataset_from_directory() 并设置 label_mode=None，创建一个数据集，从这些文件中读取并生成每个文件的文本内容，如代码清单 12-3 所示。

代码清单 12-3　利用文本文件创建数据集（一个文件即一个样本）

```
import tensorflow as tf
from tensorflow import keras
dataset = keras.utils.text_dataset_from_directory(
    directory="aclImdb", label_mode=None, batch_size=256)
dataset = dataset.map(lambda x: tf.strings.regex_replace(x, "<br />", " "))
```

删除许多评论中都有的 HTML 标签 `<br />`。
它对文本分类来说无关紧要，但在本例中，
我们不希望生成 `<br />` 标签

接下来，我们使用 TextVectorization 层计算词表，如代码清单 12-4 所示。我们只使用每条评论中的前 sequence_length 个单词，TextVectorization 层在对文本进行向量化时，将截断超过这个长度的内容。

代码清单 12-4　准备 TextVectorization 层

```
from tensorflow.keras.layers import TextVectorization

sequence_length = 100
vocab_size = 15000
text_vectorization = TextVectorization(
    max_tokens=vocab_size,
    output_mode="int",
    output_sequence_length=sequence_length,
)
text_vectorization.adapt(dataset)
```

我们只考虑前 15 000 个最常见的单词，
其他单词都被视为未登录词元 `"[UNK]"`

我们希望返回的是单词
整数索引的序列

我们处理的是长度为 100 的输入和目标
（但由于目标偏移了 1，因此模型实际上
读取的是长度为 99 的序列）

我们使用该层来创建一个语言模型数据集，如代码清单 12-5 所示，其中输入样本是向量化文本，对应的目标是偏移了一个单词的相同文本。

代码清单 12-5　创建语言模型数据集

将文本（字符串）批量
转换为整数序列批量

```
def prepare_lm_dataset(text_batch):
    vectorized_sequences = text_vectorization(text_batch)
    x = vectorized_sequences[:, :-1]
    y = vectorized_sequences[:, 1:]
    return x, y

lm_dataset = dataset.map(prepare_lm_dataset, num_parallel_calls=4)
```

通过删掉序列中的最后
一个单词来创建输入

通过将序列偏移 1 个单词来创建目标

2. 基于 Transformer 的序列到序列模型

给定一些初始单词，我们将训练模型来预测句子下一个单词的概率分布。模型训练完成后，我们首先给它一个提示词，对下一个单词进行采样，并将这个单词添加到提示词中，然后不断重复这一过程，直到生成一个简短的段落。

就像第 10 章中的温度预测任务那样，我们可以训练一个模型，以 N 个单词的序列作为输入，并预测第 N+1 个单词。然而，对于序列生成来说，这种方法有以下几个问题。

首先，模型只能在已有 N 个单词时学习生成预测，但如果在少于 N 个单词的情况下就能开始预测，那会很有用。否则，我们将受限于只能使用相对较长的提示词（这里 N=100）。第 10 章并没有这种需求。

其次，许多训练序列在很大程度上是彼此重合的。比如对于 N=4，使用文本 "A complete sentence must have, at minimum, three things: a subject, verb, and an object"（一个完整的句子必须至少有三部分：主语、动词和宾语）可以生成以下训练序列：

- ❏ "A complete sentence must"
- ❏ "complete sentence must have"
- ❏ "sentence must have at"
- ❏ 一直到 "verb and an object"

模型如果将这些序列都看作独立样本，那么将需要做大量冗余工作，对之前见过的子序列进行多次重新编码。在第 10 章中，这并不是什么问题，因为首先，我们的训练样本并不多；其次，我们需要为密集模型和卷积模型建立基准，对于这些模型而言，每次重新编码是唯一的选择。为解决这一冗余问题，我们可以尝试使用**步幅**来对序列进行采样，即在两个连续样本之间跳过几个单词。但这样做只能部分解决问题，而且还会减少训练样本数量。

为了解决上述两个问题，我们将使用**序列到序列模型**：将 N 个单词的序列（索引从 0 到 N）输入模型，并预测偏移 1 个单词后的序列（索引从 1 到 N+1）。我们将使用因果掩码，以确保对于任意 i，模型都只使用第 0 ~ i 个单词来预测第 i+1 个单词。这意味着我们训练模型来同时解决 N 个问题，这 N 个问题在很大程度上彼此重叠但又各不相同：给定前面索引 1<=i<=N 的单词序列，预测下一个单词，如图 12-3 所示。在生成阶段，即使只给模型一个提示词，它也能够给出后续单词的概率分布。

预测下一个单词　　the cat sat on the　→ **mat**

the　→ **cat sat on the mat**
the cat　→ **sat on the mat**
序列到序列模型　　the cat sat　→ **on the mat**
the cat sat on　→ **the mat**
the cat sat on the　→ **mat**

图 12-3　与普通的预测下一个单词相比，序列到序列模型同时对多个预测问题进行优化

请注意，我们在第 10 章的温度预测问题上也可以使用类似的序列到序列方法：给定 120 个数据点的序列（每小时 1 个数据点），学习生成 120 个温度的序列，均向后偏移 24 小时。这样一来，你不仅解决了最初的问题，还解决了 119 个相关问题，即给定前面 1<=i<120 个每小时

数据点，预测 24 小时后的温度。如果你尝试用序列到序列方法重新训练第 10 章的 RNN，你会得到类似但稍差的结果，因为用同一个模型要额外解决 119 个相关问题，这项约束会稍微影响我们真正关心的任务。

第 11 章介绍过通用的序列到序列学习：将源序列输入编码器，然后将编码后的序列与目标序列输入解码器，解码器会尝试预测偏移一个时间步的相同目标序列。进行文本生成时，没有源序列，你只是在给定前面词元的情况下尝试预测目标序列的下一个词元，可以只使用解码器来完成。由于使用了因果填充，解码器将仅通过查看第 0 ~ N 个单词来预测第 N+1 个单词。

我们来实现模型，如代码清单 12-6 所示。我们将复用第 11 章创建的组件：Positional-Embedding 和 TransformerDecoder。

代码清单 12-6　基于 Transformer 的简单语言模型

```
from tensorflow.keras import layers
embed_dim = 256
latent_dim = 2048
num_heads = 2
```

对词表中的所有单词做 softmax 运算，对每个输出序列时间步都进行计算

```
inputs = keras.Input(shape=(None,), dtype="int64")
x = PositionalEmbedding(sequence_length, vocab_size, embed_dim)(inputs)
x = TransformerDecoder(embed_dim, latent_dim, num_heads)(x, x)
outputs = layers.Dense(vocab_size, activation="softmax")(x)
model = keras.Model(inputs, outputs)
model.compile(loss="sparse_categorical_crossentropy", optimizer="rmsprop")
```

12.1.5　带有可变温度采样的文本生成回调函数

利用回调函数，我们可以在每轮之后使用一系列不同的温度来生成文本，如代码清单 12-7 所示。你可以看到随着模型开始收敛，生成文本如何演变，还可以看到温度对采样策略的影响。我们将使用提示词 "this movie"（这部电影）作为文本生成的种子，也就是说，所有生成文本都将以此开头。

代码清单 12-7　文本生成回调函数

```
import numpy as np

tokens_index = dict(enumerate(text_vectorization.get_vocabulary()))

def sample_next(predictions, temperature=1.0):
    predictions = np.asarray(predictions).astype("float64")
    predictions = np.log(predictions) / temperature
    exp_preds = np.exp(predictions)
    predictions = exp_preds / np.sum(exp_preds)
    probas = np.random.multinomial(1, predictions, 1)
    return np.argmax(probas)
```

一个字典，将单词索引映射为字符串，可用于文本解码

从概率分布进行采样，温度可变

```
class TextGenerator(keras.callbacks.Callback):
    def __init__(self,
                 prompt,
                 generate_length,
                 model_input_length,
                 temperatures=(1.,),
                 print_freq=1):
        self.prompt = prompt
        self.generate_length = generate_length
        self.model_input_length = model_input_length
        self.temperatures = temperatures
        self.print_freq = print_freq

    def on_epoch_end(self, epoch, logs=None):
        if (epoch + 1) % self.print_freq != 0:
            return
        for temperature in self.temperatures:
            print("== Generating with temperature", temperature)
            sentence = self.prompt
            for i in range(self.generate_length):
                tokenized_sentence = text_vectorization([sentence])
                predictions = self.model(tokenized_sentence)
                next_token = sample_next(predictions[0, i, :])
                sampled_token = tokens_index[next_token]
                sentence += " " + sampled_token
            print(sentence)

prompt = "This movie"
text_gen_callback = TextGenerator(
    prompt,
    generate_length=50,
    model_input_length=sequence_length,
    temperatures=(0.2, 0.5, 0.7, 1., 1.5))
```

提示词，作为文本生成的种子

要生成多少个单词

用于采样的温度值

生成文本时，初始文本为提示词

将当前序列输入模型

将这个新词添加到当前序列中，并重复上述过程

获取最后一个时间步的预测结果，并利用它来采样一个新词

使用不同温度值对文本进行采样，以展示温度对文本生成的影响

下面来拟合这个模型，如代码清单 12-8 所示。

代码清单 12-8   拟合语言模型

```
model.fit(lm_dataset, epochs=200, callbacks=[text_gen_callback])
```

训练 200 轮之后生成的一些精选示例如下所示。请注意，因为词表中不包含标点，所以我们生成的文本中也没有任何标点。

❏ temperature=0.2 时，生成文本示例如下。

■ "this movie is a [UNK] of the original movie and the first half hour of the movie is pretty good but it is a very good movie it is a good movie for the time period"

■ "this movie is a [UNK] of the movie it is a movie that is so bad that it is a [UNK] movie it is a movie that is so bad that it makes you laugh and cry at the same time it is not a movie i dont think ive ever seen"

❑ temperature=0.5 时，生成文本示例如下。

- "this movie is a [UNK] of the best genre movies of all time and it is not a good movie it is the only good thing about this movie i have seen it for the first time and i still remember it being a [UNK] movie i saw a lot of years"
- "this movie is a waste of time and money i have to say that this movie was a complete waste of time i was surprised to see that the movie was made up of a good movie and the movie was not very good but it was a waste of time and"

❑ temperature=0.7 时，生成文本示例如下。

- "this movie is fun to watch and it is really funny to watch all the characters are extremely hilarious also the cat is a bit like a [UNK] [UNK] and a hat [UNK] the rules of the movie can be told in another scene saves it from being in the back of"
- "this movie is about [UNK] and a couple of young people up on a small boat in the middle of nowhere one might find themselves being exposed to a [UNK] dentist they are killed by [UNK] i was a huge fan of the book and i havent seen the original so it"

❑ temperature=1.0 时，生成文本示例如下。

- "this movie was entertaining i felt the plot line was loud and touching but on a whole watch a stark contrast to the artistic of the original we watched the original version of england however whereas arc was a bit of a little too ordinary the [UNK] were the present parent [UNK]"
- "this movie was a masterpiece away from the storyline but this movie was simply exciting and frustrating it really entertains friends like this the actors in this movie try to go straight from the sub thats image and they make it a really good tv show"

❑ temperature=1.5 时，生成文本示例如下。

- "this movie was possibly the worst film about that 80 women its as weird insightful actors like barker movies but in great buddies yes no decorated shield even [UNK] land dinosaur ralph ian was must make a play happened falls after miscast [UNK] bach not really not wrestlemania seriously sam didnt exist"
- "this movie could be so unbelievably lucas himself bringing our country wildly funny things has is for the garish serious and strong performances colin writing more detailed dominated but before and that images gears burning the plate patriotism we you expected dyan bosses devotion to must do your own duty and another"

可以看到，采用较低的温度值会得到非常无聊和重复的文本，有时会导致生成过程陷入循环。随着温度升高，生成的文本变得更加有趣、更加出人意料，甚至更有创造性。对于很高的温度值，局部结构开始瓦解，输出看起来基本上是随机的。在本例中，好的生成温度似乎在 0.7 左右。一定要尝试多种采样策略！在学到的结构和随机性之间找到巧妙的平衡，能够让生成序列变得更有趣。

12

请注意，利用更多的数据训练一个更大的模型，并且训练时间更长，生成的样本会比上面的结果看起来更加连贯、更加真实——GPT-3 等模型的输出就是很好的例子，可以展示语言模型能够做什么（GPT-3 实际上和本例中训练的模型是一样的，只不过堆叠了多个 Transformer 解码器，而且还有更大的训练语料库）。但是，不要期待模型能够生成任何有意义的文本，除非是很偶然的情况并且你加上了自己的解释。你所做的只是从一个统计模型中采样数据，这个模型表示的是哪些单词出现在哪些单词之后。语言模型只有形式，没有实质内容。

自然语言有很多用途：它是一种交流渠道，一种对世界采取行动的方式，一种社交润滑剂，一种表达、存储和检索自己思想的方式……语言的这些用途是其意义的来源。一个深度学习"语言模型"，尽管叫这个名字，但实际上并不具有语言的这些基本特征。它不能交流（没有什么可交流的内容，也没有人可以交流），不能对世界采取行动（没有行为体，也没有意图），不能社交，也没有任何思想要用语言来表达。语言是大脑的操作系统。因此，要让语言变得有意义，需要有大脑来使用它。

语言模型的作用是捕捉我们在生活中使用语言时生成的可观察人工制品（如书籍、在线影评、推文）的统计结构。这些人工制品具有统计结构这一事实，是人类语言实现方式的副作用。我们来看一个思想实验：如果人类语言能够更好地压缩通信，就像大多数计算机数字通信所做的那样，那么会发生什么？语言的意义不会减小，仍然可以实现它的诸多目的，但不会具有任何内在的统计结构，所以不可能像刚才那样构建一个语言模型。

12.1.6　小结

- 你可以生成离散的序列数据，方法是：给定前面的词元，训练模型来预测接下来的一个或多个词元。
- 对于文本来说，这种模型叫作**语言模型**。它既可以是单词级的，也可以是字符级的。
- 对下一个词元进行采样，需要在坚持模型判断与引入随机性之间找到平衡。
- 处理这个问题的一种方法是使用 softmax 温度。一定要尝试多个温度值，以找到正确的那一个。

12.2　DeepDream

DeepDream 是一种艺术性的图像修改技术，它使用了卷积神经网络学到的表示。DeepDream 由谷歌于 2015 年夏天首次发布，利用 Caffe 深度学习库编写实现（比 TensorFlow 首次公开发布还要早几个月）[1]。它很快在互联网上引起了轰动，这要归功于它所生成的迷幻图片（示例可参见图12-4），图片中充满了算法生成的错觉式伪影、鸟的羽毛和狗的眼睛。这是 DeepDream 卷积神经网络在 ImageNet 上训练的副作用，因为 ImageNet 中狗和鸟的样本占了很大比例。

---

[1] Alexander Mordvintsev, Christopher Olah, Mike Tyka. DeepDream: A Code Example for Visualizing Neural Networks. Google Research Blog, 2015.

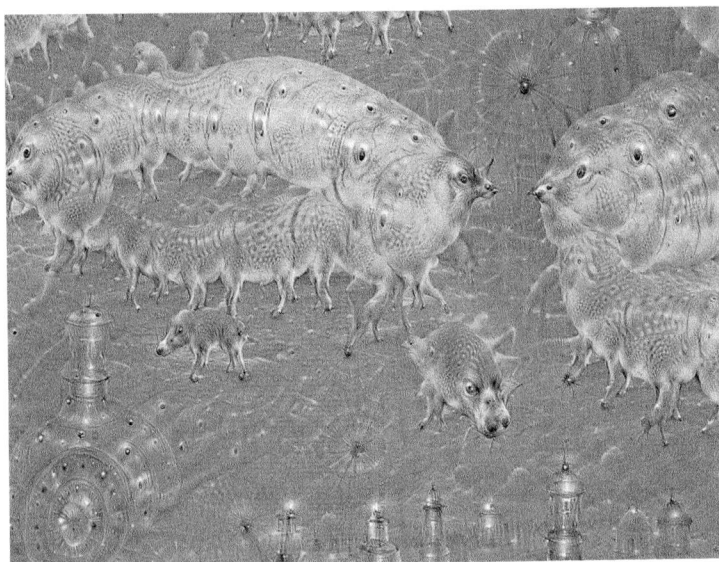

图 12-4　DeepDream 输出图像示例（见彩插）

　　DeepDream 算法与第 9 章介绍的卷积神经网络滤波器可视化技术几乎相同，二者都是反向运行卷积神经网络：对卷积神经网络的输入做梯度上升，以便将卷积神经网络靠近顶部某一层的某个滤波器的激活值最大化。DeepDream 的原理与之相似，但有以下几点简单的区别。

　　❑ 使用 DeepDream，我们尝试将整个层的激活值最大化，而不是将某个滤波器的激活值最大化，因此需要将大量特征的可视化内容混合在一起。

　　❑ 不是从空白、略带噪声的输入开始，而是从一张现有图像开始，因此所产生的效果能够抓住已经存在的视觉模式，并以某种艺术方式将图像元素扭曲。

　　❑ 输入图像是在不同的尺度［叫作八度（octave）］上进行处理的，这可以提高可视化质量。

我们来生成一些 DeepDream 图像。

12.2.1　用 Keras 实现 DeepDream

　　我们首先获取一张用于 DeepDream 的测试图像。我们使用美国北加州冬季崎岖海岸的景色，如代码清单 12-9 和图 12-5 所示。

代码清单 12-9　获取测试图像

```
from tensorflow import keras
import matplotlib.pyplot as plt

base_image_path = keras.utils.get_file(
    "coast.jpg", origin="https://img-datasets.s3.amazonaws.com/coast.jpg")

plt.axis("off")
plt.imshow(keras.utils.load_img(base_image_path))
```

图 12-5　测试图像（见彩插）

接下来，我们要使用预训练卷积神经网络。Keras 中有许多这样的卷积神经网络，如 VGG16、VGG19、Xception、ResNet50 等，它们的权重都是在 ImageNet 上预训练得到的。你可以用任意一个来实现 DeepDream，但你选择的基模型会影响可视化效果，因为不同的模型架构会学到不同的特征。在最初发布的 DeepDream 中，使用的卷积神经网络是 Inception 模型。在实践中，人们已经知道 Inception 能够生成漂亮的 DeepDream 图像，所以我们将使用 Keras 内置的 Inception V3 模型，如代码清单 12-10 所示。

代码清单 12-10　将预训练的 InceptionV3 模型实例化

```
from tensorflow.keras.applications import inception_v3
model = inception_v3.InceptionV3(weights="imagenet", include_top=False)
```

我们使用预训练卷积神经网络来创建一个特征提取器模型，返回各中间层的激活值，如代码清单 12-11 所示。对于每一层，我们选定一个标量值，用于加权该层对损失的贡献，我们试图在梯度上升过程中将这个损失最大化。如果你想获得层名称的完整列表，以选择要处理哪些层，只需使用 model.summary()。

代码清单 12-11　设置每一层对 DeepDream 损失的贡献大小

```
layer_settings = {              ← 我们试图将这些层的激活值最大化。这里给
    "mixed4": 1.0,                出了这些层在总损失中所占的权重，你可以
    "mixed5": 1.5,                通过调整这些值来得到新的视觉效果
    "mixed6": 2.0,
    "mixed7": 2.5,              ← 每一层的符号化
}                                 输出
outputs_dict = dict(          ←
    [
        (layer.name, layer.output)
        for layer in [model.get_layer(name)
```

```
                              for name in layer_settings.keys()]
            ]
        )
        feature_extractor = keras.Model(inputs=model.inputs, outputs=outputs_dict)
```

这个模型返回每个目标层的激活值，返回格式为字典

接下来，我们要计算**损失**，即在每个处理尺度的梯度上升过程中需要最大化的量，如代码清单 12-12 所示。在第 9 章的滤波器可视化示例中，我们试图将某一层某个滤波器的值最大化。这里，我们要将多个层的全部滤波器激活值同时最大化。具体来说，就是对一组靠近顶部的层的激活值的 L2 范数进行加权求和，然后将其最大化。选择哪些层（以及它们对最终损失的贡献大小），对生成的可视化效果有很大影响，所以我们希望让这些参数易于配置。更靠近底部的层生成的是几何图案，而更靠近顶部的层生成的则是从中能看出某些 ImageNet 类别（比如鸟或狗）的图案。我们将随意选择 4 层，但后续你可以探索不同的配置。

代码清单 12-12　DeepDream 损失

```
    def compute_loss(input_image):
        features = feature_extractor(input_image)
        loss = tf.zeros(shape=())
        for name in features.keys():
            coeff = layer_settings[name]
            activation = features[name]
            loss += coeff * tf.reduce_mean(tf.square(activation[:, 2:-2, 2:-2, :]))
        return loss
```

提取激活值
将损失初始值设为 0

为避免出现边界伪影，损失中只包含非边界像素

下面来设置在每个八度上运行的梯度上升过程，如代码清单 12-13 所示。你会发现，它与第 9 章的滤波器可视化技术是一样的。DeepDream 算法只是多尺度的滤波器可视化。

代码清单 12-13　DeepDream 梯度上升过程

```
    import tensorflow as tf

    @tf.function
    def gradient_ascent_step(image, learning_rate):
        with tf.GradientTape() as tape:
            tape.watch(image)
            loss = compute_loss(image)
        grads = tape.gradient(loss, image)
        grads = tf.math.l2_normalize(grads)
        image += learning_rate * grads
        return loss, image

    def gradient_ascent_loop(image, iterations, learning_rate, max_loss=None):
        for i in range(iterations):
            loss, image = gradient_ascent_step(image, learning_rate)
            if max_loss is not None and loss > max_loss:
                break
            print(f"... Loss value at step {i}: {loss:.2f}")
        return image
```

将训练步骤编译为 `tf.function`，以加快训练速度

计算 DeepDream 损失相对于当前图像的梯度

梯度规范化（第 9 章使用过相同的技巧）

不断更新图像，以便增大 DeepDream 损失

如果损失超过某个阈值，则中断循环（过度优化会产生不必要的图像伪影）

在某个图像尺度（八度）上运行梯度上升

12

最后是 DeepDream 算法的外层循环。首先，我们定义一个列表，其中包含处理图像的尺度（也叫**八度**）。我们将在 3 个"八度"上处理图像。对于从小到大的每个八度，我们将利用 gradient_ascent_loop() 运行 20 次梯度上升步骤，以便将前面定义的损失最大化。在每个八度之间，我们将图像放大 40%（也就是放大到 1.4 倍），也就是说，首先处理小图像，然后逐渐增大图像尺寸，如图 12-6 所示。

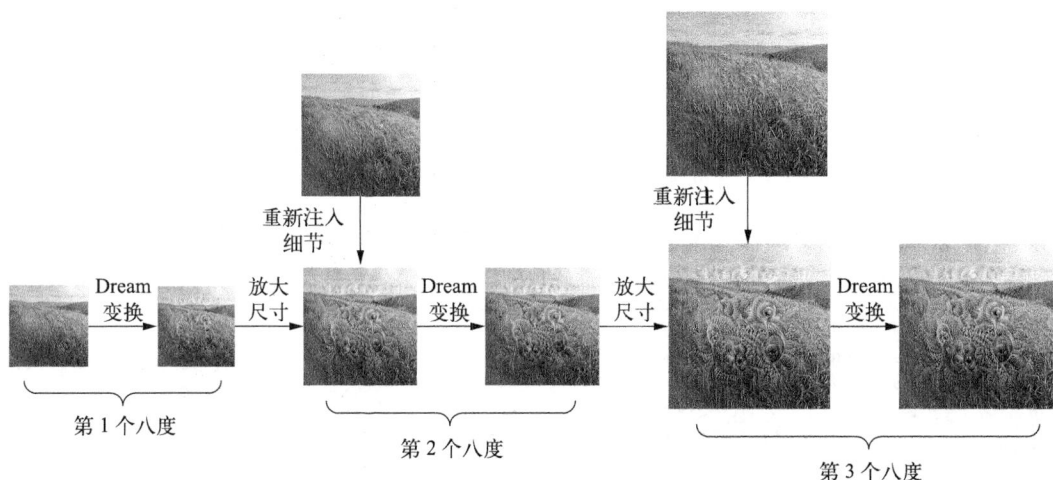

图 12-6　DeepDream 过程：空间处理尺度的连续放大（八度），放大时重新注入细节

下列代码给出了这一过程的参数。调节这些参数可以实现新的效果。

```
step = 20.            ← 梯度上升步长 / 在几个八度上运行梯度上升
num_octave = 3        ←
octave_scale = 1.4    ← 连续八度之间的尺寸比例
iterations = 30       ←
max_loss = 15.        ← 在每个尺度上运行梯度上升的步数
```
梯度上升步长
在几个八度上运行梯度上升
连续八度之间的尺寸比例
在每个尺度上运行梯度上升的步数
在某个尺度上，如果损失超过这个值，则停止梯度上升过程

我们还需要几个实用函数来加载和保存图像，如代码清单 12-14 所示。

代码清单 12-14　图像处理函数

```
import numpy as np

def preprocess_image(image_path):          ← 这个函数可以打开图像、调整图像尺寸，并将图像格式转换为适当的数组
    img = keras.utils.load_img(image_path)
    img = keras.utils.img_to_array(img)
    img = np.expand_dims(img, axis=0)
    img = keras.applications.inception_v3.preprocess_input(img)
    return img
```

```
def deprocess_image(img):                    ← 这个函数可以将 NumPy 数组转换为有效图像
    img = img.reshape((img.shape[1], img.shape[2], 3))
    img /= 2.0          对 Inception V3 所做的
    img += 0.5          预处理进行逆向操作
    img *= 255.                                                        转换为 uint8 格式，并裁剪
    img = np.clip(img, 0, 255).astype("uint8")                          到 [0, 255] 取值范围
    return img
```

外层循环如代码清单 12-15 所示。为避免在每次放大后丢失大量图像细节（导致图像越来越模糊或像素化），我们可以使用一个简单的技巧：在每次放大后，将丢失的细节重新注入图像中。这种方法之所以可行，是因为我们知道原始图像放大到这个尺度应该是什么样子。给定较小的图像尺寸 S 和较大的图像尺寸 L，我们可以计算出将原始图像调整为 L 与将原始图像调整为 S 之间的差异，这个差异可以定量描述从 S 到 L 的细节损失。

代码清单 12-15　在多个连续的"八度"上运行梯度上升

加载测
试图像

```
original_img = preprocess_image(base_image_path)                计算图像在不同八度上
original_shape = original_img.shape[1:3]                         的目标形状

successive_shapes = [original_shape]
for i in range(1, num_octave):
    shape = tuple([int(dim / (octave_scale ** i)) for dim in original_shape])
    successive_shapes.append(shape)
successive_shapes = successive_shapes[::-1]
```

对不同的
八度进行
迭代

```
shrunk_original_img = tf.image.resize(original_img, successive_shapes[0])

img = tf.identity(original_img)                                 复制图像（我们需要
for i, shape in enumerate(successive_shapes):                    保留原始图像）
    print(f"Processing octave {i} with shape {shape}")
    img = tf.image.resize(img, shape)          运行梯度上升，
    img = gradient_ascent_loop(                改变梦境图像
        img, iterations=iterations, learning_rate=step, max_loss=max_loss
    )
```

放大梦
境图像

```
    upscaled_shrunk_original_img = tf.image.resize(shrunk_original_img, shape)
    same_size_original = tf.image.resize(original_img, shape)
    lost_detail = same_size_original - upscaled_shrunk_original_img
    img += lost_detail
    shrunk_original_img = tf.image.resize(original_img, shape)

keras.utils.save_img("dream.png", deprocess_image(img.numpy()))
```

计算原始图像在这一
尺寸的高质量版本

将原始图像的较小版本放大，它会像素化

将丢失的细节重新注入梦境图像中

二者的差别即为在放大过程中丢失的细节

保存最终结果

12

注意　由于原始 Inception V3 网络是为识别 299×299 图像中的概念而训练的，而上述过程将图像尺寸缩小了一定比例，因此 DeepDream 实现对于尺寸在 300×300 和 400×400 之间的图像能够得到更好的结果。但不管怎样，你都可以在任意尺寸和任意比例的图像上运行同样的代码。

在 GPU 上运行代码只需几秒。在测试图像上的梦境效果如图 12-7 所示。

图 12-7   在测试图像上运行 DeepDream 代码的结果（见彩插）

我强烈建议你改变在损失中所使用的层，从而探索各种可能得到的结果。神经网络中更靠近底部的层包含更加局部、不太抽象的表示，得到的梦境图案看起来更像是几何图形。更靠近顶部的层能够得到更容易识别的视觉图案，这些图案都基于 ImageNet 中最常见的对象，比如狗的眼睛、鸟的羽毛等。你可以随机生成 layer_settings 字典中的参数，快速探索不同的层组合。对于一张自制美味糕点的图像，利用不同的层设置所得到的一系列结果如图 12-8 所示。

图 12-8   在示例图像上尝试一系列不同的 DeepDream 设置（见彩插）

12.2.2　小结

❑ DeepDream 的过程是反向运行卷积神经网络，基于神经网络学到的表示来生成结果。

❑ DeepDream 生成的结果有些类似于通过扰乱视觉皮层而诱发的视觉伪影。

❑ 请注意，这个过程并不局限于图像模型，甚至并不局限于卷积神经网络。它可以应用于语音、音乐等更多内容。

12.3　神经风格迁移

除 DeepDream 之外，深度学习推动图像修改的另一项重大进展是**神经风格迁移**（neural style transfer），它由 Leon A. Gatys 等人于 2015 年夏天提出[①]。自首次提出以来，神经风格迁移算法已经做了很多改进，并衍生出许多变体，而且还成功转化为多款智能手机图片应用。为简单起见，本节将重点介绍原始论文所描述的方法。

神经风格迁移是指将参考图像的风格应用于目标图像，同时保留目标图像的内容。图 12-9 给出了一个示例。

图 12-9　神经风格迁移示例（见彩插）

这里所说的风格（style）是指图像中不同空间尺度的纹理、颜色和视觉图案，**内容**（content）是指图像中更高层次的宏观结构。举个例子，在图 12-9 中（参考图像是梵高的名作《星月夜》），蓝黄色圆形笔触被视为风格，图宾根照片中的建筑则被视为内容。

风格迁移这一想法与纹理生成密切相关，在 2015 年神经风格迁移出现之前，这一想法就已经在图像处理领域拥有悠久的历史。但事实证明，与之前经典计算机视觉技术相比，基于深度学习的风格迁移得到的效果是无可比拟的，并且再次引发人们对计算机视觉创造性应用的巨大兴趣。

实现风格迁移背后的关键概念与所有深度学习算法的核心思想是一样的：定义一个损失函数来指定想实现的目标，然后将损失最小化。我们知道想实现的目标是什么，那就是保留原始图像的内容，同时采用参考图像的风格。如果我们能够在数学上给出**内容**和**风格**的定义，那么可以像下面这样定义损失函数并将损失最小化。

```
loss = (distance(style(reference_image) - style(combination_image)) +
        distance(content(original_image) - content(combination_image)))
```

---

① Leon A. Gatys, Alexander S. Ecker, Matthias Bethge. A Neural Algorithm of Artistic Style. arXiv, 2015.

这里的 distance 是一个范数函数，比如 L2 范数；content 是一个函数，它接收一张图像作为输入，并计算图像内容的表示；style 是一个函数，它接收一张图像作为输入，并计算图像风格的表示。将这个损失最小化，会使得 style(combination_image) 接近于 style(reference_image)，并且 content(combination_image) 接近于 content(original_image)，从而实现我们定义的风格迁移。

Gatys 等人有一个很重要的发现，那就是深度卷积神经网络能够从数学上定义 content 和 style 这两个函数。我们来看一下如何定义。

12.3.1　内容损失

如你所知，神经网络更靠近底部的层的激活值包含图像的局部信息，而更靠近顶部的层的激活值则包含更加抽象的全局信息。卷积神经网络不同层的激活值，用另一种方式提供了图像内容在不同空间尺度上的分解。因此，图像内容是更加全局、更加抽象的，应该能够被卷积神经网络更靠近顶部的层的表示所捕捉。

因此，好的内容损失函数可以是两个激活值之间的 L2 范数，其中一个激活值是预训练卷积神经网络更靠近顶部的某一层在目标图像上计算得到的，另一个激活值是同一层在生成图像上计算得到的。这可以确保，在更靠近顶部的层看来，生成图像与原始目标图像看起来很相似。假设卷积神经网络更靠近顶部的层看到的就是输入图像的内容，那么利用这种方法可以保存图像内容。

12.3.2　风格损失

内容损失只使用一个更靠近顶部的层，但 Gatys 等人定义的风格损失则使用了卷积神经网络的多个层。我们想获得卷积神经网络在所有空间尺度上从风格参考图像提取的外观，而不仅仅是在单一尺度上。对于风格损失，Gatys 等人使用层激活的**格拉姆矩阵**（Gram matrix），即某一层特征图的内积。这个内积可以看作表示该层特征之间相互关系的映射。这些相互关系抓住了在某个空间尺度上的模式的统计规律。根据经验，它对应于在这个尺度上的纹理外观。

因此，风格损失的目的是在风格参考图像与生成图像之间，在不同的层激活内保留相似的内部相互关系。反过来，这也保证了在风格参考图像与生成图像之间，不同空间尺度的纹理看起来都很相似。

简而言之，你可以使用预训练卷积神经网络来定义一个损失函数，它具有以下特点。

❑ 在原始图像与生成图像之间，让靠近顶部的层激活非常相似，从而保留内容。卷积神经网络应该将原始图像与生成图像"视为"包含相同的内容。

❑ 在靠近顶部的层与靠近底部的层的激活中保持相似的**相互关系**，从而保留风格。特征相互关系捕捉到的是**纹理**，生成图像与风格参考图像在不同的空间尺度上应该具有相同的纹理。

接下来，我们用 Keras 实现 2015 年的原始神经风格迁移算法。你会发现，它与 12.2 节介绍的 DeepDream 实现有许多相似之处。

12.3.3　用 Keras 实现神经风格迁移

神经风格迁移可以用任意预训练卷积神经网络来实现。我们这里将使用 Gatys 等人所使用的 VGG19 网络。VGG19 是第 8 章介绍的 VGG16 网络的简单变体，增加了 3 个卷积层。

神经风格迁移的一般过程如下。

□ 创建一个神经网络，它能够同时计算风格参考图像、原始图像与生成图像的 VGG19 层激活。

□ 利用在这三张图像上计算的层激活来定义如前所述的损失函数。为了实现风格迁移，我们需要将这个损失函数最小化。

□ 设置梯度下降过程来将这个损失函数最小化。

我们首先给出风格参考图像与原始图像的路径，如代码清单 12-16 所示。为了确保处理后的图像具有相似的尺寸（如果图像尺寸差异很大，会使风格迁移变得更加困难），稍后需要将所有图像的高度调整为 400 像素。

代码清单 12-16　获取风格图像和内容图像

```
from tensorflow import keras

base_image_path = keras.utils.get_file(              ◁──  待变换图像的路径
    "sf.jpg", origin="https://img-datasets.s3.amazonaws.com/sf.jpg")
style_reference_image_path = keras.utils.get_file(   ◁──  风格图像的路径
    "starry_night.jpg",
    origin="https://img-datasets.s3.amazonaws.com/starry_night.jpg")

original_width, original_height = keras.utils.load_img(base_image_path).size
img_height = 400                                                            ⎫  生成图像的
img_width = round(original_width * img_height / original_height)             ⎭  尺寸
```

内容图像如图 12-10 所示，风格图像如图 12-11 所示。

图 12-10　内容图像：从诺布山（Nob Hill）拍摄的旧金山（见彩插）

12

图 12-11 风格图像：梵高的《星月夜》（见彩插）

我们还需要一些辅助函数，用于对通过 VGG19 网络的图像进行加载、预处理和后处理，如代码清单 12-17 所示。

代码清单 12-17 辅助函数

```
import numpy as np

def preprocess_image(image_path):
    img = keras.utils.load_img(
        image_path, target_size=(img_height, img_width))
    img = keras.utils.img_to_array(img)
    img = np.expand_dims(img, axis=0)
    img = keras.applications.vgg19.preprocess_input(img)
    return img

def deprocess_image(img):
    img = img.reshape((img_height, img_width, 3))
    img[:, :, 0] += 103.939
    img[:, :, 1] += 116.779
    img[:, :, 2] += 123.68
    img = img[:, :, ::-1]
    img = np.clip(img, 0, 255).astype("uint8")
    return img
```

这个函数可以打开图像、调整图像尺寸，并将图像格式转换为适当的数组

这个函数可以将 NumPy 数组转换为有效图像

vgg19.preprocess_input() 的作用是减去 ImageNet 平均像素值，使其中心为 0。这里相当于 vgg19.preprocess_input() 的逆操作

将图像由 BGR 格式转换为 RGB 格式。这也是对 vgg19.preprocess_input() 的逆操作

下面构建 VGG19 网络。与 DeepDream 示例一样，我们将使用预训练卷积神经网络来创建一个特征提取器模型，模型返回中间层的激活值（本例是指模型的所有层），如代码清单 12-18 所示。

代码清单 12-18 使用预训练 VGG19 模型来创建一个特征提取器

构建一个 VGG19 模型，其中加载
了预训练的 ImageNet 权重

```
model = keras.applications.vgg19.VGG19(weights="imagenet", include_top=False)

outputs_dict = dict([(layer.name, layer.output) for layer in model.layers])
feature_extractor = keras.Model(inputs=model.inputs, outputs=outputs_dict)
```

这个模型将返回每个目标层的激活值，
返回格式为字典

下面来定义内容损失函数，如代码清单 12-19 所示，它要保证在 VGG19 网络靠近顶部的层看来，内容图像和组合图像很相似。

代码清单 12-19 内容损失函数

```
def content_loss(base_img, combination_img):
    return tf.reduce_sum(tf.square(combination_img - base_img))
```

接下来定义风格损失函数，如代码清单 12-20 所示。它利用辅助函数来计算输入矩阵的格拉姆矩阵，即原始特征矩阵中相互关系的映射。

代码清单 12-20 风格损失函数

```
def gram_matrix(x):
    x = tf.transpose(x, (2, 0, 1))
    features = tf.reshape(x, (tf.shape(x)[0], -1))
    gram = tf.matmul(features, tf.transpose(features))
    return gram

def style_loss(style_img, combination_img):
    S = gram_matrix(style_img)
    C = gram_matrix(combination_img)
    channels = 3
    size = img_height * img_width
    return tf.reduce_sum(tf.square(S - C)) / (4.0 * (channels ** 2) * (size ** 2))
```

除了这两个损失分量，我们还需要添加第 3 个分量——**总变差损失**（total variation loss），它对生成的组合图像的像素进行操作，如代码清单 12-21 所示。它促使生成图像具有空间连续性，从而避免得到过度像素化的结果。你可以将它理解为正则化损失。

代码清单 12-21 总变差损失函数

```
def total_variation_loss(x):
    a = tf.square(
        x[:, : img_height - 1, : img_width - 1, :] - x[:, 1:, : img_width - 1, :]
    )
    b = tf.square(
        x[:, : img_height - 1, : img_width - 1, :] - x[:, : img_height - 1, 1:, :]
    )
    return tf.reduce_sum(tf.pow(a + b, 1.25))
```

　　我们要最小化的损失值是这 3 项损失的加权平均值，如代码清单 12-22 所示。为了计算内容损失，我们只使用一个靠近顶部的层，即 block5_conv2 层；对于风格损失，我们需要使用一个层列表，其中既包括靠近顶部的层，也包括靠近底部的层；最后还要添加总变差损失。

　　根据所使用的风格参考图像和内容图像，可能还需要调节 content_weight 系数（内容损失对总损失的贡献比例）。较大的 content_weight 表示目标内容更容易在生成图像中被识别出来。

代码清单 12-22   定义需要最小化的最终损失函数

```
style_layer_names = [          用于风格损失的
    "block1_conv1",            层列表
    "block2_conv1",
    "block3_conv1",
    "block4_conv1",            用于内容
    "block5_conv1",            损失的层
]
content_layer_name = "block5_conv2"       总变差损失的
total_variation_weight = 1e-6             贡献权重
style_weight = 1e-6
content_weight = 2.5e-8        风格损失的
                              贡献权重
内容损
失的贡
献权重
def compute_loss(combination_image, base_image, style_reference_image):
    input_tensor = tf.concat(
        [base_image, style_reference_image, combination_image], axis=0)
    features = feature_extractor(input_tensor)
损失初始
值为 0    loss = tf.zeros(shape=())
    layer_features = features[content_layer_name]
    base_image_features = layer_features[0, :, :, :]
    combination_features = layer_features[2, :, :, :]      添加内容损失
    loss = loss + content_weight * content_loss(
        base_image_features, combination_features
    )
    for layer_name in style_layer_names:
        layer_features = features[layer_name]
添加风格  style_reference_features = layer_features[1, :, :, :]
损失      combination_features = layer_features[2, :, :, :]
        style_loss_value = style_loss(
            style_reference_features, combination_features)
        loss += (style_weight / len(style_layer_names)) * style_loss_value

    loss += total_variation_weight * total_variation_loss(combination_image)
    return loss
                                                    添加总变差损失
```

　　最后，我们来设置梯度下降过程，如代码清单 12-23 所示。在 Gatys 等人的原始论文中，优化是通过 L-BFGS 算法实现的，但这种算法在 TensorFlow 中不可用，所以我们只能用 SGD 优化器做小批量梯度下降。我们将使用一个之前没有见过的优化器功能：学习率计划。利用这个功能，我们将学习率从一个非常大的值（100）逐渐减小到一个很小的最终值（约为 20）。这样一来，我们可以在训练初期取得快速进展，然后在接近损失最小值时更加谨慎地前进。

代码清单 12-23 设置梯度下降过程

```python
import tensorflow as tf

@tf.function
def compute_loss_and_grads(
    combination_image, base_image, style_reference_image):
    with tf.GradientTape() as tape:
        loss = compute_loss(
            combination_image, base_image, style_reference_image)
    grads = tape.gradient(loss, combination_image)
    return loss, grads

optimizer = keras.optimizers.SGD(
    keras.optimizers.schedules.ExponentialDecay(
        initial_learning_rate=100.0, decay_steps=100, decay_rate=0.96
    )
)

base_image = preprocess_image(base_image_path)
style_reference_image = preprocess_image(style_reference_image_path)
combination_image = tf.Variable(preprocess_image(base_image_path))

iterations = 4000
for i in range(1, iterations + 1):
    loss, grads = compute_loss_and_grads(
        combination_image, base_image, style_reference_image
    )
    optimizer.apply_gradients([(grads, combination_image)])
    if i % 100 == 0:
        print(f"Iteration {i}: loss={loss:.2f}")
        img = deprocess_image(combination_image.numpy())
        fname = f"combination_image_at_iteration_{i}.png"
        keras.utils.save_img(fname, img)
```

将训练步骤编译为 tf.function，以加快训练速度

初始学习率为 100，然后每 100 步减小 4%

用 Variable 保存组合图像，因为它在训练过程中会不断更新

更新组合图像，以降低风格迁移损失

每隔一段时间保存组合图像

得到的结果如图 12-12 所示。请记住，这种技术只能改变图像纹理，即纹理迁移。如果风格参考图像具有明显的纹理结构且高度自相似，并且内容目标不需要高层次细节就能够被识别，那么这种方法的效果最好。它通常无法实现比较抽象的迁移，比如将一幅肖像的风格迁移到另一幅肖像中。这种算法更接近于经典的信号处理，而不是更接近于人工智能，所以不要指望它能实现魔法般的效果。

此外请注意，这种风格迁移算法的运行速度很慢。但它的变换非常简单，只要拥有适量的训练数据，一个小型的快速前馈卷积神经网络就可以学会这种变换。因此，实现快速风格迁移的方法是：首先利用这里介绍的方法，花费大量计算时间对固定的风格参考图像生成许多输入-输出训练示例，然后训练一个简单的卷积神经网络来学习这种特定风格的变换。一旦完成之后，对一张图像进行风格迁移是非常快的，只需对这个小型卷积神经网络运行一次前向传播。

12

图 12-12   风格迁移效果（见彩插）

12.3.4   小结

- 风格迁移是指创建一张新图像，既保留目标图像的内容，同时具有参考图像的风格。
- 内容可以被卷积神经网络更靠近顶部的层激活所捕捉。
- 风格可以被卷积神经网络不同层激活的内部相互关系所捕捉。
- 深度学习可以将风格迁移表述为一个损失优化过程，损失由一个预训练卷积神经网络所定义。
- 从这个基本想法出发，可以有许多变体和改进。

12.4   用变分自编码器生成图像

目前最流行也是最成功的创造性人工智能应用就是图像生成：学习潜在视觉空间，并从空间中进行采样来创造全新图片。这些图片是在真实图片中进行插值得到的，可以是想象中的人、想象中的地方、想象中的猫和狗等。

本节和 12.5 节将介绍一些与图像生成有关的概念，还会介绍该领域中的两种主要技术的实现细节。这两种技术分别是**变分自编码器**（variational autoencoder，VAE）和**生成式对抗网络**（generative adversarial network，GAN）。请注意，这里介绍的技术不仅适用于图像，你还可以使用 VAE 和 GAN 探索声音、音乐甚至文本的潜在空间。但在实践中，最有趣的结果都是利用图片得到的，这也是我们介绍的重点。

12.4.1   从图像潜在空间中采样

图像生成的关键思想就是找到图像表示的低维**潜在空间**（latent space，与深度学习其他内容一样，它也是一个向量空间），其中任意一点都可以被映射为一张"有效"图像，即看起来真实的图像。能够实现这种映射的模块，接收一个潜在点作为输入，并输出一张图像（像素网格）。这种模块叫作**生成器**（generator，对于 GAN 而言）或**解码器**（decoder，对于 VAE 而言）。学到这种潜在空间之后，我们可以从中对点进行采样，然后将其映射到图像空间，从而生成前所未见的图像，如图 12-13 所示。新图像是训练图像的插值。

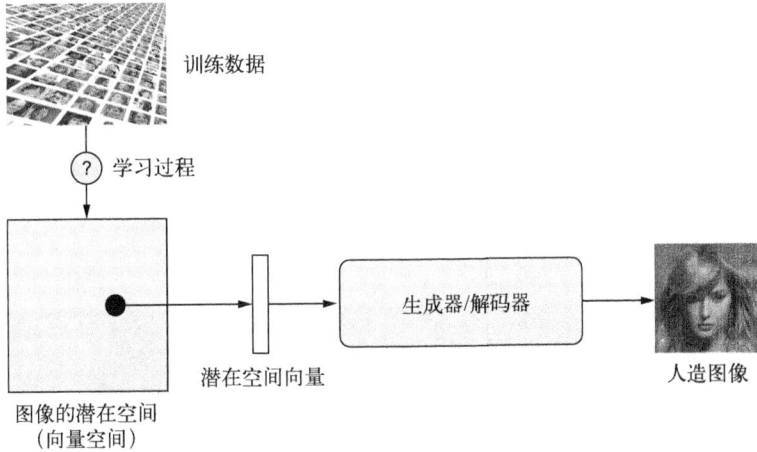

图 12-13　学习图像的潜在空间，并利用这个空间来采样新图像

要学习图像表示的这种潜在空间，VAE 和 GAN 采用了不同的策略，二者各有特点。VAE 非常适合学习具有良好结构的潜在空间，空间中的特定方向表示数据中有意义的变化轴，如图 12-14 所示。GAN 可以生成非常逼真的图像，但它的潜在空间可能没有良好的结构，连续性也不强。

图 12-14　新西兰维多利亚大学设计学院的 Tom White 使用 VAE 生成的人脸连续空间

12.4.2　图像编辑的概念向量

第 11 章介绍词嵌入时，我们已经暗示了**概念向量**（concept vector）这一想法。这里用到了同样的想法：给定一个数据表示的潜在空间或一个嵌入空间，空间中的某些方向可能表示原始数据中有趣的变化轴。比如在人脸图像的潜在空间中，可能存在一个**微笑向量**（smile vector）s：如果潜在点 z 是某张人脸的嵌入表示，那么潜在点 $z + s$ 就是同一张脸面带微笑的嵌入表示。一旦找到了这样的向量，就可以这样编辑图像：将图像投影到潜在空间中，然后沿着有意义的方向移动图像表示，再将其解码到图像空间中。在图像空间中任何独立的变化维度都有概念向量。对于人脸而言，你可能会发现向人脸添加墨镜的向量、去掉眼镜的向量、将男性面孔变为女性面孔的向量等。图 12-15 是微笑向量的一个例子，它是由新西兰维多利亚大学设计学院的 Tom White 发现的概念向量，他使用的是在名人脸部属性数据集（CelebA 数据集）上训练的 VAE。

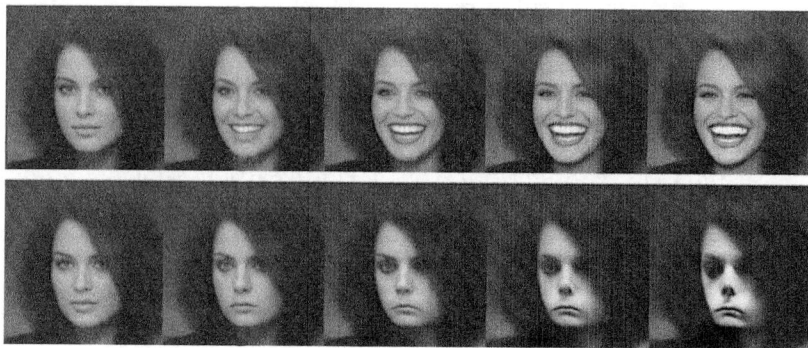

图 12-15　微笑向量示例

12.4.3　变分自编码器

变分自编码器由 Diederik P. Kingma 和 Max Welling 于 2013 年 12 月 [1] 以及 Danilo Jimenez Rezende、Shakir Mohamed 和 Daan Wierstra 于 2014 年 1 月 [2] 几乎同时提出。它是一种生成式模型，特别适用于利用概念向量进行图像编辑。这种现代化的自编码器将深度学习思想与贝叶斯推断结合在一起。自编码器是一类网络，其目的是将输入编码到低维潜在空间，然后再解码回来。

经典的图像自编码器接收一张图像，通过编码器模块将其映射到潜在向量空间，然后再通过解码器模块将其解码为与原始图像具有相同尺寸的输出，如图 12-16 所示。然后，使用**与输入图像相同的图像**作为目标数据来训练这个自编码器，也就是说，自编码器学习对原始输入进行重构。通过对编码（编码器输出）施加各种限制，我们可以让自编码器学到比较有趣的数据

---

[1] Diederik P. Kingma, Max Welling. Auto-Encoding Variational Bayes. arXiv, 2013.

[2] Danilo Jimenez Rezende, Shakir Mohamed, Daan Wierstra. Stochastic Backpropagation and Approximate Inference in Deep Generative Models. arXiv, 2014.

潜在表示。最常见的情况是，将编码限制为低维且稀疏的（大部分元素为 0）。在这种情况下，编码器可以压缩输入数据。

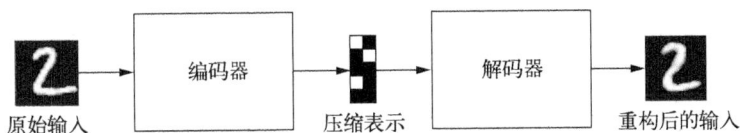

图 12-16 自编码器：将输入 x 映射为压缩表示，然后再将其解码为 x'

在实践中，这种经典的自编码器无法得到特别有用或具有良好结构的潜在空间，也没有对数据进行多少压缩。因此，它基本上已经过时了。然而，VAE 向自编码器添加了些许统计"魔法"，迫使其学习连续、高度结构化的潜在空间。事实证明，VAE 是非常强大的图像生成工具。

VAE 并没有将输入图像压缩为潜在空间中的固定编码，而是将图像转换为统计分布的参数，即均值和方差。这本质上意味着我们假设输入图像是由统计过程生成的，在编码和解码的过程中应该考虑随机性。VAE 使用均值和方差这两个参数从分布中随机采样一个元素，并将这个元素解码为原始输入，如图 12-17 所示。这一过程的随机性提高了其稳健性，并迫使潜在空间的任何位置都对应有意义的表示，即在潜在空间中采样的每个点都能解码为有效输出。

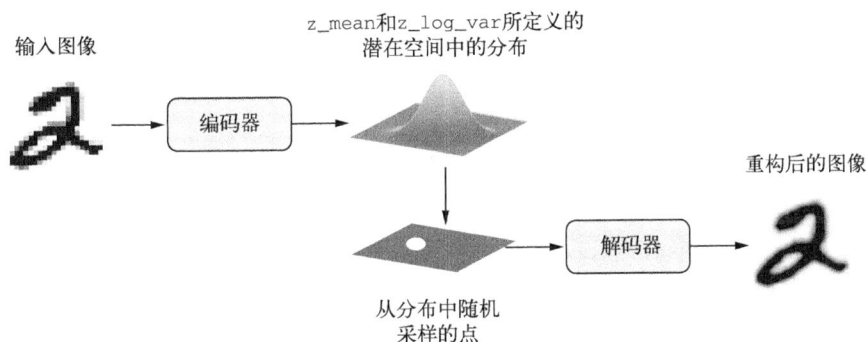

图 12-17 VAE 将一张图像映射为 z_mean 和 z_log_var 两个向量，二者定义了潜在空间中的一个概率分布。我们从这个分布中采样一个潜在点并对其进行解码

从技术角度来说，VAE 的工作原理如下。
(1) 编码器模块将输入样本 input_img 转换为图像表示潜在空间中的两个参数 z_mean 和 z_log_var。
(2) 我们假定潜在正态分布能够生成输入图像，并从这个分布中随机采样一个点 z：z = z_mean + exp(0.5 * z_log_var) * epsilon，其中 epsilon 是一个取值很小的随机张量。
(3) 解码器模块将潜在空间中的这个点映射回原始输入图像。

由于 epsilon 是随机的，因此这个过程可以保证，与编码 input_img 的潜在位置（z-mean）接近的每个点都能被解码为与 input_img 相似的图像，从而迫使潜在空间能够连续地有意义。

潜在空间中任意两个相邻的点都可以被解码为高度相似的图像。潜在空间的连续性和低维度，迫使其中的每个方向都表示数据中的一个有意义的变化轴。这使得潜在空间具有非常好的结构，因此非常适合通过概念向量来进行操作。

　　VAE 的参数可以通过两个损失函数来训练：一个是**重构损失**（reconstruction loss），它迫使解码后的样本匹配原始输入；另一个是**正则化损失**（regularization loss），它有助于学习良好的潜在分布，并降低在训练数据上的过拟合。整个过程的原理如下所示。

```
                           将输入编码为均值和        利用随机的小 epsilon
                           方差两个参数             来抽取一个潜在点

z_mean, z_log_var = encoder(input_img)        ◁
z = z_mean + exp(0.5 * z_log_var) * epsilon   ◁
reconstructed_img = decoder(z)                ◁
model = Model(input_img, reconstructed_img)   ◁      将 z 解码为
                                                     图像
                   将自编码器模型实例化，它将输入
                   图像映射为它的重构结果
```

　　接下来，我们可以使用重构损失和正则化损失来训练模型。对于正则化损失，我们通常使用一个表达式（Kullback-Leibler 散度），旨在让编码器输出的分布趋向于以 0 为中心的光滑正态分布。这为编码器提供了一个关于潜在空间结构的合理假设。

　　下面我们来看一下如何在实践中实现 VAE。

12.4.4　用 Keras 实现变分自编码器

我们将实现一个能够生成 MNIST 数字图像的 VAE，它包含以下 3 部分。
- ❑ 编码器网络：将真实图像转换为潜在空间中的均值和方差。
- ❑ 采样层：接收上述均值和方差，并利用它们从潜在空间中随机采样一个点。
- ❑ 解码器网络：将潜在空间中的点重新转换为图像。

代码清单 12-24 给出了我们要使用的编码器网络，它将图像映射为潜在空间中的概率分布参数。它是一个简单的卷积神经网络，将输入图像 x 映射为 z_mean 和 z_log_var 两个向量。这里有一个重要的细节：我们使用步幅对特征图进行下采样，而没有使用最大汇聚。上次我们这样做是在第 9 章的图像分割示例中。回想一下，一般来说，对于关注信息位置（物体在图像中的**位置**）的模型来说，步幅比最大汇聚更适合。本模型需要关注信息位置，因为它需要生成图像编码并将其用于重构有效图像。

代码清单 12-24　VAE 编码器网络

```
from tensorflow import keras
from tensorflow.keras import layers

latent_dim = 2            ◁──────    潜在空间的维度：
                                     二维平面

encoder_inputs = keras.Input(shape=(28, 28, 1))
x = layers.Conv2D(
```

```
             32, 3, activation="relu", strides=2, padding="same")(encoder_inputs)
x = layers.Conv2D(64, 3, activation="relu", strides=2, padding="same")(x)
x = layers.Flatten()(x)
x = layers.Dense(16, activation="relu")(x)
z_mean = layers.Dense(latent_dim, name="z_mean")(x)
z_log_var = layers.Dense(latent_dim, name="z_log_var")(x)
encoder = keras.Model(encoder_inputs, [z_mean, z_log_var], name="encoder")
```

输入图像最终被编码为这两个参数

它的架构如下所示。

```
>>> encoder.summary()
Model: "encoder"
```

Layer (type)	Output Shape	Param #	Connected to
input_1 (InputLayer)	[(None, 28, 28, 1)]	0	
conv2d (Conv2D)	(None, 14, 14, 32)	320	input_1[0][0]
conv2d_1 (Conv2D)	(None, 7, 7, 64)	18496	conv2d[0][0]
flatten (Flatten)	(None, 3136)	0	conv2d_1[0][0]
dense (Dense)	(None, 16)	50192	flatten[0][0]
z_mean (Dense)	(None, 2)	34	dense[0][0]
z_log_var (Dense)	(None, 2)	34	dense[0][0]

```
Total params: 69,076
Trainable params: 69,076
Non-trainable params: 0
```

代码清单 12-25 利用 z_mean 和 z_log_var 来生成一个潜在空间点 z，假设二者是生成 input_img 的统计分布参数。

代码清单 12-25　潜在空间采样层

```
import tensorflow as tf

class Sampler(layers.Layer):
    def call(self, z_mean, z_log_var):
        batch_size = tf.shape(z_mean)[0]
        z_size = tf.shape(z_mean)[1]
        epsilon = tf.random.normal(shape=(batch_size, z_size))
        return z_mean + tf.exp(0.5 * z_log_var) * epsilon
```

应用 VAE 采样公式

从正态分布中随机抽取一个向量批量

代码清单 12-26 给出了解码器网络的实现。我们将向量 z 的形状调整为图像尺寸，然后使用几个卷积层来得到最终的图像输出，其尺寸与原始图像 input_img 相同。

代码清单 12-26　VAE 解码器网络，将潜在空间点映射为图像

将 z 输入
到这里

生成 x 的元素个数与编码器
Flatten 层的输出相同

编码器 Flatten
层的逆操作

```
latent_inputs = keras.Input(shape=(latent_dim,))
x = layers.Dense(7 * 7 * 64, activation="relu")(latent_inputs)
x = layers.Reshape((7, 7, 64))(x)
x = layers.Conv2DTranspose(64, 3, activation="relu", strides=2, padding="same")(x)
x = layers.Conv2DTranspose(32, 3, activation="relu", strides=2, padding="same")(x)
decoder_outputs = layers.Conv2D(1, 3, activation="sigmoid", padding="same")(x)
decoder = keras.Model(latent_inputs, decoder_outputs, name="decoder")
```

编码器 Conv2D 层的逆操作

最终输出的形状为 (28, 28, 1)

它的架构如下所示。

```
>>> decoder.summary()
Model: "decoder"
_____
Layer (type)                 Output Shape              Param #
=================================================================
input_2 (InputLayer)         [(None, 2)]               0

dense_1 (Dense)              (None, 3136)              9408

reshape (Reshape)           (None, 7, 7, 64)          0

conv2d_transpose (Conv2DTran (None, 14, 14, 64)        36928

conv2d_transpose_1 (Conv2DTr (None, 28, 28, 32)        18464

conv2d_2 (Conv2D)           (None, 28, 28, 1)         289
=================================================================
Total params: 65,089
Trainable params: 65,089
Non-trainable params: 0
_____
```

下面来创建 VAE 模型。这是我们的第一个非监督学习模型示例（自编码器是一种**自监督**学习，因为它使用输入作为目标）。如果你要做的不是经典的监督学习，那么常见的做法是将 Model 类子类化，并实现自定义的 train_ step() 来给出新的训练逻辑，这是第 7 章介绍过的工作流程。我们在这里也会这样做，如代码清单 12-27 所示。

代码清单 12-27　使用自定义 train_step() 的 VAE 模型

```
class VAE(keras.Model):
    def __init__(self, encoder, decoder, **kwargs):
        super().__init__(**kwargs)
        self.encoder = encoder
        self.decoder = decoder
        self.sampler = Sampler()
```

```
            self.total_loss_tracker = keras.metrics.Mean(name="total_loss")
            self.reconstruction_loss_tracker = keras.metrics.Mean(
                name="reconstruction_loss")
            self.kl_loss_tracker = keras.metrics.Mean(name="kl_loss")

    @property
    def metrics(self):
        return [self.total_loss_tracker,
                self.reconstruction_loss_tracker,
                self.kl_loss_tracker]

    def train_step(self, data):
        with tf.GradientTape() as tape:
            z_mean, z_log_var = self.encoder(data)
            z = self.sampler(z_mean, z_log_var)
            reconstruction = decoder(z)
            reconstruction_loss = tf.reduce_mean(
                tf.reduce_sum(
                    keras.losses.binary_crossentropy(data, reconstruction),
                    axis=(1, 2)
                )
            )
            kl_loss = -0.5 * (1 + z_log_var - tf.square(z_mean) -
                tf.exp(z_log_var))
            total_loss = reconstruction_loss + tf.reduce_mean(kl_loss)
        grads = tape.gradient(total_loss, self.trainable_weights)
        self.optimizer.apply_gradients(zip(grads, self.trainable_weights))
        self.total_loss_tracker.update_state(total_loss)
        self.reconstruction_loss_tracker.update_state(reconstruction_loss)
        self.kl_loss_tracker.update_state(kl_loss)
        return {
            "total_loss": self.total_loss_tracker.result(),
            "reconstruction_loss": self.reconstruction_loss_tracker.result(),
            "kl_loss": self.kl_loss_tracker.result(),
        }
```

利用这些指标来跟踪每轮损失均值

在指标属性中列出各项指标，可以让模型在每轮过后（或者在多次调用 `fit()`/ `evaluate()` 之间）重置这些指标

对重构损失在空间维度（轴 1 和轴 2）上求和，并在批量维度上计算均值

添加正则化项（Kullback-Leibler 散度）

最后，我们将模型实例化并在 MNIST 数字上进行训练，如代码清单 12-28 所示。由于在自定义层中给定了损失，因此在编译时无须指定外部损失（`loss=None`），这又意味着在训练过程中无须传入目标数据（如你所见，我们在调用 `fit()` 时只向模型传入了 x_train）。

代码清单 12-28　训练 VAE

```
import numpy as np

(x_train, _), (x_test, _) = keras.datasets.mnist.load_data()
mnist_digits = np.concatenate([x_train, x_test], axis=0)
mnist_digits = np.expand_dims(mnist_digits, -1).astype("float32") / 255

vae = VAE(encoder, decoder)
vae.compile(optimizer=keras.optimizers.Adam(), run_eagerly=True)
vae.fit(mnist_digits, epochs=30, batch_size=128)
```

因为是在所有 MNIST 数字图像上进行训练，所以将训练样本和测试样本合并

请注意，在调用 `fit()` 时没有传入目标数据，因为 `train_step()` 用不到

请注意，在调用 `compile()` 时没有传入 loss 参数，因为 loss 已经是 `train_step()` 的一部分

12

模型训练完成之后，我们可以使用 decoder 网络将任意潜在空间向量转换为图像，如代码清单 12-29 所示。

代码清单 12-29　从二维潜在空间中采样图像网格

```python
import matplotlib.pyplot as plt

n = 30                                          # 显示 30×30 的数字网格
digit_size = 28                                 # （共 900 个数字）
figure = np.zeros((digit_size * n, digit_size * n))

grid_x = np.linspace(-1, 1, n)                  # 在二维网格上对点
grid_y = np.linspace(-1, 1, n)[::-1]            # 进行线性采样

for i, yi in enumerate(grid_y):                 # 对网格位置
    for j, xi in enumerate(grid_x):             # 进行循环
        z_sample = np.array([[xi, yi]])                          # 对于每个位置，采样
        x_decoded = vae.decoder.predict(z_sample)               # 一个数字，并将其添
        digit = x_decoded[0].reshape(digit_size, digit_size)    # 加到图像中
        figure[
            i * digit_size : (i + 1) * digit_size,
            j * digit_size : (j + 1) * digit_size,
        ] = digit

plt.figure(figsize=(15, 15))
start_range = digit_size // 2
end_range = n * digit_size + start_range
pixel_range = np.arange(start_range, end_range, digit_size)
sample_range_x = np.round(grid_x, 1)
sample_range_y = np.round(grid_y, 1)
plt.xticks(pixel_range, sample_range_x)
plt.yticks(pixel_range, sample_range_y)
plt.xlabel("z[0]")
plt.ylabel("z[1]")
plt.axis("off")
plt.imshow(figure, cmap="Greys_r")
```

采样数字的网格（见图 12-18）展示了不同数字类别之间完全连续的分布：沿着潜在空间的一条路径观察，你会发现一个数字逐渐变形为另一个数字。这个空间的特定方向是有意义的，比如，有些方向表示"逐渐变为 5""逐渐变为 1"等。

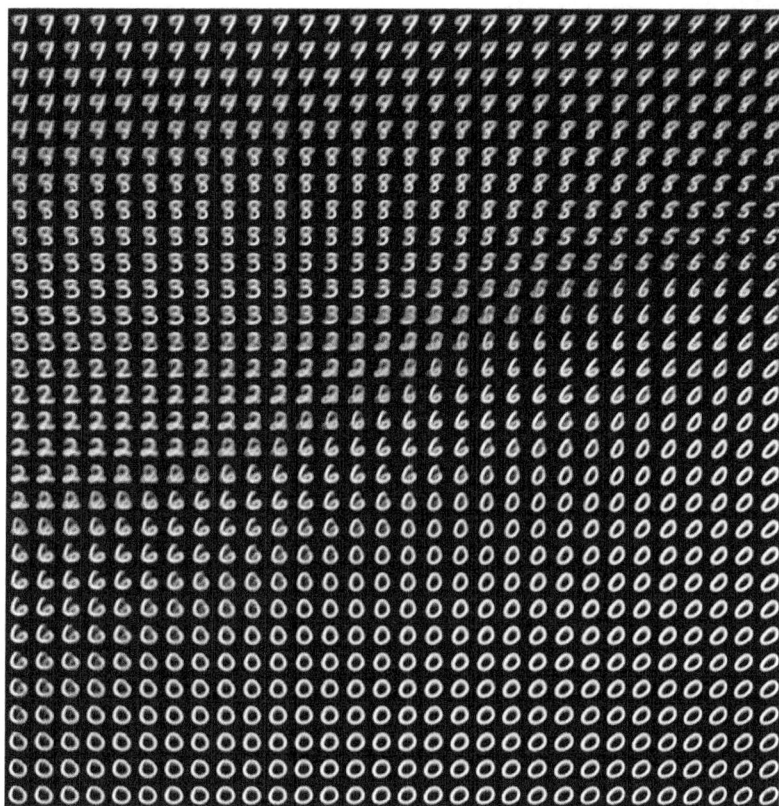

图 12-18　从潜在空间解码得到的数字网格

12.5 节将详细介绍生成人造图像的另一个重要工具：生成式对抗网络（GAN）。

12.4.5　小结

- 用深度学习生成图像，是通过对潜在空间进行学习来实现的。这个潜在空间能够捕捉到关于图像数据集的统计信息。通过对潜在空间中的点进行采样和解码，我们可以生成前所未见的图像。这种方法有两种重要工具：变分自编码器（VAE）和生成式对抗网络（GAN）。

- VAE 得到的是高度结构化、连续的潜在表示。因此，它在潜在空间中进行各种图像编辑的效果很好，比如换脸、将皱眉脸换成微笑脸等。它制作基于潜在空间的动画效果也很好，比如沿着潜在空间的一个横截面移动的动画，或者以连续的方式显示从起始图像缓慢变化为其他图像。

- GAN 可以生成逼真的单幅图像，但得到的潜在空间可能没有良好的结构，连续性也不强。

对于图像，大多数成功的实际应用是基于 VAE 的，但 GAN 在学术研究领域一直很受欢迎。
12.5 节将介绍 GAN 的工作原理及其实现。

12

12.5 生成式对抗网络入门

生成式对抗网络（generative adversarial network，GAN）由 Ian Goodfellow 等人于 2014 年提出 [1]。它可以代替 VAE 来学习图像的潜在空间，迫使生成图像与真实图像在统计上几乎无法区分，从而生成相当逼真的合成图像。

对 GAN 的一种直观理解是，想象一名伪造者试图伪造毕加索的一幅画作。一开始，伪造者非常不擅长这项任务。他将自己的一些赝品与毕加索真迹混合在一起，并拿给一位艺术商人看。艺术商人对每幅画进行真实性评估，并向伪造者给出反馈，告诉他是什么让画作看起来像是毕加索作品。伪造者回到自己的工作室，并准备新的赝品。随着时间的推移，伪造者变得越来越擅长模仿毕加索的风格，艺术商人也变得越来越擅长识别赝品。最后，他们手上拥有了一些出色的毕加索赝品。

这就是 GAN 的工作原理：一个伪造者网络和一个专家网络，二者训练的目的都是打败对方。因此，GAN 由以下两部分组成。

- ❑ **生成器网络**（generator network）：接收一个随机向量（潜在空间中的一个随机点）作为输入，并将其解码为一张合成图像。
- ❑ **判别器网络**（discriminator network）或对手（adversary）：接收一张图像（真实的或合成的）作为输入，并预测该图像是来自训练集还是由生成器网络创建。

训练生成器网络的目的是使其能够欺骗判别器网络，因此随着训练的进行，它能够逐渐生成越来越逼真的图像。这些人造图像看起来与真实图像十分相似，以至于判别器网络无法区分二者，如图 12-19 所示。与之相对，判别器也在不断适应生成器逐渐提升的能力，为生成图像的真实性设置了很高的标准。训练完成之后，生成器能够将其输入空间中的任意一点转换为一张可信图像。与 VAE 不同，这个潜在空间不一定具有有意义的结构，而且还是不连续的。

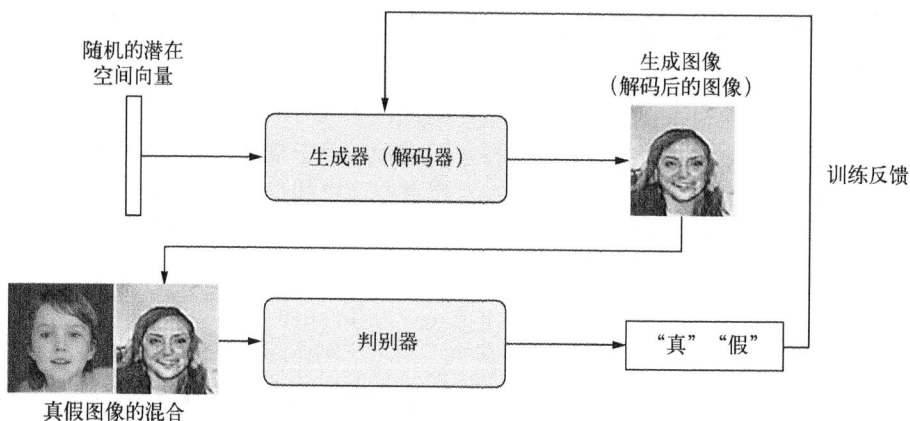

图 12-19 生成器将随机的潜在空间向量转换为图像，而判别器试图分辨真实图像与生成图像。生成器的训练目的是欺骗判别器

---

[1] Ian Goodfellow et al. Generative Adversarial Networks. arXiv, 2014.

值得注意的是，GAN 的训练方法与本书中的其他训练方法都不相同，它的优化最小值是不固定的。通常来说，梯度下降是"沿着静态的损失地形滚下山坡"。但对于 GAN 而言，每下山一步，都会使整个地形发生一些变化。这是一个动态系统，其优化过程寻找的不是一个最小值，而是两股力量之间的平衡。因此，GAN 的训练极其困难，想要让 GAN 正常运行，需要对模型架构和训练参数进行大量细致的调节。

12.5.1　简要实现流程

本节将介绍如何用 Keras 实现最简形式的 GAN。GAN 属于高级应用，对于生成图 12-20 所示图像的 StyleGAN2 架构，深入介绍其技术细节将超出本书范围。我们要介绍的是**深度卷积生成式对抗网络**（deep convolutional GAN，DCGAN），它是一种非常简单的 GAN，其生成器和判别器都是深度卷积神经网络。

图 12-20　潜在空间的"居民"。这些图像都是 This Person Does Not Exist 网站使用 StyleGAN2 模型生成的（图片来源：网站作者 Phillip Wang。使用的模型是 Tero Karras 等人的 StyleGAN2 模型）

我们将使用大规模名人脸部属性数据集（CelebA）中的图像来训练 GAN，这个数据集包含 200 000 张名人脸部图像。为了加快训练速度，我们将图像尺寸调整为 64×64，所以我们将学习生成 64×64 的人脸图像。

GAN 的简要实现流程如下所述。

(1) generator 网络将形状为 (latent_dim,) 的向量映射成形状为 (64, 64, 3) 的图像。

(2) discriminator 网络将形状为 (64, 64, 3) 的图像映射为一个二进制分数，用于评估该图像为真的概率。

(3) gan 网络将 generator 和 discriminator 连接在一起：gan(x) = discriminator (generator(x))。生成器将潜在空间向量解码为图像，判别器对这些图像的真实性进行评估，因此这个 gan 网络就是将这些潜在空间向量映射为判别器的评估结果。

(4) 我们使用带有"真"/"假"标签的真假图像样本来训练判别器，就和训练普通的图像分类模型一样。

12

(5) 为了训练生成器，我们要使用 gan 模型的损失相对于生成器权重的梯度。这意味着，在每一步都要移动生成器的权重，其移动方向是让判别器更有可能将生成器解码的图像判别为 "真"。换句话说，我们训练生成器来欺骗判别器。

12.5.2   诸多技巧

训练 GAN 和调节 GAN 实现的过程非常困难。有一些已知的技巧需要记住。与深度学习中的大部分内容一样，这些技巧更像是炼金术而不是科学，它们是启发式的准则，并没有理论支持。这些技巧在一定程度上得到了支持。经验告诉我们，它们的效果很好，但并不一定适用于所有情况。

本节在实现 GAN 生成器和判别器时用到了下面这些技巧。这里并没有列出与 GAN 相关的全部技巧，更多技巧可查阅关于 GAN 的文献。

- 在判别器中使用步幅对特征图进行下采样，而不是使用汇聚，这一点与 VAE 编码器一样。
- 使用**正态分布**（高斯分布）对潜在空间中的点进行采样，而不是使用均匀分布。
- 随机性有助于提高稳健性。GAN 的训练结果体现了一种动态平衡，所以 GAN 有可能以各种方式被 "卡住"。在训练过程中引入随机性有助于防止出现这种情况。引入随机性的方法是向判别器的标签添加随机噪声。
- 稀疏的梯度会阻碍 GAN 的训练。在深度学习中，稀疏性通常是我们需要的属性，但在 GAN 中并非如此。有两个因素可能导致梯度的稀疏性：最大汇聚运算和 relu 激活。我建议使用步进卷积代替最大汇聚来进行下采样，还建议使用 LeakyReLU 层来代替 relu 激活。LeakyReLU 层与 relu 类似，但允许较小的负激活值，从而放松了稀疏性限制。
- 在生成图像中，我们经常会见到棋盘状伪影，这是由于生成器中像素空间的不均匀覆盖导致的，如图 12-21 所示。为了解决这个问题，如果生成器和判别器都使用了步进的 Conv2DTranspose 层或 Conv2D 层，那么内核大小应该能被步幅大小整除。

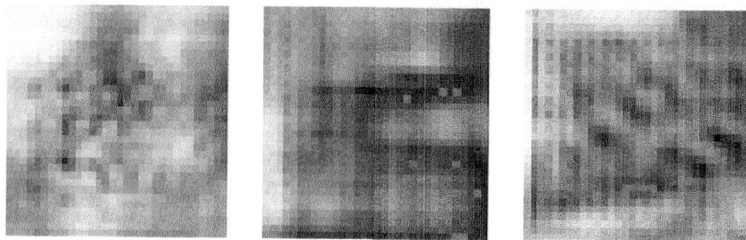

图 12-21   由于步幅大小和内核大小不匹配而导致像素空间的不均匀覆盖，
进而导致棋盘状伪影。这是 GAN 的诸多陷阱之一

12.5.3   CelebA 数据集

如果你用的是 Colab，那么可以运行代码清单 12-30，从 Google Drive 下载 CelebA 数据集并解压。

代码清单 12-30　获取 CelebA 数据集

```
!mkdir celeba_gan          ←——— 创建工作目录
!gdown --id 1O7m1O1OEJjLE5QxLZiM9Fpjs7Oj6e684 -O celeba_gan/data.zip ←—┐
!unzip -qq celeba_gan/data.zip -d celeba_gan
```

利用 **gdown** 下载压缩数据（在 Colab 中默认
可以使用 **gdown**，否则的话需要安装）

解压数据

在目录中得到解压好的图像之后，你可以使用 `image_dataset_from_directory()` 将其转换为一个数据集，如代码清单 12-31 所示。我们只需要图像，且数据不含标签，所以设置 `label_mode=None`。

代码清单 12-31　利用图像目录创建数据集

```
from tensorflow import keras
dataset = keras.utils.image_dataset_from_directory(
    "celeba_gan",
    label_mode=None,           ←——— 只返回图像，不含标签
    image_size=(64, 64),
    batch_size=32,
    smart_resize=True)         ←——— 通过裁剪和调整尺寸的巧妙组合，将图像尺寸调整为 64×64，
                                     同时保持长宽比。我们不希望面部比例被扭曲
```

最后，我们将图像缩放至 `[0, 1]` 范围，如代码清单 12-32 所示。

代码清单 12-32　缩放图像

```
dataset = dataset.map(lambda x: x / 255.)
```

我们可以查看一张样本图像，如代码清单 12-33 所示。

代码清单 12-33　显示第一张图像

```
import matplotlib.pyplot as plt
for x in dataset:
    plt.axis("off")
    plt.imshow((x.numpy() * 255).astype("int32")[0])
    break
```

12.5.4　判别器

首先，我们来开发 discriminator 模型。它接收一张候选图像（真实的或合成的）作为输入，并将其划分到以下两个类别之一："生成图像"或"来自训练集的真实图像"。GAN 的一个常见问题是，生成器会"卡在"看似噪声的生成图像上。一种可行的解决方案是在判别器中使用 dropout，如代码清单 12-34 所示。

12

代码清单 12-34　GAN 判别器网络

```python
from tensorflow.keras import layers

discriminator = keras.Sequential(
    [
        keras.Input(shape=(64, 64, 3)),
        layers.Conv2D(64, kernel_size=4, strides=2, padding="same"),
        layers.LeakyReLU(alpha=0.2),
        layers.Conv2D(128, kernel_size=4, strides=2, padding="same"),
        layers.LeakyReLU(alpha=0.2),
        layers.Conv2D(128, kernel_size=4, strides=2, padding="same"),
        layers.LeakyReLU(alpha=0.2),
        layers.Flatten(),
        layers.Dropout(0.2),                           ←  添加 dropout 层，这是
        layers.Dense(1, activation="sigmoid"),            一项重要的技巧
    ],
    name="discriminator",
)
```

判别器模型的架构如下所示。

```
>>> discriminator.summary()
Model: "discriminator"
```

Layer (type)	Output Shape	Param #
conv2d (Conv2D)	(None, 32, 32, 64)	3136
leaky_re_lu (LeakyReLU)	(None, 32, 32, 64)	0
conv2d_1 (Conv2D)	(None, 16, 16, 128)	131200
leaky_re_lu_1 (LeakyReLU)	(None, 16, 16, 128)	0
conv2d_2 (Conv2D)	(None, 8, 8, 128)	262272
leaky_re_lu_2 (LeakyReLU)	(None, 8, 8, 128)	0
flatten (Flatten)	(None, 8192)	0
dropout (Dropout)	(None, 8192)	0
dense (Dense)	(None, 1)	8193

```
Total params: 404,801
Trainable params: 404,801
Non-trainable params: 0
```

12.5.5　生成器

接下来，我们开发 generator 模型。它将一个向量（在训练过程中从潜在空间中随机采样

得到的）转换为一张候选图像，如代码清单 12-35 所示。

代码清单 12-35　GAN 生成器网络

```
latent_dim = 128                            ◁── 潜在空间由 128 维
                                                向量组成
generator = keras.Sequential(
    [
        keras.Input(shape=(latent_dim,)),        编码器 Flatten
        layers.Dense(8 * 8 * 128),              ◁── 该层输出的元素个数与编码器
        layers.Reshape((8, 8, 128)),                Flatten 层的输出相同
        layers.Conv2DTranspose(128, kernel_size=4, strides=2, padding="same"),
        layers.LeakyReLU(alpha=0.2),
        layers.Conv2DTranspose(256, kernel_size=4, strides=2, padding="same"),
        layers.LeakyReLU(alpha=0.2),
        layers.Conv2DTranspose(512, kernel_size=4, strides=2, padding="same"),
        layers.LeakyReLU(alpha=0.2),
        layers.Conv2D(3, kernel_size=5, padding="same", activation="sigmoid"),
    ],
    name="generator",
)
```

编码器 Flatten 层的逆操作 ／ 编码器 Conv2D 层的逆操作 ／ 最终输出形状为 (64, 64, 3) ／ 使用 LeakyReLU 作为激活函数

生成器模型的架构如下所示。

```
>>> generator.summary()
Model: "generator"
```

Layer (type)	Output Shape	Param #
dense_1 (Dense)	(None, 8192)	1056768
reshape (Reshape)	(None, 8, 8, 128)	0
conv2d_transpose (Conv2DTran	(None, 16, 16, 128)	262272
leaky_re_lu_3 (LeakyReLU)	(None, 16, 16, 128)	0
conv2d_transpose_1 (Conv2DTr	(None, 32, 32, 256)	524544
leaky_re_lu_4 (LeakyReLU)	(None, 32, 32, 256)	0
conv2d_transpose_2 (Conv2DTr	(None, 64, 64, 512)	2097664
leaky_re_lu_5 (LeakyReLU)	(None, 64, 64, 512)	0
conv2d_3 (Conv2D)	(None, 64, 64, 3)	38403

```
Total params: 3,979,651
Trainable params: 3,979,651
Non-trainable params: 0
```

12.5.6　对抗网络

最后，我们来构建 GAN，它将生成器和判别器连接在一起。训练时，这个模型会让生成器向某个方向移动，以提高它欺骗判别器的能力。这个模型将潜在空间中的点转换为分类决策（"真"或"假"），它期望训练标签都是"真实图像"。因此，训练 gan 将更新 generator 的权重，使得 discriminator 在查看虚假图像时更有可能将其预测为"真"。

大致而言，训练循环的流程如下所述。每轮都要进行以下操作。

(1) 在潜在空间中采样随机点（随机噪声）。

(2) 利用这个随机噪声用 generator 生成图像。

(3) 将生成图像与真实图像混合。

(4) 使用这些混合图像及相应的目标（对真实图像为"真"，对生成图像为"假"）来训练 discriminator。

(5) 在潜在空间中随机采样新的点。

(6) 使用这些随机向量和全部是"真实图像"的目标来训练 generator。这会更新生成器的权重，其更新方向是让判别器能够将生成图像预测为"真实图像"。这个过程就是训练生成器去欺骗判别器。

我们来实现这一流程，如代码清单 12-36 所示。与 VAE 示例一样，我们将使用带有自定义 train_step() 的 Model 子类。请注意，因为使用两个优化器（一个用于生成器，一个用于判别器），所以我们也会重写 compile()，以允许传入两个优化器。

代码清单 12-36　GAN 模型

```
import tensorflow as tf
class GAN(keras.Model):
    def __init__(self, discriminator, generator, latent_dim):
        super().__init__()
        self.discriminator = discriminator
        self.generator = generator
        self.latent_dim = latent_dim
        self.d_loss_metric = keras.metrics.Mean(name="d_loss")     ┐  创建指标，跟踪每轮
        self.g_loss_metric = keras.metrics.Mean(name="g_loss")     │  训练的两个损失值

    def compile(self, d_optimizer, g_optimizer, loss_fn):          │
        super(GAN, self).compile()                                 │
        self.d_optimizer = d_optimizer                             │
        self.g_optimizer = g_optimizer                             │
        self.loss_fn = loss_fn                                     │

    @property                                                      │
    def metrics(self):                                             │
        return [self.d_loss_metric, self.g_loss_metric]            ┘

    def train_step(self, real_images):
        batch_size = tf.shape(real_images)[0]
        random_latent_vectors = tf.random.normal(         ┐ 在潜在空间中采样随机点
            shape=(batch_size, self.latent_dim))
```

将这些点解码
为虚假图像

将这些虚假图
像与真实图像
混合

训练判别器

在潜在空间中
采样随机点

训练生成器

```
generated_images = self.generator(random_latent_vectors)
combined_images = tf.concat([generated_images, real_images], axis=0)
labels = tf.concat(
    [tf.ones((batch_size, 1)), tf.zeros((batch_size, 1))],
    axis=0
)
labels += 0.05 * tf.random.uniform(tf.shape(labels))

with tf.GradientTape() as tape:
    predictions = self.discriminator(combined_images)
    d_loss = self.loss_fn(labels, predictions)
grads = tape.gradient(d_loss, self.discriminator.trainable_weights)
self.d_optimizer.apply_gradients(
    zip(grads, self.discriminator.trainable_weights)
)

random_latent_vectors = tf.random.normal(
    shape=(batch_size, self.latent_dim))

misleading_labels = tf.zeros((batch_size, 1))

with tf.GradientTape() as tape:
    predictions = self.discriminator(
        self.generator(random_latent_vectors))
    g_loss = self.loss_fn(misleading_labels, predictions)
grads = tape.gradient(g_loss, self.generator.trainable_weights)
self.g_optimizer.apply_gradients(
    zip(grads, self.generator.trainable_weights))

self.d_loss_metric.update_state(d_loss)
self.g_loss_metric.update_state(g_loss)
return {"d_loss": self.d_loss_metric.result(),
        "g_loss": self.g_loss_metric.result()}
```

指定标签，以区分
真假图像

向标签中添加随机
噪声，这是一项很
重要的技巧

指定标签，全部是"真实
图像"（这是在撒谎）

在开始训练之前，我们还需要设置一个回调函数来监控结果。它利用生成器在每轮结束时
创建并保存一些虚假图像，如代码清单 12-37 所示。

代码清单 12-37 在训练过程中对生成图像进行采样的回调函数

```
class GANMonitor(keras.callbacks.Callback):
    def __init__(self, num_img=3, latent_dim=128):
        self.num_img = num_img
        self.latent_dim = latent_dim

    def on_epoch_end(self, epoch, logs=None):
        random_latent_vectors = tf.random.normal(
            shape=(self.num_img, self.latent_dim))
        generated_images = self.model.generator(random_latent_vectors)
        generated_images *= 255
        generated_images.numpy()
        for i in range(self.num_img):
            img = keras.utils.array_to_img(generated_images[i])
            img.save(f"generated_img_{epoch:03d}_{i}.png")
```

12

最后，我们开始训练，如代码清单 12-38 所示。

代码清单 12-38   编译和训练 GAN

```
epochs = 100                                            20 轮过后，就开始
                                                        得到有趣的结果
gan = GAN(discriminator=discriminator, generator=generator,
          latent_dim=latent_dim)
gan.compile(
    d_optimizer=keras.optimizers.Adam(learning_rate=0.0001),
    g_optimizer=keras.optimizers.Adam(learning_rate=0.0001),
    loss_fn=keras.losses.BinaryCrossentropy(),
)

gan.fit(
    dataset, epochs=epochs,
    callbacks=[GANMonitor(num_img=10, latent_dim=latent_dim)]
)
```

你可能会在训练过程中看到，对抗损失开始大幅增加，而判别损失则趋向于零，也就是说，判别器最终支配了生成器。如果出现这种情况，那么你可以尝试减小判别器的学习率，并增大判别器的 dropout 比率。

图 12-22 给出了这个 GAN 在经过 30 轮训练后能够生成的结果。

图 12-22   在 30 轮训练后的一些生成图像

12.5.7   小结

- GAN 由一个生成器网络和一个判别器网络组成。判别器的训练目的是区分生成器的输出与来自训练集的真实图像，生成器的训练目的则是欺骗判别器。值得注意的是，生成器不会直接查看训练集中的图像，它所知道的关于数据的信息都来自于判别器。
- GAN 很难训练，因为训练 GAN 是一个动态过程，而不是对于固定损失的简单梯度下降过程。要正确地训练 GAN，需要用到一些启发式技巧，还需要大量的调节。

❑ GAN 可能会生成非常逼真的图像。但与 VAE 不同，GAN 学习的潜在空间没有整齐的连续结构，因此可能不适用于某些实际应用，比如通过潜在空间概念向量进行图像编辑。

这几项技术只涵盖了这一快速发展领域的基础知识。还有许多内容有待探索——仅针对生成式深度学习就可以写一整本书。

12.6　本章总结

❑ 你可以使用序列到序列模型来生成序列数据，每次生成一个时间步。这种方法既可以应用于文本生成，也可以应用于逐个音符的音乐生成或其他类型的时间序列数据。

❑ DeepDream 的工作原理是：通过在输入空间中进行梯度上升，将卷积神经网络的层激活最大化。

❑ 在神经风格迁移算法中，通过梯度下降将内容图像与风格图像组合在一起，生成的图像既有内容图像的高级特征，也有风格图像的局部特征。

❑ 变分自编码器（VAE）与生成式对抗网络（GAN）这两种模型都是学习图像潜在空间，二者都可以通过从潜在空间中进行采样来创造出全新图像。潜在空间中的**概念向量**甚至可用于图像编辑。

12

第 13 章

适合现实世界的最佳实践

13

本章包括以下内容:
- 超参数优化
- 模型集成
- 混合精度训练
- 在多块 GPU 或单块 TPU 上训练 Keras 模型

从本书开头读到这里,你已经学到了很多。现在你可以训练图像分类模型、图像分割模型、向量数据的分类模型或回归模型、时间序列预测模型、文本分类模型、序列到序列模型,甚至还有文本和图像的生成模型。你已经学习了所有基础内容。

然而,到目前为止,模型的训练规模都比较小(在小型数据集上训练、用单块 GPU 训练),并且模型通常没有达到在数据集上的最佳性能。本书只是一本入门书。如果你想在现实世界中的全新问题上取得最佳结果,那么仍然需要跨越一些鸿沟。

本章是全书的倒数第 2 章,旨在帮你跨越这些鸿沟,并介绍一些最佳实践。这些实践都是你从机器学习学生成长为成熟的机器学习工程师的过程中所需要的。本章将介绍系统性提高模型性能的重要方法:超参数优化和模型集成。然后,我们将学习如何对模型训练进行加速和扩大规模,其方法包括多 GPU 和 TPU 训练、混合精度训练以及利用云端远程计算资源。

13.1 将模型性能发挥到极致

如果你只想让模型具有不错的性能,那么盲目地尝试不同的架构配置足以达到目的。本节将介绍一套用于构建最先进的深度学习模型的必备技术,让你的模型由“具有不错的性能”上升到“性能卓越并且能够赢得机器学习竞赛”。

13.1.1 超参数优化

构建深度学习模型时,你需要做出许多看似随意的决策:应该堆叠多少层?每层应该包含多少个单元或滤波器?激活函数应该使用 relu 还是其他函数?在某一层之后是否应该使用 BatchNormalization 层?应该使用多大的 dropout 比率?还有很多这样的问题。这些架构层面的参数叫作**超参数**（hyperparameter），以便与模型的**参数**（parameter）区分开来，后者是通过反向传播进行训练得到的。

在实践中，经验丰富的机器学习工程师和研究人员都会逐渐建立直觉，能够判断上述选择哪些有效、哪些无效。也就是说，他们掌握了调节超参数的技巧。但是调节超参数并没有正式的规则。如果你想让模型在某项任务上达到最佳性能，那就不能满足于这种随意的选择。虽然你可能拥有很好的直觉，但初始选择几乎不可能是最优的。你可以手动调节上述选择、重新训练模型，如此不断重复来改进模型，这也是机器学习工程师和研究人员大部分时间在做的事情。但是，整天调节超参数，这不应该是人类的工作，最好留给机器去做。

因此，你需要确定一个原则，系统性地自动探索可能的决策空间。你需要搜索架构空间，并根据经验找到性能最佳的架构。这正是超参数自动优化领域所做的事情。这个领域是一个完整的研究领域，而且很重要。

超参数优化的过程通常如下所述。

(1) 选择一组超参数（自动选择）。

(2) 构建相应的模型。

(3) 在训练数据上拟合模型，并衡量模型在验证数据上的性能。

(4) 选择要尝试的下一组超参数（自动选择）。

(5) 重复上述过程。

(6) 最后，衡量模型在测试数据上的性能。

这一过程的关键在于算法，该算法分析验证性能与各种超参数值之间的关系，以选择下一组需要评估的超参数。有多种算法可供选择：贝叶斯优化、遗传算法、简单随机搜索等。

训练模型权重相对简单：在小批量数据上计算损失函数，然后利用反向传播让权重向正确的方向移动。与此相反，更新超参数则具有很大的挑战性。我们需要考虑以下几点。

❑ 超参数空间通常由离散的决策组成，因此是不连续的，也是不可微的。通常无法在超参数空间中做梯度下降。相反，你需要依赖不使用梯度的优化方法，其效率自然远远不如梯度下降。

❑ 计算这个优化过程的反馈信号。（这组超参数在该任务上是否会得到一个性能良好的模型？）计算代价可能非常高，需要在数据集上从头开始创建并训练一个新模型。

❑ 反馈信号可能包含噪声：如果一次训练将性能提高了 0.2%，那么这是因为模型配置更好，还是因为在初始权重值的选择上很幸运？

值得庆幸的是，有一个工具可以让调节超参数变得更简单，它就是 KerasTuner。我们来看一下。

1. 使用 KerasTuner

首先来安装 KerasTuner。

```
!pip install keras-tuner -q
```

KerasTuner 可以将硬编码的超参数值（比如 units=32）替换为一系列可能的选择，比如

Int(name="units", min_value=16, max_value=64, step=16)。对于某个模型，这组选择叫作超参数优化过程的**搜索空间**（search space）。

要指定搜索空间，需要定义一个模型构建函数，如代码清单 13-1 所示。它接收一个 hp 参数，你可以从中对超参数范围进行采样。它返回一个已编译的 Keras 模型。

代码清单 13-1　KerasTuner 模型构建函数

```
from tensorflow import keras
from tensorflow.keras import layers

def build_model(hp):
    units = hp.Int(name="units", min_value=16, max_value=64, step=16)
    model = keras.Sequential([
        layers.Dense(units, activation="relu"),
        layers.Dense(10, activation="softmax")
    ])
    optimizer = hp.Choice(name="optimizer", values=["rmsprop", "adam"])
    model.compile(
        optimizer=optimizer,
        loss="sparse_categorical_crossentropy",
        metrics=["accuracy"])
    return model
```

> 从 **hp** 对象中对超参数值进行采样。采样得到的这些值（比如这里的 **units** 变量）只是普通的 Python 常量

> 超参数可以是不同的类型：**Int**、**Float**、**Boolean** 或 **Choice**

> 这个函数返回一个已编译的模型

如果想采用更加模块化、更加可配置的方法来构建模型，你也可以将 HyperModel 类子类化，并定义一个 build() 方法，如代码清单 13-2 所示。

代码清单 13-2　KerasTuner 的 HyperModel

```
import kerastuner as kt

class SimpleMLP(kt.HyperModel):
    def __init__(self, num_classes):
        self.num_classes = num_classes

    def build(self, hp):
        units = hp.Int(name="units", min_value=16, max_value=64, step=16)
        model = keras.Sequential([
            layers.Dense(units, activation="relu"),
            layers.Dense(self.num_classes, activation="softmax")
        ])
        optimizer = hp.Choice(name="optimizer", values=["rmsprop", "adam"])
        model.compile(
            optimizer=optimizer,
            loss="sparse_categorical_crossentropy",
            metrics=["accuracy"])
        return model

hypermodel = SimpleMLP(num_classes=10)
```

> 利用面向对象的方法，我们可以将模型常量配置为构造函数参数（而不是在模型构建函数中硬编码）

> build() 方法与前面的 build_model() 函数相同

下一步是定义一个**调节器**（tuner）。从原理上讲，你可以将调节器看作一个 for 循环，它将重复以下操作。

❏ 挑选一组超参数值。

❏ 使用这些值调用模型构建函数来创建一个模型。

❏ 训练模型并记录模型指标。

KerasTuner 有几个内置的调节器：RandomSearch、BayesianOptimization 和 Hyperband。我们来试试 BayesianOptimization 这个调节器。已知之前所选超参数的结果，它试图明智地预测哪些新的超参数值可能得到最佳性能。

指定模型构建函数（或
HyperModel 实例）

指定调节器要优化的指标。一定要指定验证指标，因为搜索过程的目的是找到能够泛化的模型

```
tuner = kt.BayesianOptimization(
    build_model,
    objective="val_accuracy",
    max_trials=100,
    executions_per_trial=2,
    directory="mnist_kt_test",
    overwrite=True,
)
```

在结束搜索之前尝试不同模型配置（"试验"）的最大次数

为了减小指标方差，你可以多次训练同一模型并对结果取平均。executions_per_trial 是对每种模型配置（"试验"）的训练次数

搜索日志的保存目录

开始新搜索时是否覆盖目录中的数据。如果修改了模型构建函数，请将其设置为 True，否则将其设置为 False，以便恢复之前启动的使用同一模型构建函数的搜索

你可以用 search_space_summary() 来显示搜索空间的概要信息，如下所示。

```
>>> tuner.search_space_summary()
Search space summary
Default search space size: 2
units (Int)
{"default": None,
 "conditions": [],
 "min_value": 16,
 "max_value": 64,
 "step": 16,
 "sampling": None}
optimizer (Choice)
{"default": "rmsprop",
 "conditions": [],
 "values": ["rmsprop", "adam"],
 "ordered": False}
```

13

目标最大化和最小化

　　对于内置指标（比如上述示例中的精度），指标的优化**方向**（精度应该最大化，而损失则应该最小化）由 KerasTuner 来判断。但对于自定义指标，你应该指定其优化方向，如下所示。

```
objective = kt.Objective(
    name="val_accuracy",              ←── 指标名称，会出现在每轮记录中
    direction="max")
tuner = kt.BayesianOptimization(      ←── 指标优化方向："min"
    build_model,                          或 "max"
    objective=objective,
    ...
)
```

　　最后，我们来启动搜索。不要忘记传入验证数据，并确保不要将测试集作为验证数据，否则模型很快就会对测试数据过拟合，并且也无法再相信测试指标。

```
                  (x_train, y_train), (x_test, y_test) = keras.datasets.mnist.load_data()
                  x_train = x_train.reshape((-1, 28 * 28)).astype("float32") / 255
                  x_test = x_test.reshape((-1, 28 * 28)).astype("float32") / 255
                  x_train_full = x_train[:]
                  y_train_full = y_train[:]        ←── 保留以备后续使用
                  num_val_samples = 10000
        留出验      x_train, x_val = x_train[:-num_val_samples], x_train[-num_val_samples:]
        证集        y_train, y_val = y_train[:-num_val_samples], y_train[-num_val_samples:]
                  callbacks = [
                      keras.callbacks.EarlyStopping(monitor="val_loss", patience=5),
                  ]
                  tuner.search(          ←── 它接收的参数与 fit() 相同
                      x_train, y_train,      （它只是将这些参数传递给
                      batch_size=128,        每个新模型的 fit()）
                      epochs=100,
                      validation_data=(x_val, y_val),
                      callbacks=callbacks,
                      verbose=2,
                  )
```

设置很大的轮数（我们事先并不知道每个模型需要多少轮），并使用 EarlyStopping 回调函数在开始过拟合时停止训练

　　运行上述示例只需几分钟，因为我们只查看了几种可能的选择，而且是在 MNIST 上进行训练的。然而，对于典型的搜索空间和数据集，超参数搜索往往需要一整夜甚至几天。如果搜索过程崩溃，你可以随时重新启动——只需在调节器中指定 overwrite=False，这样它就可以利用磁盘上存储的试验日志来恢复运行。

　　搜索完成之后，你可以查询最佳超参数配置，用来构建高性能模型并重新训练，如代码清单 13-3 所示。

代码清单 13-3　查询最佳超参数配置

```
top_n = 4
best_hps = tuner.get_best_hyperparameters(top_n)
```
返回一个由 **HyperParameter** 对象组成的
列表，你可以将其传递给模型构建函数

一般而言，重新训练这些模型时，你可能希望将验证数据纳入训练数据中，因为你不会再修改超参数，也就不会再在验证数据上进行性能评估。在示例中，我们将在全部 MNIST 训练数据上训练最终模型，不再留出验证集。

不过，在对全部训练数据进行训练之前，我们还需要确定最后一个参数：最佳训练轮数。通常情况下，我们希望新模型的训练时间比在搜索过程中更长：在 EarlyStopping 回调函数中使用较小的 patience 值，可以在搜索过程中节约时间，但可能会导致模型欠拟合。我们使用验证集来找到最佳训练轮数。

```
def get_best_epoch(hp):
    model = build_model(hp)
    callbacks=[
        keras.callbacks.EarlyStopping(
            monitor="val_loss", mode="min", patience=10)
    ]
    history = model.fit(
        x_train, y_train,
        validation_data=(x_val, y_val),
        epochs=100,
        batch_size=128,
        callbacks=callbacks)
    val_loss_per_epoch = history.history["val_loss"]
    best_epoch = val_loss_per_epoch.index(min(val_loss_per_epoch)) + 1
    print(f"Best epoch: {best_epoch}")
    return best_epoch
```
注意，这里使用了很大的
patience 值

最后，在整个数据集上的训练轮数比这再多一点，因为你的训练数据更多。在本例中，训练轮数增加了 20%。

```
def get_best_trained_model(hp):
    best_epoch = get_best_epoch(hp)
    model.fit(
        x_train_full, y_train_full,
        batch_size=128, epochs=int(best_epoch * 1.2))
    return model

best_models = []
for hp in best_hps:
    model = get_best_trained_model(hp)
    model.evaluate(x_test, y_test)
    best_models.append(model)
```

13

请注意，如果认为性能略微降低不是大问题，那么你可以选择一条捷径：使用调节器重新加载在超参数搜索过程中保存的具有最佳权重的高性能模型，而无须从头开始重新训练新模型，如下所示。

```
best_models = tuner.get_best_models(top_n)
```

注意   在进行大规模超参数自动优化时,需要考虑一个重要的问题:验证集过拟合。因为你使用验证数据计算出一个信号,然后根据这个信号更新超参数,所以你实际上是在验证数据上训练超参数,模型很快就会对验证数据过拟合。请始终牢记这一点。

---

2. 构建搜索空间的艺术

总体来说,超参数优化是一项强大的技术。如果你想在任何任务上获得最先进的模型,或者你想赢得机器学习竞赛,那么这项技术都是必不可少的。思考一下:以前人们手动设计特征,然后将其输入到浅层机器学习模型中。这肯定不是最优的。现在,深度学习能够自动完成分层特征工程,这些特征都是利用反馈信号学到的,无须手动调节——事情本来就应该是这样的。同样,你也不应该手动设计模型架构,而是应该按照某种原则对其进行最优化。

然而,对于调节超参数,你仍然需要熟悉模型架构的最佳实践。搜索空间随着选择数量的增加而急剧增大,因此,如果将一切都变成超参数,然后让调节器来选择,那么计算代价就太大了。你需要聪明地设计合适的搜索空间。超参数优化是一种自动化技术,而不是魔法。你可以用它将本来需要手动运行的实验自动化,但你仍然需要精心挑选那些有助于得到良好指标的实验配置。

好消息是,利用超参数优化,你需要做出的不再是微观决策(这层应该有多少个单元),而是更高层次的架构决策(模型是否应该使用残差连接)。微观决策针对于某个模型和某个数据集,而更高层次的架构决策在不同的任务和数据集中更具有普遍性。举例来说,几乎所有的图像分类问题都可以利用相同的搜索空间模板来解决。

按照这一逻辑,KerasTuner 尝试提供与某类问题(比如图像分类)相关的**预制搜索空间**(premade search space)。你只需添加数据,执行搜索,就能得到相当不错的模型。你可以试一下 kt.applications.HyperXception 和 kt.applications.HyperResNet,二者实际上都是 Keras 模型的可调节版本。

3. 超参数优化的未来:自动化机器学习

目前,深度学习工程师的大部分工作就是用 Python 脚本处理数据,然后仔细调节深度网络的架构和超参数,以得到一个工作模型,甚至可以得到最先进的模型。不用说,这肯定不是最佳做法。但是,自动化可以提供帮助,而且不止用于超参数优化。

在一组学习率或一组层的大小上进行搜索,这只是第一步。我们还可以更有雄心,尝试从头开始生成**模型架构**,尽可能减少约束,比如通过强化学习或遗传算法。未来,整条端到端的机器学习流水线都可以自动生成,而无须工程师手动设计。这叫作**自动化机器学习**(automated machine learning,AutoML)。你已经可以使用像 AutoKeras 之类的库来解决简单的机器学习问题,而且你几乎无须参与其中。

目前,AutoML 仍处于早期阶段,无法扩展到大型问题。但是,当 AutoML 足够成熟并被广泛采用时,机器学习工程师的工作也不会消失,相反,工程师会从事更多创造价值的工作。

他们会将更多精力放在数据管理、精心设计能够真实反映业务目标的复杂的损失函数，以及了解模型如何影响其所部署的数字生态系统（比如用户，他们使用模型预测结果并生成模型训练数据）。目前只有最大型的公司才有精力考虑这些问题。

一定要始终着眼于大局，着重理解基本原理，并牢记高度专业化的烦琐工作最终会被自动化取代。你可以将自动化看作一份礼物，它可以为你的工作流程提高生产力，而不是将其看作对你自身意义的威胁。你的工作不应该是无休无止地调节旋钮。

13.1.2 模型集成

要在一项任务上获得最佳结果，还有另一种强大的技术，它就是**模型集成**（model ensembling）。集成是指将一组不同模型的预测结果汇集在一起，从而得到更好的预测结果。观察机器学习竞赛，特别是 Kaggle 上的竞赛，你会发现优胜者都是将很多模型集成，这样做必然可以打败任何单一模型，无论这个单一模型有多好。

集成依赖于这样的假设，即对于独立训练的多个表现良好的模型，它们表现良好可能是因为**不同的原因**：每个模型都从略微不同的角度观察数据来做出预测，得到了部分"真相"，但不是全部。你可能听说过盲人摸象的古代寓言：一群盲人第一次遇到大象，想要通过触摸来了解大象是什么样子。每个人都摸到了大象身体的不同部位，但只摸到一个部位，比如鼻子或腿。然后这些盲人开始向彼此描述大象的样子："它像一条蛇""它像一根柱子或一棵树"，等等。他们就好比机器学习模型，每个人都试图根据自己的假设（这些假设就是模型的独特架构和独特的权重随机初始化）并从自己的角度来理解训练数据的流形。每个人都得到了数据真相的一部分，但不是全部真相。如果将他们的观点汇集在一起，你就可以得到对数据更加准确的描述。大象是多个身体部位的组合，每个盲人说的都不完全正确，但综合起来，他们讲述了一个相当准确的故事。

我们以分类问题为例。要将一组分类器的预测结果汇集在一起（分类器集成），最简单的方法就是在推断过程中对它们的预测结果取平均。

```
preds_a = model_a.predict(x_val)
preds_b = model_b.predict(x_val)
preds_c = model_c.predict(x_val)
preds_d = model_d.predict(x_val)
final_preds = 0.25 * (preds_a + preds_b + preds_c + preds_d)
```

使用 4 个模型来计算初始预测值

这个新的预测结果应该比任何一个初始预测值都更加准确

然而，只有当这组分类器的性能差不多好时，这种方法才有效。如果其中一个分类器比其他差很多，那么最终预测结果可能不如这一组中的最佳分类器。

还有一种更聪明的分类器集成方法，那就是加权平均，其权重是在验证数据上学习得到的。一般来说，较好的分类器被赋予较高的权重，而较差的分类器则被赋予较低的权重。为了找到一组好的集成权重，你可以使用随机搜索或简单的优化算法（比如 Nelder-Mead 算法）。

```
preds_a = model_a.predict(x_val)
preds_b = model_b.predict(x_val)
preds_c = model_c.predict(x_val)
```

13

```
    preds_d = model_d.predict(x_val)
┌─▷ final_preds = 0.5 * preds_a + 0.25 * preds_b + 0.1 * preds_c + 0.15 * preds_d
│
```

假设 (0.5, 0.25, 0.1, 0.15)
这组权重是根据经验学到的

分类器集成还有许多其他变体，比如可以对预测结果先取指数再做平均。一般来说，简单的加权平均，其权重在验证数据上进行最优化，这是一种很强大的基准。

要保证集成方法有效，关键在于这组分类器的**多样性**（diversity）。多样性就是力量。如果所有盲人都只摸到大象的鼻子，那么他们会一致认为大象像蛇，并且永远不会知道大象的真实样子。多样性让集成方法变得有效。用机器学习的术语来说，如果所有模型的偏差都在同一个方向上，那么集成也会保留同样的偏差。如果各个模型的**偏差在不同方向上**，那么这些偏差会互相抵消，集成结果会更加稳健、更加准确。

因此，集成的模型应该**尽可能好**，同时**尽可能不同**。这通常意味着使用非常不同的架构，甚至使用不同类型的机器学习方法。有一件事情基本上是不值得做的，那就是对同一个网络使用不同的随机初始化多次独立训练，然后再集成。如果模型之间的唯一区别只是随机初始化和读取训练数据的顺序，那么集成的多样性很弱，与单一模型相比只会有微小改进。

我发现有一种方法在实践中非常有效（但这一方法不能推广到所有问题领域），那就是将基于树的方法（比如随机森林或梯度提升树）与深度神经网络进行集成。2014 年，Andrei Kolev 和我在 Kaggle 希格斯玻色子衰变探测挑战赛中获得第 4 名，我们用的就是多种树模型和深度神经网络的集成。值得一提的是，集成中的一个模型来源于与其他模型都不相同的方法（正则化的贪婪森林），并且得分也远低于其他模型。毫不意外，它在集成中被赋予了一个很小的权重。但出乎意料的是，它将总体的集成分数提高了一大截，因为它与其他模型截然不同，提供了其他模型都无法获取的信息。这正是集成方法的意义所在。集成不在于你的最佳模型有多好，而在于模型集合的多样性。

13.2   加速模型训练

回想一下第 7 章所述的"取得进展的循环"：想法的质量取决于这一想法经历了多少轮完善，如图 13-1 所示。你对一个想法进行迭代的速度，取决于创建实验的速度、运行实验的速度以及分析结果数据的速度。

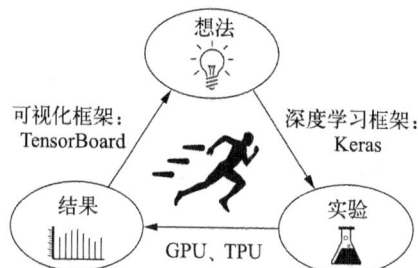

图 13-1   取得进展的循环

随着你掌握的 Keras API 专业知识越来越多，深度学习实验的代码编写速度将不再是这个循环的瓶颈。接下来的瓶颈是模型的训练速度。利用快速的训练基础设施，你可以在 10 ~ 15 分钟内得到结果。因此，你可以每天运行数十次迭代。更快的训练速度可以直接提高深度学习解决方案的质量。

本节将介绍以下 3 种提高模型训练速度的方法：

❏ 混合精度训练，利用这种方法甚至可以只用一块 GPU 来训练；

❏ 在多块 GPU 上训练；

❏ 在 TPU 上训练。

我们分别来看一下。

13.2.1 使用混合精度加快 GPU 上的训练速度

如果我告诉你，有一种简单的技巧，可以将几乎所有模型的训练速度提高 3 倍，而且基本上是免费的，你会怎么想？这听起来过于美好而不像是真的，但这样的技巧确实存在，它就是**混合精度训练**（mixed-precision training）。为了理解它的工作原理，我们首先来看一下计算机科学中的"精度"这一概念。[①]

1. 理解浮点数精度

精度之于数字就像分辨率之于图像。因为计算机只能处理 1 和 0，所以计算机中的任何数字都需要编码为二进制字符串。比如，你可能熟悉 uint8 整数，它是用 8 位（bit）编码的整数：对于 uint8，00000000 表示 0，11111111 表示 255。要想表示大于 255 的整数，需要添加更多位，8 位是不够的。大多数整数存储用的是 32 位，可以表示从 −2 147 483 648 到 2 147 483 647 的有符号整数。

浮点数也是如此。在数学中，实数形成一个连续轴，任意两个数字之间都有无数个点。你可以将实数轴不断放大。在计算机科学中，这种说法是不正确的。举个例子，在 3 和 4 之间的点的个数是有限的。有多少个？这取决于你所使用的**精度**，即用多少位来存储一个数字。你只能将实数轴放大到一定的分辨率。

我们通常使用以下 3 种浮点数精度：

❏ 半精度或 float16，数字用 16 位存储；

❏ 单精度或 float32，数字用 32 位存储；

❏ 双精度或 float64，数字用 64 位存储。

13

---

① 本节所说的精度（precision）是指浮点数精度，请注意区分它和模型指标的精度（accuracy）。——译者注

关于浮点数编码的说明

关于浮点数有一个反直觉的事实：可表示的数字并不是均匀分布的。较大的数字具有较低的精度：对于任意 N，在 `2 ** N` 和 `2 ** (N + 1)` 之间可表示的数字个数与 1 和 2 之间相同。

这是因为浮点数被编码为 3 个部分：符号（sign）、有效值 [叫作 "尾数"（mantissa）] 和指数（exponent），其形式如下。

```
{sign} * (2 ** ({exponent} - 127)) * 1.{mantissa}
```

比如，最接近 Pi 的 `float32` 格式的值如下：

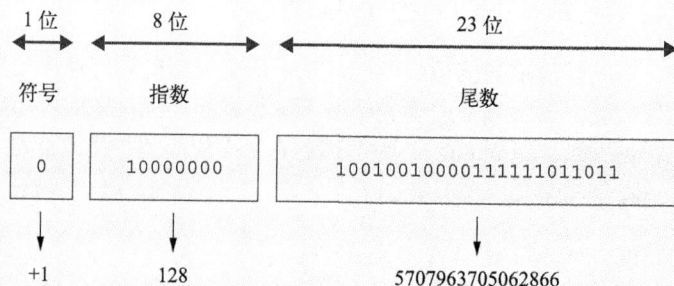

```
value = +1 * (2 ** (128 - 127)) * 1.5707963705062866
value = 3.1415927410125732
```

Pi 的单精度编码，它包括一个符号位、一个整数指数和一个整数尾数

因此，将数字转换为浮点表示时，产生的数值误差可能会因具体数值而有很大差别，而且绝对值越大，误差往往也会越大。

你可以这样来考虑浮点数分辨率：可以安全处理的任意两个数字之间的最小距离。对于单精度，这大约是 1e-7；对于双精度，这大约是 1e-16；对于半精度，这则只有 1e-3。

到目前为止，本书所有模型使用的都是单精度数字：模型将状态存储为 `float32` 权重变量，在 `float32` 输入上运行计算。这样的精度足以在不丢失信息的情况下运行模型的前向传播和反向传播，特别是梯度更新比较小的情况（回想一下，典型的学习率是 1e-3，常见的权重更新大小在 1e-6 量级）。

你也可以使用 `float64`，但这样做会浪费资源——像矩阵乘法或矩阵加法这样的运算在双精度下的计算代价要大很多，所以你要做两倍的工作，却没有明显的收益。但是你不能用 `float16` 的权重和计算来完成同样的事情，这样的话，梯度下降过程将无法顺利运行，因为你无法表示 1e-5 或 1e-6 左右的小梯度更新。

但是，你可以使用一种混合方法，即**混合精度**。它的思路是，在不需要太高精度的地方使用 16 位计算，而在其他地方使用 32 位来保持数值稳定性。新款的 GPU 和 TPU 都具有专门的硬件，运行 16 位运算比运行同等的 32 位运算速度更快，占用的内存更少。通过尽可能使用这些较低精度的运算，你可以在这些设备上大大加快训练速度。此外，在模型中对精度敏感的部分保持使用单精度，可以在不影响模型质量的前提下获得速度收益。

这些收益是相当可观的：在新款 NVIDIA GPU 上，混合精度可以将训练速度提高 3 倍。在 TPU 上训练时也是有好处的（稍后会讨论这一点），可以将训练速度提高 60%。

注意 dtype 默认值

Keras 和 TensorFlow 的默认浮点类型都是单精度，也就是说，如果没有特别指定，你创建的任何张量或变量都是 float32 格式。然而，NumPy 数组的默认格式是 float64。

将默认的 NumPy 数组转换为 TensorFlow 张量，将得到一个 float64 张量，这可能不是你想要的格式。

```
>>> import tensorflow as tf
>>> import numpy as np
>>> np_array = np.zeros((2, 2))
>>> tf_tensor = tf.convert_to_tensor(np_array)
>>> tf_tensor.dtype
tf.float64
```

请记住，转换 NumPy 数组时，一定要明确指定数据类型。

```
>>> np_array = np.zeros((2, 2))
>>> tf_tensor = tf.convert_to_tensor(np_array, dtype="float32")  ◁──┐
>>> tf_tensor.dtype                                          明确指定 dtype
tf.float32
```

请注意，对 NumPy 数据调用 Keras 的 fit() 方法时，它会执行这种转换。

2. 混合精度训练的实践

在 GPU 上训练时，混合精度的使用方法如下。

```
from tensorflow import keras
keras.mixed_precision.set_global_policy("mixed_float16")
```

通常情况下，模型的大部分前向传播是使用 float16 完成的（除了像 softmax 这样数值不稳定的运算），而模型权重则使用 float32 存储和更新。

Keras 层都有 variable_dtype 和 compute_dtype 这两个属性。默认情况下，这两个属性都被设为 float32。使用混合精度后，大多数层的 compute_dtype 会切换为 float16，这些层会将输入转换为 float16，并以 float16 格式执行计算（使用半精度的权重）。然而，这些层的 variable_dtype 仍是 float32，所以它们的权重能够从优化器接收到准确的 float32 更新，而不是半精度更新。

13

请注意，如果使用 `float16`，那么有些运算可能会在数值上不稳定（特别是 softmax 和交叉熵）。如果你想让某一层不使用混合精度，那么只需将参数 `dtype="float32"` 传递给该层的构造函数。

13.2.2　多 GPU 训练

虽然 GPU 每年都在变得越来越强大，但深度学习模型也在变得越来越大，需要越来越多的计算资源。在单块 GPU 上训练，会使训练速度受到严格限制。要解决这个问题，你可以添加更多 GPU，开始**多 GPU 分布式训练**。

在多台设备上进行分布式计算有两种方法：**数据并行**（data parallelism）和**模型并行**（model parallelism）。

利用数据并行，单个模型可以被复制到多台设备上。每个模型副本处理不同的数据批量，然后将结果合并。

利用模型并行，单个模型的不同部分可以在不同设备上运行，同时处理一批数据。这种方法对那些具有天然并行架构的模型效果最好，比如具有多个分支的模型。

在实践中，模型并行只用于那些太大而无法在单一设备上运行的模型，它不是用于加快普通模型的训练速度，而是用于训练更大的模型。本节不会介绍模型并行，而是会重点介绍你在大多数情况下会用到的方法：数据并行。我们来看一下它的工作原理。

1. 获得两块或多块 GPU

首先，你需要能够使用多块 GPU。目前，谷歌 Colab 只允许使用单块 GPU，所以你需要做以下两件事之一。

- 获得 2 ~ 4 块 GPU，将它们安装在一台机器上（这需要强力电源），然后安装 CUDA 驱动、cuDNN 等。对大多数人来说，这并不是最佳选择。
- 在谷歌云、Azure 或 AWS 上租用多 GPU 虚拟机。你将能够使用带有预装驱动和软件的虚拟机镜像，而且设置开销很小。如果你不是全天 24 小时都在训练模型，那么这可能是最佳选择。

我们不会详细介绍如何创建多 GPU 云虚拟机，因为这些信息更新很快，而且很容易在网上找到。

如果不想花费精力来管理自己的虚拟机实例，那么你还可以使用 TensorFlow Cloud。这是我和我的团队最近发布的一个软件包。你只需在 Colab 笔记本的开头添加一行代码，即可开始在多块 GPU 上进行训练。如果你正在 Colab 中调试模型，想无缝过渡到在尽可能多的 GPU 上训练模型，那么可以试一下这种方法。

2. 单主机、多设备同步训练

在一台具有多块 GPU 的机器上，如果你能够运行 `import tensorflow`，那么很快就可以开始训练分布式模型。它的工作原理如下。

```
                                        创建一个"分布式策略"对象,
strategy = tf.distribute.MirroredStrategy()◄─── 首选 MirroredStrategy
print(f"Number of devices: {strategy.num_replicas_in_sync}")
with strategy.scope():
    model = get_compiled_model() ◄─────────┐
model.fit( ◄──────────────────────────     所有创建变量的操作都应该在策略作用域内完成。
    train_dataset,                          一般来说,它只包括模型构建和 compile()
    epochs=100,
    validation_data=val_dataset,
    callbacks=callbacks)                    在所有可用设备上
                                            训练模型
开启"策略作用域"
```

这几行代码实现了最常见的训练设置:**单主机、多设备同步训练**,在 TensorFlow 中也叫"镜像分布式策略"。"单主机"是指所有 GPU 都在一台机器上(与之相对的是由许多机器组成的集群,每台机器都有自己的 GPU,机器之间通过网络进行通信)。"同步训练"是指所有 GPU 模型副本的状态始终保持相同——有些分布式训练的变体并非如此。

开启 MirroredStrategy 作用域并在其中构建模型时,MirroredStrategy 对象会在每块可用的 GPU 上创建一个模型副本。然后,每个训练步骤都以如下方式进行(参见图 13-2)。

(1) 从数据集中抽取一批数据(叫作**全局批量**)。

(2) 将这批数据分为 4 个子批量(叫作**局部批量**)。举个例子,如果全局批量包含 512 个样本,那么每个局部批量都有 128 个样本。我们希望局部批量足够大,能够保持 GPU 持续运转,所以全局批量一般都很大。

(3) 4 个副本中的每一个都在自己的设备上独立处理一个局部批量,即运行一次前向传播和一次反向传播。每个副本输出一个"权重增量",其含义是:给定模型在局部批量上的损失相对于权重的梯度,模型每个权重变量的更新大小。

(4) 将 4 个副本得到的局部梯度权重增量合并,得到一个全局增量,并将其应用于所有副本。由于这是在每一步结束时进行的,因此各个副本总是保持同步,它们的权重始终保持相同。

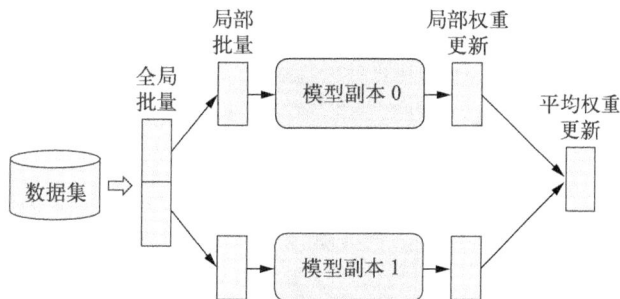

图 13-2 MirroredStrategy 的一个训练步骤:每个模型副本计算出局部权重更新,然后将其合并,并用来更新所有副本的状态

13

关于 `tf.data` 的性能提示

进行分布式训练时，数据形式一定要是 `tf.data.Dataset` 对象，以确保实现最佳性能。（以 NumPy 数组的形式传递数据也可以，因为这些数据会被 `fit()` 转换为 Dataset 对象。）你还应该使用数据预取：在将数据集传入 `fit()` 之前，先调用 `dataset.prefetch(buffer_size)`。如果你不确定使用多大的缓冲区，可以尝试 `dataset.prefetch(tf.data.AUTOTUNE)` 选项，它会为你选择缓冲区大小。

在理想情况下，在 N 块 GPU 上进行训练会带来 N 倍的速度提升。然而在实践中，分布式会引入一些开销，特别是合并来自不同设备的权重增量需要一些时间。你获得的有效加速取决于所使用的 GPU 数量：

- ❑ 使用 2 块 GPU，速度约为 2 倍；
- ❑ 使用 4 块 GPU，速度约为 3.8 倍；
- ❑ 使用 8 块 GPU，速度约为 7.3 倍。

这里假设全局批量足够大，以保持每块 GPU 满负荷运转。如果批量太小，那么局部批量将不足以保持 GPU 持续运转。

13.2.3　TPU 训练

除了使用 GPU，深度学习领域还有一种趋势，那就是将工作流程转移至日益专业化的硬件上。这些硬件都是专门为深度学习工作流程设计的。这种单一用途的芯片叫作**专用集成电路**（application-specific integrated circuit，ASIC）。许多家大大小小的公司正在开发新的芯片，但目前在这方面最重要的成果是谷歌的**张量处理单元**（Tensor Processing Unit，TPU），它可以在谷歌云和谷歌 Colab 上使用。

在 TPU 上训练需要跨越一些障碍，但这些额外的工作是值得做的，因为 TPU 真的非常快。在 TPU V2 上训练通常要比在 NVIDIA P100 GPU 上快 15 倍。对于大多数模型而言，TPU 训练的成本效益平均比 GPU 高 3 倍。

1. 通过谷歌 Colab 使用 TPU

你可以在 Colab 中免费使用 8 核 TPU。在 Colab 菜单的 Runtime（代码执行程序）标签下，单击 Change Runtime Type（更改运行时类型），你会发现除了 GPU 运行时，还可以选择 TPU 运行时。

使用 GPU 运行时，模型可以直接访问 GPU，无须任何特殊操作。如果使用 TPU 运行时，则并非如此。在开始构建模型之前，你还需要进行额外操作：连接到 TPU 集群。

它的具体代码如下。

```
import tensorflow as tf
tpu = tf.distribute.cluster_resolver.TPUClusterResolver.connect()
print("Device:", tpu.master())
```

你不必过分担心这段代码的作用——它只不过是一句"芝麻开门",将笔记本运行时连接到设备。

与多 GPU 训练的情况类似,使用 TPU 训练也需要开启分布式策略作用域,即 `TPUStrategy` 作用域。`TPUStrategy` 遵循与 `MirroredStrategy` 相同的分布式模板,模型在每个 TPU 内核上复制一次,并且各个副本保持同步。

下面来看一个简单的例子,如代码清单 13-4 所示。

代码清单 13-4　在 `TPUStrategy` 作用域中构建模型

```
from tensorflow import keras
from tensorflow.keras import layers

strategy = tf.distribute.TPUStrategy(tpu)
print(f"Number of replicas: {strategy.num_replicas_in_sync}")

def build_model(input_size):
    inputs = keras.Input((input_size, input_size, 3))
    x = keras.applications.resnet.preprocess_input(inputs)
    x = keras.applications.resnet.ResNet50(
        weights=None, include_top=False, pooling="max")(x)
    outputs = layers.Dense(10, activation="softmax")(x)
    model = keras.Model(inputs, outputs)
    model.compile(optimizer="rmsprop",
                  loss="sparse_categorical_crossentropy",
                  metrics=["accuracy"])
    return model

with strategy.scope():
    model = build_model(input_size=32)
```

我们几乎可以开始训练了。但是 Colab 中的 TPU 有些古怪:它是双虚拟机设置,也就是说,托管笔记本运行时的虚拟机与 TPU 所在的虚拟机不同。因此,你无法利用本地磁盘(与托管笔记本的虚拟机相连的磁盘)存储的文件进行训练。TPU 运行时无法从本地磁盘进行读取。加载数据的方法有以下两种。

❑ 利用虚拟机内存(而不是磁盘)中的数据进行训练。如果数据是 NumPy 数组,那么你已经完成这一步了。

❑ 将数据存储在谷歌云存储(Google Cloud Storage,GCS)的存储桶中,并创建一个数据集,直接从存储桶中读取数据,无须下载到本地。TPU 运行时可以从 GCS 中读取数据。大型数据集无法整个存储于内存中,只能选择这种方法。

在本例中,我们利用内存中的 NumPy 数组(CIFAR10 数据集)进行训练。

```
(x_train, y_train), (x_test, y_test) = keras.datasets.cifar10.load_data()
model.fit(x_train, y_train, batch_size=1024)
```

请注意,TPU 训练与多 GPU 训练相同,需要设置较大的批量尺寸,以确保设备得到充分利用

13

你会发现，需要一段时间才会开始第一轮训练，这是因为需要先将模型编译为 TPU 可处理的对象。完成这一步之后，训练速度就会变得飞快。

当心 I/O 瓶颈

由于 TPU 可以快速处理数据批量，因此从 GCS 读取数据的速度很容易成为瓶颈。
- 如果数据集足够小，那么你应该将其放在虚拟机内存中。做法是对数据集调用 dataset.cache()。这样只需从 GCS 中读取一次数据。
- 如果数据集太大，以至于无法放入内存，那么一定要将其存储为 TFRecord 文件。这是一种高效的二进制存储格式，其加载速度很快。Keras 官方网站上有一个代码示例，介绍了如何将数据格式化为 TFRecord 文件，请搜索 "Creating TFRecords" 以进一步了解。

2. 利用步骤融合来提高 TPU 利用率

TPU 拥有强大的计算能力。应该使用非常大的批量来训练，以保持 TPU 内核持续运转。对于小模型来说，批量可能会变得非常大，每个批量超过 10 000 个样本。在处理特别大的批量时，你应该相应地增大优化器的学习率。你还应该减少权重的更新次数，但每次更新都会更加准确（因为梯度是用更多数据点计算得到的），所以每次更新时权重的变化幅度应该更大。

然而，你可以用一个简单的技巧来保持合理的批量大小，同时充分使用 TPU，它就是**步骤融合**（step fusing）。具体做法是在每个 TPU 执行步骤中运行多个训练步骤，也就是说，在从虚拟机内存到 TPU 的两次往返之间做更多工作。要实现这一技巧，只需在 compile() 中指定 steps_per_execution 参数，比如 steps_per_execution=8 就是在每个 TPU 执行步骤中运行 8 个训练步骤。对于没有充分利用 TPU 的小模型来说，这可以带来巨大的速度提升。

13.3　本章总结

- 利用超参数优化和 KerasTuner，可以将寻找最佳模型配置的烦琐工作自动化。但要注意验证集过拟合的问题。
- 不同模型的集成通常可以显著提高预测质量。
- 你可以使用混合精度来提高 GPU 上的模型训练速度。这种方法几乎没有成本，并且通常可以带来很好的速度提升。
- 为了进一步加快工作流程，你可以使用 tf.distribute.MirroredStrategy API 在多块 GPU 上训练模型。
- 你甚至可以使用 TPUStrategy API 在谷歌 TPU（可在 Colab 上使用）上训练。如果模型很小，那么请一定要使用步骤融合（通过 compile(..., steps_per_execution=N)），以充分利用 TPU 内核。

第 14 章

总 结 *14*

本章包括以下内容：
- ❏ 全书要点
- ❏ 深度学习的局限性
- ❏ 深度学习、机器学习和人工智能的未来发展方向
- ❏ 学习资源，以便进一步学习并在实践中磨练技能

　　本书内容已经接近尾声。本章是最后一章，将总结并回顾全书的核心概念，同时拓展你的视野，其内容将超出你所学的知识。要成长为真正的人工智能从业者，你需要走完一段旅程，读完本书只是旅程的第一步。我希望你认识到这一点，并准备好独自继续走下去。

　　本章首先将概览全书主要内容，重点介绍前面学过的一些概念。接着，本章会简要介绍深度学习的一些不容忽视的局限性。要正确地使用工具，你不仅应该知道它**能**做什么，还应该知道它**不能**做什么。最后，本章会给出对深度学习、机器学习和人工智能这些领域未来发展的个人推测与思考。如果你想从事基础研究，那么应该会对这一部分特别感兴趣。此外，本章还将列出一份关于资源和方法的简要清单，以便你进一步学习机器学习并掌握最新进展。

14.1 重点概念回顾

　　本节概述全书的重点内容。如果你需要快速复习所学内容，那么可以阅读本节。

14.1.1 人工智能的多种方法

　　"深度学习"并不是"人工智能"的同义词，甚至也不是"机器学习"的同义词。
- ❏ **人工智能**是一个古老而宽泛的领域，一般可理解为"将人类认知过程自动化的所有尝试"。这一领域的内容非常丰富，既包括很基本的内容，比如 Excel 电子表格，也包括非常高级的内容，比如会走路会说话的人形机器人。
- ❏ **机器学习**是人工智能的一个子领域，其目标是仅靠观察训练数据来自动开发程序（**模型**）。将数据转换为程序的这个过程叫作**学习**。虽然机器学习已经存在了很长时间，但它在 20 世纪 90 年代才开始取得成功，并在 21 世纪初成为人工智能的主导形式。

- **深度学习**是机器学习的一个分支,其模型是一长串逐个应用的几何变换。这些运算被组织成模块,叫作**层**。深度学习模型通常都是层的堆叠,或者更一般地说,是由层组成的图。这些层由**权重**来参数化,权重是在训练过程中学到的参数。模型的**知识**保存在它的权重中,学习过程就是为这些权重找到正确的值,即让**损失函数**最小化的值。由于这些几何变换都是可微的,因此利用**梯度下降**可以有效地更新权重,以将损失函数最小化。

深度学习虽然只是机器学习的诸多分支之一,但它与其他分支的地位并不等同。深度学习是一项突破性的成功技术,原因如下所述。

14.1.2　深度学习在机器学习领域中的特殊之处

在短短几年的时间里,深度学习在人们曾经以为对计算机来说极其困难的诸多任务上取得了重大突破,特别是在机器感知领域。这一领域需要从图像、视频、声音中提取出有用的信息。给定足够多的训练数据(特别是由人类正确标记的训练数据),深度学习模型能够从感知数据中提取出人类能够提取出的几乎全部信息。因此,有人会说深度学习已经“解决了感知问题”,但这种说法只对感知的狭义定义才是正确的。

深度学习在技术上取得了前所未有的成功,独自引发了第三次人工智能夏天,这也是迄今为止规模最大的一次。人们对人工智能领域表现出浓厚的兴趣,投入大量资金并大肆炒作。在本书的写作过程中,我们正处于这次人工智能夏天之中。这一夏天是否会在不远的将来结束,以及它结束后会发生什么,都是人们讨论的话题。有一件事是确定的:与之前的人工智能夏天完全不同,深度学习已经为许多大型和小型科技公司提供了巨大的商业价值,并且实现了人类水平的语音识别、智能助理、图像分类,以及大幅改进的机器翻译等。炒作很可能会烟消云散,但深度学习将有持久的经济影响和技术影响。从这个意义上来讲,深度学习与互联网很相似:它可能在几年内会被过度炒作,但从长远来看,它仍然是一场改变经济和生活的重大变革。

我对深度学习特别乐观,即使未来十年没有进一步的技术进展,如果能将现有算法部署到所有适用的问题上,也能够引发大多数行业的变革。深度学习是一场不折不扣的革命,目前正以惊人的速度发展,这得益于在资源和人力上的指数式投资。在我看来,虽然短期期望有些过于乐观,但未来是光明的。要将深度学习的潜力完全发挥出来,可能需要几十年的时间。

14.1.3　如何看待深度学习

关于深度学习,最令人惊讶之处在于它非常简单。十年前,没人能预料到,利用梯度下降训练简单的参数化模型,就能在机器感知问题上得到如此惊人的结果。现在事实证明,你需要的只是足够大的参数化模型,并且利用梯度下降在足够多的样本上进行训练。正如理查德·费曼曾经对宇宙的描述:“它并不复杂,只是很多而已。”[①]

在深度学习中,一切都是向量,也就是说,一切都是**几何空间中的点**。首先将模型的输入(文本、图像等)和目标**向量化**,即将其转换为初始输入向量空间和目标向量空间。深度学习模

---

① 这是理查德·费曼在 1972 年接受 Yorkshire Television 访谈时所说的话。

型的每一层都对通过该层的数据做简单的几何变换。模型中的一连串层共同构成了一个非常复杂的几何变换，它可以分解为一系列简单的几何变换。这个复杂的几何变换试图将输入空间逐点映射到目标空间。它由层的权重来参数化，权重是根据模型当前的表现来迭代更新的。这种几何变换有一个关键性质，那就是**它必须是可微的**，这样我们才能通过梯度下降来学习其参数。直观上看，这意味着从输入到输出的几何变形必须是光滑且连续的，这是一个很重要的约束条件。

将这个复杂的几何变换应用于输入数据的整个过程，可以用三维形式可视化——你可以想象一个人试图将一个纸团展平，这个皱巴巴的纸团就是模型初始输入数据的流形。这个人对纸团做的每一个动作都相当于某一层执行的简单几何变换。完整的展平动作序列就是整个模型所做的复杂几何变换。深度学习模型就是用于解开高维数据复杂流形的数学机器。

这就是深度学习的神奇之处：将意义转化为向量，再转化为几何空间，然后逐步学习将一个空间映射到另一个空间的复杂几何变换。你需要的只是维度足够大的空间，以便捕捉到原始数据中的所有关系。

整个过程完全依赖于一个核心思想：**意义来源于事物之间的成对关系**（比如语言的词语之间，或者图像的像素之间），并且**这些关系可以用距离函数来表示**。但请注意，大脑是否也通过几何空间来实现意义，这完全是另一个问题。从计算的角度来看，处理向量空间很高效，但我们也很容易想到其他智能数据结构，特别是图。神经网络最初来自于使用图对意义进行编码这一想法，这也是它被命名为神经网络的原因，相关的研究领域曾被称为**联结主义**（connectionism）。如今，我们仍使用**神经网络**这一名称，这纯粹是出于历史原因——这是一个极具误导性的名称，因为它与神经和网络都没有关系。特别是，神经网络与大脑几乎没有任何关系。更合适的名称应该是**分层表示学习**（layered representations learning）或层级表示学习（hierarchical representations learning），甚至还可以是**深度可微模型**（deep differentiable model）或**链式几何变换**（chained geometric transform），以强调其核心在于连续的几何空间操作。

14.1.4 关键的推动技术

目前正在展开的技术革命并非始于某个单项突破性发明。相反，与其他革命一样，它是大量推动因素累积的结果——起初逐步发展，然后突然爆发。对于深度学习来说，我们可以找出以下几个关键的推动因素。

- ❑ **渐进式的算法创新**。这种创新首先在 20 年内缓慢出现（从反向传播算法开始），然后在 2012 年之后，随着更多的科研力量涌入深度学习领域，这种创新的发展速度越来越快。
- ❑ **大量可用的感知数据**。要实现在足够多的数据上训练足够大的模型，这一点是必需的。它是消费者互联网的兴起与摩尔定律应用于存储介质上的副产物。
- ❑ **快速、廉价且高度并行的计算硬件**。特别是 NVIDIA 公司生产的 GPU，一开始是游戏 GPU，后来则是纯粹为深度学习设计的芯片。NVIDIA 的首席执行官黄仁勋很早就注意到了快速发展的深度学习，他决定将公司的未来押在这上面，并获得了巨大回报。
- ❑ **复杂的软件栈使得人类能够利用这些计算能力**。这包括 CUDA 语言、TensorFlow 等能够自动微分的框架，以及 Keras。Keras 让大多数人可以使用深度学习。

14

未来，深度学习不仅会被专家（研究人员、研究生和具有学术背景的工程师）使用，而且会成为所有开发人员的工具，就像今天的 Web 技术一样。所有人都需要构建智能应用程序——正如今天每家企业都需要网站，每个产品都需要智能地理解用户生成的数据。要实现这一未来，我们需要创造一些工具，从而让深度学习更加易用，每个具有基本编程能力的人都可以使用它。Keras 正是朝着这个方向大步迈进的成果。

14.1.5　机器学习的通用工作流程

我们已经拥有了非常强大的工具，能够创建模型并将任意输入空间映射到任意目标空间。这很好，但是机器学习工作流程的难点通常是设计并训练这种模型之前的工作（对于生产模型而言，也包括设计和训练这种模型之后的工作）。理解问题领域从而能够确定要预测什么、需要哪些数据以及如何衡量成功，这些都是所有成功的机器学习应用的前提条件，而 Keras 和 TensorFlow 这样的高级工具是无法帮你解决这些问题的。提醒一下，第 6 章介绍过机器学习的通用工作流程，下面我们来快速回顾一下。

(1) 定义任务。有哪些数据可用？你想预测什么？你是否需要收集更多数据，或者雇人为数据集手动添加标签？

(2) 找到能够可靠评估目标成功的方法。对于简单任务，可以用预测精度，但在很多情况下需要与领域相关的复杂指标。

(3) 准备用于评估模型的验证过程。特别是，你应该定义训练集、验证集和测试集。验证集和测试集的标签不应该泄露到训练数据中。举个例子，对于时序预测，验证数据和测试数据的时间都应该在训练数据之后。

(4) 数据向量化。将数据转换为向量并预处理，使其更容易被神经网络所处理（数据规范化等）。

(5) 开发第一个模型，它要超越基于常识的简单基准，从而证明机器学习适用于你的任务。事实并非总是如此！

(6) 通过调节超参数和添加正则化来逐步改进模型架构。一定要根据模型在验证集（而不是测试集或训练集）上的性能来改进模型。请记住，你应该先让模型过拟合（从而找到比需求更大的模型容量），然后再开始添加正则化或减小模型规模。调节超参数时要注意验证集过拟合，即超参数可能会过于针对验证集而优化。我们保留一个单独的测试集，正是为了避免这种情况。

(7) 在生产环境中部署最终模型。可以部署为 Web API，或者部署为 JavaScript 应用程序或 C++ 应用程序的一部分，又或者部署在嵌入式设备上。继续监控模型在现实数据上的性能，并利用你的发现来完善模型的下一次迭代。

14.1.6　关键网络架构

你应该熟悉以下 4 种类型的网络架构：**密集连接网络**、**卷积神经网络**、**循环神经网络**和 **Transformer**。每种类型的模型都是针对特定的输入模式，网络架构编码了关于数据结构的假设，即搜索良好模型所在的**假设空间**。某种架构能否解决某个问题，完全取决于数据结构与网络架构假设之间是否匹配。

这些不同类型的网络可以很容易组合起来，实现更大的多模式模型，就像拼乐高积木一样。某种程度上来说，深度学习的层就是信息处理领域的乐高积木。下面列出了输入模式与网络架构之间的对应关系。

- ❑ **向量数据**：密集连接网络（Dense 层）。
- ❑ **图像数据**：二维卷积神经网络。
- ❑ **序列数据**：对于时间序列，选择循环神经网络（RNN）；对于离散序列（比如单词序列），选择 Transformer。一维卷积神经网络也可用于平移不变的连续序列数据，比如鸟鸣波形。
- ❑ **视频数据**：三维卷积神经网络（假设需要捕捉运动效果），或者帧级二维卷积神经网络（用于特征提取）再加上序列处理模型。
- ❑ **立体数据**：三维卷积神经网络。

下面来快速回顾一下每种网络架构的特点。

1. 密集连接网络

密集连接网络是 Dense 层的堆叠，用于处理向量数据（每个样本都是一个数值向量或分类向量）。这类网络假设输入特征中没有特定结构：之所以叫**密集连接**，是因为 Dense 层的每个单元都与其他所有单元相连。该层试图映射任意两个输入特征之间的关系，它与二维卷积层不同，后者仅关注局部关系。

密集连接网络最常用于分类数据（比如输入特征是属性的列表），如第 4 章的波士顿房价数据集。它还用于大多数网络的最终分类或回归，比如第 8 章介绍的卷积神经网络或第 10 章介绍的循环神经网络，最后通常是一两个 Dense 层。

请记住，对于**二分类**问题，层堆叠的最后一层应该是使用 sigmoid 激活函数且只有一个单元的 Dense 层，并使用 binary_crossentropy 作为损失函数。目标应该是 0 或 1。

```
from tensorflow import keras
from tensorflow.keras import layers
inputs = keras.Input(shape=(num_input_features,))
x = layers.Dense(32, activation="relu")(inputs)
x = layers.Dense(32, activation="relu")(x)
outputs = layers.Dense(1, activation="sigmoid")(x)
model = keras.Model(inputs, outputs)
model.compile(optimizer="rmsprop", loss="binary_crossentropy")
```

对于**单标签、多分类**问题（每个样本只对应一个类别），层堆叠的最后一层应该是一个 Dense 层，它使用 softmax 激活函数，其单元个数等于类别个数。如果目标采用的是 one-hot 编码，则使用 categorical_crossentropy 作为损失函数；如果目标是整数，则使用 sparse_categorical_crossentropy 作为损失函数。

```
inputs = keras.Input(shape=(num_input_features,))
x = layers.Dense(32, activation="relu")(inputs)
x = layers.Dense(32, activation="relu")(x)
```

14

```
outputs = layers.Dense(num_classes, activation="softmax")(x)
model = keras.Model(inputs, outputs)
model.compile(optimizer="rmsprop", loss="categorical_crossentropy")
```

对于**多标签、多分类**问题（每个样本可以有多个类别），层堆叠的最后一层应该是一个 Dense 层，它使用 sigmoid 激活函数，其单元个数等于类别个数，并使用 binary_crossentropy 作为损失函数。目标应该采用 multi-hot 编码。

```
inputs = keras.Input(shape=(num_input_features,))
x = layers.Dense(32, activation="relu")(inputs)
x = layers.Dense(32, activation="relu")(x)
outputs = layers.Dense(num_classes, activation="sigmoid")(x)
model = keras.Model(inputs, outputs)
model.compile(optimizer="rmsprop", loss="binary_crossentropy")
```

对于连续值向量的**回归**问题，层堆叠的最后一层应该是不使用激活函数的 Dense 层，其单元个数等于你要预测的值的个数（通常只有一个值，比如房价）。有几种损失函数可用于回归问题，最常用的是 mean_squared_error（均方误差，MSE）。

```
inputs = keras.Input(shape=(num_input_features,))
x = layers.Dense(32, activation="relu")(inputs)
x = layers.Dense(32, activation="relu")(x)
outputs layers.Dense(num_values)(x)
model = keras.Model(inputs, outputs)
model.compile(optimizer="rmsprop", loss="mse")
```

2. 卷积神经网络

卷积层能够查看空间局部模式，其方法是对输入张量的不同空间位置（图块）应用相同的几何变换。这样得到的表示具有**平移不变性**，这使得卷积层能够高效利用数据，并且可以模块化。这个想法适用于任意维度，包括一维（连续序列）、二维（图像数据）、三维（立体数据）等。你可以使用 Conv1D 层来处理序列数据，使用 Conv2D 层来处理图像数据，使用 Conv3D 层来处理立体数据。你还可以使用深度可分离卷积层，比如 SeparableConv2D 层，它比卷积层更精简、更高效。

卷积神经网络是卷积层和最大汇聚层的堆叠。汇聚层可以对数据进行空间下采样，这样做有两个目的：随着特征数量增加，让特征图的尺寸保持在合理范围内；让后续卷积层能够“看到”输入中更大的空间范围。卷积神经网络的最后通常是 Flatten 运算或全局汇聚层，将空间特征图转换为向量，然后再使用 Dense 层实现分类或回归。

典型的图像分类网络（本例是多分类）如下所示，其中用到了 SeparableConv2D 层。

```
inputs = keras.Input(shape=(height, width, channels))
x = layers.SeparableConv2D(32, 3, activation="relu")(inputs)
x = layers.SeparableConv2D(64, 3, activation="relu")(x)
x = layers.MaxPooling2D(2)(x)
x = layers.SeparableConv2D(64, 3, activation="relu")(x)
x = layers.SeparableConv2D(128, 3, activation="relu")(x)
x = layers.MaxPooling2D(2)(x)
```

```
x = layers.SeparableConv2D(64, 3, activation="relu")(x)
x = layers.SeparableConv2D(128, 3, activation="relu")(x)
x = layers.GlobalAveragePooling2D()(x)
x = layers.Dense(32, activation="relu")(x)
outputs = layers.Dense(num_classes, activation="softmax")(x)
model = keras.Model(inputs, outputs)
model.compile(optimizer="rmsprop", loss="categorical_crossentropy")
```

在构建非常深的卷积神经网络时，我们通常会添加**批量规范化**和**残差连接**。这两种架构模式有助于梯度信息在网络中顺利传播。

3. 循环神经网络

循环神经网络（RNN）的工作原理是，对输入序列每次处理一个时间步，并且始终保存一个状态（这个状态通常是一个向量或一组向量）。如果序列中的模式不具有时间平移不变性（比如时间序列数据，最近的过去比遥远的过去更重要），那么应该优先使用循环神经网络，而不是一维卷积神经网络。

Keras 中有 3 种循环层：SimpleRNN、GRU 和 LSTM。对于大多数实际用途，你应该使用 GRU 或 LSTM。二者之中，LSTM 更强大，计算代价也更大。你可以将 GRU 看作一种更简单、计算代价更小的替代方法。

要将多个 RNN 层逐个堆叠，最后一层之前的每一层都应该返回完整的输出序列（每个输入时间步都对应一个输出时间步）。如果只有一个 RNN 层，则通常只返回最后一个输出，其中包含关于整个序列的信息。

下面是单一的 RNN 层，用于向量序列的二分类。

```
inputs = keras.Input(shape=(num_timesteps, num_features))
x = layers.LSTM(32)(inputs)
outputs = layers.Dense(num_classes, activation="sigmoid")(x)
model = keras.Model(inputs, outputs)
model.compile(optimizer="rmsprop", loss="binary_crossentropy")
```

下面是 RNN 层的堆叠，用于向量序列的二分类。

```
inputs = keras.Input(shape=(num_timesteps, num_features))
x = layers.LSTM(32, return_sequences=True)(inputs)
x = layers.LSTM(32, return_sequences=True)(x)
x = layers.LSTM(32)(x)
outputs = layers.Dense(num_classes, activation="sigmoid")(x)
model = keras.Model(inputs, outputs)
model.compile(optimizer="rmsprop", loss="binary_crossentropy")
```

4. Transformer

Transformer 查看一组向量（比如词向量），并利用**神经注意力**将每个向量转化为一个具有**上下文感知**的表示，这个上下文由这组向量中的其他向量所提供。对于有序序列，你也可以利用**位置编码**来构建一个同时考虑全局上下文和词序的 Transformer。它对长文本段落的处理比循环神经网络或一维卷积神经网络更高效。

14

Transformer 可用于任何集合处理任务或序列处理任务（包括文本分类），尤其擅长**序列到序列学习**，比如将源语言的段落翻译成目标语言。

序列到序列 Transformer 由以下两部分组成。

❑ TransformerEncoder（Transformer 编码器）：将输入向量序列转化为上下文感知且顺序感知的输出向量序列。

❑ TransformerDecoder（Transformer 解码器）：接收 TransformerEncoder 的输出和目标序列，并预测目标序列的后续内容。

如果仅处理单一向量序列（或向量集合），那么可以只使用 TransformerEncoder。

下面是一个序列到序列 Transformer，它将源序列映射到目标序列（这种设置可用于机器翻译或问题回答）。

当前的目标序列   源序列

```
encoder_inputs = keras.Input(shape=(sequence_length,), dtype="int64")
x = PositionalEmbedding(
    sequence_length, vocab_size, embed_dim)(encoder_inputs)
encoder_outputs = TransformerEncoder(embed_dim, dense_dim, num_heads)(x)
decoder_inputs = keras.Input(shape=(None,), dtype="int64")
x = PositionalEmbedding(
    sequence_length, vocab_size, embed_dim)(decoder_inputs)
x = TransformerDecoder(embed_dim, dense_dim, num_heads)(x, encoder_outputs)
decoder_outputs = layers.Dense(vocab_size, activation="softmax")(x)
transformer = keras.Model([encoder_inputs, decoder_inputs], decoder_outputs)
transformer.compile(optimizer="rmsprop", loss="categorical_crossentropy")
```

向后偏移一个时间步的目标序列

下面是一个仅使用 TransformerEncoder 对整数序列进行二分类的例子。

```
inputs = keras.Input(shape=(sequence_length,), dtype="int64")
x = PositionalEmbedding(sequence_length, vocab_size, embed_dim)(inputs)
x = TransformerEncoder(embed_dim, dense_dim, num_heads)(x)
x = layers.GlobalMaxPooling1D()(x)
outputs = layers.Dense(1, activation="sigmoid")(x)
model = keras.Model(inputs, outputs)
model.compile(optimizer="rmsprop", loss="binary_crossentropy")
```

TransformerEncoder、TransformerDecoder 和 PositionalEmbedding 层的完整实现可参见第 11 章。

14.1.7　可能性空间

你想用深度学习技术来做什么？请记住，构建深度学习模型就像拼乐高积木：将许多层组合在一起，基本上可以在任意数据之间建立映射，前提是拥有合适的训练数据。这种映射可以通过具有合理复杂度的连续几何变换来实现。可能性空间是无限的。分类任务和回归任务一直是机器学习最基本的任务。本节将用几个例子来启发你思考除这两项基本任务之外的可能性。

我会提到许多应用领域，并将它们按输入模式和输出模式进行分类。请注意，不少应用领域已经遇到了瓶颈——虽然在这些任务上都可以训练模型，但在某些情况下，这样的模型可能无法泛化到训练数据之外的数据。14.2 节到 14.4 节将讨论未来如何突破这些局限。

- 将向量数据映射到向量数据。
  - **预测性医疗保健**：将患者医疗记录映射到预测患者治疗效果。
  - **行为定向**：将一组网站属性映射到用户在网站上所花费的时间。
  - **产品质量控制**：将与某件产品相关的一组属性映射到产品明年会坏掉的概率。
- 将图像数据映射到向量数据。
  - **医疗助手**：将医学影像幻灯片映射到预测是否存在肿瘤。
  - **自动驾驶汽车**：将车载摄像头的视频画面映射到方向盘的角度控制命令与油门和刹车命令。
  - **棋盘游戏人工智能**：将围棋棋盘或象棋棋盘映射到下一步走棋。
  - **饮食助手**：将食物照片映射到食物的卡路里数量。
  - **年龄预测**：将自拍照片映射到人的年龄。
- 将时间序列数据映射到向量数据。
  - **天气预报**：将多个地点的天气数据的时间序列映射到某地一周后的气温。
  - **脑机接口**：将脑磁图时间序列数据映射到计算机命令。
  - **行为定向**：将网站用户交互的时间序列数据映射到用户购买某件商品的概率。
- 将文本映射到文本。
  - **机器翻译**：将一种语言的一段话映射到另一种语言的译文。
  - **智能回复**：将电子邮件映射到单行回复。
  - **问题回答**：将常识性问题映射到对该问题的回答。
  - **摘要**：将一篇长文章映射到文章的简短摘要。
- 将图像映射到文本。
  - **文字转录**：将包含文本的图像映射到相应的文本字符串。
  - **图像描述**：将图像映射到描述图像内容的简短说明。
- 将文本映射到图像。
  - **条件图像生成**：将简短的文字描述映射到与这段描述相匹配的图像。
  - **商标生成 / 选择**：将公司的名称和描述映射到公司商标。
- 将图像映射到图像。
  - **超分辨率**：将缩小的图像映射到同一张图像的更高分辨率版本。
  - **视觉深度感知**：将室内环境的图像映射到深度预测图。
- 将图像和文本映射到文本。
  - **视觉问答**：将图像和关于图像内容的自然语言问题映射到自然语言回答。
- 将视频和文本映射到文本。
  - **视频问答**：将短视频和关于视频内容的自然语言问题映射到自然语言回答。

几乎一切皆有可能，但并不是**一切**。14.2 节将介绍深度学习**不能**做什么。

14.2   深度学习的局限性

深度学习可能实现的应用是无限的。不过，就当前的深度学习技术而言，许多应用仍然遥不可及，即使拥有大量人工标注的数据也无法实现。比如，你可以收集一个数据集，其中包含数十万条（甚至上百万条）由产品经理编写的关于软件产品功能的英文说明，还包含由工程师团队开发的满足这些要求的相应源代码。即使有了这些数据，你也无法训练出一个深度学习模型，读取产品说明就能生成相应代码库。这只是诸多例子中的一个。一般来说，任何需要推理（比如编程或应用科学方法）、长期规划和用算法处理数据的事情，无论投入多少数据，深度学习模型都是无法实现的。即使是学习简单排序算法，对深度神经网络来说也是非常困难的。

这是因为深度学习模型只是将一个向量空间映射到另一个向量空间的简单而又连续的几何**变换链**。它只能将一个数据流形 X 映射到另一个流形 Y，假设从 X 到 Y 存在可学习的连续变换。深度学习模型可以被视为一种程序，但反过来说，**大多数程序不能表示为深度学习模型**。对于大多数任务而言，要么不存在具有合理规模的神经网络能够解决任务，要么即使存在这样的神经网络，它也不一定是**可学习的**（learnable）。对于后一种情况，原因既可能是相应的几何变换过于复杂，也可能是没有合适的数据用于学习。

通过堆叠更多层以及使用更多训练数据来扩展当前的深度学习技术，只能在表面上缓解一些问题，却无法解决更根本的问题，比如深度学习模型可以表示的内容非常有限，又比如你想学习的大多数程序不能表示为数据流形的连续几何变形。

14.2.1   将机器学习模型拟人化的风险

当代人工智能有一个实实在在的风险，那就是人们误解了深度学习模型的作用，并高估了它的能力。人类的一个基本特征就是拥有**心智理论**：我们倾向于将意图、信念和知识投射到身边的事物上。在石头上画一个笑脸，我们就觉得石头突然变得“快乐”了。将人类的这个特征应用于深度学习，如果我们能够在某种程度上成功训练一个模型来生成描述图片的说明文字，那么我们就会相信这个模型能够“理解”图片内容和它生成的说明文字。然后，如果某张图片与训练数据略有不同，并导致模型生成非常荒谬的说明文字，我们就会感到惊讶，如图 14-1 所示。

男孩拿着一根棒球棒

图 14-1　基于深度学习的图像描述系统的失败案例

对抗样本（adversarial example）尤其能够说明这一点。对抗样本是深度学习网络的输入样本，其目的是欺骗模型对其进行错误分类。比如你已经知道，在输入空间中做梯度上升，可以生成让卷积神经网络的某个滤波器激活值最大化的输入，这就是第 9 章所述的滤波器可视化技术的基本原理，也是第 12 章所述的 DeepDream 算法的基本原理。与此类似，通过梯度上升，你也可以对图像稍作修改，使其能够将某一类别的预测值最大化。将长臂猿梯度添加到熊猫照片中，可以让神经网络将熊猫归类为长臂猿，如图 14-2 所示。这既表明了这些模型的脆弱性，也表明了这些模型从输入到输出的映射与人类感知之间的深刻差异。

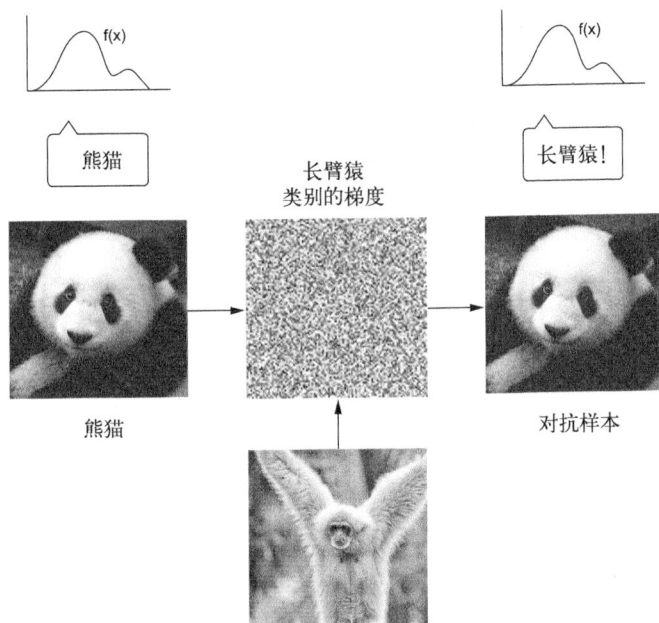

图 14-2　对抗样本：图像中难以察觉的变化可能会完全改变模型对图像的分类

简而言之，深度学习模型并不理解其输入，至少不是人类所说的理解。我们自己对图像、声音和语言的理解是基于我们作为人类的感觉运动体验。机器学习模型无法获得这些体验，因此也就无法用与人类相似的方式来理解其输入。通过对输入模型的大量训练样本进行标记，我们可以让模型学会一个几何变换。这个变换在一组特定样本上将数据映射到人类概念，但这种映射只是我们头脑中原始模型的简化。我们头脑中的原始模型是从我们作为具身主体的体验发展而来的。机器学习模型就像是镜子中的模糊图像，如图 14-3 所示。你创建的模型会利用任何捷径来拟合训练数据。例如，图像模型往往更依赖于局部纹理，而不是对输入图像的全局理解——在以豹子和沙发为主的数据集上训练的模型，很可能将豹纹沙发归类为豹子。

14

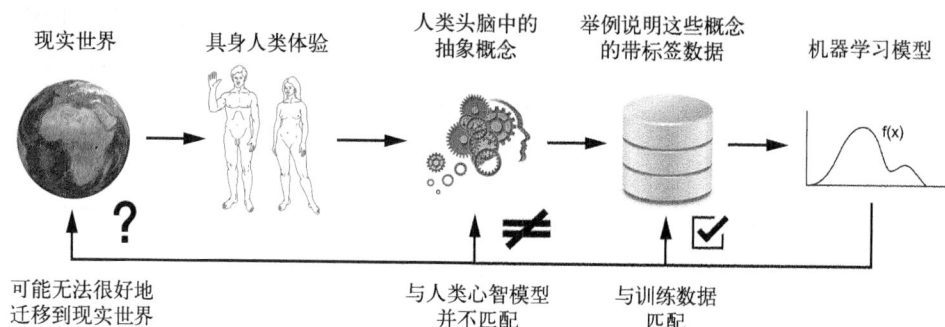

图 14-3　当前的机器学习模型就像是镜子中的模糊图像

作为机器学习从业者，你一定要始终牢记这一点，并且永远不要陷入这样的陷阱，即相信神经网络能够理解它所执行的任务——它并不理解，至少不是以一种对我们来说有意义的方式。我们希望教神经网络学会某项任务，但它是在一个不同、更加狭隘的任务上进行训练的，这个任务就是将训练输入逐点映射到训练目标。如果向神经网络输入与训练数据不同的数据，那么它可能会给出荒谬的结果。

14.2.2　自动机与智能体

深度学习模型所做的从输入到输出的简单几何变形，与人类思考和学习的方式之间存在根本区别。区别不仅在于这一点：人类是从具身体验中进行学习，而不是通过观察明确的训练示例来学习。与可微的参数化函数相比，人类大脑是完全不同的。

我们将目光放远一些，思考一个问题："智能的目的是什么？"它一开始为什么会出现？我们只能猜测，但可以做出相当有根据的猜测。我们首先来观察大脑，它是产生智能的器官。大脑是一种进化适应机制，一种在数亿年间通过自然选择引导下的随机试错而逐步发展起来的机制，它极大地增强了生物体适应环境的能力。大脑最初出现在 5 亿多年前，用于**存储和执行行为程序**。"行为程序"（behavioral program）是一组让生物体对环境做出反应的指令："如果发生这种情况，就那样做。"它们将生物体的感官输入与运动控制联系起来。一开始，大脑的功能是对行为程序进行硬编码（作为神经连接模式），这可以让生物体对感官输入做出适当的反应。这正是昆虫大脑的工作原理，比如苍蝇、蚂蚁、秀丽隐杆线虫等，如图 14-4 所示。由于这些程序的初始"源代码"是 DNA，它会被解码为神经连接模式，因此进化突然能够以一种不受限制的方式**搜索行为空间**，这是一项重大的进化转变。

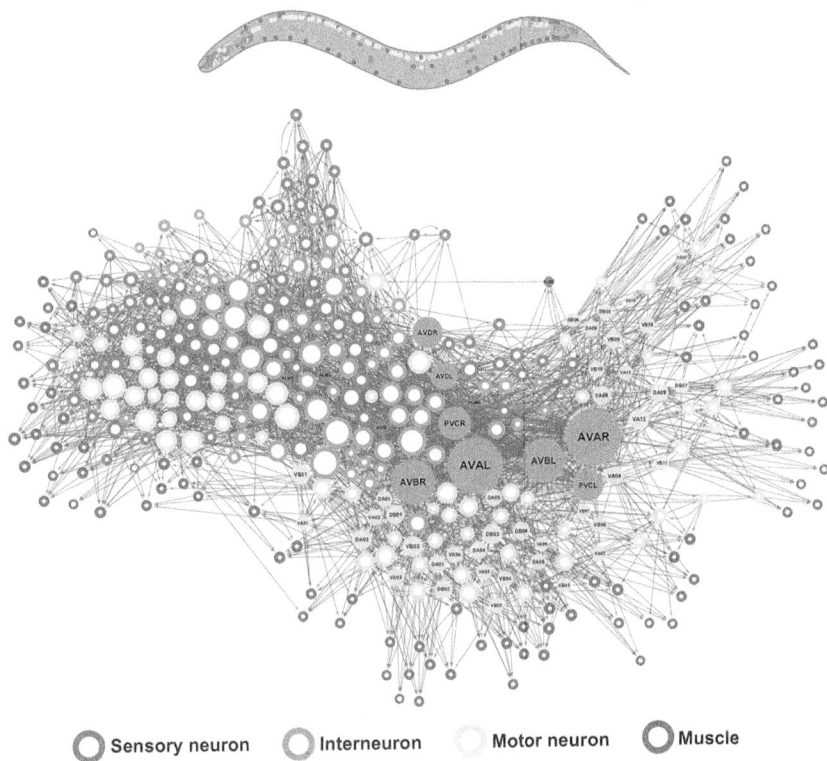

图 14-4　秀丽隐杆线虫的大脑网络：一个由自然进化"编程"的行为自动机。
图片由 Emma Towlson 制作[①]

进化是程序员，而大脑是计算机，认真执行进化所编写的代码。神经连接是一种非常通用的计算基质，因此所有具有大脑功能的物种的感觉运动空间都突然开始急剧扩张。眼睛、耳朵、上颚、4 条腿、24 条腿——只要拥有大脑，进化就会很好地找到充分利用这些器官的行为程序。大脑可以处理输入的任意模式或模式组合。

请注意，早期的大脑本质上并不是智能。它们更像是**自动机**（automaton），只会执行在生物体 DNA 中硬编码的行为程序。说它们是智能，就像说恒温器是"智能"一样，或者说列表排序程序或训练好的人工深度神经网络是"智能"一样。自动机和真正的智能体之间有重要的区别，我们来仔细看一下。

14.2.3　局部泛化与极端泛化

17 世纪的法国哲学家和科学家勒内·笛卡儿（René Descartes）在 1637 年写了一篇富有启发性的评论，完美地诠释了这种区别——这篇评论远早于人工智能的兴起，事实上还早于第一

① Gang Yan et al. Network Control Principles Predict Neuron Function in the Caenorhabditis Elegans Connectome. Nature, 2017.

14

台机械式计算机（由他的同事帕斯卡在 5 年后创造）。笛卡儿是这样描述自动机的：

> 那些机器虽然可以做许多事情，做得跟我们每个人一样好，甚至更好，却绝不能做别的事情。从这一点可以看出，它们的活动所依靠的并不是理解，而只是它们的部件结构。

——勒内·笛卡儿，《谈谈方法》（1637 年）①

就是这样。智能的特点是**理解**（understanding），而理解的证据是能够**泛化**（generalization），即能够处理可能出现的各种新情况。有两名学生，一个记住了过去 3 年的考试题目但对该学科毫无理解，另一个真正理解了学习材料，你怎么区分这两人呢？你可以给他们一道全新的题目。自动机是静态的，其目的是在特定环境中完成特定的事情——"如果这样，那么那样"，而智能体可以动态适应意想不到的新情况。当自动机面对与它"编程"目的不匹配的事物时（无论是人类编写的程序、进化产生的程序，还是在训练数据集上拟合模型的隐性编程过程），它就会失败。与之相反，像人类一样的智能体，可以利用理解能力来找到前进的道路。

深度网络或昆虫能够将即时刺激映射到即时反应，但人类的能力远不止于此。对于现状、对于我们自己、对于其他人，我们都维持复杂的抽象模型，并利用这些模型来预测各种可能的未来，以及执行长期规划。我们可以将已知的概念融合在一起，用来表示之前从未体验过的事物，比如想象如果中了彩票会做什么，或者想象如果你将朋友的钥匙悄悄换掉，她会作何反应。这种处理新鲜事物与假想情况的能力，将我们的心智模型空间扩展到远远超出我们能够直接体验的范围，让我们能够进行**抽象和推理**——这种能力是人类认知的决定性特征。我将这种能力称为**极端泛化**（extreme generalization）：只使用很少的数据甚至没有新数据，就可以适应从未体验过的新情况的能力。这种能力是人类和高级动物所具有的智能的关键。

这与类似自动机的系统形成了鲜明对比。非常死板的自动机根本无法泛化，它无法处理任何事先没有被精确告知的事情。Python 字典或者用硬编码 if-then-else 语句实现的简单问答程序就属于这个类别。深度网络做得稍好一些，它可以成功处理与所熟悉的内容稍有不同的输入，这正是它的有用之处。第 8 章的猫狗分类模型可以对前所未见的猫狗图片进行分类，只要这些图片与训练样本足够相似即可。然而，深度网络的能力仅限于我所说的**局部泛化**（local generalization，参见图 14-5）：如果输入开始偏离深度网络的训练样本，那么深度网络所执行的从输入到输出的映射就会立刻变得没有意义。深度网络只能泛化到**已知的未知事物**（known unknown），即在模型开发过程中预料到的变化因素，以及在训练数据中普遍存在的变化因素，比如宠物照片的不同拍摄角度或照明条件。这是因为深度网络通过在流形上进行插值来实现泛化（第 5 章介绍过），输入空间的任何变化因素都需要被学习流形捕捉到。这就是为什么简单的数据增强有助于提高深度网络的泛化能力。与人类不同，这些模型无法在数据很少或没有数据的情况下（比如中彩票或拿到假钥匙，这些情况与过去只有抽象的共同点）随机应变。

---

① 此处译文参考了商务印书馆于 2000 年出版的《谈谈方法》（王太庆译）。——译者注

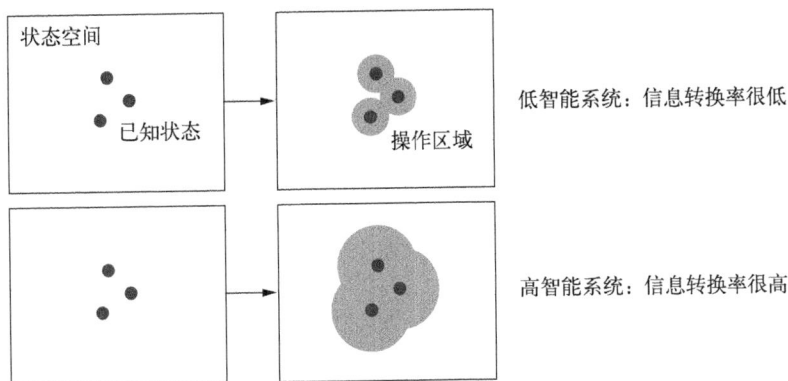

图 14-5 局部泛化与极端泛化

思考这样一个问题，我们想学习让火箭登陆月球的正确发射参数。如果使用深度网络来完成这项任务，并利用监督学习或强化学习来训练网络，那么需要输入上万次（甚至上百万次）发射试验的数据。也就是说，我们需要为它提供输入空间的**密集采样**，以便它学到从输入空间到输出空间的可靠映射。相比之下，我们人类可以利用抽象能力提出物理模型（火箭科学），并且只用一次或几次试验就能得到让火箭登陆月球的精确解决方案。同样，如果你想开发一个深度网络，能够控制人体并学会在城市中安全行走，避免被汽车撞到，那么这个网络需要在各种场景中"死亡"数千次，才能推断出汽车是危险的，并做出适当的躲避行为。如果将这个网络放到一个新城市，它需要重新学习大部分已知知识。与此相反，人类不需要经历死亡就可以学会安全行为，这也要归功于我们对新情况进行抽象建模的能力。

14.2.4 智能的目的

高度适应性的智能体与死板的自动机之间的这种区别，指引我们回到了大脑进化这个话题。为什么大脑最初只是自然进化产生行为自动机的媒介，最终却变得智能？就像每一个重要的进化里程碑一样，它之所以发生，是因为自然选择的限制鼓励它发生。

大脑负责行为产生。如果生物体必须面对的情况大多是静态的并且事先知道，那么行为产生将是一个简单的问题：进化只需通过随机试错找到正确的行为，然后将其硬编码到生物体DNA中。这是大脑进化的第一阶段——将大脑看作自动机，它已经是最优的了。但重要的是，随着生物体的复杂性和与之相伴的环境复杂性不断增加，动物需要处理的情况变得更加动态、更加不可预测。如果仔细观察，你会发现生命中的每一天与之前经历过的任何一天都不相同，也与你的进化祖先所经历过的任何一天都不相同。你需要能够不断面对令你惊讶的未知情况。进化无法找到行为序列并将其硬编码为DNA，让你能够成功处理一天内所遇到的情况。它必须每天即时生成这些行为序列。

作为良好的行为生成引擎，大脑已经适应了这种需求。它对适应性和通用性进行了优化，而不仅仅是对一组固定情况的适应性进行优化。这种转变在整个进化史上可能发生了很多次，其结果就是在相距非常遥远的进化分支中都出现了高度智能的动物，比如猿、章鱼、乌鸦等。

14

智能的出现正是为了应对动态而又复杂的生态系统所带来的挑战。

这就是智能的本质：它能够有效利用你所掌握的信息，从而在面对不断变化且不确定的未来时能够做出成功的行为。笛卡儿所说的"理解"就是这种非凡能力的关键：能够挖掘过去的经验，形成模块化、可重复使用的抽象概念。这些抽象概念可以被快速重新使用，以处理新的情况并实现极端泛化。

14.2.5　逐步提高泛化能力

作为粗略描述，你可以将生物智能的进化史概括为逐步缓慢提高**泛化能力**的过程。一开始的类似自动机的大脑，只能进行局部泛化。随着时间的推移，进化产生的生物体开始能够进行越来越广泛的泛化，它们能够在日益复杂和多变的环境中茁壮成长。最终，在过去的几百万年里（从进化的角度来看只是一瞬间），某个古人类物种逐渐掌握能够实现极端泛化的生物智能，从而加速了人类世的开始，并永久性地改变了地球的生命历史。

在过去的 70 年里，人工智能的发展与这种进化有着惊人的相似之处。早期的人工智能系统只是自动机，比如 20 世纪 60 年代的 ELIZA 聊天程序，或者 1970 年的人工智能 SHRDLU[1]，后者可以根据自然语言命令来操纵简单物体。在 20 世纪 90 年代和 21 世纪初，能够进行局部泛化的机器学习系统开始兴起，它可以处理一定程度的不确定性和新奇性。在 21 世纪 10 年代，深度学习进一步提升了这些系统的局部泛化能力，使得工程师能够利用更大的数据集和表现力更强的模型。

今天，我们可能正处于下一个进化阶段的风口浪尖。人们对能够实现**广泛泛化**（broad generalization）的系统越来越感兴趣。所谓广泛泛化，我将其定义为在广泛的任务领域内能够处理**未知的未知事物**（unknown unknown，包括系统训练没有考虑到的情况，以及系统创造者无法预料的情况）。举例来说，自动驾驶汽车能够安全处理你输入的任何情况，或者家用机器人能够通过"沃兹智能测试"，即进入一间普通的厨房并煮一杯咖啡[2]。通过将深度学习与精心制作的世界抽象模型相结合，我们已经朝着这些目标取得了显著进展。

然而，就目前而言，人工智能仍然仅限于**认知自动化**："人工智能"中的"智能"标签是一个类别错误。这个领域更准确的名称应该是"人工认知"，而"认知自动化"和"人工智能"是其中两个几乎相互独立的子领域。在这个细分领域中，"人工智能"仍是一片绿地，几乎所有内容都有待人们去发现。

我并不是要贬低深度学习的成就。认知自动化是非常有用的，深度学习模型能够仅通过观察数据来实现任务自动化。这代表了一种特别强大的认知自动化形式，远比显式编程更实用，也更通用。做好这一点，基本上可以改变每个行业的游戏规则。但它离人类智能（或动物智能）还很遥远。到目前为止，我们的模型只能进行局部泛化：通过对 X-Y 数据点的密集采样进行学习，得到一个平滑的几何变换。这个变换将空间 X 映射到空间 Y，而空间 X 或 Y 内的任何扰动都会使这种映射失效。它只能泛化到与之前数据类似的新情况，而人类认知能够进行极端泛化，迅速适应全新情况，并对长远的未来做出规划。

---

① Terry Winograd. Procedures as a Representation for Data in a Computer Program for Understanding Natural Language. 1971.

② Fast Company. Wozniak: Could a Computer Make a Cup of Coffee? 2010.

14.3 如何实现更加通用的人工智能

为了消除我们前面讨论过的一些限制，并创造出能够与人类大脑媲美的人工智能，我们需要抛开简单的输入-输出映射，转而思考**推理**和**抽象**。在接下来的几节中，我们将看到未来可能的发展方向。

14.3.1 设定正确目标的重要性：捷径法则

生物智能是对大自然所提问题的回应。同样，如果我们想开发出真正的人工智能，那么首先需要提出正确的问题。

你在系统设计中经常会见到的一种现象是**捷径法则**（shortcut rule）：如果专注于优化某个成功指标，那么你将实现你的目标，但会以系统中未包含在你的成功指标中的一切为代价。最终，你会采取一切可用的捷径来实现目标。你的创造成果是由你给自己的激励所塑造出来的。

你在机器学习竞赛中经常会见到这种情况。2009 年，Netflix 举办了一场挑战赛，承诺向在电影推荐任务中获得最高分的团队提供 100 万美元奖金。最终，它没有采用获胜团队创建的系统，因为它过于复杂，而且计算代价很大。获胜者只针对预测精度进行优化——这也是竞赛激励他们去做的，但其代价是系统的其他良好特性：推断成本、可维护性和可解释性。捷径法则适用于大多数 Kaggle 竞赛，但 Kaggle 获胜者的模型几乎无法用于生产环境（如果有的话）。

在过去的几十年里，捷径法则在人工智能领域随处可见。20 世纪 70 年代，心理学家和计算机科学先驱 Allen Newell 担心，他的领域在建立适当的认知理论方面无法取得任何有意义的进展，于是他提出了人工智能领域的一个新的宏伟目标：下棋。他的理由是，人类下棋似乎涉及（甚至可能需要）诸如感知、推理、分析、记忆、书本学习等能力。自然，如果我们能建造一台下棋机器，那么它也必须具备这些属性，对吧？

20 多年后，梦想成真：1997 年，IBM 的"深蓝"计算机击败了当时世界上最好的国际象棋选手 Garry Kasparov。随后，研究人员不得不面对这样一个事实：创造一个国际象棋冠军的人工智能几乎没有教会他们关于人类智能的任何知识。"深蓝"核心的 Alpha-Beta 算法并不是人类大脑的模型，也不能泛化到除类似棋盘游戏之外的任务。事实证明，构建一个只会下棋的人工智能比构建一个人工大脑要更容易，所以研究人员就采取了捷径法则。

到目前为止，人工智能领域的成功驱动指标一直都是解决某项任务，从国际象棋到围棋，从 MNIST 分类到 ImageNet，从 Atari Arcade 游戏到《星际争霸》和 Dota 2。因此，该领域的历史包含一系列"成功"，这些成功就是想出如何解决上述任务，而**没有任何智能特征**。

如果这种说法听起来令人惊讶，那么请记住，类似人类智能的特征并不是解决任意某项任务的技能，相反，它是适应新事物的能力，能够有效掌握新技能并完成前所未见的任务。对于固定任务，你可以对需要做的事情给出足够精确的描述——要么对人类知识硬编码，要么提供大量数据。工程师可以通过添加数据或添加硬编码知识来为人工智能"购买"更多技能，而无须提高人工智能的泛化能力，如图 14-6 所示。如果拥有近乎无限的训练数据，那么即使是像最近邻搜索这样非常粗糙的算法，也能够以超人的技巧玩视频游戏。同样，如果你有近乎无限的

由人工编写的 `if-then-else` 语句, 也能实现同样的效果。如果你对游戏规则做出微小改变 (人类可以立即适应这种改变), 则需要对非智能系统进行重新训练或从头开始重建。

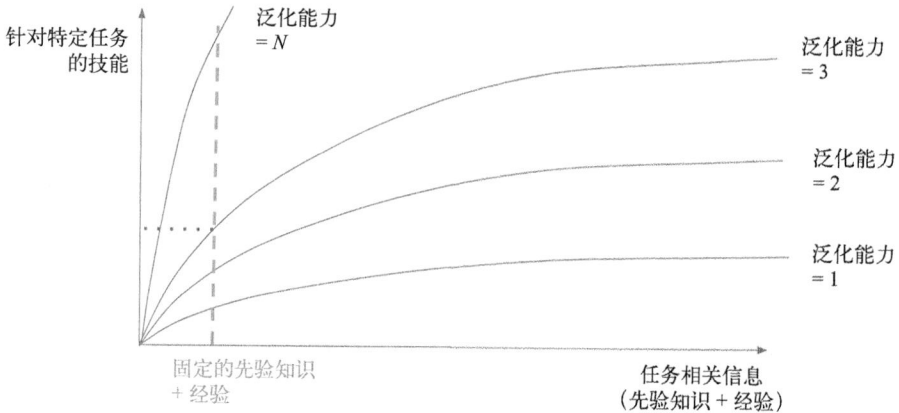

图 14-6　给定无限的任务相关信息, 一个低泛化系统可以在某项任务上实现任意技能

　　简而言之, 通过固定任务, 我们消除了处理不确定性和新奇性的需求, 而智能的本质就是处理不确定性和新奇性的能力, 所以我们实际上是消除了对智能的需求。找到一个非智能的解决方案来解决一项具体任务总是比解决一般的智能问题更容易, 所以我们 100% 会采取这种捷径。人类可以利用一般智能来获得处理任何新任务的技能, 但反过来说, 从特定任务技能的集合是无法获得一般智能的。

14.3.2　新目标

　　要想让人工智能真正变得智能, 并能够应对现实世界极大的变化性和不断变化的本质, 我们首先需要放弃追求**针对特定任务的技能**, 而是开始瞄准泛化能力本身。我们需要新的进展指标, 它能够帮助我们开发越来越智能的系统。这种指标将能够指明正确的方向, 并给出可操作的反馈信号。只要我们将目标设为 "构建一个能够解决 X 任务的模型", 那么捷径法则就会适用, 我们最终会得到一个能够完成 X 任务的模型, 仅此而已。

　　在我看来, 智能可以被精确量化为一种**效率比**(efficiency ratio): 你所掌握的关于世界的**相关信息量**(可以是**经验**或**先验知识**)与你的**未来操作领域**(你面对这组新情况能够做出适当行为, 你可以将其视为你的**技能集**)之间的转换比。一个更加智能的智能体能够使用更少的经验来处理更加广泛的未来任务和情况。要衡量这样一个比率, 你只需固定系统可用的信息(经验和先验知识), 并衡量它在一组参考情况或参考任务上的性能。这些情况或任务与系统已知的情况或任务有很大不同。试图将这个比率最大化, 应该可以让系统变得更加智能。重要的是, 为避免作弊, 你需要确保系统的测试任务应该不同于它被编程或训练来处理的任务——事实上, 你需要那些**系统创造者无法预料的任务**。

　　2018 年 ~ 2019 年, 我开发了一个名为**抽象和推理语料库**(Abstraction and Reasoning Corpus,

ARC）^①的基准数据集,其目的在于反映智能的这种定义。ARC 的设计初衷是让机器和人类都可以使用，它类似于人类的智商测试（如瑞文推理测验）。在测试时，你会看到一系列"任务"。每项任务都用三四个"例子"来解释，每个例子包括一个输入网格和一个相应的输出网格，如图 14-7 所示。然后，给你一个全新的输入网格，你有 3 次机会来生成正确的输出网格，之后进入下一个任务。

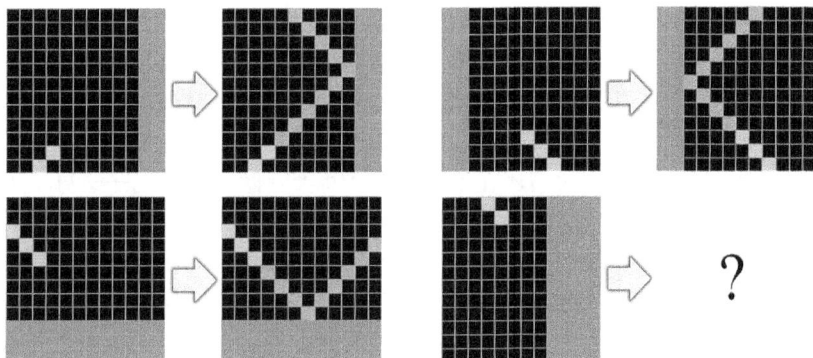

图 14-7　ARC 任务的输入 – 输出对示例。给定一个新的输入，你需要给出相应的输出

与智商测试相比，ARC 有两点独特之处。首先，ARC 试图仅通过在前所未见的任务上的测试来衡量泛化能力。也就是说，ARC 是**一款无法练习的游戏**，至少在理论上是这样：你将接受测试的任务有其独特的逻辑，你需要即时理解这些逻辑，不能仅仅记住过去任务的特定策略。

其次，ARC 会试图控制你参加测试所具有的**先验知识**。你永远不会完全从头开始处理一个新问题，而会带有预先存在的技能和信息。ARC 假设所有参加测试的人员都应该具有一组先验知识，它叫作"核心先验知识"，代表人类与生俱来的"知识系统"。与智商测试不同，ARC 的任务不会涉及后天知识（比如英语句子）。

不出所料，事实证明，基于深度学习的方法（包括在大量外部数据上训练的模型，如 GPT-3）完全无法解决 ARC 任务。因为这些任务是非插值的，所以不适合曲线拟合。与此相对，普通人在第一次尝试时就可以解决这些任务，无须任何练习。如果你看到 5 岁的小孩能够自然地完成现代人工智能技术完全无法完成的任务，那么这是一个明确的信号，表示我们遗漏了某些东西。

解决 ARC 任务需要什么？我希望这个挑战能够引发你思考。这就是 ARC 的全部意义：给你一个不同的目标，促使你朝着一个新的方向前进，并且这可能是一个富有成效的方向。现在，我们来快速看一下，要沿着这个新方向前进，你需要了解哪些关键内容。

14.4　实现智能：缺失的内容

现在你已经了解到，智能不仅仅是深度学习所做的那种潜在流形插值。但是，如果要构建真正的智能，我们需要什么？我们目前还缺少哪些核心组件？

① François Chollet. On the Measure of Intelligence. 2019.

14

14.4.1   智能是对抽象类比的敏感性

智能是一种能力，即利用经验和先验知识来面对新的、意想不到的情况。如果你必须面对的未来是**全新的**，与你之前见过的一切都没有共同点，那么无论你多么智能，都无法对它做出反应。

智能之所以有效，是因为没有什么事情是完全没有先例的。遇到新事物时，我们能够将其与经验进行类比，用我们长期收集的抽象概念来表达它，从而理解它的意义。如果 17 世纪的人第一次见到喷气式飞机，可能会将其描述为一只不会拍打翅膀、巨大作响的金属鸟。看到汽车呢？那是一辆无马的马车。如果试图给小学生讲物理，你可以解释说，电像是管道中的水，时空像是被重物扭曲的橡胶板。

除了这种清晰明确的类比，我们还在不断进行更小、更隐晦的类比——每一秒、每一个想法都在进行。类比是我们掌控生活的方式。去一个新的超市，你会自行将其与你去过的类似商店联系起来。与新朋友交谈，他们会让你想起以前见过的某些人。即使是看似随机的图案（比如云的形状），也会立刻在我们的脑海中变成生动的图像——一头大象、一艘船、一条鱼。

这些类比不仅存在于我们的头脑中，而且物理现实本身就充满了同构现象。电磁力与重力很相似。由于具有共同的起源，所有动物在结构上彼此都很相似。二氧化硅晶体与冰晶相似。还有很多例子。

我将这称为**万花筒假说**：我们对世界的体验具有极大的复杂性和无尽的新奇性，但在这片复杂的海洋中，一切事物都与其他事物类似。要描述你所生活的宇宙，你需要的**独特意义单元**（unique atom of meaning）的数量相对较少，你周围的一切事物都是这些单元的重组。几粒种子，无尽的变化——就像万花筒里的图案一样，几颗玻璃珠被一组镜子反射，产生看似不断变化的丰富图案，如图 14-8 所示。

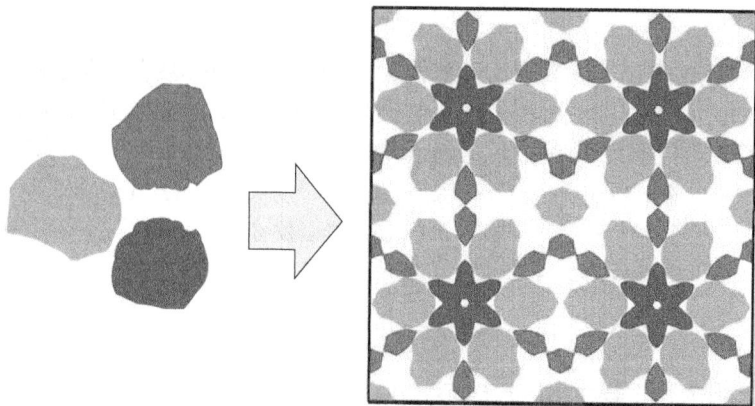

图 14-8   万花筒只用几颗彩色玻璃珠就能产生丰富（但重复）的图案

泛化能力（智能）就是挖掘经验以找到这些在多种情况下可以重复使用的意义单元的能力。被提取出来之后，它们被称为**抽象**。每次遇到一种新情况，你就会利用积累的抽象概念来理解它。

如何找到可重复使用的意义单元？只需注意两件事情的相似性，即注意类比。如果某件事情重复发生了两次，那么二者一定有同一个来源，就像在万花筒里一样。抽象是智能的引擎，类比则是抽象的引擎。

简而言之，智能是对抽象类比的敏感性，这就是它的全部内容。如果你对类比具有很高的敏感性，你就可以从很少的经验中提取出强大的抽象，并能够利用这些抽象在未来经验空间的最大范围内进行操作。你可以非常高效地将经验转化为处理未来新奇事物的能力。

14.4.2 两种抽象

如果智能是对抽象类比的敏感性，那么开发人工智能就应该从逐步编写类比算法开始。类比始于**对事物的相互比较**。重要的是，比较事物有**两种方式**，由此产生了两种抽象（两种思维模式），每种适合不同类型的问题。这两种抽象共同构成了我们所有思想的基础。

将事物相互联系的第一种方式是**比较相似性**，它会产生**以价值为中心的类比**。第二种方式是**精确结构匹配**，它会产生**以程序为中心的类比**（或以结构为中心的类比）。这两种方式都是从事物的**实例**开始，然后将相关实例合并在一起，生成**抽象**。它捕捉到实例之间的共同要素。二者的不同点在于你如何判断两个实例是相关的，以及如何将实例合并为抽象。我们来仔细看一下这两种类比。

1. 以价值为中心的类比

假设你在后院遇到了许多甲虫，它们属于多个物种。你会注意到它们之间存在相似性。有些更加相似，有些则不太相似：相似性的概念隐含了一个光滑连续的**距离函数**，它定义了一个甲虫实例的潜在流形。观察到足够多的甲虫之后，你就可以将更多的相似实例聚集在一起，并将它们合并为一组**原型**（prototype），以捕捉每组的共同视觉特征，如图 14-9 所示。这个原型是抽象的：它看起来不像是你见过的任何具体实例，但它包含所有实例的共同属性。如果遇到一只新甲虫，那么你不需要将其与之前见过的每一只甲虫进行比较，而只需将其与少数原型进行比较，从而找到最接近的原型——甲虫的**类别**，并利用这个结果做出有用的预测：这只甲虫咬人吗？它会吃你的苹果吗？

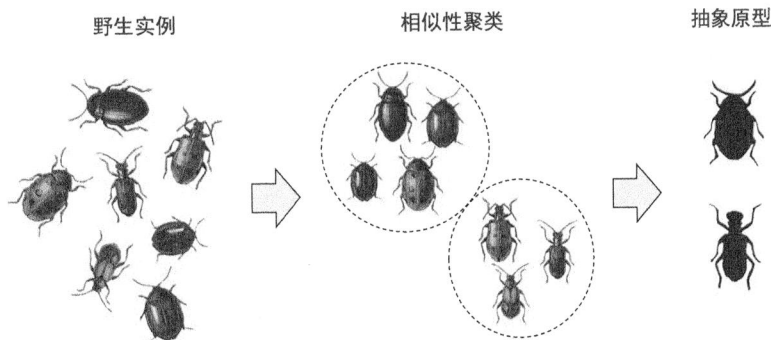

图 14-9　以价值为中心的类比：通过连续的相似性概念将实例联系起来，从而得到抽象原型

14

这听起来耳熟吗？这大致就是对无监督机器学习（如 K 均值聚类算法）的描述。一般来说，所有现代机器学习算法（无论是监督学习还是无监督学习）的工作原理都是学习潜在流形。这个潜在流形描述了由通过原型表示的实例组成的空间（还记得第 9 章的卷积神经网络特征可视化吗？那就是视觉原型）。以价值为中心的类比，使得深度学习模型能够进行局部泛化。

这也是人类的许多认知能力的运行基础。人类一直在做以价值为中心的类比。这种抽象类型是**模式识别**、**感知**和**直觉**的基础。如果你能不假思索地完成一项任务，那么你在很大程度上依赖于以价值为中心的类比。如果你在看电影，并下意识地将不同角色归类为"类型"，那么这就是以价值为中心的抽象。

2. 以程序为中心的类比

重要的是，认知不仅仅是以价值为中心的类比所带来的那种即时、近似、直观的分类。还有另一种抽象生成机制，它是缓慢、精确、审慎的，它就是以程序为中心（或以结构为中心）的类比。

在软件工程中，你经常会编写有许多共同点的函数或类。如果注意到这些冗余，你会开始问："是否可以有一个更抽象的函数来完成同样的工作，并可以重复使用两次？是否可以有一个抽象的基类，让两个类都能继承自它？"这里，你使用的抽象的定义对应于以程序为中心的类比。你并不是通过**相似程度**来比较类和函数，就像通过隐含的距离函数来比较两张人脸一样。相反，你感兴趣的是它们之间是否有**结构完全相同的部分**。你在寻找所谓的**子图同构**（subgraph isomorphism，见图 14-10）：程序可以表示为运算符的图，而你试图在不同程序之间找到完全相同的子图（程序子集）。

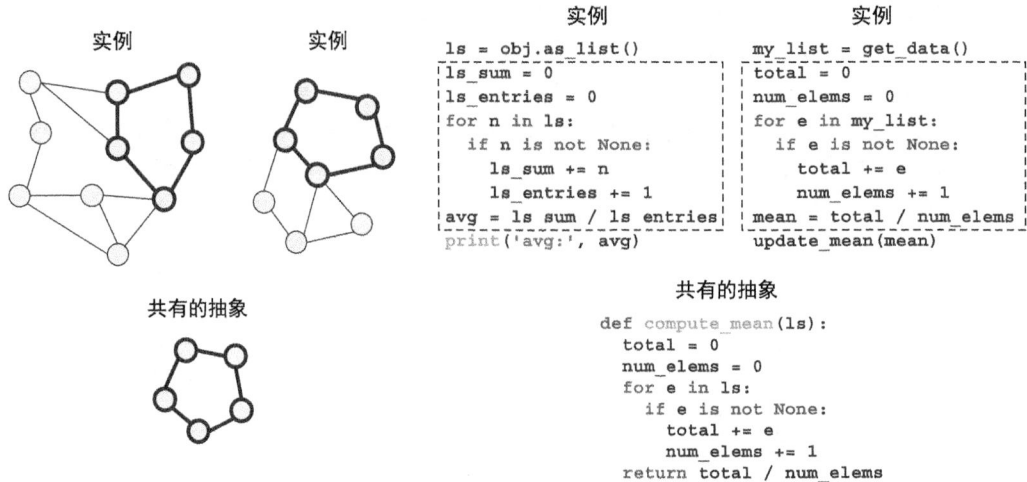

实例

```
ls = obj.as_list()
ls_sum = 0
ls_entries = 0
for n in ls:
  if n is not None:
    ls_sum += n
    ls_entries += 1
avg = ls_sum / ls_entries
print('avg:', avg)
```

实例

```
my_list = get_data()
total = 0
num_elems = 0
for e in my_list:
  if e is not None:
    total += e
    num_elems += 1
mean = total / num_elems
update_mean(mean)
```

共有的抽象

```
def compute_mean(ls):
    total = 0
    num_elems = 0
    for e in ls:
      if e is not None:
        total += e
        num_elems += 1
    return total / num_elems
```

图 14-10 以程序为中心的类比：找到不同实例之间的同构子结构并将其提取出来

这种在不同的离散结构之间通过精确的结构匹配进行的类比，并不是计算机科学或数学等专业领域所特有的，你经常会在不知不觉中使用它。它是**推理**、**规划**和**缜密**（相对于直觉）

的基础。每当你思考通过离散的关系网络（而不是连续的相似性函数）相互连接的对象时，你就是在进行以程序为中心的类比。

3. 认知是两种抽象的组合

我们来对比一下这两种抽象，参见表 14-1。

表 14-1　两种抽象

以价值为中心的抽象	以程序为中心的抽象
通过距离来关联事物	通过精确的结构匹配来关联事物
连续，以几何学为基础	离散，以拓扑学为基础
通过将实例"平均"为"原型"来生成抽象	通过提取实例之间的同构子结构来生成抽象
感知和直觉的基础	推理和规划的基础
即时、模糊、近似	缓慢、精确、严谨
需要大量的经验来生成可靠的结果	高效利用经验，只用两个实例即可生成抽象

我们所做和所想的一切都是这两类抽象的组合，很难找到只涉及其中一类抽象的任务。即使是看似"纯感知"的任务，比如识别场景中的物体，也涉及大量关于你所观察物体之间关系的隐含推理。即使是看似"纯推理"的任务，比如证明数学定理，也需要大量直觉。当数学家开始动笔时，他们已经对前进方向有了模糊的构想。他们为实现目标而采取的离散推理步骤是由高级直觉所引导的。

这两类抽象相辅相成，只有二者交织才能实现极端泛化。没有这两类抽象，任何思想都是不完整的。

14.4.3　深度学习所缺失的那一半

你应该已经发现了现代深度学习所缺失的内容：它非常擅长编码以价值为中心的抽象，但它基本上无法生成以程序为中心的抽象。类似人类的智能是这两类抽象紧密交织的结果，而深度学习实际上缺少了一半内容，可以说是更重要的一半。

提醒一下，到目前为止，我将每一类抽象都说成是完全独立的，甚至是相互对立的。但在实践中，它们更像是光谱：在某种程度上，你可以通过将离散程序嵌入连续流形来进行推理，就像你可以通过任意一组离散点来拟合一个多项式函数，只要拥有足够多的系数。反过来说，你也可以用离散程序来模拟连续的距离函数，毕竟，在计算机上做线性代数运算时，你完全是在通过离散程序来处理连续空间。这些离散程序对 1 和 0 进行操作。

然而，某些类型的问题显然更适合其中之一。例如，你可以尝试训练深度学习模型来对含有 5 个数字的列表进行排序。利用正确的架构，这个问题并非无法解决，但会令人沮丧。你需要大量的训练数据——即便如此，模型在遇到新数字时仍然会不时出错。如果你想对含有 10 个数字的列表进行排序，那么需要在更多的数据上重新训练模型。与此相反，用 Python 编写一个排序算法只需几行代码，而编写的程序只需在几个示例上得到验证，就可以应用于任意大小的

14

列表。这是一种相当强的泛化：利用几个演示示例和测试示例，就能得到一个可以成功处理任意数字列表的程序。

反过来说，感知问题非常不适合用离散推理过程来解决。你可以尝试编写一个纯 Python 程序来对 MNIST 数字进行分类，不使用任何机器学习技术，但这样做会遇到麻烦。你会发现自己费尽心思编写函数，检测数字中的圆圈个数、数字的质心坐标等。写完上千行代码，你可能会达到 90% 的测试精度。在这种情况下，拟合参数模型要简单得多。它可以更好地利用现有的大量数据，而且能得到更加稳健的结果。如果你拥有大量数据，并且面临的问题适用于流形假设，那就使用深度学习。

出于上述原因，不太可能出现将推理问题简化为流形插值的方法，或者将感知问题简化为离散推理的方法。人工智能的未来发展方向是开发统一框架，将这**两种抽象**类比结合在一起。我们来具体看一下。

14.5　深度学习的未来

我们已经知道了深度网络的工作原理、局限性及其缺失内容，那么能否预测未来一段时间内的发展趋势呢？下面是我的一些个人想法。请注意，我没有水晶球，所以我的很多预测可能无法实现。我之所以分享这些预测，并不是因为我希望它们在未来被证明是完全正确的，而是因为这些预测很有趣，而且现在就可以付诸实践。

从更高层面来看，我认为下面这些主要发展方向很有前途。

- **与通用计算机程序更接近的模型**，它建立于比当前可微层更加丰富的原语（primitive）之上。这也是我们实现推理和抽象的方法，当前模型的致命弱点正是缺少推理和抽象。
- **深度学习与针对程序空间的离散搜索的融合**，前者提供感知能力和直觉，后者提供推理能力和规划能力。
- **更好地、系统性地重复使用之前学到的特征和架构**，比如使用了可复用和模块化子程序的元学习系统。

此外请注意，监督学习已成为深度学习的基本内容，但这些预测并不只是针对监督学习，而是适用于任何形式的机器学习，包括无监督学习、自监督学习和强化学习。标签来自哪里或训练循环是什么样子，这些并不重要，机器学习的这些不同分支只是同一概念的不同方面。我们来深入了解一下。

14.5.1　模型即程序

正如 14.4 节所述，我们可以预期机器学习领域的一个必要转型是，从只能进行纯**模式识别**并且只能实现**局部泛化**的模型，转向能够进行抽象和推理并且能够实现**极端泛化**的模型。目前能够进行基本推理的人工智能程序都是由人类程序员硬编码的，比如依赖搜索算法、图操作和形式逻辑的软件。

这种情况可能即将改变，这要归功于**程序合成**（program synthesis）。这一领域目前还非常小众，但我预计它在未来几十年内会大放异彩。程序合成是指利用搜索算法（这在**遗传编程**中也可能是遗传搜索）来探索巨大的程序空间，从而自动生成简单程序，如图14-11所示。如果找到了满足规格说明的程序（规格说明通常是一组输入－输出对），那么搜索就会停止。这很容易让人联想到机器学习：给定输入－输出对作为训练数据，我们找到一个程序，它不仅能够将输入映射到输出，还能够泛化到新的输入。二者的区别在于，我们是通过离散的搜索过程来生成源代码的（参见表14-2），而不是在硬编码的程序（神经网络）中学习参数值。

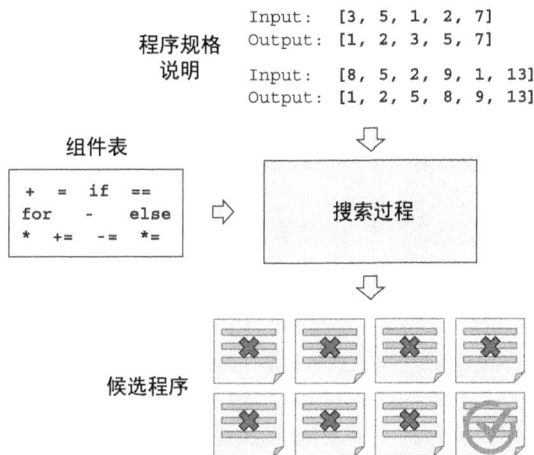

图 14-11 程序合成的示意图：给定程序规格说明和组件表，搜索过程会将组件组装为候选程序，然后根据规格说明进行测试。搜索会持续进行，直到找到一个有效程序

表 14-2 机器学习与程序合成

机器学习	程序合成
模型：可微的参数化函数	模型：由编程语言的运算符组成的图
引擎：梯度下降	引擎：离散搜索（比如遗传搜索）
需要大量的数据才能生成可靠的结果	高效利用数据，只需几个训练示例即可运行

利用程序合成，我们可以向人工智能系统添加以程序为中心的抽象能力。它是拼图中缺失的内容。我之前提到过，深度学习技术在 ARC 这个以推理为中心的智力测试中完全无法使用。与此相反，非常粗糙的程序合成方法已经在这个基准上得到了非常不错的结果。

14.5.2 将深度学习与程序合成融合

当然，深度学习是不会消失的。程序合成不是深度学习的替代品，而是它的补充。程序合成是人造大脑中一直缺失的那一半。我们将二者结合并加以利用，这主要包括以下两种方法：

(1) 将深度学习模块和算法模块集成到混合系统中；

(2) 使用深度学习指导程序搜索。

我们来分别了解这两种方法。

14

1. 将深度学习模块和算法模块集成到混合系统中

当前，最强大的人工智能系统都是混合型的，它们同时利用了深度学习模型和手工编写的符号操作程序。以 DeepMind 的 AlphaGo 为例，它的大部分智能是由人类程序员设计和硬编码的（如蒙特卡罗树搜索），只有专门的子模块（价值网络和策略网络）从数据中进行学习。再来看自动驾驶汽车的例子。自动驾驶汽车能够处理各种各样的情况，因为它保存了一个关于周围世界的模型（一个真实的三维模型），其中包含人类工程师硬编码的各种假设。这个模型通过与汽车周围环境不断交互的深度学习感知模块来不断更新。

对于 AlphaGo 和自动驾驶汽车这两个系统，手动创造的离散程序与学到的连续模型的组合，可以实现很高的性能，而这是单独一种方法（比如端到端深度网络或不包含机器学习的软件）所无法实现的。到目前为止，这种混合系统的离散算法单元是由人类工程师精心硬编码的。但在未来，这样的系统可以完全通过学习得到，无须人类参与其中。

这种未来是什么样子的？我们来看一类著名的神经网络：循环神经网络（RNN）。值得注意的是，RNN 的局限性比前馈网络略小。这是因为 RNN 不仅仅是单纯的几何变换，而是**在 for 循环内不断重复**的几何变换。时序 for 循环本身是由人类工程师硬编码的，它是神经网络的内置假设。当然，RNN 的表达能力仍然非常有限，这主要是因为它的每一个时间步都是可微的几何变换，两个时间步之间都是通过连续几何空间中的点（状态向量）来携带信息的。现在想象一个神经网络，它用一种类似编程原语的方式得到了增强：神经网络并不是单一硬编码的 for 循环，具有硬编码的连续空间记忆，而是包含大量编程原语，模型可以自由操作这些原语来扩展其处理功能，比如 if 分支、while 语句、变量创建、长期磁盘存储、排序运算符、高级数据结构（如列表、图和哈希表）等。这种网络能够表示的程序空间要远远大于当前深度学习模型的表示空间，其中一些程序还可以实现很强的泛化能力。重要的是，这样的程序不是端到端可微的（不过某些模块仍是可微的），因此需要通过离散程序搜索与梯度下降的组合来生成这样的程序。

我们将不再使用硬编码的算法智能（手工软件）或者学习得到的几何智能（深度学习）。相反，我们将形式算法模块与几何模块融合，前者提供推理能力和抽象能力，后者提供非形式化的直觉和模式识别能力，如图 14-12 所示。整个系统的学习很少需要人类参与，甚至根本不需要人类参与。这极大地扩展了可以用机器学习解决的问题的范围——给定适当的训练数据，程序空间可以自动生成。像 AlphaGo 这样的系统，甚至是 RNN，都可以看作这种算法－几何混合模型的先驱。

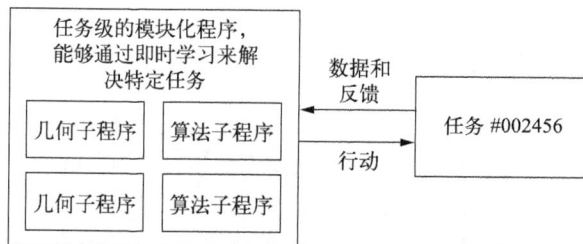

图 14-12　一个同时依赖几何原语（模式识别、直觉）和算法原语（推理、搜索、记忆）的学习程序

2. 使用深度学习指导程序搜索

目前，程序合成的主要障碍是效率非常低。夸张地说，程序合成的工作原理是在搜索空间中尝试所有可能的程序，直到找到一个满足规格说明的程序。随着程序规格说明复杂性的增加，或随着编程原语表的扩大，程序搜索过程会遇到所谓的组合式爆炸（combinatorial explosion），即所要考虑的程序集增长得非常快，比指数式增长还要快很多。因此，目前的程序合成只能用于生成非常短的程序，短期内无法为计算机生成新的操作系统。

为了继续发展，我们需要让程序合成更加接近于人类编写软件的方式，从而提高其效率。当你打开编辑器编写脚本时，你并没有考虑到可能编写的每一个程序。你的脑海中只有少数几种可能的选项，你可以利用对问题的理解和自己的经验来大幅缩减需要考虑的选项空间。

深度学习可以帮助程序合成做同样的事情：虽然我们想生成的每个具体程序可能都是完全离散的对象，只能进行非插值的数据操作，但迄今为止的证据表明，**所有有用程序的空间**可能看起来很像一个连续流形。也就是说，让一个深度学习模型在数百万个成功的程序生成案例上进行训练，它可能会获得可靠的**直觉**，知道在程序空间中从规格说明到相应程序的搜索过程**应该走哪条路径**，就像软件工程师可能对他要编写的脚本的整体架构拥有直觉，知道在通往目标的道路上应该使用哪种中间函数和类。

请记住，人类推理在很大程度上是基于以价值为中心的抽象（模式识别和直觉）。程序合成应该也是这样。对于通过学习启发式方法来指导程序搜索的通用方法，我预测在未来 10 年到 20 年内有越来越多的研究人员对此感兴趣。

14.5.3　终身学习和模块化子程序复用

如果模型变得更加复杂，并且构建于更加丰富的算法原语之上，那么对于这种复杂性的增加，需要在不同的任务之间实现更多的复用，而不是每次面对一个新任务或新数据集时都从头开始训练一个新模型。由于许多数据集包含的信息不足以从头开发一个复杂的新模型，因此有必要利用之前的数据集所包含的信息（就像你每次翻开一本新书，也不会从头开始学习字词一样——那是不可能的）。在每项新任务上都从头开始训练模型是非常低效的，因为当前任务与之前遇到的任务有很多重复之处。

近年来，人们反复观察到一个显著的现象：训练**同一个模型**来同时完成几个几乎没有联系的任务，这样得到的模型在**每个任务上的效果都更好**。举个例子，训练同一个神经机器翻译模型来实现英语译德语和法语译意大利语，得到的模型在两组语言上的性能都变得更好。同样，联合训练一个图像分类模型和一个图像分割模型，二者共享相同的卷积基，得到的模型在两个任务上的性能都变得更好。这是很符合直觉的：看似无关的任务之间总是存在一些信息重叠，与仅在特定任务上训练的模型相比，联合训练的模型可以获取关于每项任务的更多信息。

目前，对于不同任务之间的模型复用，我们会使用具有通用特征的模型的预训练权重，比如视觉特征提取。第 9 章介绍过这种方法。我希望未来出现这种方法的更加通用的版本：不仅重复使用之前学到的特征（子模型权重），还会重复使用模型架构和训练过程。随着模型变得越

14

来越像程序，我们将开始重复使用**程序的子程序**（program subroutine），就像重复使用编程语言中的函数和类。

想想如今的软件开发过程：工程师解决了一个具体问题（比如 Python 中的 HTTP 查询），就会将其打包为一个抽象、可复用的库。日后遇到类似问题的工程师都可以搜索现有的库，下载并在自己的项目中使用。同样，在未来，元学习系统能够在高级可复用模块的全局库中筛选，并组合生成新程序。如果系统发现自己对几个不同的任务都开发了类似的子程序，那么它可以对子程序提出一个抽象、可复用的版本，并将其存储在全局库中，如图 14-13 所示。这些子程序既可以是几何子程序（带有预训练表示的深度学习模块），也可以是算法子程序（类似于当代软件工程师所使用的库）。

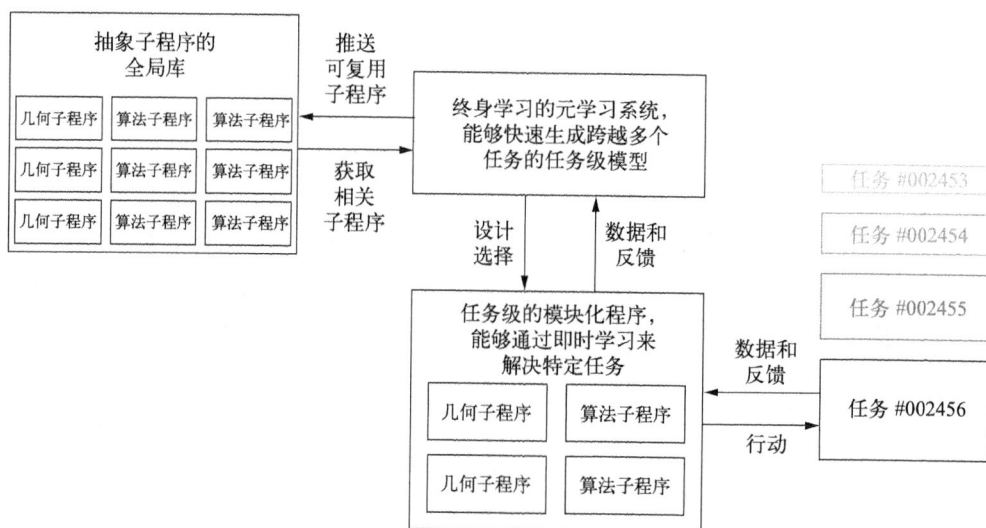

图 14-13   元学习系统能够利用可复用原语（包括算法原语和几何原语）来快速开发针对特定任务的模型，从而实现极端泛化

14.5.4   长期愿景

简而言之，以下是我对机器学习的长期愿景。

❑ 模型变得更像程序，其能力远远超出我们目前对输入数据所做的连续几何变换。这些程序更加接近于人类关于周围环境及自身的抽象心智模型，由于它们具有丰富的算法特性，因此还有更强的泛化能力。

❑ 模型将融合**算法模块**和**几何模块**，前者提供形式推理、搜索和抽象能力，后者提供非形式化的直觉和模式识别能力。这将融合以价值为中心的抽象和以程序为中心的抽象。AlphaGo 或自动驾驶汽车（这两个系统需要大量手动软件工程和人为设计决策）就是这种符号人工智能和几何人工智能融合的早期例子。

❏ 通过使用存储于可复用子程序全局库（这个库通过在数千个先前任务和数据集上学习高性能模型而不断进化）中的模块化部件，这种模型可以自动**成长**，而无须人类工程师对其硬编码。随着元学习系统识别出常见的问题解决模式，这些模式会被转化为可复用子程序（类似于软件工程中的函数和类），并被添加到全局库中。

❏ 对子程序的各种可能组合进行搜索以生成新模型，这是离散的搜索过程（程序合成），但它将在很大程度上由深度学习提供的**程序空间直觉**所引导。

❏ 这个子程序全局库和相关的模型成长系统能够实现某种形式的**极端泛化**（与人类的泛化能力类似）：给定一个新任务或新情况，系统能够使用很少的数据组合出一个适用于该任务或情况的新的有效模型。这要归功于类似程序的丰富原语，它具有很强的泛化能力，还要归功于在类似任务上的大量经验。同样，如果一个人具有丰富的游戏经验，那么他可以很快学会玩复杂的新视频游戏，因为从先前经验得到的模型是抽象、程序化的，而不是刺激与行动之间的简单映射。

❏ 因此，这种终身学习的模型成长系统可以被看作一种**通用人工智能**（artificial general intelligence，AGI）。但是，不要指望会出现奇点式的机器人世界末日——那纯粹是幻想，来自于人们对智能和技术的一系列误解。不过对这种观点的批判不属于本书的范畴。

14.6 了解快速发展的领域的最新进展

作为结语，我希望给你一些建议，让你在读完本书之后能够继续学习并更新知识和技能。我们知道，尽管它的"史前时代"延续数十年之久，但是现代深度学习领域只有数年的历史。自 2013 年以来，随着资金和研究人数呈指数增长，整个领域正在高速发展。你在本书中学到的知识不会一直都有价值，你在职业生涯中还需要掌握更多内容。

幸运的是，互联网上有很多免费资源，你可以用来了解最新进展，还可以拓展视野。下面介绍一些资源。

14.6.1 在 Kaggle 上练习解决现实世界的问题

要获得现实世界的经验，一种有效的方法是参加 Kaggle 机器学习竞赛。唯一真正的学习方法就是实践和写代码，这也是本书的理念，Kaggle 竞赛正是这一理念的自然延续。在 Kaggle 上，你会发现一系列不断更新的数据科学竞赛，其中许多涉及深度学习。有些公司想在最具挑战性的机器学习问题上得到新颖的解决方案，就举办了这些竞赛，对顶尖参赛者还提供相当丰厚的奖金。

大部分竞赛的获胜者使用的是 XGBoost 库（用于浅层机器学习）或 Keras（用于深度学习）。因此，作为本书读者，你非常适合参加这些竞赛。通过参加几次竞赛，或者作为团队的一员参加竞赛，你将更加熟悉本书所介绍的一些高级用法，特别是超参数调节、避免验证集过拟合和模型集成。

14

14.6.2   在 arXiv 上了解最新进展

深度学习研究与其他科学领域不同，它是完全公开化的。论文一经定稿，就会公开发布供人们自由获取，而且许多相关软件也是开源的。arXiv（读作 archive，其中 X 代表希腊字母 *chi*）是物理学、数学和计算机科学领域研究论文的开放获取预印本服务器。arXiv 已经成为了解机器学习和深度学习最新进展的重要途径。大多数深度学习研究人员在完成论文后会立刻将论文上传到 arXiv。这样一来，他们可以插一面旗子，宣称拥有某项研究成果的所有权，无须等待会议接收（这需要几个月的时间）。鉴于该领域的发展速度很快、竞争很激烈，这种做法是必要的。它还可以让这一领域快速向前发展，对于所有新的研究成果，所有人都可以立刻查看和借鉴。

一个很大的不足是，arXiv 上每天会发布大量新论文，即使全部略读一遍也是不可能的。这些论文没有经过同行评议，要找出那些很重要且质量很高的论文也很困难。在噪声中寻找信号很困难，而且正在变得越来越困难。

14.6.3   探索 Keras 生态系统

截至 2021 年底，Keras 已拥有超过 100 万用户，并且用户规模仍在增长。Keras 拥有一个大型生态系统，其中包括大量教程、指南和相关的开源项目。

- ❏ Keras 的主要参考资料是 Keras 在线文档。你可以在 Developer guides 页面上找到大量开发者指南，还可以在 Code examples 页面上找到数十个高质量的 Keras 代码示例。一定要去看一下。
- ❏ Keras 的源代码位于 https://github.com/keras-team/keras。
- ❏ 你可以在 Keras 邮件列表（keras-users@googlegroups.com）中寻求帮助并加入深度学习讨论。
- ❏ 你可以在 Twitter 上关注我：@fchollet。

14.7   结束语

本书到这里就结束了！我希望你已经掌握了一些知识，关于机器学习、深度学习、Keras，甚至一般认知。学习是持续一生的旅程，特别是在人工智能领域，我们面对的未知远远多于已知。所以请继续学习，继续提问，继续研究，永不止步。虽然目前已经取得了一定进展，但人工智能的大多数基本问题仍然没有答案，许多问题甚至还没有被正确提出来。